Auslegung von Konstruktionselementen

Dietrich Schlottmann · Henrik Schnegas

Auslegung von Konstruktionselementen

Sicherheit, Lebensdauer und Zuverlässigkeit im Maschinenbau

4. Auflage

Springer Vieweg

Dietrich Schlottmann
Rostock, Deutschland

Henrik Schnegas
Hochschule Wismar FB
Ingenieurwissenschaften
Wismar, Deutschland

ISBN 978-3-662-69385-8 ISBN 978-3-662-69386-5 (eBook)
https://doi.org/10.1007/978-3-662-69386-5

Die Deutsche Nationalbibliothek verzeichnet diese Publikation in der Deutschen Nationalbibliografie; detaillierte bibliografische Daten sind im Internet über https://portal.dnb.de abrufbar.

Planung/Lektorat: Ellen-Susanne Klabunde
Springer Vieweg ist ein Imprint der eingetragenen Gesellschaft Springer-Verlag GmbH, DE und ist ein Teil von Springer Nature.
Die Anschrift der Gesellschaft ist: Heidelberger Platz 3, 14197 Berlin, Germany

Vorwort zur 4. Auflage

Die Berechnung von Sicherheit, Lebensdauer und Zuverlässigkeit technischer Gebilde erweist sich immer wieder als wesentlicher aber auch anspruchsvoller Bestandteil der Arbeit des in der Konstruktion oder auch im Qualitätsmanagement tätigen Ingenieurs.

Höhere Leistungsparameter, Energie- und Ressourceneffizienz bei verbesserter Verfügbarkeit und einer nach Möglichkeit instandhaltungs- und reparaturoptimalen Nutzungszeit kennzeichnen zunehmend auch die Erzeugnisse des Maschinen- und Anlagenbaus. Eine lange Produktlebensdauer bzw. Reparierbarkeit oder Wiederverwendbarkeit sind heute ein fester Bestandteil der Entwicklung nachhaltiger Produkte.

Neue Produktsicherheitsgesetze, Richtlinien, Normen und Vorschriften verlangen nach Auslegungsmethoden, die z. B. die Forderung nach einer notwendigen Lebensdauer mit einer möglichst kalkulierbaren Ausfallwahrscheinlichkeit unter Berücksichtigung von Kosten bereits im Produktentstehungsprozess berücksichtigen.

Das vorliegende Buch ist hervorgegangen aus Vorlesungen für Maschinenelemente, Konstruktionslehre, Qualitätsmanagement und Zuverlässigkeit technischer Systeme, aus praktischen Erfahrungen der Autoren in der Auslegungspraxis auf dem Gebiet des Schiffs-, Maschinen- und Anlagenbaus, sowie aus Forschungs- und Entwicklungsaufgaben, sowie vielen Projekt- und Abschlussarbeiten am Institut für Konstruktionstechnik der Fakultät für Maschinenbau und Schiffstechnik der Universität Rostock und der Fachgruppe Konstruktionstechnik des Bereiches Maschinenbau, Verfahrens- und Umwelttechnik der Hochschule Wismar.

Dieses Buch erhebt keinen Anspruch, neue Forschungsergebnisse z. B. auf Gebieten wie der Betriebsfestigkeitslehre, der Tribologie oder Stochastik zu verbreiten. Es verfolgt das Anliegen, multivalent und unkompliziert nutzbare Methoden für die Auslegung und zuverlässigkeitstheoretische Bewertung von Maschinen- und Apparateelemente für die in der Praxis tätigen Konstruierenden, sowie für Studierende konstruktiv geprägter Fachrichtungen zu vermitteln. Neben Bruch und Ermüdung stehen hierbei auch Verschleiß, Korrosion und andere flächenabtragende Schädigungsprozesse im Fokus dieses Buches. Für die statistische und wahrscheinlichkeitstheoretische Auswertung und Beschreibung von technischen Schädigungsarten werden einfache Algorithmen, Werkzeuge, Hilfsmittel und Arbeitsanleitungen zur Verfügung gestellt. Das vorliegende Buch soll aber auch

Anregungen für die bewusstere Anwendung von stochastischen Modellen bei der Beschreibung und Vermeidung von Produktausfällen geben.

Da auch die Produktkosten bereits im Konstruktionsprozess eine immer größere Rolle spielen, runden betriebswirtschaftliche Kostenbetrachtungen mit Bezug auf Lebensdauer, Sicherheit und Zuverlässigkeit das vorliegende Buch ab.

Ich gebe der Hoffnung Ausdruck, dass diese 4., erweiterte Auflage viele Leser und Interessenten erreichen wird.

Ein ganz großes Dankeschön gilt meiner Familie, die mit viel Verständnis das abendliche Schreiben an diesem Buch ertragen hat und der Geduld und der Unterstützung der Mitarbeiter des Lektorates und Druckhauses des Springer-Verlages.

Gleichzeitig soll diese 4. Auflage ein ehrendes Gedenken an *Prof. Dr. sc. techn. Dietrich Schlottmann* (27.02.1936–17.09.2012) sein, der bereits in den 60er Jahren wahrscheinlichkeitstheoretische Betrachtungen, wie die Zuverlässigkeit und Ausfallwahrscheinlichkeit als „optimales" Auslegungskriterium ansah und mich während des Studiums, als Wissenschaftlicher Mitarbeiter, später in der Praxis und dann als Professor für Konstruktion und Produktentwicklung für dieses heute hoch aktuelle Thema begeisterte und vielen Studierenden und mir das notwendige Rüstzeug für die heutige Tätigkeit auch auf den Gebieten der Konstruktion, des Qualitätsmanagements sowie der Zuverlässigkeit und Sicherheit mitgab.

Rostock Henrik Schnegas
17. September 2024

Inhaltsverzeichnis

1 Auslegung von Maschinen- und Konstruktionselementen – eine wesentliche Aufgabe des Ingenieurs

1.1 Berechnung von Sicherheit, Lebensdauer und Zuverlässigkeit als historisch gewachsene Auslegungsmethoden

Bevor für den konstruktionstechnisch interessierten Leser die „Auslegung von Konstruktionselementen" eine entsprechende Einordnung in den konstruktiven Gesamtprozess erfahren wird, soll in einer historisch angelegten Darstellung verdeutlicht werden, welchem wissenschaftlichen Anliegen und welchem Ziel das vorliegende Buch zuzuordnen ist.

Bei der Auslegung von Maschinen, Baugruppen und Elementen wird nach der Festlegung der Prinziplösung über Hauptabmessungen, Topologie, Form und Gestalt und damit über Masse, Lebensdauer und Zuverlässigkeit entschieden. Informationsverarbeitung und Rechentechnik haben das Tätigkeitsbild des Konstrukteurs in den letzten Jahrzehnten verändert.

Neben den Möglichkeiten des Computer Aided Designs (CAD) lassen sich im Rahmen des Computer Aided Engineerings (CAE) Berechnungen durchführen, die noch vor Jahren wegen des hohen Arbeits- und Zeitaufwandes nicht denkbar waren. Natürlich hat diese Entwicklung auch die „Auslegung" von Konstruktionselementen beeinflusst. Denken wir nur an die Methoden der Finiten Elemente (FEM), die es gestattet, die vorhandenen Spannungen in kompliziertesten Bauteilen zu berechnen oder deren Anwendung bei der Strukturoptimierung, bei der Suche nach kleinstmöglichen Konstruktionselementen.

Trotzdem bleibt die Rechentechnik für die Ermittlung von Sicherheit, Lebensdauer und Zuverlässigkeit ein Hilfsmittel, da das Ausfallverhalten von Konstruktionselementen und Maschinen damit nur auf der Basis mathematischer Modelle simuliert werden kann.

D. Schlottmann und H. Schnegas, *Auslegung von Konstruktionselementen*,
https://doi.org/10.1007/978-3-662-69386-5_1

Das Problem des Ausfalles bzw. des Versagens von Geräten und schließlich auch Bauwerken dürfte so alt sein wie die Menschheit selbst. Die Erfahrung des Menschen lieferte jedoch offensichtlich ein relativ sicheres Gefühl für die Belastbarkeit der beeindruckenden Bauwerke des Altertums.

Erste wissenschaftliche Ansätze einer „Auslegungsrechnung“ gehen auf Galileo Galilei (1564–1642) zurück, die den Methoden und Modellen der heutigen Festigkeitslehre bereits sehr nahekamen (vgl. z. B. [7, 8]). So verwendete er den Begriff der Spannung und berechnete diese für den Einspannungsquerschnitt eines Kragarmes. Auch wenn die angenommene Spannungsverteilung und damit das Ergebnis falsch war, erkannte er die Bedeutung der Spannung als Vergleichsgröße für das Eintreten des Bruches. Mit Recht wird deshalb der Name Galilei mit der einfachsten Bruchtheorie, nämlich der Hauptnormalspannungshypothese in Verbindung gebracht (vgl. Kap. 3).

Natürlich war es bis zur Gestaltänderungsenergiehypothese (GEH) nach Ludwig Heinrich von Mises (1881–1973) noch ein weiter Weg. Die v. Mises'sche Hypothese [3] dürfte für das Fließen und den Bruch infolge statischer Beanspruchung insbesondere für metallische Werkstoffe der Realität am nächsten kommen.

Neue Rätsel gaben die sich immer schneller drehenden Maschinen ihren Schöpfern insbesondere bzgl. ihrer Haltbarkeit auf. Berechnungen mit Kräften analog den statischen Lasten erwiesen sich als völlig unzutreffend. Es ist das bleibende Verdienst von August Wöhler (1819–1914), das Ermüdungsverhalten von Werkstoffen und Bauteilen mit dem nach ihm bezeichneten „Wöhlerdiagramm“ anschaulich und zweckmäßig beschrieben zu haben [10].

Ein Grundanliegen des vorliegenden Buches besteht darin, der von Wöhler für die Ermüdung entwickelten Methodik auch für andere Versagensarten wie Verschleiß und Korrosion zu folgen.

Die erstmals von Wöhler entdeckte „Dauerfestigkeit“ metallischer Werkstoffe, d. h. ihre Unempfindlichkeit gegenüber schwingender Beanspruchung unterhalb eines bestimmten Beanspruchungsniveaus, führte zu relativ einfachen Berechnungsmethoden auch für den Ermüdungsbereich. Wie bei statischer Belastung werden „Sicherheitszahlen“ als Quotient aus zum Versagen führender und vorhandener Beanspruchung berechnet. Obwohl diese einfache ingenieurmäßige Methode in Kap. 3 teilweise einer kritischen Betrachtung unterzogen wird, dürfte sie auch in Zukunft ihre Bedeutung behalten.

Andererseits ist es gerade die Schädigung durch „Ermüdung“, die sich in den letzten Jahrzehnten durch eine hohe Forschungsdichte auszeichnet und als „Betriebsfestigkeitslehre“ zu einer selbstständigen Teildisziplin der Festigkeitslehre geworden ist.

Leider hat sich die Betriebsfestigkeitslehre bisher nicht von der Empirie lösen können, und es muss vielleicht gerade deshalb beklagt werden, dass sie nicht in gebührendem Maße bei der Auslegung von Bauteilen des Maschinenbaus zur Anwendung gekommen ist. Die Berechnungsstandards gehen bisher weitgehend davon aus, dass eine

Maschine auf „Dauerfestigkeit" ausgelegt wird – und das ist gleichbedeutend mit einer zumindest theoretisch unendlichen Lebensdauer.

Die Erfahrung lehrt aber, dass Maschinen nach endlichen Zeiten ausfallen – und dass nicht nur durch Gewalt- oder Ermüdungsbruch, sondern auch durch Verschleiß, Korrosion und andere Versagensarten. So gesehen stellt die von Arvid Palmgren (1890–1971) bereits 1924 vorgeschlagene Methode der Lebensdauerberechnung von Wälzlagern eine der Zeit vorausgehende Pionierleistung dar, deren Entwicklung sich aufdrängte, da Wälzlager keinen Dauerfestigkeitsbereich aufweisen [5].

Neben der Wöhlerlinie wird die von Arvid Palmgren eingeführte und von Anton Miner verallgemeinerte Methode der Lebensdauerberechnung in der vorliegenden Publikation [2] als eine ingenieurmäßig zweckmäßige Vorgehensweise angesehen, die auch bei Schädigungsmechanismen wie Ermüdung, Verschleiß und Korrosion anzuwenden ist.

Auch wenn diese Schädigungen ursächlich kaum Gemeinsamkeiten aufweisen, soll der Versuch unternommen werden, eine phänomenologisch begründete gleichartige Berechnungsmethode zu entwickeln, um eine ingenieurmäßig einheitliche Berechnung von Schädigungen im Sinne der Auslegungsrechnung zu erreichen.

Es sei hervorgehoben, dass die vorgeschlagene Vorgehensweise nur aus der Sicht des Konstrukteurs ihre Begründung findet. Sie erhebt keinen Anspruch, auf den Teilgebieten wie der Ermüdung, des Verschleißes oder der Korrosion einen auf die Grundlagen gerichteten Beitrag leisten zu wollen. Trotzdem dürfte die integrative Betrachtungsweise auch für den Spezialisten der Teildisziplin Anregung bieten.

Ein weiterer Aspekt des Buches besteht darin, die aktuelle Zuverlässigkeit bzw. Ausfallwahrscheinlichkeit zu ermitteln, um für eine vorgegebene Lebensdauer die Systemzuverlässigkeit bzw. Informationen zur Instandhaltung zu gewinnen. Damit wird der Nachteil der Betriebsfestigkeitslehre, eine Lebensdauer nur für eine nominelle Zuverlässigkeit angeben zu können, überwunden. Es wird damit eine „gestufte" Auslegung mit den Teilschritten

- Sicherheit gegen Ermüdung
  (klassische Sicherheit in Beanspruchungen)
- Lebensdauer für Schädigung durch Ermüdung
  und andere Versagensarten (auch Sicherheit auf
  der Basis des Lebensdauerquotienten) und
- aktuelle Zuverlässigkeit bzw. Schadenswahrscheinlichkeit

möglich, wobei die drei Stufen baukastenartig mit relativ elementaren Zusatzinformationen zu berechnen sind. Die Ermittlung einer vorhandenen Systemzuverlässigkeit ist gleichzeitig eine Möglichkeit, im Rahmen aktuell geforderter Risikoanalysen eine Risikobewertung durchführen zu können.

1.2 Einordnung der Auslegung von Konstruktionselementen und Maschinen in den Konstruktions-prozess

Das Bedürfnis nach neuen Erzeugnissen wird durch die Entwicklung der Wirtschaft und das Entstehen von Marktlücken ausgelöst. Für den Entwicklungsingenieur und Konstrukteur beginnt der Konstruktionsprozess i. d. R. mit einer entsprechend formulierten Aufgabe und endet mit der Produktdokumentation des angestrebten Erzeugnisses.

Eine wissenschaftliche Analyse dieses Prozesses – auch als Heuristik bezeichnet – geht auf Friedrich Hansen [1] sowie Johannes Müller [4] Anfang der 1970er Jahre zurück. Durchgesetzt und heute allgemein in Anwendung ist ein Produktentwicklungsprozess nach VDI 2221 [9].

Ohne die gesamte Struktur des Konstruktionsprozesses im Detail beschreiben zu wollen, werden die 4 Hauptphasen – Planung, Konzept, Entwurf und Ausarbeitung, sowie sieben Arbeitsphasen gemäß Abb. 1.1 durchlaufen. In modernen Projektmanagementprozessen entspricht dieses den zu realisierenden Aktivitäten, die zu den Meilensteinen

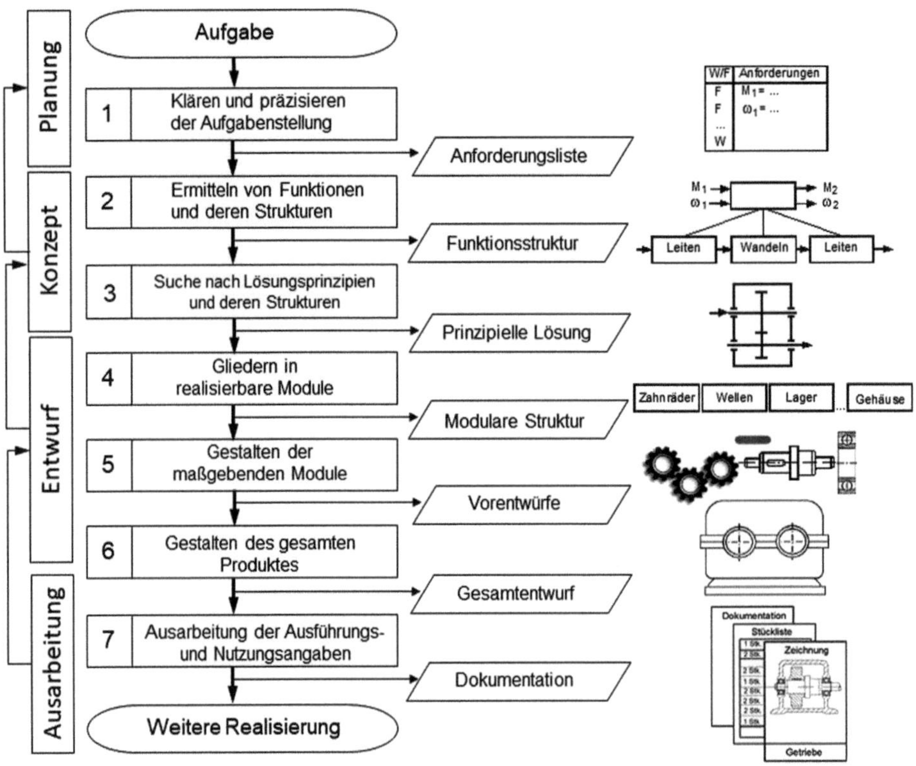

Abb. 1.1 Generelle Arbeitsschritte und Arbeitsergebnisse des Konstruktionsprozesses nach VDI 2221 am Beispiel einer Getriebekonstruktion

Anforderungsliste, Funktionsstruktur, Prinzipielle Lösung, Modulare Struktur, Vorentwürfe, Gesamtentwürfe und Dokumentation führen.

Im Normalfall ist dieser Produktentwicklungsprozess ein iterativer Prozess, der so lange erneut durchlaufen wird, bis alle notwendigen Entwicklungsaufgaben mit einem hohen Erfüllungsgrad abgearbeitet wurden. Abb. 1.1 erläutert diesen Ablauf am Beispiel einer Getriebekonstruktion.

In Abb. 1.1 wird deutlich, dass im Arbeitsschritt 5 über die wesentlichen Abmessungen des technischen Gebildes entschieden wird, d. h., das Bauteil erfährt seine vorläufige „Auslegung". Auslegen, oder auch Bemessen bzw. Dimensionieren eines Elementes ist das Finden optimaler Geometrien und Topologien unter Beachtung wirkender Belastungen und erforderlicher Werkstoffe.

Bei genauer Betrachtung unterteilt sich dieser Prozess wiederum in 3 Teilschritte, nämlich in

- Überschlägliche Dimensionierung
- Gestaltung (Design for X) und
- Nachweisrechnung(en),

wie am Beispiel einer Getriebewelle in Abb. 1.2 zu erkennen ist.

Nach Festlegung äußerer Belastungen, der Ermittlung von Auflagerreaktionen und den daraus resultierenden spannungsspezifischen Kraft- und Momentenverläufen wird i. d. R. ausgehend von den Querschnitten, die am stärksten beansprucht werden bzw. die größten zu erwartenden technologischen Kerben besitzen (kritische Querschnitte),

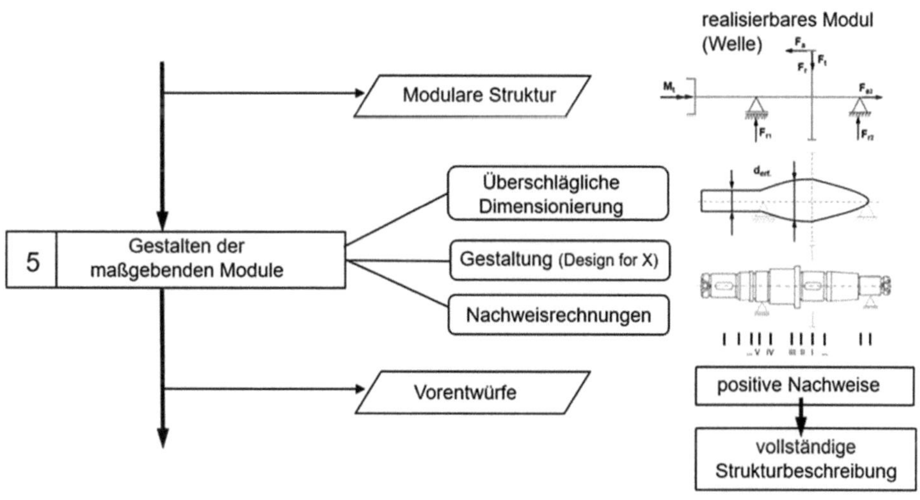

Abb. 1.2 Klassischer Iterationszyklus für Überschlägliche Dimensionierung, Gestaltung und Nachweisrechnung bei der Auslegung von Konstruktionselementen

erforderliche Dimensionen überschläglich berechnet. Während der überschläglichen Dimensionierung wird i. d. R. auf weniger als 10 % der für den späteren Produktionsprozess erforderlichen geometrischen und stofflichen Informationen Einfluss genommen.

Die Erfüllung von Teilfunktionen – im Fall einer Getriebewelle z. B. notwendige Welle-Nabe-Verbindungen, die Positionierung und Lagesicherung eines Zahnrades, einer Kupplung oder von Wälzlagern, sowie die Berücksichtigung fertigungsspezifischer Details, z. B. von Zentrierbohrungen – erfordert eine umfassende Gestaltung, die als „Design for X" ein untrennbarer Bestandteil des Arbeitsschrittes 5 ist.

Abb. 1.3 zeigt in Schlagworten einzuhaltende Kriterien. Ergebnis sind u. a. Nuten, Absätze, Rundungen als technologische Kerben oder Oberflächenveränderungen, die einen Einfluss auf eine sichere Funktionserfüllung haben.

Nach der funktionsrelevanten Gestaltung entscheidet erst der Funktionsnachweis über das positive bzw. negative Ergebnis dieses Auslegungsschrittes. Angewendet werden gemäß Abb. 1.4 traditionell seit Ende des 19. Jahrhunderts Spannungsnachweise, Sicherheitsnachweise, Tragfähigkeitsnachweise, in „neuerer" Zeit Lebensdauernachweise und aktuell auch Zuverlässigkeitsnachweise. Das *Beispiel 1* im *Kap. 8* demonstriert hierzu die „Philosophie der Auslegung sicherer Konstruktionselemente".

Der klassische Funktionsnachweis besteht u. a. in der Bestimmung einer „Sicherheitszahl S", die durch den Quotienten aus zum Versagen führender und vorhandener Belastung oder Beanspruchung berechnet wird. Sie lässt jedoch keine Aussage über Ausfallwahrscheinlichkeit und Lebensdauer des technischen Gebildes zu.

Der Sicherheitsnachweis bleibt außerdem auf die festigkeitsmäßig begründeten Versagensarten wie Gewaltbruch, Überschreitung der Streckgrenze und Dauerschwingbruch beschränkt.

Abb. 1.3 Gestaltungsschwerpunkte im Rahmen des „Design for X"

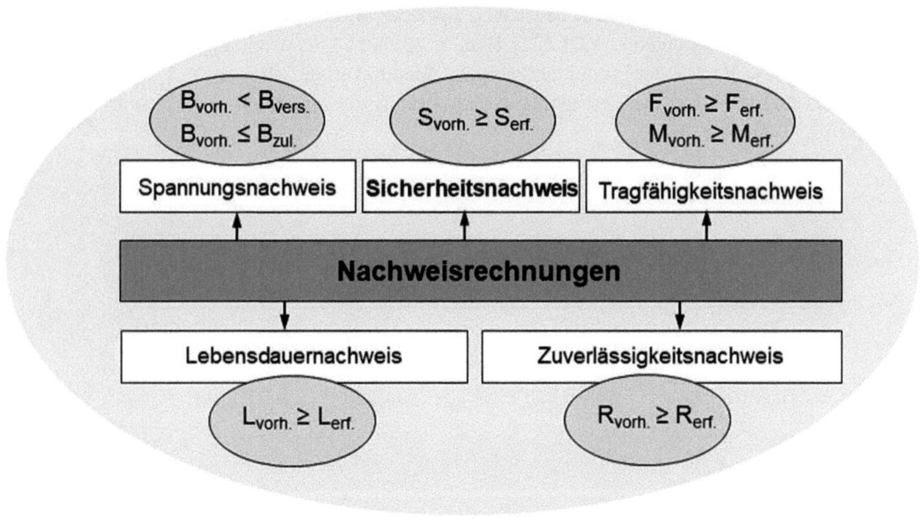

Abb. 1.4 Nachweisrechnungen für den sicheren Funktionsnachweis

Ansätze zur Berechnung von Lebensdauer und Zuverlässigkeit sind durch die Wälzlagerberechnung und die Betriebsfestigkeitslehre bekannt.

Wie bereits in Abschn. 1.1 dargestellt, soll eine allgemeine ingenieurmäßige Auslegungsmethodik auf der Basis der Berechnung von Lebensdauer und Zuverlässigkeit entwickelt werden, die auch Schädigungen wie Verschleiß und andere flächenabtragende Schädigungsprozesse berücksichtigt und dem Konstrukteur mit der Ausfallwahrscheinlichkeit eine echte Entscheidungsmöglichkeit bietet.

Die klassische Auslegungsmethode durch den Sicherheitsnachweis wird jedoch auch ihre Anwendungsberechtigung behalten, zumal eine Fülle von Standards und Vorschriften darauf basieren und letztendlich im vorliegenden Buch der Zusammenhang von Sicherheit und Ausfallwahrscheinlichkeit hergestellt werden konnte.

Quellen und weiterführende Literatur

1. Hansen, Friedrich: Konstruktionssystematik – Grundlagen für eine all gemeine Konstruktionslehre, Verlag Technik, Berlin, 1968.
2. Miner, N. Anton: Cumulative Damage in Fatigue. In: Journal of Appl. Mech. Trans. ASME 12: 159–164, 1945.
3. v. Mises, Richard: Mechanik der plastischen Formänderung. ZAMM 161, 1928.
4. Müller, Johannes: Grundlagen der Systematischen Heuristik. Dietz Verlag, Berlin, 1970.
5. Palmgren, Arvid: Die Lebensdauer von Kugellagern. In: VDI-Zeitschrift 58: 339–341, 1924.
6. Schlottmann, Dietrich, u.a.: Konstruktionslehre – Grundlagen. Technik, Berlin, 1970.
7. Szabo István: Einführung in die Technische Mechanik. Springer, Berlin, Göttingen, Heidelberg, 1961.

8. Szabo István: Höhere Technische Mechanik. Springer, Berlin Göttingen Heidelberg, 1960.
9. Verein Deutscher Ingenieure: VDI 2221 Blatt 1: 2019–11 – Entwicklung technischer Produkte und Systeme – Modell der Produktentwicklung. Beuth-Verlag, 2019.
10. Wöhler, August: Über die Festigkeitsversuche mit Eisen und Stahl. In: Zeitschrift für Bauwesen XX: 81–89, 1870.

2 Auslegung von Konstruktionselementen durch Berechnung der „Sicherheit"

2.1 Auslegung, dargestellt am klassischen Sicherheitsbegriff

Schon in dem 1862 erschienenen, wohl ersten deutschsprachigem Lehrbuch der Konstruktionslehre von Moll/Reuleaux [13] wird der Sicherheitsbegriff mit einer Zahl $S > 1$ in Verbindung gebracht, die das unzulässige Überschreiten von Belastungen begrenzen soll. Dem Text ist bereits sinngemäß zu entnehmen, dass die beim sicheren „Gebrauch des Bauteils vorhandenen Belastungen immer kleiner sein müssen als die maximal möglichen bzw. zum Versagen führenden". Es wird bereits das Versagen durch Fließen und Bruch unterschieden. Allgemein können wir schreiben

$$B_{vorhanden} < B_{versagen}. \tag{2.1}$$

Dabei sollen unter Belastungen B sowohl Kräfte F als auch Momente M verstanden werden (vgl. Abb. 2.1), die auf ein Technisches Gebilde einwirken.

Entsprechend der bereits in [13] getroffenen Definition der Sicherheit als Faktor $S > 1$ kann für Gl. (2.1) auch geschrieben werden

$$B_{vorh} \cdot S = B_{vers} \tag{2.2}$$

und damit

$$\mathrm{S} = \frac{\mathrm{B_{vers}}}{\mathrm{B_{vorh}}}. \tag{2.3}$$

Für eine verallgemeinerte Sicherheitsberechnung (vgl. [13]) erweist es sich als zweckmäßig, nicht Belastungen, sondern zum Versagen führende Spannungen σ_{vers}, im Weiteren auch Beanspruchbarkeiten (siehe Werkstoff- bzw. Gestaltfestigkeitswerte) und

D. Schlottmann und H. Schnegas, *Auslegung von Konstruktionselementen*, https://doi.org/10.1007/978-3-662-69386-5_2

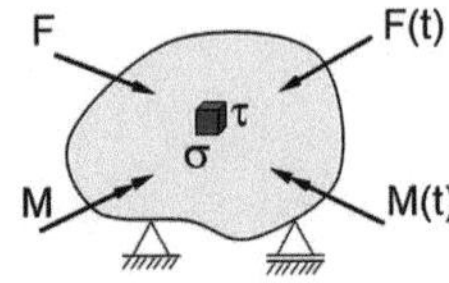

Abb. 2.1 Scheibenförmiges Bauteil mit Belastungen B_i (F...Kräfte, M ... Momente)

vorhandene Spannungen σ_{vorh} auch Beanspruchungen genannt, gemäß Gl. 2.4 ins Verhältnis zu setzen. Das Ergebnis ist die Sicherheitszahl S:

$$S = \frac{\sigma_{vers}}{\sigma_{vorh}}. \tag{2.4}$$

Bauteile mit $S_{vorh} > 1$ gelten im Rahmen eines Funktionsnachweises (siehe Abb. 1.4, Abschn. 1.2) als mechanisch sicher. Bei $S \leq 1$ werden die zum Versagen führenden Spannungen erreicht bzw. überschritten. Eine Schädigung bzw. Funktionsminderung ist in diesem Fall zu erwarten.

In den unterschiedlichsten Anwendungsfeldern werden erforderliche Sicherheitszahlen S_{erf} vorgegeben, wobei die Sicherheitszahlen i. d. R. anwendungsspezifische Erfahrungswerte sind. Tafel II.5 des Anhanges zeigt einige Empfehlungen zu realisierender Sicherheitswerte.

Anwendung findet die Sicherheitszahl S u. a. auch im Spannungsnachweis mit

$$\sigma_{vorh} \leq \sigma_{zul} \text{ und } \sigma_{zul} = \frac{\sigma_{vers}}{S_{erf}}. \tag{2.5}$$

Mit einer vorgegebenen Sicherheitszahl S_{erf} wird hier ein „Sicherheits"-Abstand zur zum Versagen führenden Spannung – sprich zum Werkstoff- bzw. Gestaltfestigkeitswert – geschaffen. Wir sprechen hier dann von einer zulässigen Beanspruchbarkeit σ_{zul}.

Die im Bauteil vorhandenen Spannungen σ_{vorh}, die auch bei der Berechnung einer Sicherheitszahl Svorh. eine entscheidende Rolle spielen, sollen in den folgenden Ausführungen näher untersucht werden.

Der Vorteil einer Sicherheitsberechnung über Spannungen wird bereits erkennbar, wenn mehrere am Bauteil angreifende Belastungen an der gleichen Schnittfläche Spannungen hervorrufen. Im Sinne der linearen Elastizitätstheorie gilt dann das Superpositionsprinzip.

$$\sigma = \sum \sigma_i \text{ mit } i = 1, 2, 3, \ldots, \tag{2.6}$$

welches wegen der oft unterschiedlichen schädigenden Wirkung später allerdings infrage zu stellen ist.

In der Praxis tritt dieser einfache Sonderfall jedoch nur selten auf. Beispiele wären „scheibenartige" Bauteile mit „lastfreien" Oberflächen oder „einachsig" beanspruchte Stäbe. Häufig anzutreffen ist dagegen die Kombination einer Normalspannung σ mit einer Schubspannung τ, wie später noch gezeigt wird.

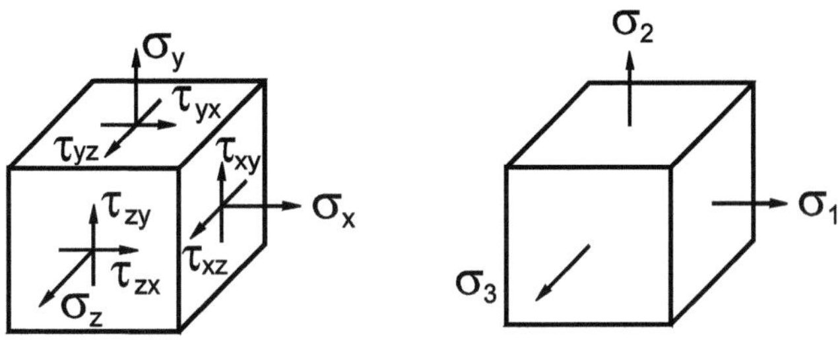

a b

Abb. 2.2 **a** Normal-, Schubspannungen; **b** Hauptspannungen am Bauteilelement

Für das allgemeine räumliche Bauteil muss an einem Element mit

3 Normalspannungen und
6 Schubspannungen

gerechnet werden (vgl. Abb. 2.2), wobei die Schubspannungen sich wegen der „Gegenseitigkeit" auf drei reduzieren.

Die Spannungen lassen sich anschaulich in Spannungstensoren darstellen, wobei für homogene und isotrope Werkstoffe jeder Spannungstensor in einen Hauptspannungstensor überführt werden kann, für den die Schubspannungen zu Null werden (vgl. dazu elastizitätstheoretische Fachbücher wie z. B. [22, 23]).

$$\sigma^T = \begin{pmatrix} \sigma_x & \tau_{xy} & \tau_{xz} \\ \tau_{yx} & \sigma_y & \tau_{yz} \\ \tau_{zx} & \tau_{zy} & \sigma_z \end{pmatrix} \rightarrow \begin{pmatrix} \sigma_1 & 0 & 0 \\ 0 & \sigma_2 & 0 \\ 0 & 0 & \sigma_3 \end{pmatrix} \tag{2.7}$$

Auf die Berechnung dieser Spannungstensoren im Sinne vorhandener Spannungen soll in Abschn. 2.2 übersichtsmäßig eingegangen werden.

2.2 Berechnung der „vorhandenen" Spannungen

Die Berechnung der vorhandenen Spannungen ist die Aufgabe der Elastizitätstheorie; daher soll hier nur ein systematischer Überblick gegeben werden.

Das einfachste Modell eines realen Bauteils wird durch den Stab realisiert. Ausgehend von äußeren Belastungen werden zunächst die Auflagerreaktionen des Systems bestimmt, um dann die sogenannten Schnittgrößen zu berechnen. Diese Elementarkenntnisse werden vorausgesetzt. In einer Schnittstelle x oder s (x i. d. R. für den geraden, s für den gekrümmten Stab) wirken die Schnittgrößen *Normalkraft* $F_n(s)$, *Biegemoment* $M_b(s)$, *Torsionsmoment* $M_t(s)$ und *Querkraft* $F_q(s)$ (vgl. Abb. 2.3), aus denen sich die Spannungen σ_{zd}, σ_b, τ_t und τ_q nach den in Tab. 2.1 angegebenen Formeln berechnen lassen.

Auch hier gilt die Bemerkung, dass im elastizitätstheoretischem Sinne σ_{zd} und σ_b sowie τ_t und τ_q bei Übereinstimmung von Schnittflächen und Richtung addiert werden

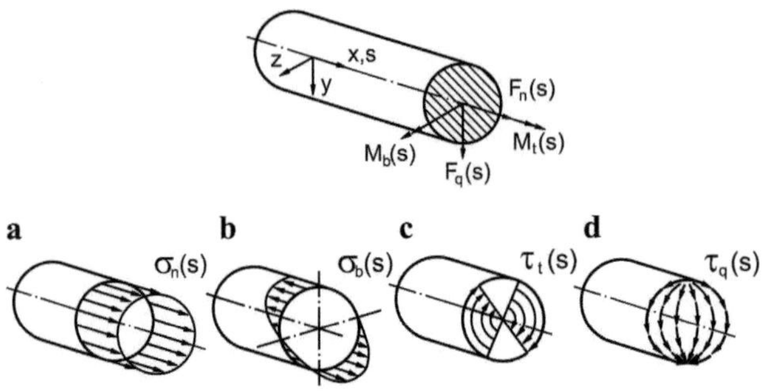

Abb. 2.3 Spannungen in stabförmigen Bauelementen. **a** Spannung infolge Längskraft $F_n(s)$; **b** Spannung infolge Biegemoment $M_b(s)$; **c** Spannung infolge Torsionsmoment $M_t(s)$; **d** Spannung infolge Querkraft $F_q(s)$

Tab. 2.1 Elementare Spannungszustände in stabförmigen Bauelementen

Schnittgröße	Sinnbild	Berechnung der Spannung	Spannungstensor
Normalkraft $F_n(s)$	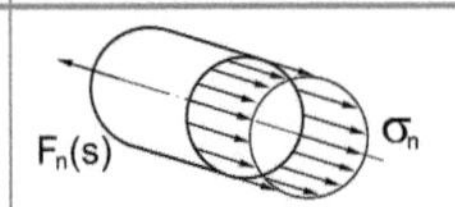	$\sigma_n = \frac{F_n(s)}{A}$	$\begin{pmatrix} \sigma_1 & 0 & 0 \\ 0 & 0 & 0 \\ 0 & 0 & 0 \end{pmatrix}$ $\sigma_1 = \sigma_n$
Biegemoment $M_b(s)$	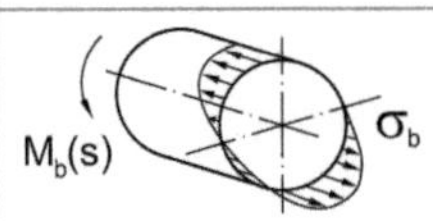	$\sigma_b = \frac{M_b(s)}{W_z}$ $\sigma_b = \frac{M_b(s)}{I_z} \cdot y$	$\begin{pmatrix} \sigma_1 & 0 & 0 \\ 0 & 0 & 0 \\ 0 & 0 & 0 \end{pmatrix}$ $\sigma_1 = \sigma_b$
Torsionsmoment $M_t(s)$	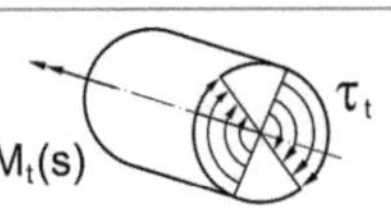	$\tau_t = \frac{M_t(s)}{W_t}$ $\tau_t = \frac{M_t(s)}{I_p} \cdot r$	$\begin{pmatrix} \sigma_1 & 0 & 0 \\ 0 & \sigma_2 & 0 \\ 0 & 0 & 0 \end{pmatrix}$ $\sigma_1 = \lvert\tau\rvert = -\sigma_2$
Querkraft $F_q(s)$	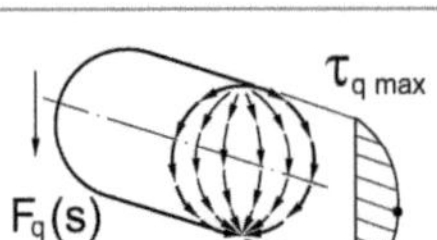	$\tau_{q\,max} = \chi \frac{F_q}{A}$	$\begin{pmatrix} \sigma_1 & 0 & 0 \\ 0 & \sigma_2 & 0 \\ 0 & 0 & 0 \end{pmatrix}$ $\sigma_1 = \lvert\tau\rvert = -\sigma_2$

A … Querschnittsfläche
I_z, I_t … Flächenträgheitsmoment
W_t … Widerstandsmoment
χ … Flächenbeiwert

dürfen, was im Folgenden wegen der unterschiedlichen schädigenden Wirkung nur mit einer entsprechenden Gewichtung zugelassen werden soll.

Neben dem Stabmodell sind auch die Vollwelle unter Außendruck, die Bohrung in der unendlichen Scheibe unter achsensymmetrischer radialer Pressung und der dünnwandige Kessel als „elementare" Spannungszustände anzusehen (vgl. Tafel II.1 im Anhang). Querschnittsänderungen insbesondere des Stabes und andere Formabweichungen der elementaren Berechnungsmodelle werden in Abschn. 2.5 noch ausführlicher behandelt.

Berechnungsmodelle der „höheren technischen Mechanik" sind

- Scheiben (ebener Spannungs- bzw. ebener Zustand)
- Platten
- Schalen
- Torsion prismatischer Körper und
- Kontaktaufgaben.

Sie sind übersichtsmäßig ebenfalls im Anhang Tafel II.1 zusammengestellt. Abgesehen von Sonderfällen werden diese Spannungszustände heute mit „Finite-Elemente-Methoden" berechnet. Diese Berechnungen liefern i. d. R. den vollständig besetzten Spannungstensor, der sich aber an lastfreien Oberflächen auf zweiachsige Spannungszustände reduziert.

Wegen des gehäuften Auftretens dieses „ebenen" Spannungszustandes sei noch ohne Ableitung auf die Formel zur Berechnung der Hauptspannungen

$$\sigma_{1,2} = \frac{\sigma_x + \sigma_y}{2} \pm \sqrt{\left(\frac{\sigma_x - \sigma_y}{2}\right)^2 + \tau_{xy}{}^2} \tag{2.8}$$

und deren anschauliche Darstellung im Mohr'schen Kreis (vgl. Abb. 2.4) sowie auf die Sonderfälle „einachsiger Spannungszustand" und „reiner Schubspannungszustand" verwiesen.

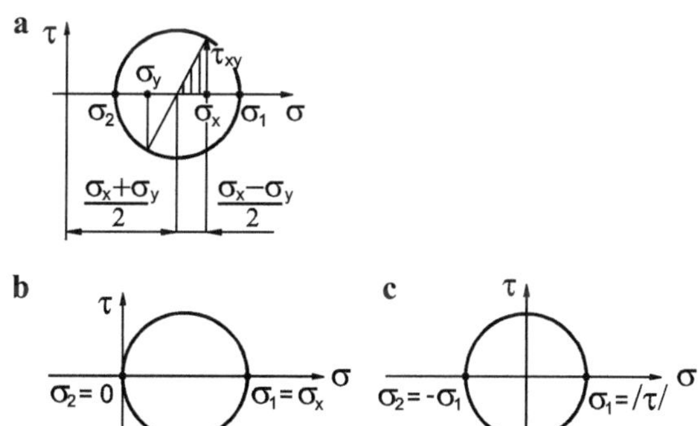

Abb. 2.4 Ebener Spannungszustand im Mohr'schen Kreis. **a** allgemeiner ebener Spannungszustand; **b** einachsiger Spannungszustand; **c** Schubspannungszustand

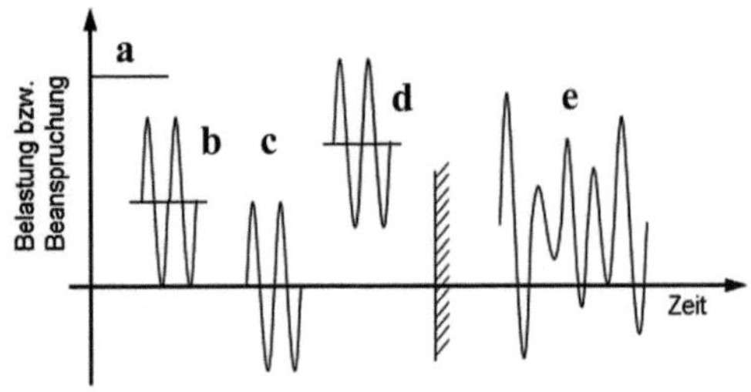

Abb. 2.5 Belastungs- und Beanspruchungsarten. **a** ruhend; **b** schwellend; **c** wechselnd; **d** allgemein; **e** stochastisch

Wesentlich für die Werkstoff- bzw. Bauteilschädigung ist die Betrachtung und Kenntnis der Zeitfunktionen vorhandener Spannungen. Während die „Statik" vorzugsweise von „statischen" oder „ruhenden Belastungen" ausgeht, sind Maschinenbauteile meistens „periodisch schwingend" belastet und beansprucht. Hingewiesen sei dabei auf den häufig auftretenden Sonderfall der sog. „Umlaufbiegung", bei dem ein konstantes Biegemoment der Welle eine „wechselnde" Beanspruchung hervorruft. Besondere Betrachtung erfordern „stochastische" Belastungen, die natürlich auch „stochastische" Beanspruchungen mit sich bringen (vgl. Abb. 2.5). Diesen Belastungs- und Beanspruchungs-Kollektiven wird in späteren Abschnitten gebührender Raum zugemessen.

2.3 Versagen durch bleibende Verformung, Gewalt- und Schwingbruch

Der Konstruktionsprozess bringt eine unendliche Vielfalt technischer Gebilde mit unterschiedlichster geometrischer Form und verschiedenartiger Werkstoffe hervor, die außerdem unterschiedlichen Beanspruchungsarten und Belastungsfällen unterliegen. Für den Sicherheitsnachweis bzgl. der zum Versagen führenden Belastungen hat es sich als ökonomisch und zweckmäßig erwiesen, die Belastungsgrenzen der Bauteile durch Vergleich mit dem Versagensverhalten einer überschaubaren Menge idealisierter Prüfkörper, die speziellen und in Prüfmaschinen realisierbaren Belastungen unterworfen werden, zu ermitteln. Solche Prüfkörper sind z. B. die in Abb. 2.6 dargestellten standardisierten Rund- und Flachproben.

Am einfachsten zu realisieren ist durch die Werkstoffprüfung der Zugversuch mit ruhender Belastung. Die Belastung wird dabei zügig, d. h. mit konstanter elastischer und schließlich plastischer Dehnungszunahme bis zum Eintreten des Bruches aufgebracht. Nach der Form des Bruches sind drei charakteristische Arten von Werkstoffen (vgl. Abb. 2.7) zu unterscheiden:

- Werkstoffe, die bei ruhender Beanspruchung zum spröden Trennbruch (z. B. Glas, Grauguss, gehärteter Stahl)
- Werkstoffe, die zum Versagen durch Gleitbruch neigen
  (z.B. Aluminium, Kupfer und Kupferlegierungen)

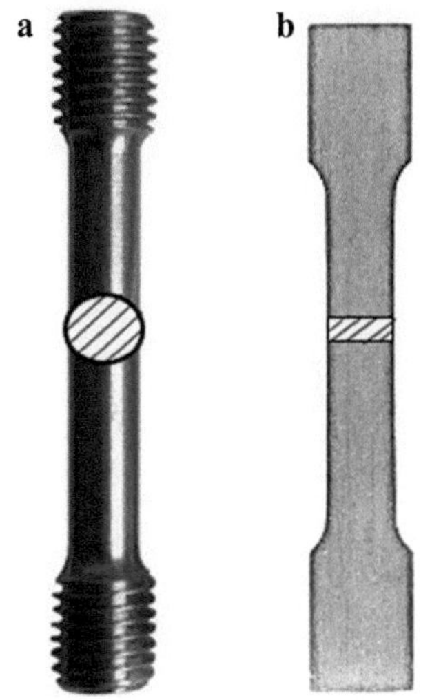

Abb. 2.6 Prüfkörper der Werkstoffprüfung. **a** Rundprobe; **b** Flachprobe

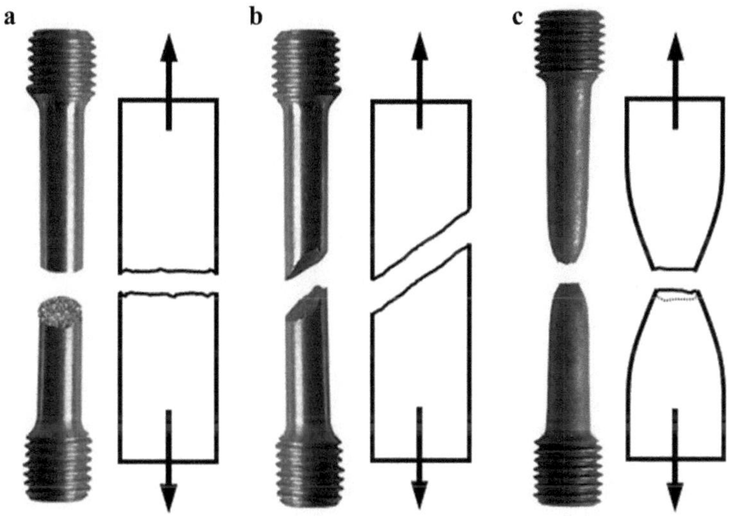

Abb. 2.7 Brucharten beim Zugversuch. **a** Trennbruch bei sprödem Werkstoff; **b** Gleitbruch; **c** Trennbruch nach Einschnürung und Verfestigung

- Werkstoffe mit ausgeprägter Fließzone, die erst nach Einschnürung einen Trennbruch zeigen (vorzugsweise Stahl).

Werden bei diesem Prüfvorgang die Spannungen über der Dehnung aufgetragen, so ergibt sich das aus der Werkstoffprüfung bekannte Spannungs-Dehnungs-Diagramm, das abhängig von der Bruchart charakteristische Formen aufweist (vgl. Abb. 2.8).

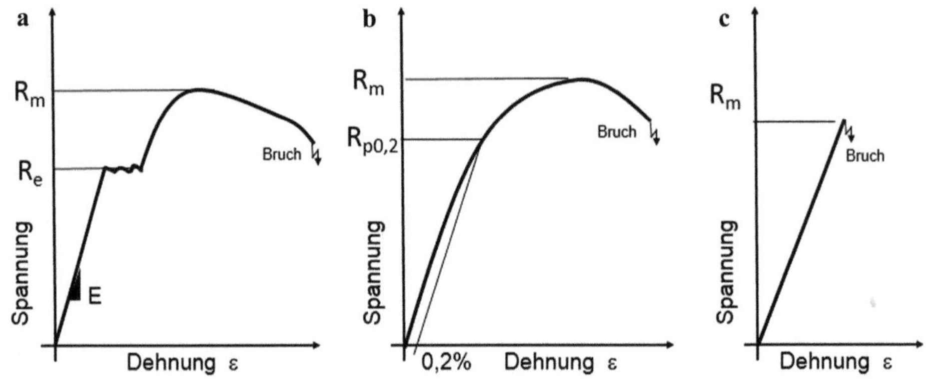

Abb. 2.8 Spannungs-Dehnungs-Diagramm für elastisch-plastische und spröde Werkstoffe. **a** ausgeprägte Streckgrenze, **b** nicht ausgeprägte Streckgrenze **c** spröde Werkstoffe

Tab. 2.2 Versagenskennwerte (Werkstofffestigkeiten) bei ruhender Belastung

Beanspruchungsart	Art des Versagens			
	Fließen		Bruch	
Zug	Streckgrenze oder 0,2% Dehngrenze	**[** R_e (oder σ_F bzw. σ_S) $R_{p0,2}$ (oder $\sigma_{0,2}$) **]**	Zug- oder Bruchfestigkeit	**[** R_m oder σ_B **]**
Druck	Quetschgrenze	σ_{dF}	Druckfestigkeit	σ_{dB}
Biegung	Biegefließgrenze	**[** σ_{bF} **]**	Biegebruchfestigkeit	σ_{bB}
Torsion	Torsionsfließgrenze	**[** τ_{tF} **]**	Torsionsbruchfestigkeit	τ_{tB}
Abscheren	Scherfließgrenze	τ_{sF}	Scherfestigkeit	τ_{sB}

[ ] vorzugsweise zu bestimmende Größen

Für die Auslegung von Bauteilen unter ruhender Belastung sind also nicht nur die verschiedenen Brucharten interessant. Es muss insbesondere für Stähle mit ausgeprägtem Fließverhalten bereits von Versagen gesprochen werden, wenn das Bauteil durch unzulässige plastische Deformationen seine Funktionsfähigkeit verliert.

Ausgehend von den für Stäben möglichen Beanspruchungsarten (s. Abschn. 2.2) ergeben sich bereits infolge ruhender Beanspruchung theoretisch zehn Werkstoffkennwerte, die aus praktischen Gründen auf vier eingeschränkt werden (vgl. Tab. 2.2).

Nun sind die meisten Bauteile nicht ruhend, sondern periodisch schwingend oder sogar stochastisch belastet bzw. beansprucht (vgl. Abb. 2.5).

Es ist das Verdienst von August Wöhler [27], im Jahre 1870 die Dauerschwingfestigkeit der metallischen Werkstoffe entdeckt und in einem noch heute üblichen, nach ihm benannten Diagramm dargestellt zu haben (Abb. 2.9).

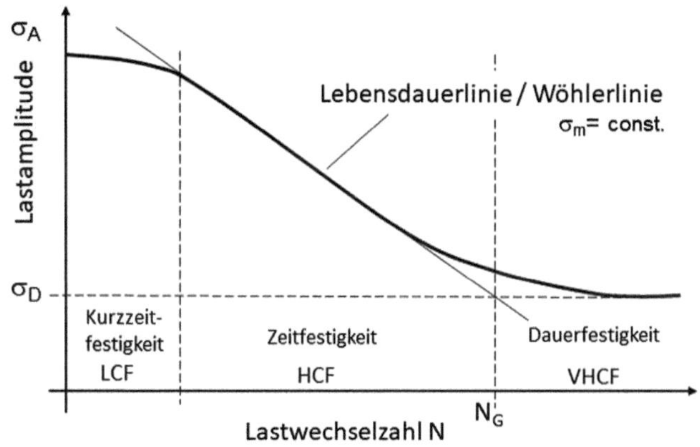

Abb. 2.9 Klassische Darstellung des Wöhlerdiagramms

Bei schwingender Beanspruchung nimmt die zum Schwingbruch führende Lastwechselzahl N für abnehmende Spannungshorizonte zu. Bis $10^3 \ldots 10^4$ Lastwechsel sprechen wir von Kurzzeitfestigkeit (Low-Cycle-Fatigue LCF). Bei Erreichen bzw. Unterschreitung eines Spannungshorizontes σ_D wird schließlich eine gegen unendlich gehende Lastwechselzahl ertragen, wir sprechen von Dauerfestigkeit (Very-High-Cycle-Fatigue VHCF).

Der Übergang zur „Dauerschwingfestigkeit" wird bei $N_G = 10^6 \ldots 10^7$ Lastwechseln für metallische Werkstoffe beobachtet, d. h. die meisten Maschinen wie Motoren und durch sie angetriebene Arbeitsmaschinen überschreiten diese Grenzlastwechselzahl nach wenigen Tagen, sie sind also nach „Dauerfestigkeit" auszulegen.

Dieses Dauerfestigkeitsverhalten der metallischen Werkstoffe, welches durch abnehmende Ausschlagfestigkeiten bei zunehmender Mittelspannung gekennzeichnet ist, lässt sich in sogenannten Dauerfestigkeitsschaubildern z. B. nach Smith oder Haigh darstellen (vgl. Abb. 2.10).

In diesen Dauerfestigkeitsdiagrammen lassen sich zum einen die für statische Belastungen (s. Abb. 2.5a) geltenden Werkstofffestigkeiten für Bruch und Fließen als Grenzspannungen ablesen. Für dynamische Belastungen von großer Relevanz sind in diesen Diagrammen die Wechselfestigkeit σ_w für den Belastungsfall Abb. 2.5c, die Schwellfestigkeit σ_{Sch} für den Belastungsfall Abb. 2.5b, aber vor allem die Grenzspannungen σ_A für den Belastungsfall Abb. 2.5d.

Die dunkle Linie umfasst den sogenannten Dauerfestigkeitsbereich. Außerhalb liegt Zeitfestigkeit vor. Sind zum Beispiel die Mittelspannung σ_m und die Spannungsamplitude σ_a einer vorhandenen Spannung σ_{vorh} bekannt, können diese in die Diagramme eingetragen werden. Solange die vorhandenen Spannungsamplituden σ_a nicht größer sind, als die bei σ_m maximal möglichen Spannungsamplituden $\sigma_{A,}$ liegt Dauerfestigkeit vor – ansonsten Zeitfestigkeit (siehe Abb. 2.10). Somit wird auch hier die Berechnung einer Sicherheitszahl möglich, wie noch im Speziellen gezeigt werden soll.

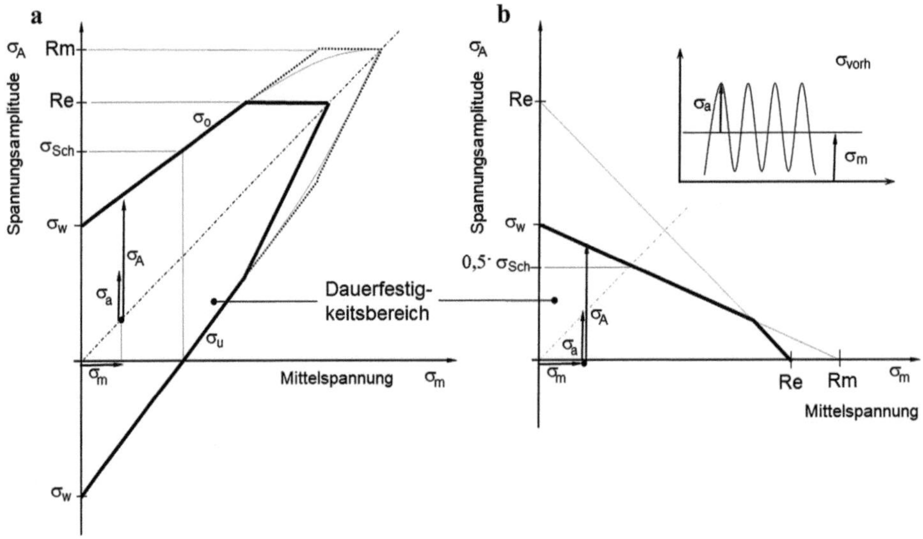

Abb. 2.10 Dauerfestigkeitsschaubilder. **a** nach Smith, **b** nach Haigh

Wegen der im Maschinenbau größeren Verbreitung benutzen wir im Weiteren das Dauerfestigkeitsschaubild nach Smith. Dabei wird die zum Bruch führende Ausschlagspannung an einer durch den I. und III. Quadranten gelegten 45°-Geraden in Ordinatenrichtung in Abhängigkeit von der Mittelspannung abgetragen, wobei eine obere und eine untere Grenzkurve der Dauerfestigkeit entsteht. An dieser Stelle sei darauf verwiesen, dass Spannungen, die zum Versagen des Bauteils führen, auch bei der Schwingbeanspruchung durch große Buchstaben als Indizes gekennzeichnet werden. Für die Mittelspannung σ_m als Orientierungsgröße ist generell ein kleiner Buchstabe üblich, was gelegentlich zu Schwierigkeiten führt (s. Sicherheitsberechnung im Smith-Diagramm).

Theoretisch kann die Mittelspannung σ_m maximal gleich der Beanspruchung R_m werden (die Ausschlagspannung σ_A geht dann gegen Null), wenn das Bauteil nicht vorher durch unzulässig große plastische Verformungen versagt. Für praktische Fälle wird das Dauerfestigkeitsverhalten der Werkstoffe deshalb oberhalb der Streckgrenze R_e uninteressant.

Wegen des großen Aufwandes der Bestimmung einer einzigen Wöhlerlinie aus Schwingversuchen gibt es eine Reihe von Vorschlägen zur einfachen Konstruktion von Smith-Diagrammen. Am günstigsten sind die Vorschläge, die lediglich die Wechselfestigkeit σ_W als einzige Schwingfestigkeitsgröße, sowie die statische Beanspruchung R_m und die Streckgrenze R_e bzw. die Fließgrenze benötigen (s. Abb. 2.11, vgl. [15, 24]). Wir folgen [24], wo außerdem im III. Quadranten für negative Mittelspannung σ_m das günstigere Festigkeitsverhalten gegenüber positiver Mittelspannung berücksichtigt wird, während die anderen Methoden wie [15] symmetrisches Festigkeitsverhalten im I. und III. Quadranten voraussetzen.

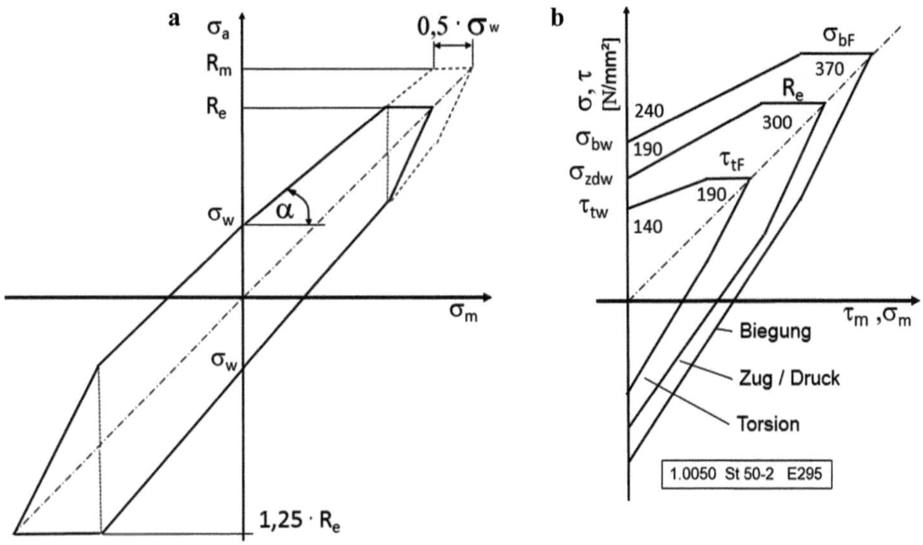

Abb. 2.11 Konstruktion des Smith-Diagrammes. **a** allgemein Zug/Druck, **b** Werkstoff E295

Sind z. B. bei Biegung und Torsion die Bruchwerte nicht bekannt, kann auch der Winkel α (s. Abb. 2.11a) für die Konstruktion des Smith-Diagrammes benutzt werden. Für α gelten die Werte

$\alpha = 36°$ für Biegung
$\alpha = 40°$ für Zug/Druck und
$\alpha = 42°$ für Torsion.

Auffallende Unterschiede weisen die Smith-Diagramme für die Beanspruchungsarten Zug/Druck, Biegung und Torsion auf, wie für das Beispiel des Werkstoffes E295 in Abb. 2.11b gezeigt wird.

Neben umfangreichen Angaben zu Schwingfestigkeitswerten in der Tafel II.2 des Anhanges sei auf die Sammlung von Smith-Diagrammen in der Tafel II.3 verwiesen. Weitere Smith-Diagramme lassen sich nach den angegebenen Methoden bei Bedarf konstruieren (s. auch Tafel II.3.1).

2.4 Bestimmung der Sicherheit bei Schwingbeanspruchung

Unter Schwingbeanspruchung sollen hier Spannungen mit periodischer Zeitfunktion und konstanter Amplitude entsprechend Abb. 2.5 für stabförmige Bauteile infolge Längskraft oder Biegemoment oder Torsion sowie einachsige Spannungszustände z. B. an Rändern oder Oberflächen verstanden werden.

Wir folgen grundsätzlich der Sicherheitsdefinition nach Gl. (2.4) als dem Quotienten von zum Versagen führender Spannung zur vorhandenen Beanspruchung.

Die vorhandene Beanspruchung ist dabei in der Form

$$\sigma_{vorh.} = \sigma_m \pm \sigma_a \text{ bzw. } \tau_{vorh.} = \tau_m \pm \tau_a \tag{2.9}$$

aufzubereiten. Das Versagen wird durch die Ausschlagspannung σ_A und die Mittelspannung σ_M (sie soll hier vorübergehend mit großem Buchstaben als Index versehen werden) entsprechend dem Smith-Diagramm gekennzeichnet, analog durch τ_A und τ_M bei Torsion.

Die in Abschn. 2.1 angestellten Überlegungen sind hier sowohl auf die Ausschlagspannungen als auch die Mittelspannungen anzuwenden, d. h. es muss davon ausgegangen werden, dass Sicherheiten für die Spannungsamplitude und für die Mittelspannung anzugeben sind. Es gilt

$$S_a = \frac{\sigma_A}{\sigma_a} \text{ bzw. } \frac{\tau_A}{\tau_a}$$

$$S_m = \frac{\sigma_M}{\sigma_m} \text{ bzw. } \frac{\tau_M}{\tau_m}. \tag{2.10}$$

Unterschiede der Sicherheit S_a und S_m sind aus unterschiedlichen Unsicherheiten der Lastannahme abzuleiten. Wir wollen verschiedene Fälle, sog. Überlastfälle diskutieren. Die zugeordneten Abb. 2.12a bis d zeigen die Sicherheitsbestimmung im Smith-Diagramm grafisch.

Überlastfall 1

Die mittlere Belastung und damit die Mittelspannung σ_m ist klein im Vergleich zur Streckgrenze R_e bzw. sie kann sicher bestimmt werden. Ungleich „unsicher" sei etwa durch mögliche Resonanzschwingungen die Amplitude. In diesem Fall wird nur S_a entsprechend groß vorgegeben; für die Mittelspannung genügt die Sicherheit $S_m = 1$. Die Abb. 2.12a veranschaulicht diesen Fall im Smith-Diagramm.

Abb. 2.12a Überlastfall 1

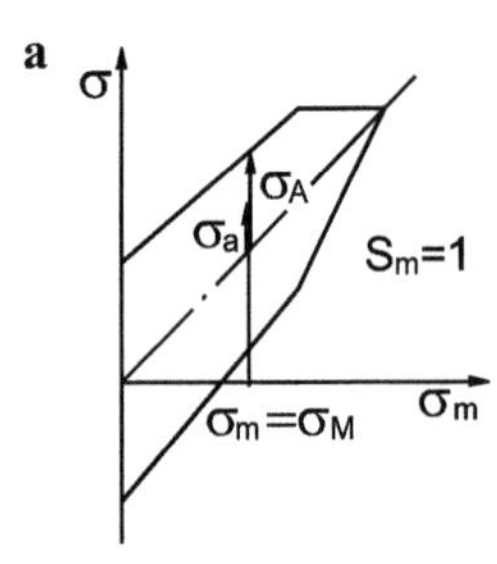

Abb. 2.12b Überlastfall 2

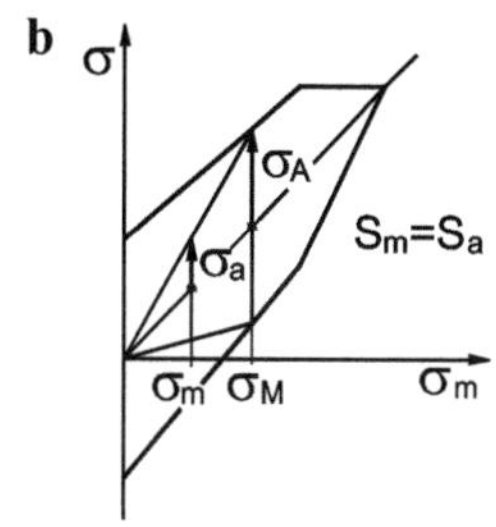

Abb. 2.12c Überlastfall 3

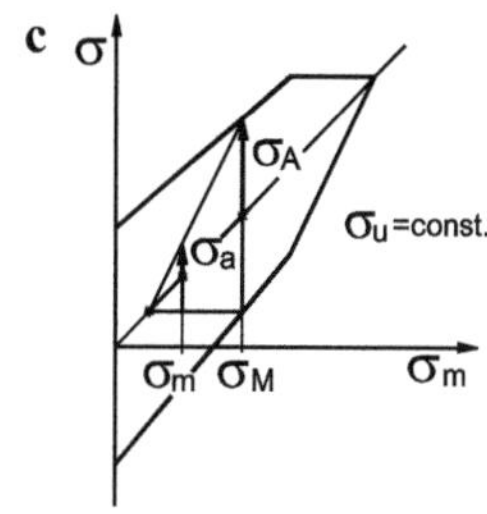

Abb. 2.12d Überlast allgemein

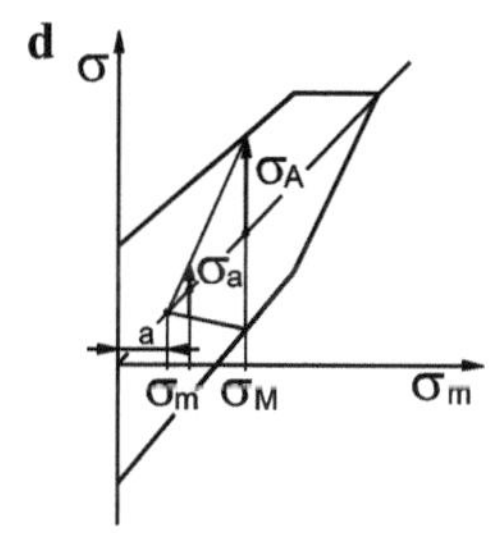

Überlastfall 2

Beide Sicherheiten sollen gleich groß sein, wenn davon ausgegangen wird, dass Mittelspannung σ_m und Amplitude σ_a gleich „unsicher" sind. Die Sicherheit $S = S_a = S_m$ kann mithilfe eines Ähnlichkeitsstrahls aus dem Smith-Diagramm bestimmt werden (s. Abb. 2.12b).

Überlastfall 3

Die Spannung σ_m und σ_a sind in der Weise unsicher, sodass $\sigma_u = \text{const.}$ bleibt (vgl. Abb. 2.12c) und schließlich als.

allgemeiner Fall

für ein bestimmtes Verhältnis S_a/S_m, für das der Schnittpunkt durch den Abstand a auf der Abszisse festgelegt werden kann (s. Abb. 2.12d).

Die Lastfälle 1 oder 2 werden die i. d. R. am häufigsten bei der Nachweisrechnung gewählt. Die praktische Ausführung der Sicherheitsbestimmung im Smith-Diagramm kann im Einzelfall graphisch erfolgen. Bei entsprechender Wiederholungshäufigkeit bietet sich die Benutzung analytischer Formeln zur Beschreibung der Dauerfestigkeitsschaubilder (vgl. [24]) bzw. darauf beziehende Rechenprogramme an. In jedem Fall empfiehlt sich die Überprüfung einer ausreichenden Sicherheit gegen Überschreiten der Streckgrenze nach

$$S_S = \frac{R_e}{\sigma_m + \sigma_a} \tag{2.11}$$

Sonderfälle liegen bei Wechsel- und Schwellfestigkeit vor.

Bei Wechselfestigkeit gilt $\sigma_m = 0$. Für alle Überlastungsfälle gilt übereinstimmend

$$S_a = \frac{\sigma_W}{\sigma_a}. \tag{2.12}$$

Für die Schwellfestigkeit gilt $\sigma_m = \sigma_a$, d. h. für den Überlastfall 1 kann vereinfacht mit

$$S_a = \frac{\sigma_{Sch}}{2 \cdot \sigma_a} (S_m = 1) \tag{2.13}$$

gerechnet werden.

Nach diesen Ausführungen zur Anwendung der „Überlastfälle“ wird es erforderlich, prinzipielle Überlegungen zur Zweckmäßigkeit der weiteren Vorgehensweise anzustellen.

Insbesondere das Auftreten örtlicher Spannungsspitzen an Kerben wie Querschnittsänderungen an Stäben, Bohrungen, Nuten u. a. führen auf die Unterscheidung zwischen Sicherheitsbestimmung nach dem

Konzept der örtlichen Spannungen

bzw. dem

Nennspannungskonzept.

Beide Konzepte werden in den nachfolgenden Abschnitten dargestellt.

2.5 Örtliche Spannungserhöhungen; Konzept der Sicherheitsberechnung nach örtlichen Spannungen

Örtliche Spannungserhöhungen treten im Bereich von „Kerben“ an stabförmigen Bauteilen, Scheiben, Platten oder auch Schalen auf.

Örtliche Spannungserhöhungen sind Bereiche zuerst beginnender Plastifizierung. Sie bilden meistens den Ausgangspunkt für Brüche.

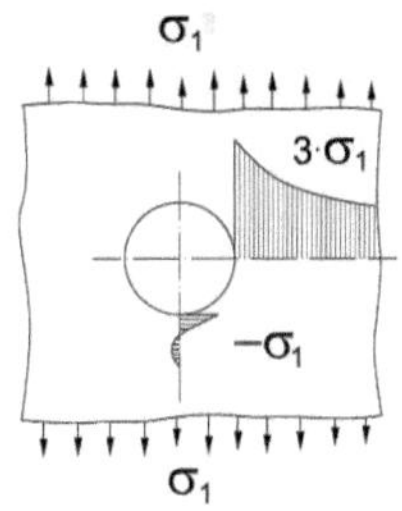

Abb. 2.13 Spannungserhöhungen am Rand einer Bohrung (Kirsch'sche Lösung)

Die klassische Lösung für eine Spannungserhöhung im Bereich einer Kerbe wurde von Kirsch [10] im Jahre 1898 mit der mathematischen Lösung des Spannungszustandes in der Umgebung einer Bohrung in einer unendlich ausgedehnten Scheibe mit einachsigem Spannungszustand σ_1 geliefert (vgl. Abb. 2.13).

Die „Kerbspannung" beträgt in diesem Falle $\sigma_k = 3 \cdot \sigma_1$, wobei auch die Spannung σ_1 am um 90° versetzten Randpunkt zu beachten ist.

Da die Störung in geringem Abstand von der Bohrung rasch abklingt, kann mithilfe der „Kirsch'schen Lösung" auch die Auswirkung einer Querbohrung z. B. in einer Welle auf die örtlichen Spannungen abgeschätzt werden.

Definieren wir die Spannungserhöhung am Kerbrand gegenüber dem Nennspannungszustand durch

$$\sigma_k = \alpha_k \cdot \sigma_{nenn} \tag{2.14}$$

α_k … Formzahl,

so kann für die Querbohrungen bei kleinem Durchmesser gegenüber dem Wellendurchmesser für Zug und Biegung mit $\alpha_{kz} = \alpha_{kb} = 3{,}0$ gerechnet werden.

Für Torsion steigt die örtliche Spannungserhöhung auf $\alpha_{kt} = 4{,}0$, wie aus der Überlagerung des zweiachsigen Hauptspannungszustandes (vgl. Abb. 2.14) leicht zu erkennen ist.

Infolge schwingender Beanspruchung sind Querbohrungen häufig Ausgangspunkte von Brüchen, deren Richtung wertvolle Hinweise auf die verursachende Belastung geben kann (vgl. Abb. 2.15).

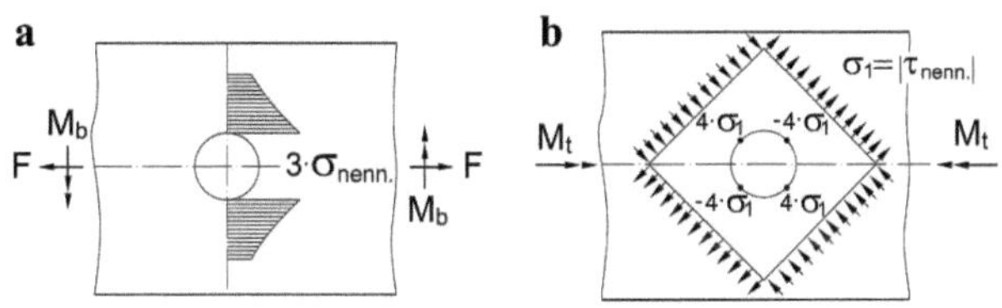

Abb. 2.14 Spannungserhöhung in einer Welle mit Querbohrung. **a** Zug bzw. Biegung, **b** Torsion

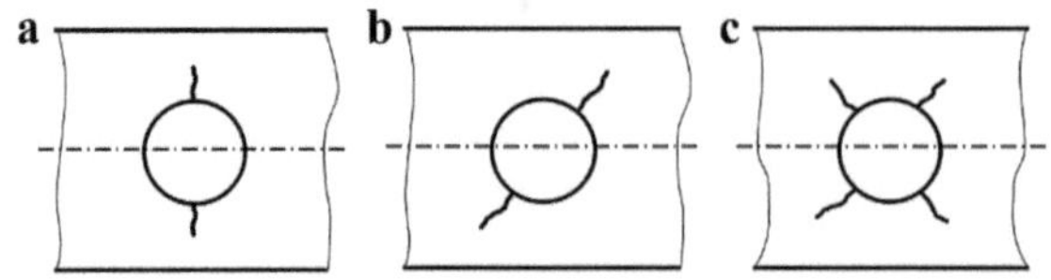

Abb. 2.15 Anrisse an Schmierbohrungen in Kurbelwellen. **a** Biegebeanspruchung; **b** Torsionsriss infolge schwingender Überlastung; **c** Torsionsriss bei Wechsel- Schwing- beanspruchung

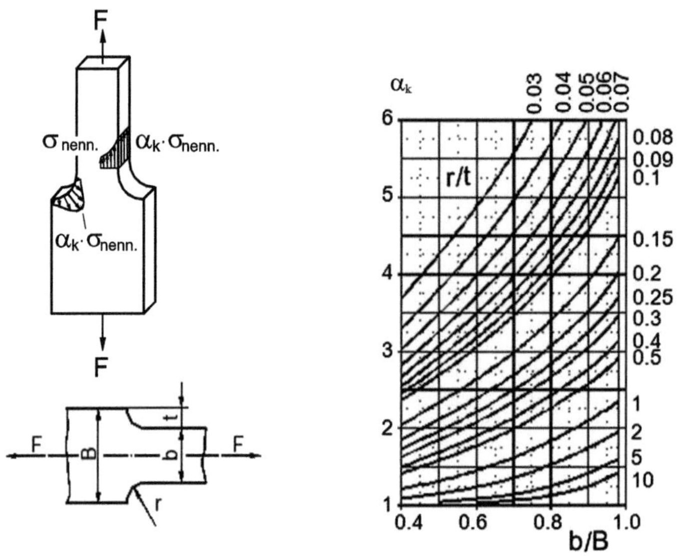

Abb. 2.16 Formzahl α_k bei Zugbeanspruchung des abgesetzten Flachstabes. (Nach [24])

Typische konstruktiv unvermeidbare Kerbformen sind den Abb. 2.16, 2.17 und 2.18 zu entnehmen. Der Kerbfaktor ist, wie in den Abb. 2.16 bis 2.18 deutlich wird, abhängig vom Durchmesserverhältnis und besonders vom relativen Kerbradius.

Weitere Beanspruchungen und Formen s. Tafel II.4 des Anhanges.

Besonders gefährlich sind „Spitzkerben“, wie sie mit der Gewindegeometrie verbunden sind. Die Kerbwirkung erhöht sich am belasteten Gewinde infolge der Umlenkung der „Kraftlinien“ um den Kerbgrund (vgl. Abb. 2.19). Die Formzahlen dürften die Größenordnung von $\alpha_k = 6 \ldots 9$ erreichen.

Örtliche Spannungserhöhungen werden aber auch durch ungünstige Materialanhäufungen bewirkt. So erhöht sich z. B. der elementare Spannungszustand an „Kesseln“ durch aufgeschweißte Flansche, Stutzen oder Ösen (vgl. Abb. 2.20), weil die Ausbildung des Membranspannungszustandes behindert wird.

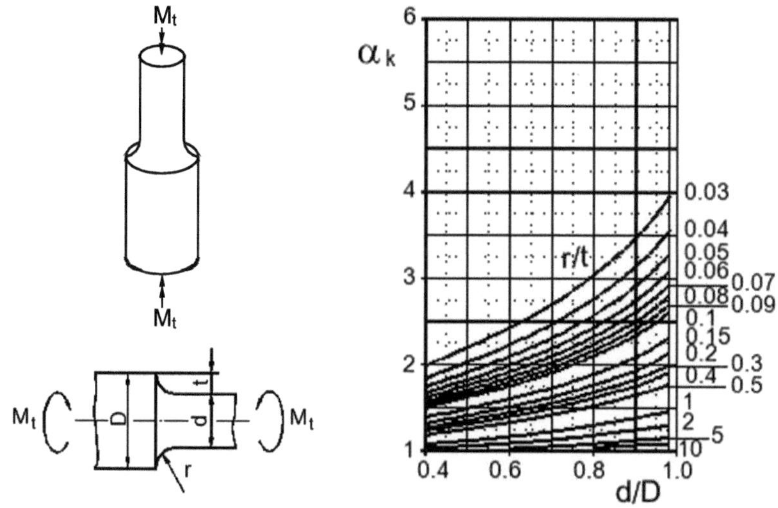

Abb. 2.17 Formzahl α_k bei Torsionsbeanspruchung des abgesetzten Rundstabes [24]

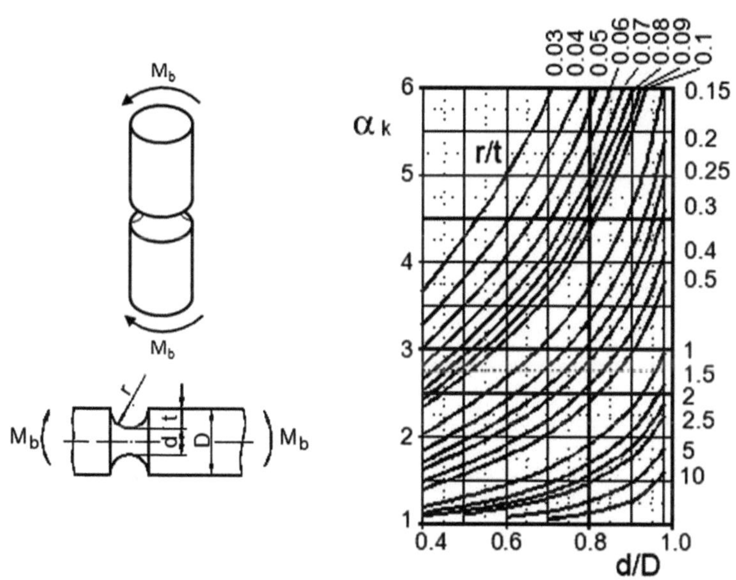

Abb. 2.18 Formzahl α_k bei Biegebeanspruchung des gekerbten Rundstabes [24]

Problematisch sind ebenfalls ungünstig gestaltete „Krafteinleitungen" im Stahlbau. Hierzu sei auf die einschlägige Literatur (z. B. [4]) verwiesen. Im übrigen sind eine große Zahl in der Praxis auftretender Kerbspannungsprobleme im Anhang enthalten.

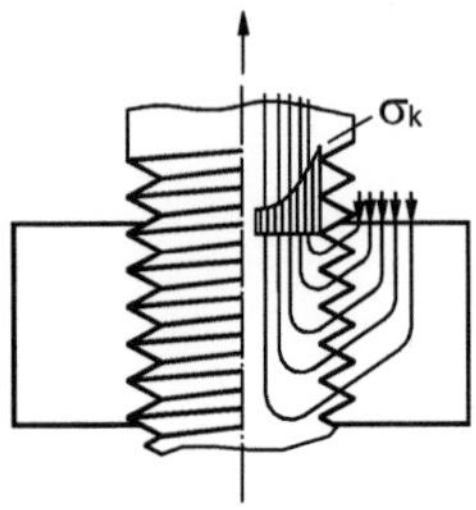

Abb. 2.19 Kerbspannungen am Gewinde

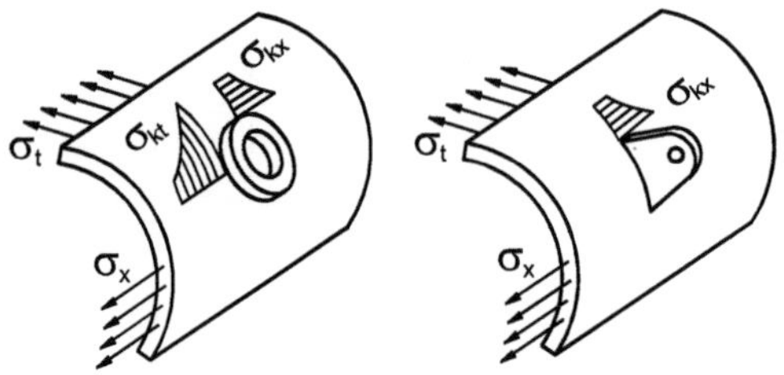

Abb. 2.20 Spannungserhöhung durch Behinderung der Ausbreitung des Membran- spannungszustandes

Folgen wir der bisherigen Vorgehensweise beim Berechnen der Sicherheit, so darf die örtliche Spannungserhöhung die zum Versagen führenden Beanspruchungen nicht überschreiten. Es gilt also

$$S = \frac{\sigma_{vers.}}{\alpha_k \cdot \sigma_{nenn.}}. \tag{2.15}$$

Dieses Konzept der „örtlichen Spannungen" ist vorzugsweise beim Versagen durch

- Streckgrenzenüberschreitung und
- Bruch infolge statischer bzw. ruhender Beanspruchung

anzuwenden (vgl. Abb. 2.21). Beim Versagen durch Schwingbruch sind neben der durch Spannungen ausgedrückten Beanspruchung Einflüsse wie Oberflächenrauigkeit, der Spannungsgradient und die unterschiedliche Kerbempfindlichkeit der Werkstoffe zu berücksichtigen. Praktische Erwägungen bei der experimentellen Ermittlung dieser Einflussgrößen und insbesondere der unterschiedliche Schädigungseinfluss von Mittelspannung und Ausschlaggrößen haben zur Entwicklung des sog. „Nennspannungskonzeptes" geführt, welches für stabförmige Bauteile gegenwärtig dem Konzept der örtlichen Spannung überlegen ist.

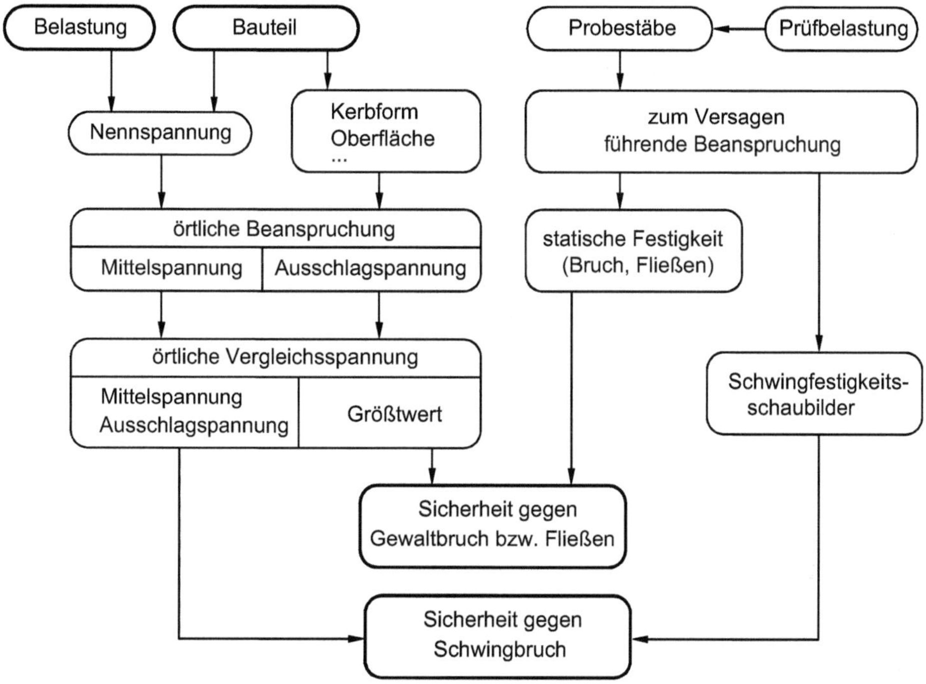

Abb. 2.21 Festigkeitsnachweis nach dem Konzept der „örtlichen Beanspruchungen“

2.6 Einflüsse auf die Schwingfestigkeit; das Nenn-spannungskonzept

Wir kennen bereits einige Hinweise, dass nicht die Spannung allein für den Schwingbruch verantwortlich ist. Wie sollten die wesentlich höheren ertragbaren Beanspruchungen bei Biegung gegenüber denen bei Zug/Druck-Beanspruchungen erklärt werden?

Bekannt ist die Hypothese, dass auch das Spannungsgefälle den Schwingbruch beeinflusst. Entsprechende Versuche zeigen, dass das sog. „Bezogene Schwingungsgefälle“ χ

$$\chi = \frac{1}{\sigma_{Rand}} \cdot \frac{d\,\sigma}{d\,n} \tag{2.16}$$

wirksam wird.

Wird in Analogie zur Formzahl α_k eine Kerbwirkungszahl

$$\beta_k = \frac{\text{Dauerfestigkeit des ungekerbten Stabes}}{\text{Dauerfestigkeit des gekerbten Stabes}} \tag{2.17}$$

definiert, so ergibt sich für gehärtete Stähle eine Übereinstimmung von α_k und β_k, während für elastisch – plastische Stähle $\alpha_k > \beta_k$ gilt. Wir erkennen damit als weiteren Einfluss eine Abhängigkeit vom Werkstoff.

Da diese Ermüdungsvorgänge weit unterhalb der Streck- oder Fließgrenze wirksam werden, muss es infolge des Spannungsgefälles zu intermolekularen und interkristallinen Ausgleichsvorgängen kommen, die die Spannungsspitzen abbauen und benachbarte Werkstoffbereiche stärker beanspruchen (vgl. Abb. 2.22). Diese Erscheinung wird auch als Stützwirkung bezeichnet.

Wegen des hohen Aufwandes einer direkten Bestimmung der Kerbwirkungszahl β_k nach Gl. (2.16) aus dem Schwingversuch, gibt es in der Literatur mehrfache Bemühungen, den Form- und Stoffeinfluss zu trennen.

Auf Thum [25] geht die empirische Formel für eine Kerbempfindlichkeit η_k

$$\eta_k = \frac{\beta_k - 1}{\alpha_k - 1} \tag{2.18}$$

ζυrück, d. h. bei Kenntnis vov α_k und η_k kann β_k nach

$$\beta_k = 1 + \eta_k(\alpha_k - 1) \tag{2.19}$$

berechnet werden. Aus dem Vergleich zwischen bekannten α_k und β_k lassen sich in Tab. 2.3 zusammengestellte Kerbempfindlichkeiten η_k ableiten (vgl. auch Tafel II.4.5 des Anhanges).

Eine weitere, sich zunehmender Anwendung erfreuende Methode, wurde von Siebel [21] entwickelt. Sie definiert eine Stützziffer n die vom bezogenen Spannungsgefälle und von der Werkstofffestigkeit abhängig ist (s. Abb. 2.23 und Tafel II.4.6 des Anhanges).

$$\beta_k = \frac{\alpha_k}{n}, \tag{2.20}$$

Allerdings wird die Kenntnis des bezogenen Spannungsgefälles notwendig, für das im Anhang, Tafel II.4.7 ebenfalls Angaben zu finden sind.

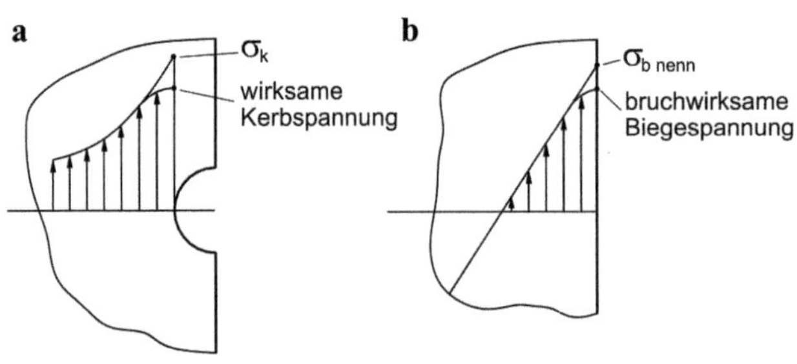

Abb. 2.22 Interkristalliner Spannungsausgleich (Stützwirkung). **a** Kerbbereich, **b** am Biegestab

Tab. 2.3 Kerbempfindlichkeiten η_k

Baustähle	η_k	hochfeste und gehärtete Stähle	η_k
S235JR+AR (St 37-2)	0,50 ... 0,60	C 60	0,80 ... 0,90
S275JR (St 42-2)	0,55 ... 0,65	34CrMo4	0,90 ... 0,95
E295 (St 50-2)	0,65 ... 0,70	30CrMoV9	0,95
E335 (St 60-2)	0,30 ... 0,75	Federstähle gehärtete Stähle	0,95 ... 1,00
E360 (St 70-2)	0,70 ... 0,80		

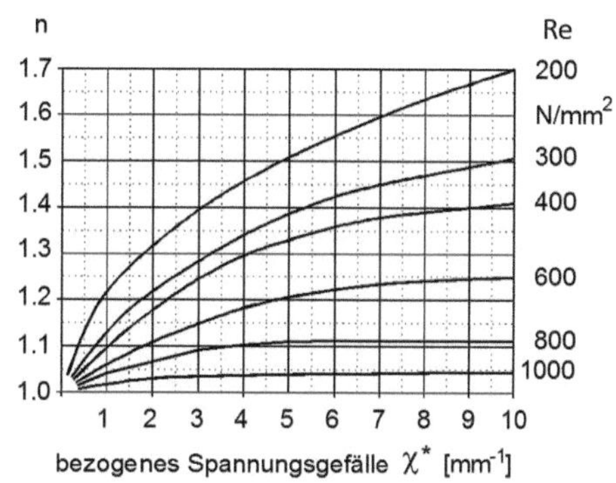

Abb. 2.23 Stützziffer n als Funktion des bezogenen Spannungsgefälles. (Vgl. Tafel II.4.6 des Anhanges)

Aus der Literatur sind weitere Wege zur Bestimmung der Kerbwirkungszahl bekannt, auf die hier nicht eingegangen werden soll.

Wir empfehlen folgende Methoden, wobei die Reihenfolge als Wertung verstanden werden soll.

1. Kerbwirkungszahl β_k aus dem direkten Schwingversuch nach Gl. (2.17) bzw. Tafel II.4.4 des Anhanges.
2. Kerbwirkungszahl β_k, berechnet aus α_k über die Stützziffer n nach Gl. (2.20) mit Werten nach Tafel II.4.6.
3. Kerbwirkungszahl β_k, berechnet aus α_k mithilfe der Kerbempfindlichkeit η_k des Werkstoffes nach Gl. (2.19) mit Hilfe der Tafel II.4.5.

Nun bedürfen diese Kerbwirkungszahlen einer weiteren Korrektur, wenn Durchmesser und Oberflächenbeschaffenheit des realen Bauteils sich von denen des Probestabes unterscheiden.

Mit dem Oberflächeneinflussfaktor O_F und dem Größeneinflussfaktor k definieren wir den Gesamteinflussfaktor γ_k zu

$$\gamma_k = \frac{\beta_k}{O_F \cdot k} \tag{2.21}$$

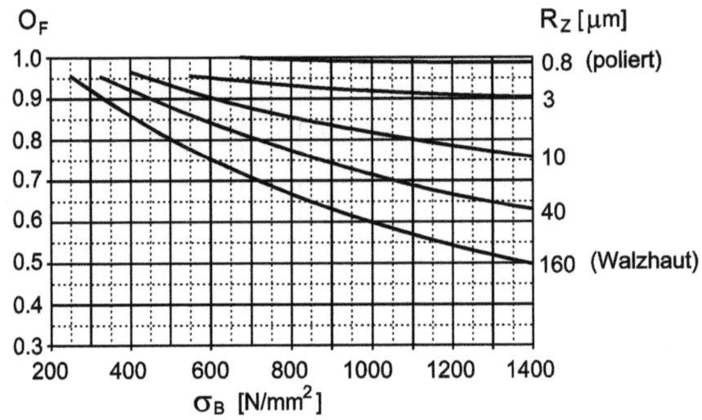

Abb. 2.24 Oberflächeneinflussfaktor (s. Anhang, Tafel II.4.8)

Raue Oberflächen besonders im Kerbbereich vermindern die Schwingfestigkeit erheblich, wie Abb. 2.24 ausweist.

Der Größeneinfluss kann auch geometrische und technologische Ursachen haben.

Der geometrische Größeneinflussfaktor k_g ist wieder mit der Stützwirkung bzw. dem interkristallinen Spannungsausgleich zu erklären. Er ist dementsprechend nur für Biegung und Torsion, nicht aber für Zug/Druck zu berücksichtigen.

Gehen wir davon aus, dass der Größeneinfluss proportional dem bezogenen Spannungsgefälle nach Gl. (2.16) ist, so ergibt sich für Torsion und Biegung mit $\chi = 2/d$ die Funktion einer Hyperbel

$$k_g = a \cdot \frac{1}{d} + b \tag{2.22}$$

in der a und b aus $k_g = 1$ für $d = d_{Probe}$ und $k_g = k_\infty$ für $d \rightarrow \infty$ zu bestimmen sind.

Der maximale Größeneinfluss k_∞ kann z. B. aus

$$k_\infty = \frac{\sigma_{zdw}}{\sigma_{bw}} \tag{2.23}$$

berechnet werden, sodass sich ergibt

$$k_g = (1 - k_\infty)\frac{d_{Probe}}{d} + k_\infty. \tag{2.24}$$

Eine Auswertung der Gl. (2.23) und (2.24) ergibt die in Abb. 2.25 dargestellten Kurvenverläufe. Dem geometrischen Größeneinfluss können sich technologische Einflüsse durch Einsatzhärtung oder Vergütung überlagern (vgl. Anhang, Tafel II.4.8), sodass $k = k_g \cdot k_t$ zu bilden ist.

Oberflächeneinfluss und Größeneinfluss erhöhen die Kerbwirkung. Nutzbar sind aber insbesondere im Bereich von Kerben auch technologische Möglichkeiten zur Verringerung der Kerbwirkung. Das sind vor allem Maßnahmen zur Erzeugung von Druckspannungszuständen wie Kugelstrahlen, Walzen und Einsatzhärten. In der Literatur wird

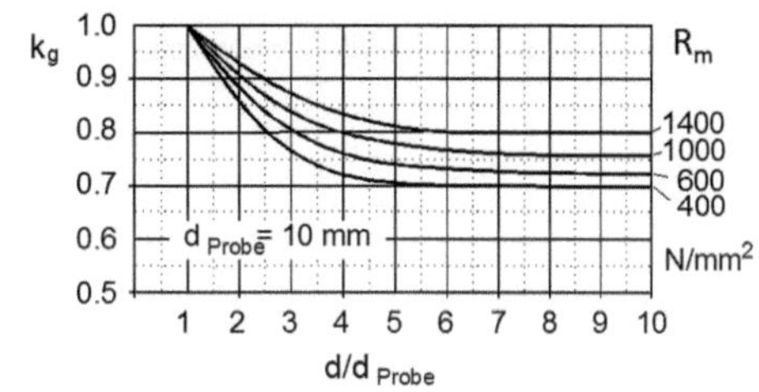

Abb. 2.25 Geometrischer Größeneinflussfaktor k_g für Biegung und Torsion

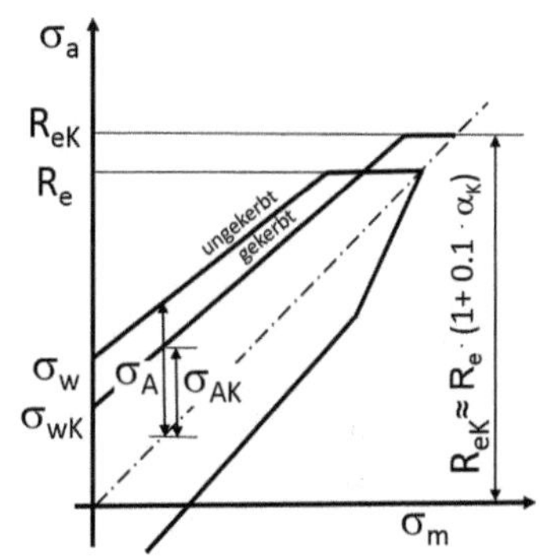

Abb. 2.26 Reduktion des Smith-Diagrammes/ Erhöhung der Streckgrenze im Kerbbereich

von einem Einfluss bis zu 50 % berichtet, der aber für allgemeingültige Rechnungen schwer quantifizierbar ist.

Die Vorgehensweise, Einflüsse auf die Schwingfestigkeit ebenfalls am Probestab und nicht am realen Bauteil zu analysieren, hat zu einer Abwendung vom „Konzept der örtlichen Spannungen" geführt. Insbesondere für Stäbe wurde das „Nennspannungskonzept" entwickelt, welches bei der Sicherheitsbestimmung die vorhandene Spannung mit der Nennspannung identifiziert und diese zur durch die Einflüsse auf die Schwingfestigkeit reduzierten Versagensspannung in Relation setzt. Für die Sicherheit gilt jetzt

$$S = \frac{\sigma_{vers.}(des\ gekerbten\ Probestabes)}{\sigma_{vorh.}(Nennspannung\ am\ realen\ Bauteil)}. \tag{2.25}$$

Für die praktische Bauteilauslegung sind die Smith-Diagramme für Zug/Druck, Biegung und Torsion, die am ungekerbten Probestab ermittelt wurden, durch den Gesamteinflussfaktor γ_k an das reale Bauteil anzupassen (vgl. Abb. 2.26). Für die Umrechnung gilt

$$\sigma_{AK} = \frac{\sigma_A}{\gamma_k}, \tag{2.26}$$

wobei gegenüber dem Konzept der örtlichen Spannungen zu beachten ist, dass die Mittelspannung σ_m eine fiktive Spannung ohne Umrechnung bleibt. Die prinzipielle Vorgehensweise nach dem „Nennspannungskonzept" ist der Abb. 2.27 zu entnehmen.

Bei der Anpassung des Smith-Diagramms kann eine Streckgrenzenerhöhung infolge Verfestigung im Kerbbereich berücksichtigt werden durch

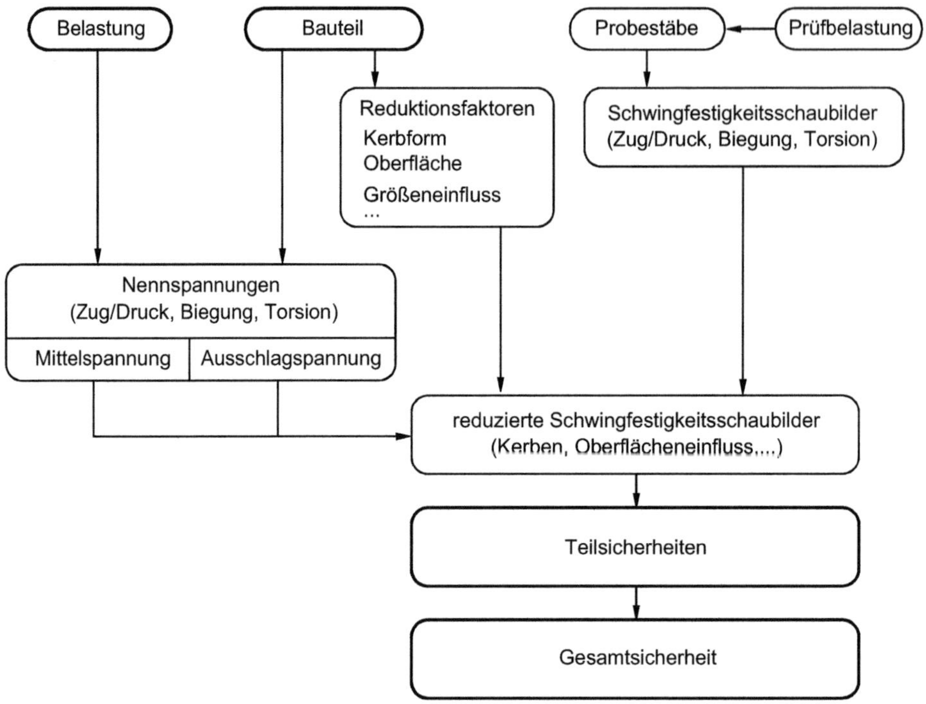

Abb. 2.27 Festigkeitsnachweis nach dem Nennspannungskonzept für stabförmige Bauteile mit schwingender Beanspruchung

$$R_{eK} = R_e(1 + 0{,}1 \cdot \alpha_k). \tag{2.27}$$

Ist α_k nicht bekannt, so liegt man mit $\alpha_k = \beta_k$ auf der „sicheren Seite".

Das beim „Konzept der Sicherheitsbestimmung für örtliche Spannungen" (Abschn. 2.5) noch unterdrückte Problem der „zusammengesetzten Beanspruchung", welches auf die Vergleichsspannungshypothesen bzw. eine Gesamtsicherheit (vgl. Abb. 2.27) führt, soll im nachfolgenden Abschnitt behandelt werden.

2.7 Zusammengesetzte oder kombinierte Beanspruchung stabförmiger Bauteile; Vergleichsspannung und Gesamtsicherheit

Bei den bisherigen Betrachtungen wurde vereinfachend davon ausgegangen, dass das Bauteil durch Zug/Druck oder Biegung oder Torsion beansprucht wird. In der Praxis treten diese Beanspruchungen i. d. R. „kombiniert" auf. Bei komplizierteren Gebilden, die nicht durch das stabförmige Modell idealisiert werden können, liegt ohnehin ein mehrachsiger Spannungszustand vor, der allerdings in jedem Fall durch den Hauptspannungstensor (s. Abschn. 2.1)

$$\sigma^T = \begin{pmatrix} \sigma_1 & 0 & 0 \\ 0 & \sigma_2 & 0 \\ 0 & 0 & \sigma_3 \end{pmatrix} \tag{2.28}$$

beschrieben werden kann.

Das Problem besteht nun darin, das Schädigungsverhalten des allgemeinen Spannungszustandes zu vergleichen mit der an Probestäben i. d. R. für Zug/Druck oder Biegung oder Torsion ermittelten Versagensspannung.

Für dieses Grundproblem der Festigkeitslehre wurden mehrfach Hypothesen entwickelt. Die älteste geht auf Galilei (um 1600) zurück, der die größere Hauptspannung σ_1 stets für das Versagen verantwortlich macht, d. h. es gilt

$$\sigma_V = \sigma_1. \tag{2.29}$$

Diese Normalspannungshypothese hat sich nur für spröde Werkstoffe bestätigt (sie wurde von Galilei auch speziell für Marmor entwickelt).

Für Werkstoffe mit Gleitbruch (z. B. Kupfer und Aluminium sowie deren Legierungen) trifft die von Tresca aufgestellte Schubspannungshypothese gut zu.

Hier gilt

$$\sigma_V = \sigma_1 - \sigma_3 = 2 \cdot \tau_{max}. \tag{2.30}$$

Für Stähle ist die Gestaltänderungsenergiehypothese am besten bestätigt.

Sie sagt aus, dass der Werkstoff versagt, wenn am Probestab ein Element die gleiche Gestaltänderungsenergie aufnimmt wie das Bauteil bei mehrachsiger Beanspruchung. Für die Aufstellung dieser Hypothese gingen v.Mises und Huber von der Überlegung aus, dass eine hydrostatische Beanspruchung $\sigma_1 = \sigma_2 = \sigma_3 = p$ zumindest im Druckbereich nicht zum Versagen führt.

Die Gestaltänderungsenergie ist also die um den hydrostatischen Anteil verminderte allgemeine Deformationsenergie. Für den dreiachsigen Spannungszustand gilt, auf die Ableitung soll hier verzichtet werden (vgl. z. B. [12]),

$$\sigma_V = \sqrt{\sigma_1{}^2 + \sigma_2{}^2 + \sigma_3{}^2 - \sigma_1\sigma_2 - \sigma_1\sigma_3 - \sigma_2\sigma_3}. \tag{2.31}$$

Für plastische Deformationen und statischen Bruch mit ausgeprägter Bruchdehnung ist die Hypothese bestens bestätigt.

Insbesondere für stabförmige Bauteile lassen sich die Hypothesen nach einem Vorschlag von Bach [1] an spezielle Versagensarten anpassen.

Bei stabförmigen Bauteilen mit Zug/Druck-, Biege- und Torsionsbeanspruchung reduziert sich der allgemeine Spannungstensor auf

$$\sigma^T_{Stab} = \begin{pmatrix} \sigma & \tau_{xy} & 0 \\ \tau_{yx} & 0 & 0 \\ 0 & 0 & 0 \end{pmatrix}. \tag{2.32}$$

Mit Gl. (2.8) ergeben sich dann aus der Schubspannungshypothese und der Gestaltänderungsenergiehypothese die sehr ähnlichen Formen

$$\sigma_V = \sqrt{\sigma_x{}^2 + 4 \cdot \tau_{xy}{}^2} \text{(Schubspannungs-Hypothese)} \tag{2.33}$$

$$\sigma_V = \sqrt{\sigma_x{}^2 + 3 \cdot \tau_{xy}{}^2} \text{(Gestaltänderungsenergie-Hypothese)}, \tag{2.34}$$

d. h. wir können auch allgemein schreiben [1]

$$\sigma_V = \sqrt{\sigma_x{}^2 + \alpha^2 \cdot \tau_{xy}{}^2} \text{(Hypothese nach Bach)}. \tag{2.35}$$

Durch Umformung der Gl. (2.35) auf

$$1 = \frac{\sigma_x{}^2}{\sigma_V{}^2} + \frac{\tau_{xy}{}^2}{\sigma_V{}^2/\alpha^2} \tag{2.36}$$

wird eine Ellipse erkennbar, deren Halbachsen mit den zum Versagen führenden Spannungen σ_B oder σ_S bzw. γ_F identifiziert werden können (s. Abb. 2.28).

Diese Bruch- oder Versagensellipse ist gut bestätigt. Der Gedanke der Erweiterung ihres Gültigkeitsbereiches auf schwingende Beanspruchung wurde von Gough/Pollard [8] zumindest für Wechselbeanspruchung nachgewiesen.

Sind Versuchswerte $\sigma_{vers.}$ bzw. $\tau_{vers.}$ für die Halbachsen bekannt, so kann α aus Gl. (2.36) bestimmt werden. Es gilt:

$$\sigma_x = \sigma_V = \sigma_{vers.} \text{ für } \tau_{xy} = 0 \tag{2.37}$$

$$\tau_{xy} = \frac{\sigma_V}{\alpha} = \tau_{vers.} \text{ für } \sigma_x = 0 \tag{2.38}$$

und damit nach Eliminierung von σ_V

$$\alpha = \frac{\sigma_{vers.}}{\tau_{vers.}}, \tag{2.39}$$

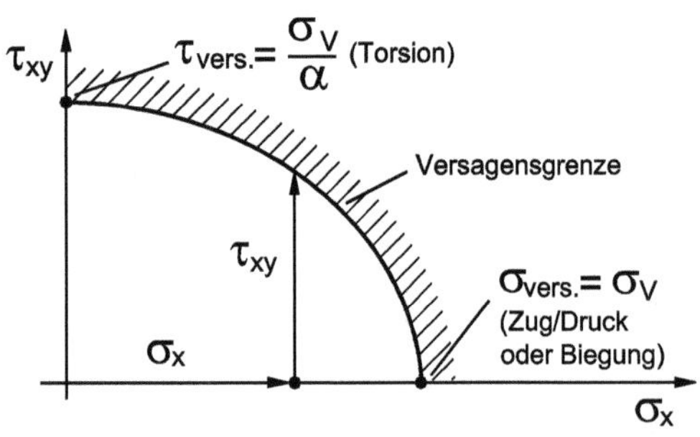

Abb. 2.28 Versagensellipse

d. h. die Hypothese lässt sich an die jeweils zutreffende Versagensart anpassen.

So kann z. B. gesetzt werden

$$\alpha = \frac{\sigma_B}{\tau_B}; \frac{\sigma_S}{\tau_F}; \frac{\sigma_{bw}}{\tau_{tw}}; \frac{\sigma_{AK}}{\tau_{AK}} \text{ usw.} \tag{2.40}$$

Im Folgenden sei die Vorgehensweise ausgehend von ruhender Beanspruchung mit steigendem Schwierigkeitsgrad skizziert:

Ruhende Beanspruchung – Zug/Druck, Biegung und Torsion

Nach Gl. (2.35) gilt für die Bruchvergleichsspannung

$$\sigma_V = \sqrt{\sigma_{zd}{}^2 + \left(\frac{\sigma_B}{\tau_B}\right)^2 \cdot \tau_t{}^2}. \tag{2.41}$$

und die Sicherheit gegen Bruch bzw. Fließen/Streckgrenzenüberschreitung ergibt sich zu

$$S_B = \frac{\sigma_B}{\sigma_V} \text{ bzw. } S_F = \frac{\sigma_S}{\sigma_V}. \tag{2.42}$$

Sinngemäß ist bei Sicherheit gegen Streckgrenzenüberschreitung wie bei Biegung und Torsion vorzugehen.

Weitergehende Überlegungen sind für das gleichzeitige Auftreten von Zug/Druck, Biegung und Torsion notwendig.

Wird von der Zulässigkeit der Addition von Zug- und Biegespannungen ausgegangen, so gilt

$$\sigma = \sqrt{(\sigma_z + \sigma_b)^2 + \alpha^2 \cdot \tau_t{}^2} \tag{2.43}$$

$\alpha = \frac{\sigma_B}{\tau_B}$ bei Bruch und $\alpha = \frac{\sigma_S}{\tau_F}$ bei Fließen bzw. Streckgrenzenüberschreitung.

Soll das unterschiedliche Schädigungsverhalten von Zug und Biegung berücksichtigt werden, so ist die Biegespannung bei Deutung des α als „Anpassungsfaktor" über ein α' zu wichten.

$$\sigma = \sqrt{(\sigma_z + \alpha' \cdot \sigma_b)^2 + \alpha^2 \cdot \tau_t{}^2} \tag{2.44}$$

$$\alpha' = \alpha_B = \frac{\sigma_B}{\tau_B} \text{ bzw. } \alpha = \alpha_F = \frac{\sigma_S}{\tau_F}$$

α wie in Gl. (2.43)

Schwingende Beanspruchung – Zug/Druck, Biegung und Torsion

Hier tritt ein weiterer Schwierigkeitsgrad hinzu, da auch für die Mittelspannung eine Vergleichsspannung zu bilden ist. In Analogie zu Gl. (2.44) gilt für die Zug/Druck-Vergleichsspannung mit den Nenn-Mittelspannungen

$$\sigma_{zdmV} = \sqrt{(\sigma_{zdm} + \alpha' \cdot \sigma_{bm})^2 + \alpha^2 \cdot \tau_{tm}{}^2}. \tag{2.45}$$

α' und α wie in Gl. (2.43)

Weiter können sinngemäß σ_{bmV} und τ_{bmV} gebildet werden. Einfacher gilt aber auch

$$\sigma_{bmV} = \frac{1}{\alpha'} \cdot \sigma_{zdm} \tag{2.46}$$

und

$$\tau_{bmV} = \frac{1}{\alpha} \cdot \sigma_{zdm}. \tag{2.47}$$

Für die drei Vergleichsmittelspannungen werden in den entsprechenden Smith-Diagrammen nach Reduktion mit γ_k (wir folgen damit weiter dem Nennspannungskonzept) die Ausschlag-Spannungen abgelesen, um „schwingende" Anpassungsfaktoren zu bilden. Es gilt

$$\alpha' = \frac{\sigma_{zdAK}}{\sigma_{bAK}} \text{ und } \alpha = \frac{\sigma_{zdAK}}{\tau_{tAK}}$$

jetzt wird die Ausschlagspannung

$$\sigma_{aV} = \sqrt{(\sigma_{zda} + \alpha \cdot \sigma_{ba})^2 + \alpha^2 \cdot \tau_{ta}^2} \tag{2.48}$$

(σ_{zda}, σ_{ba} und τ_{ta} sind Nennspannungen!)

berechnet, mit der im Smith-Diagramm für Zug/Druck der Sicherheitsnachweis nach den in Abschn. 2.4 dargestellten Überlastfällen zu führen ist. Es gilt die Gesamtsicherheit

$$S = \frac{\sigma_{zdAK}}{\sigma_{aV}}. \tag{2.49}$$

Die relativ komplizierte Vorgehensweise kann am *Beispiel 2* des Anhanges nachvollzogen werden.

Ingenieurmäßig übersichtlicher ist ein Weg, der über Teilsicherheiten zur gleichen Gesamtsicherheit führt.

Dividieren wir die Gl. (2.48) durch σ_{zdAK} (d. h. genau den Wert, mit dem der Sicherheitsnachweis zu führen ist!), so erhalten wir nach Quadrieren

$$\left(\frac{\sigma_{aV}}{\sigma_{zdAK}}\right)^2 = \left(\frac{\sigma_{zda}}{\sigma_{zdAK}} + \frac{\sigma_{ba}}{\sigma_{bAK}}\right)^2 + \left(\frac{\tau_{ta}}{\tau_{tAK}}\right)^2. \tag{2.50}$$

Die einzelnen Quotienten dieser Gleichung sind jeweils die Kehrwerte von Sicherheiten, sodass auch geschrieben werden kann

$$\left(\frac{1}{S_{a\,ges.}}\right)^2 = \left(\frac{1}{S_{zd\,a}} + \frac{1}{S_{b\,a}}\right)^2 + \left(\frac{1}{S_{ta}}\right)^2. \tag{2.51}$$

Die Gl. (2.51) ist in der Form

$$\frac{1}{S^2} = \frac{1}{S_\sigma^2} + \frac{1}{S_\tau^2} \tag{2.52}$$

bekannt.

Die Gleichung eröffnet einen Weg zur übersichtlichen Berechnung der Gesamtsicherheit, indem die Teilsicherheiten für jede Beanspruchungsart zunächst getrennt nach den in Abschn. 2.6 angegebenen Methoden aus den für den Kerbfall reduzierten Smith-Diagrammen berechnet werden. Dabei können für die Teilsicherheiten auch unterschiedliche Überlastfälle zugelassen werden.

Gl. (2.51) lässt sich in anschaulicher Weise auch aus der Versagensellipse (s. Abb. 2.28) herleiten.

Gehen wir davon aus, dass die vorhandenen bzw. zulässigen Spannungen (s. Abb. 2.29) kleiner als die Versagensspannungen sein müssen, lässt sich ein „zulässiger Bereich“ im Innern der Versagensellipse abgrenzen.

Wird die Versagensellipse auf den Achsen durch $\sigma_{vers.}$ bzw. $\tau_{vers.}$ relativiert, geht die Versagensellipse in einen Versagenskreis (r = 1) über und wir erkennen „die Kreise der zulässigen Spannungen“ als Kehrwert der Sicherheit. Mithilfe des Pythagoras ergeben sich die Gl. (2.51) bzw. (2.52) auch auf anschaulichem Wege.

Am *Beispiel 2* des Anhanges wird auch der Rechnungsweg über die Teilsicherheiten demonstriert.

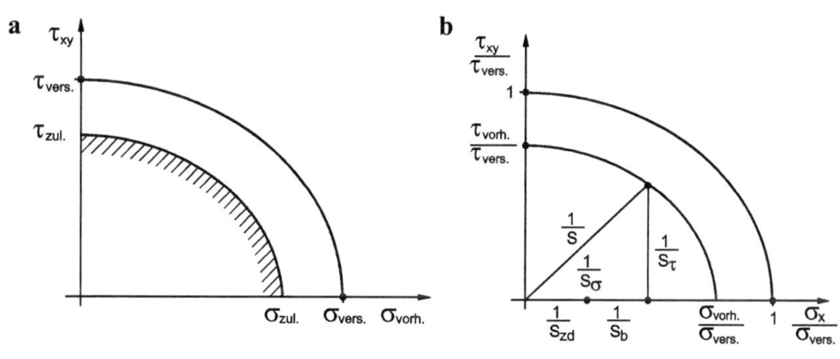

Abb. 2.29 Weiterentwicklung der Versagensellipse. **a** Versagensellipse mit zul. Bereich; **b** Sicherheitskreis

2.8 Vergleichsspannung und Sicherheitsnachweis für nichtstabförmige Bauteile; Grenzen des Konzeptes der örtlichen Spannungen

Während in Abschn. 2.2 bisher zur Auslegung von Konstruktionselementen durch Berechnung der Sicherheit dem für stabförmige Bauteile entwickelten „Nennspannungskonzept" gefolgt wurde, soll im Folgenden auf den Sicherheitsnachweis für nichtstabförmige Bauteile eingegangen werden.

Spannungszustände in nichtstabförmigen Bauteilen lassen sich nur für spezielle Fälle wie das dickwandige Rohr und daraus abgeleitete Sonderfälle (vgl. Tafel II.1 im Anhang) sowie dank der Arbeiten von Hertz für spezielle Kontaktaufgaben analytisch berechnen (s. z. B. [25]).

Spannungszustände in komplizierten Bauteilen lassen sich experimentell z. B. mithilfe von Dehnungsmessstreifen oder auf spannungsoptischem Wege und natürlich numerisch mittels Finite-Elemente-Methode (FEM) ermitteln.

Die vorhandenen Spannungen stellen sich dabei als allgemeiner Spannungstensor oder nach entsprechender Transformation als Hauptspannungstensor (vgl. Gl. (2.7) im Abschn. 2.1) dar.

Wie bei stabförmigen Bauteilen lokalisieren sich die Spannungsmaxima auch für nichtstabförmige Bauteile oft an lastfreien Oberflächen, sodass mit vereinfachten Spannungstensoren gerechnet werden kann.

Da für nichtstabförmige Bauteile eine „Nennspannung" nicht relevant ist, muss der Sicherheitsnachweis mit den „örtlichen Spannungen" geführt werden.

Grundsätzlich wird dabei auch von Gl. (2.4) ausgegangen, d. h. es sind „zum Versagen führende Spannungen" $\sigma_{\text{vers.}}$ in Relation zu den „vorhandenen Spannungen" $\sigma_{\text{vorh.}}$ zu setzen.

Für Sicherheiten gegen Gewaltbruch und Streckgrenzenüberschreitung ist die Vorgehensweise problemlos, denn es liegt der elementare Fall der Anwendung der Vergleichsspannungshypothese vor. Aus den vorhandenen örtlichen Spannungen, gegeben durch die Hauptspannungen σ_1, σ_2, σ_3, wird nach Gl. (2.31) die örtliche Vergleichsspannung berechnet. Die zum Versagen führenden Spannungen sind σ_B bzw. σ_S, also die am Zugstab ermittelten Werkstoffwerte.

Im Prinzip kann diese Methodik auch für schwingende Beanspruchung angewendet werden. Für örtlich vorhandene Spannungen

$$\begin{aligned} \sigma_1 &= \sigma_{1\text{m}} \pm \sigma_{1\text{a}} \\ \sigma_2 &= \sigma_{2\text{m}} \pm \sigma_{2\text{a}} \\ \sigma_3 &= \sigma_{3\text{m}} \pm \sigma_{3\text{a}} \end{aligned} \tag{2.53}$$

werden mithilfe der Gl. (2.31) die Vergleichsspannungen für Mittelwert und Ausschlagspannung σ_{Vm} und σ_{V} berechnet. Im für den Werkstoff zutreffenden Dauerfestigkeitsschaubild kann die Sicherheit entsprechend dem vorliegenden Überlastfall bestimmt werden.

Im Vergleich zum Nennspannungskonzept für stabförmige Bauteile sind kleinere Sicherheiten zu erwarten bzw. das Bauteil wird bei gleicher Sicherheit überdimensioniert. Die Ursachen sind unschwer in der Nichtberücksichtigung des intermolekularen Spannungsausgleiches infolge des Spannungsgefälles zu erkennen. Hier werden die gegenwärtigen Grenzen des Konzeptes der örtlichen Spannungen und die Notwendigkeit entsprechender Forschungsarbeiten offenbar.

Diese Aussage trifft insbesondere auf die Vergleichsspannungshypothesen zu. Dabei ist der im Abschn. 2.7 abgeleitete Weg über die Berechnung der Gesamtsicherheit aus den Teilsicherheiten durch die Praxis zumindest für den Bereich des Maschinenbaus zur Kombination von σ_x und τ_{xy} im Sinne des Nennspannungskonzeptes gut bestätigt.

Allerdings führt die v. Misesche Hypothese für bestimmte Spannungszustände nach dem Konzept der örtlichen Spannungen zu offensichtlich falschen Werten.

Gehen wir von Gl. (2.31) aus und wenden diese auf 2-achsige Spannungszustände an, so kann die Gleichung auch in der Form

$$\frac{\sigma_V}{\sigma_1} = \sqrt{1 + \left(\frac{\sigma_2}{\sigma_1}\right)^2 - \frac{\sigma_2}{\sigma_1}} \tag{2.54}$$

geschrieben werden. Die Auftragung in Abb. 2.30 zeigt, dass typische Anwendungen des Maschinenbaus wie Wellen und „reine“ Torsion im Bereich $\sigma_2/\sigma_1 < 1$ auf einsehbare und experimentell bestätigte Werte führen.

Andererseits ist der Bereich $0 < \sigma_2/\sigma_1 < 1$ mit $\sigma_V/\sigma_1 < 1$ kaum richtig, wie z. B. aus dem Behälterbau bekannt ist. So ist es sehr zu begrüßen, dass zahlreiche jüngere Publikationen das Problem der Vergleichsspannung aufgreifen bzw. mit sog. „Interaktionsformeln“ versuchen, diese Aufgabe zu lösen.

Aus später noch erkennbaren Gründen soll jedoch an der klassischen Sicherheit festgehalten werden, auch wenn sie sehr kritikwürdig ist.

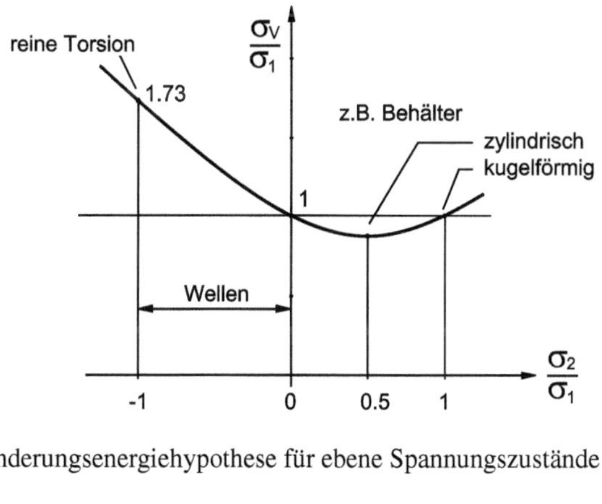

Abb. 2.30 Gestaltänderungsenergiehypothese für ebene Spannungszustände

2.9 Erforderliche Sicherheit; Sicherheit unter wahrscheinlichkeitstheoretischem Aspekt

Im Abschn. 2.1 haben wir die Sicherheitszahl S als Quotienten aus zum Versagen führender Belastung oder Beanspruchung und den tatsächlich vorhandenen Größen definiert. Nach den bisherigen Überlegungen unterscheiden wir

- Sicherheit gegen Gewaltbruch (Rm, σ_{bB}, τ_{tB})
- Sicherheit gegen Streckgrenzenüberschreitung (Re) oder Fließen ($\sigma_{bF,}$ τ_{tF})
- Sicherheit gegen Dauerschwingbruch oder Ermüdung (σ_A, σ_{AK}, τ_A, τ_{AK}).

Grundsätzlich wird die Sicherheit als Zahl > 1 definiert. Aus praktischer Erfahrung und nach einschlägigen Vorschriften werden „erforderliche Sicherheiten" in der Größenordnung

$1{,}2 < S_{erf.} < 3$ (bis 8 in Extremfällen)

verwendet (s. Tafel II.5 des Anhanges), wobei im Sicherheitsnachweis

$$S_{vorh.} \geq S_{erf.} \tag{2.55}$$

zu dokumentieren ist.

Es gebietet die ökonomische Vernunft des Ingenieurs, die vorhandene Sicherheit in Übereinstimmung der erforderlichen Sicherheit zu bringen. Oft obliegt es allerdings dem Konstrukteur, die erforderliche Sicherheit selber festzulegen.

Mit den nachfolgenden Überlegungen sollen die Einflüsse auf die „erforderliche Sicherheit" verdeutlicht werden. Dabei wird der klassische Sicherheitsnachweis eine kritische Wertung erfahren.

Die Sicherheitszahl entsprechend der o. g. Definition verbindet stets zwei unabhängige Gruppen von Einflussgrößen, die statistischen bzw. wahrscheinlichkeitstheoretischen Verteilungen unterliegen.

Analysieren wir zunächst die in den Belastungen berechnete Sicherheit:

Wird eine statistisch repräsentative Anzahl gleicher Bauteile experimentell bezüglich ihrer zum Versagen führenden Belastung geprüft, so ergäbe sich eine um den Mittelwert $\overline{B}_{vers.}$ verteilte Häufigkeit des Ausfalls, die durch mehrere statistische Parameter zu erklären ist:

$$H(B_{vers.}) = f\begin{pmatrix} \cdot\,\text{Maßhaltigkeit} \\ \cdot\,\text{Oberflächengüte} \\ \cdot\,\text{Werkstoffqualität} \\ \ldots \end{pmatrix}.$$

Dem stehen tatsächlich vorhandene Belastungen gegenüber, die meistens ebenfalls statistisch verteilt sind.

$$H(B_{vorh.}) = f\begin{pmatrix} \cdot\,\text{Windlasten} \\ \cdot\,\text{Seegangslasten} \\ \cdot\,\text{Umwelteinflüsse} \end{pmatrix}.$$

Abb. 2.31 verdeutlicht, dass ein Schaden immer dann auftritt, wenn ein Bauteil statistisch geringerer Festigkeit statistisch große vorhandene Belastung aufnehmen muss.

Es ist qualitativ einsehbar, dass im Überschneidungsbereich beider Glockenkurven wieder eine statistische Verteilung für die Schadenshäufigkeit $H_{Schaden}$ auftritt (vgl. [2, 9]).

Andererseits kann daraus abgeleitet werden, dass sich die Schadenswahrscheinlichkeit verringert bzw. sogar gegen Null geht, wenn Überschneidungen beider Glockenkurven vermieden werden. Folgende Maßnahmen können daraus zu Erhöhung der Sicherheit abgeleitet werden (vgl. Abb. 2.32a–e).

1. Zur Verschiebung der Glockenkurve durch Vergrößerung der mittleren Bauteilbelastbarkeit B_{vers}. Dieser Maßnahme sind ökonomische Grenzen gesetzt, da sie bei gleichem Werkstoff massenintensiv, bei höherfestem Werkstoff kostenintensiv ist (Abb. 2.32a).
2. Verringerung der Streubreite für $B_{vers.}$ bei konstantem B_{vorh}. Das kann durch verbesserte technologische Bedingungen erreicht werden, die natürlich ebenfalls kostenintensiv sind (Abb. 2.32b).
3. Gütekontrolle bzgl. erkennbarer Mängel (Maßhaltigkeit, Oberflächengüte, Rissprüfung, u. a.). Diese Maßnahmen bewirkt eine Asymmetrie der rechten Verteilungsfunktion (Abb. 2.32c).
4. Aufbringen einer statischen Prüflast (Burn – in) oder besser Durchführung eines Prüflaufes mit Schwingbelastung mit $N > N_{grenz.}$ (Abb. 2.32d).
   Statische Prüflasten sind dabei nur sinnvoll bei statisch belasteten Bauteilen, da ein späterer Ermüdungsbruch dadurch nicht verhindert werden kann. Für die Simulation von Ermüdungsbrüchen sind Prüfläufe nur vertretbar, wenn $N_{grenz.}$ nach relativ kurzen Prüfzeiten erreicht wird.

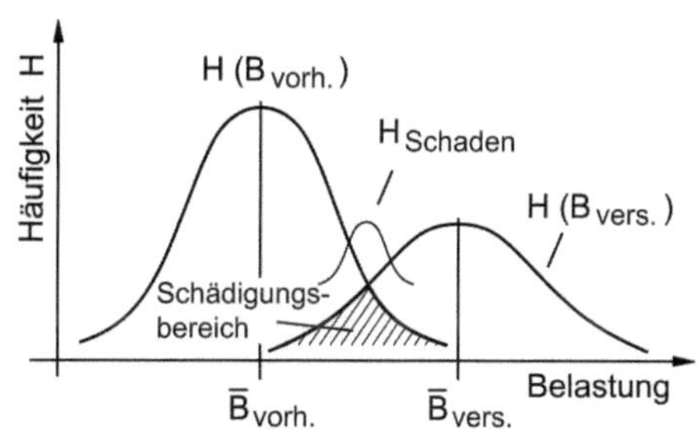

Abb. 2.31 Schädigungsbereich infolge Schneidung der Verteilungen für $B_{vorh.}$ und B_{vers}

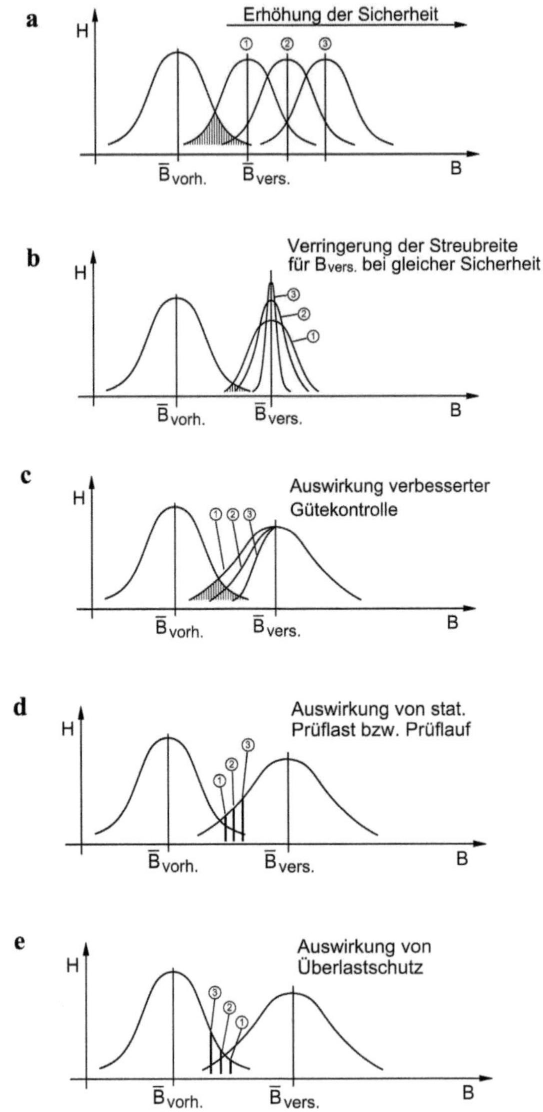

Abb. 2.32 Maßnahmen zur Verringerung der Schadenswahrscheinlichkeit. **a** Sicherheitserhöhung; **b** Streubreitenreduzierung; **c** Gütekontrolle; **d** Prüflast; **e** Überlastschutz

5. Maßnahmen zur Belastungsbegrenzung wie Überlastschutz, Rutschkupplungen u. a., die bei Kombination mit den Maßnahmen 2 bis 4 die Schadenswahrscheinlichkeit wesentlich verringern (Abb. 2.32e)

Die Maßnahme 5 ist besonders dann sinnvoll, wenn eine extreme „Lastannahme" getroffen werden müsste.

Lastannahmen oder lastabschätzende Berechnungen werden in der Praxis sehr häufig notwendig, da das zu entwickelnde technische Gebilde zum Zeitpunkt der Berechnung als Messobjekt i. d. R. nicht zur Verfügung steht.

Wird die Sicherheit in Beanspruchungen nachgewiesen – und das ist in der Praxis übliche Vorgehensweise – so kommen die Unsicherheiten der Berechnungsmethode hinzu. Unsicherheiten sind immer Anlass, die erforderliche Sicherheitszahl zu vergrößern.

Es muss also kritisch bemerkt werden, dass der Sicherheitsnachweis in seiner Aussagekraft begrenzt ist. Die Sicherheitsberechnung erfordert hohes Verantwortungsbewusstsein und die Bereitschaft zum vertretbaren Risiko zugleich!

2.10 Ermittlung der übergeordneten Sicherheit; Produktsicherheit, Gefahren und Risiken

Die Sicherheit ist neben einer umfassenden Funktionserfüllung das wichtigste Produktmerkmal. Gemäß sicherheitsrelevanter europäischer Richtlinien (vgl. [17, 18]) bzw. bundesdeutscher Gesetzgebung (vgl. [11, 16]) darf ein Hersteller oder sein Bevollmächtigter Maschinen nur in den Verkehr bringen oder in Betrieb nehmen, wenn bei ordnungsgemäßer Installation und Wartung und bei bestimmungsgemäßer Verwendung oder vorhersehbarer Fehlanwendung die Sicherheit und die Gesundheit von Personen und die Sicherheit von Haustieren und Gütern und, soweit anwendbar, die Umwelt nicht gefährdet werden [11]. Als sicheres Produkt gilt jedes Produkt, das bei normaler oder vernünftigerweise vorhersehbarer Verwendung, was auch die Gebrauchsdauer sowie gegebenenfalls die Inbetriebnahme, Installation und Wartungsanforderungen einschließt, keine oder nur geringe, mit seiner Verwendung zu vereinbarende und unter Wahrung eines hohen Schutzniveaus für die Gesundheit und Sicherheit von Personen vertretbare Gefahren birgt [17].

Mit dieser Festlegung ist gegenüber der in den vorherigen Kapiteln vorgestellten mechanischen Sicherheit eine erweiterte, sprich übergeordnete Produktsicherheit definiert. Abb. 2.33 zeigt eine Auswahl von Gefahren, die von einer Maschine ausgehen können und bei der Auslegung und Gestaltung bewusst reduziert werden müssen.

Die im Abschn. 2.1 ff. definierte und zu berechnende Sicherheit ist unter der gefahrengruppe „Mechanische Gefahren" infolge Ausfalls durch Bruch oder andere Schädigungsmechanismen einzustufen.

Unter der Prämisse der gesetzlich verankerten Mitwirkungspflicht müssen Hersteller im Rahmen einer CE-Kennzeichnung, mit der nachgewiesen werden soll, dass die Mindestanforderungen an die Sicherheits- und Gesundheitsschutzanforderungen gegeben sind, eine Risikoanalyse und Risikobewertung durchführen und dokumentieren. Eine Methode hierfür ist z. B. in [6] beschrieben und in Abb. 2.34 dargestellt.

Nach der Festlegung der *Grenzen* einer Maschine, zu denen neben den räumlichen Grenzen, auch die zeitlichen Grenzen (z. B. Lebensdauer, Nutzungsdauer) und die konstruktiv – anwendungsspezifischen Grenzen (z. B. zulässige Festigkeiten, Temperaturen,

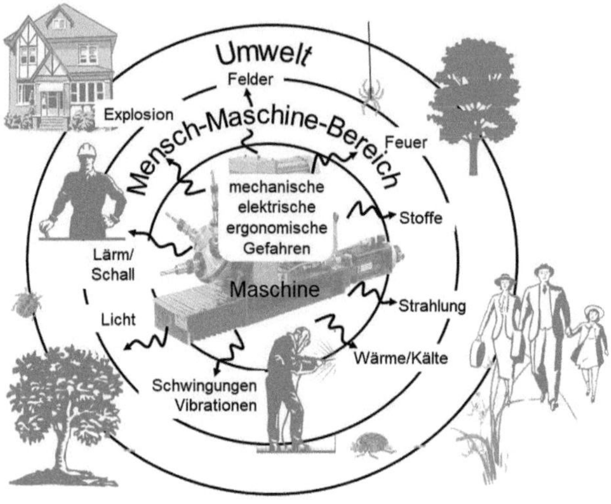

Abb. 2.33 Gefahrenzonen und Gefahren einer Maschine

Schmutz, ...) gehören, sind bestehende *Gefahren* (vgl. Abb. 2.32 und [6]) in allen Lebensphasen des Produktes zu identifizieren.

Gefahren sind Ereignisse und Situationen, die von außen, aber auch aus der Maschine heraus, Schäden an der Maschine selbst, den bedienenden Menschen oder der umgebenden Umwelt verursachen können! Bezogen auf die betrachteten Gefährdungen sind Risiken einzuschätzen und zu bewerten. Ein *Risiko* ist die Kombination der Wahrscheinlichkeit des Eintritts eines Schadens und seines Schadensausmaßes. Somit ist auch hier die Anwendung von statistischen und wahrscheinlichkeitstheoretischen Ansätzen notwendig.

Die (übergeordnete) *Sicherheit* einer Maschine ist gegeben, wenn die bestehenden Risiken kleiner sind als die Restrisiken. *Restrisiken* sind Risiken, die nach der Anwendung von Schutzmaßnahmen verbleiben, die Sicherheit der Anwender beeinträchtigen und auf die in der Bedienungsanleitung hingewiesen werden muss.

Die Abb. 2.35 und 2.36 geben Möglichkeiten wider, wie auf der Basis einer Schadenshöhe bzw. eines Schadensausmaßes, stellenweise unter Berücksichtigung einer Aufenthaltsdauer und bestehender Erkennungsmöglichkeiten (vgl. Abb. 2.36) eine Risikoklasse ermittelt werden kann. Hohe Risikoklassen, die durch den Anwender definiert werden müssen, sind gemäß vorgegebener Empfehlungen (vgl. [6]) vor der Inbetriebnahme der Maschine zu reduzieren.

Die Stufen für die Eintretenswahrscheinlichkeit oder auch Wahrscheinlichkeit des Wirksamwerdens der Gefährdung werden bei der Risikobewertung geschätzt oder statistisch belegt. Möglichkeiten hierfür werden im Kap. 3 vorgestellt.

Werden mechatronische Maschinensysteme betrachtet, werden aktuell für die funktionale Sicherheit sicherheitsbezogener elektrischer, elektronischer und programmierbarer

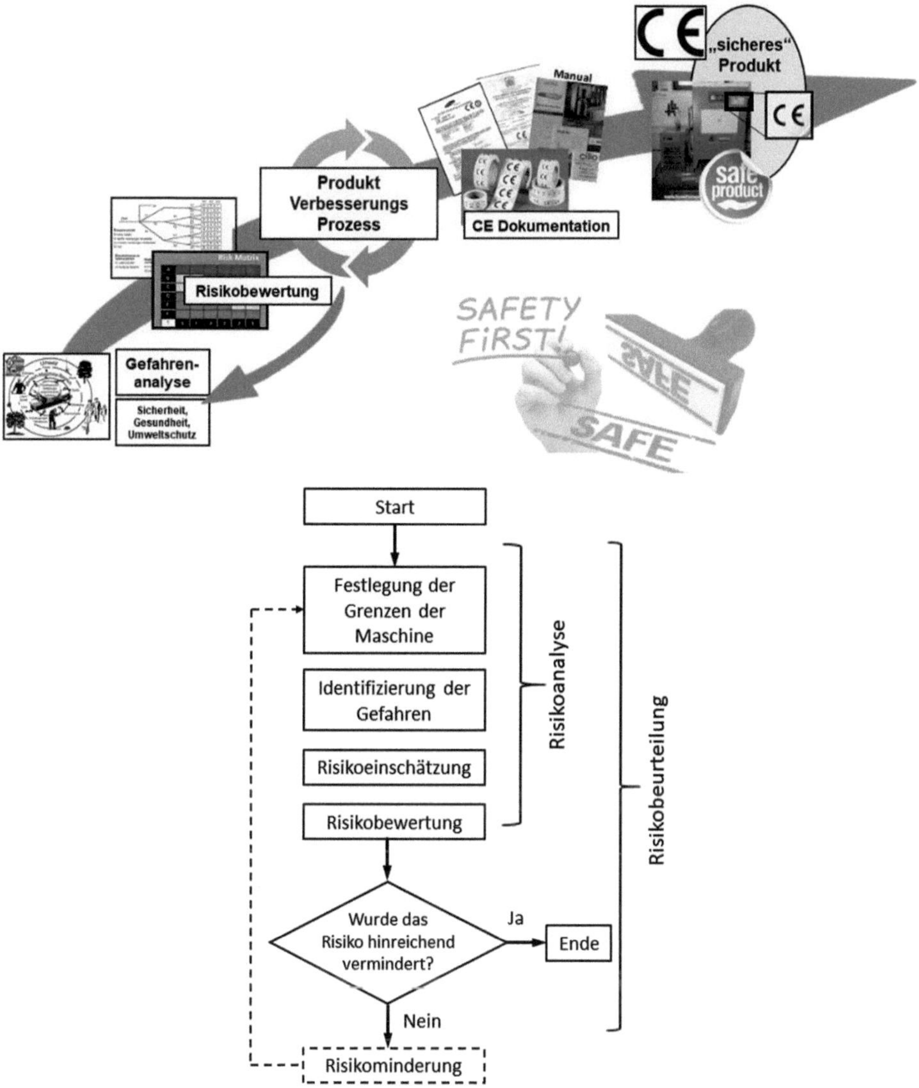

Abb. 2.34 Methode zur Risikoanalyse, –bewertung und –minderung. (Nach [6])

elektronischer Steuerungssysteme einer Maschine z. B. ein ***Sicherheits-Integritätslevel (SIL)*** oder für sicherheitsbezogene Teile von Steuerungen elektrischer, hydraulischer, pneumatischer oder mechanischer Maschinen ein ***Performance Level (PL)*** bestimmt.

Ein ***Sicherheits-Integritätslevel (SIL)*** wird mit

$$K = F + W + P \tag{2.56}$$

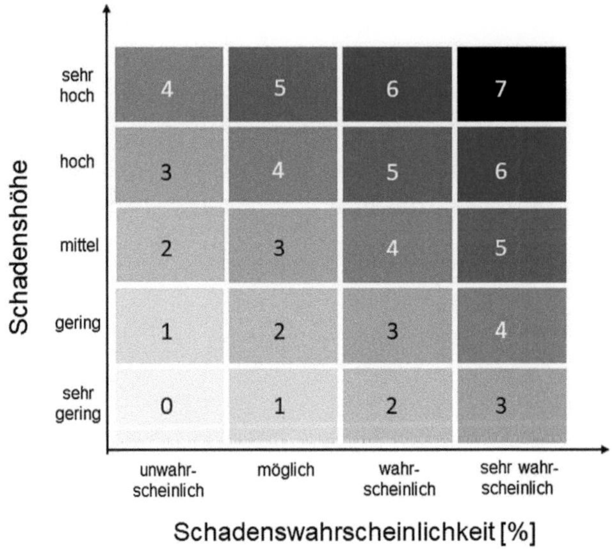

Abb. 2.35 Risikomatrix zur Risikoermittlung

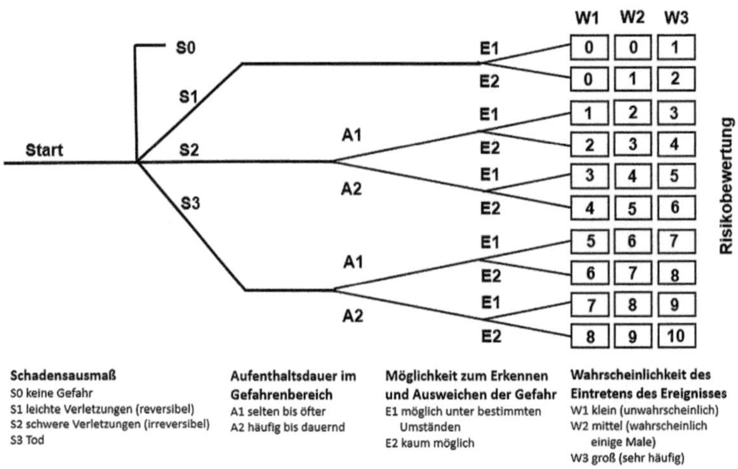

Abb. 2.36 Entscheidungsmatrix zur Risikobewertung

und einer Schwere S der Auswirkung einer betrachteten Gefahr gemäß Abb. 2.37 ermittelt. Die Bewertungsparameter S (Schwere der Auswirkung), F (Häufigkeit und Dauer der Exposition), W (Wahrscheinlichkeit des Auftretens) und P (Möglichkeit der Begrenzung und Vermeidung eines Schadens) können dem Anhang II.6 entnommen werden. Die Sicherheitsanforderungsstufe (SIL) stellt ein Maß für die geforderte Zuverlässigkeit des Systems in Abhängigkeit von der Gefährdung dar.

Schwere (S)	Klasse (K)				
	3 bis 4	5 bis 7	8 bis 10	11 bis 13	14 bis 15
4	SIL 2	SIL 2	SIL 2	SIL 3	SIL 3
3		(AM)	SIL 1	SIL 2	SIL 3
2			(AM)	SIL 1	SIL 2
1				(AM)	SIL 1

Abb. 2.37 Matrix zur Risikobewertung mittels Sicherheits-Integritätslevel (SIL)

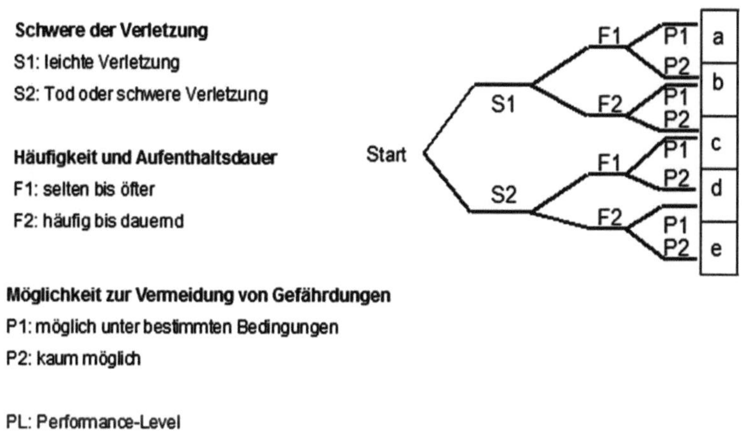

Abb. 2.38 Risikograph zur Ermittlung eines Performance Levels PL. (Nach [7])

Zur Darstellung unterschiedlicher sicherheitstechnischer Leistungsfähigkeit werden sogenannte **Performance Level (PL)** definiert (vgl. [7]). Die fünf Performance Level (a, b, c, d, e) stehen für unterschiedliche durchschnittliche Wahrscheinlichkeitswerte eines gefährlichen Ausfalls pro Stunde. Details sind dem Anhang II.7 zu entnehmen.

Um den Performance Level für jede Sicherheitsfunktion des sicherheitsrelevanten Steuerungssystems zu definieren, ist eine Risikobeurteilung durchzuführen und zu dokumentieren. Die Abb. 2.38 stellt ein qualitatives Verfahren zur Abschätzung des Risikos und zur Ermittlung des erforderlichen Performance Levels vor.

Performance Level werden durch geeignete Komponenten realisiert, die einem bestimmten Diagnosedeckungsgrad DC und einer bestimmten Zeit bis zum Eintreten eines gefährlichen Fehlers ($MTTF_d$) entsprechen (Details s. Anhang II.7).

Alle Verfahren, die die Sicherheit einer Maschine auf der Basis von Risiken darstellen enthalten Wahrscheinlichkeiten. Der Umgang und die Ermittlung von Wahrscheinlichkeiten werden im Kap. 4 näher beschrieben.

Anhang

Tafel II.1 Spannungszustände

Tafel II.1.1 Elementare Spannungszustände in stabförmigen Bauelementen

Schnittgröße	Sinnbild	Berechnung	Spannungstensor
Normalkraft $F_n(s)$	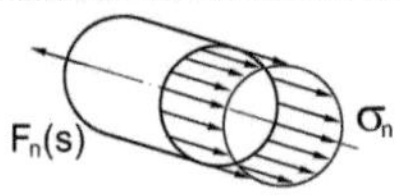	$\sigma_n = \frac{F_n(s)}{A}$	$\begin{pmatrix} \sigma_1 & 0 & 0 \\ 0 & 0 & 0 \\ 0 & 0 & 0 \end{pmatrix}$ $\sigma_1 = \sigma_n$
Biegemoment $M_b(s)$	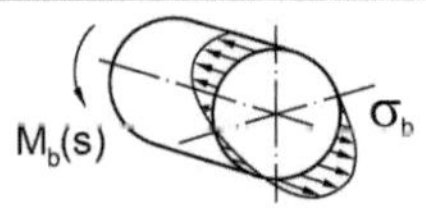	$\sigma_b = \frac{M_b(s)}{W_z}$ $\sigma_b = \frac{M_b(s)}{I_z} \cdot y$	$\begin{pmatrix} \sigma_1 & 0 & 0 \\ 0 & 0 & 0 \\ 0 & 0 & 0 \end{pmatrix}$ $\sigma_1 = \sigma_b$
Torsionsmoment $M_t(s)$	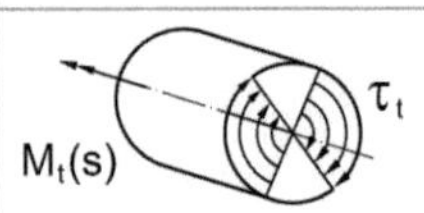	$\tau_t = \frac{M_t(s)}{W_t}$ $\tau_t = \frac{M_t(s)}{I_p} \cdot r$	$\begin{pmatrix} \sigma_1 & 0 & 0 \\ 0 & \sigma_2 & 0 \\ 0 & 0 & 0 \end{pmatrix}$ $\sigma_1 = \lvert\tau\rvert = -\sigma_2$
Querkraft $F_q(s)$	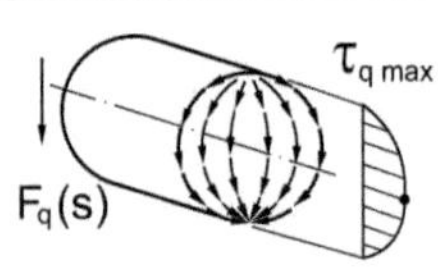	$\tau_{q\,max} = \chi \frac{F_q}{A}$	$\begin{pmatrix} \sigma_1 & 0 & 0 \\ 0 & \sigma_2 & 0 \\ 0 & 0 & 0 \end{pmatrix}$ $\sigma_1 = \lvert\tau\rvert = -\sigma_2$

A … Querschnittsfläche
I_z, I_t … Flächenträgheitsmoment
W_t … Widerstandsmoment
χ … Flächenbeiwert

Tafel II.1.2 Elementare rotationssymmetrische Spannungszustände

Bezeichnung	Sinnbild	Berechnung	Spannungstensor
Vollzylinder	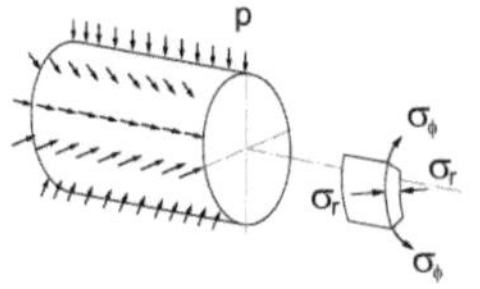	$\sigma_r = -p$ $\sigma_\phi = -p$ (unabhängig von r)	$\begin{pmatrix} \sigma_1 & 0 & 0 \\ 0 & \sigma_2 & 0 \\ 0 & 0 & 0 \end{pmatrix}$ $\sigma_1 = \sigma_2 = -p$
Bohrung in Scheibe mit unendlicher Ausdehnung	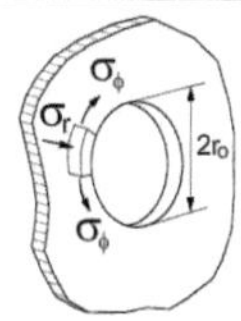	$\sigma_r = -p \cdot \left(\frac{r_0}{r}\right)^2$ $\sigma_\phi = p \cdot \left(\frac{r_0}{r}\right)^2$	$\begin{pmatrix} \sigma_1 & 0 & 0 \\ 0 & \sigma_2 & 0 \\ 0 & 0 & 0 \end{pmatrix}$ $\sigma_1 = -\sigma_2$
Dünnwandiges Rohr	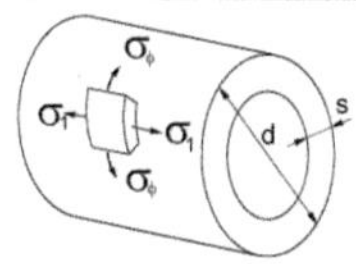	$\sigma_\varphi = \frac{d}{2 \cdot s} \cdot p$ $\sigma_l = \frac{d}{4 \cdot s} \cdot p$ $\sigma_r \ll \sigma_l, \sigma_\phi$	$\begin{pmatrix} \sigma_1 & 0 & 0 \\ 0 & \sigma_2 & 0 \\ 0 & 0 & 0 \end{pmatrix}$ $\sigma_1 = \sigma_l$ $\sigma_2 = \sigma_\phi$ $\sigma_2 = 2 \cdot \sigma_1$
Kugelschale	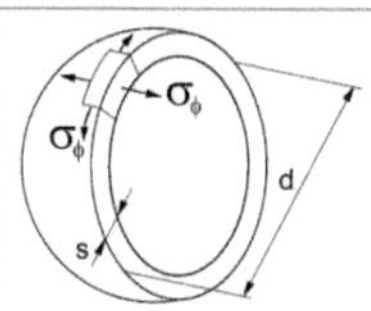	$\sigma_\varphi = \frac{d}{s} \cdot p$ $\sigma_r << \sigma_\varphi$	$\begin{pmatrix} \sigma_1 & 0 & 0 \\ 0 & \sigma_2 & 0 \\ 0 & 0 & 0 \end{pmatrix}$ $\sigma_1 = \sigma_2 = \sigma_\varphi$

Tafel II.1.3 Spannungszustände in Flächentragwerken

Bezeichnung	Sinnbild	Berechnung	Spannungstensor
Scheibe (ebener Spannungszustand)	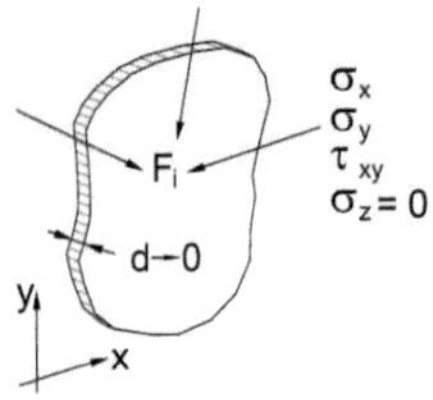	FEM, BEM in Sonderfällen strenge Lösung 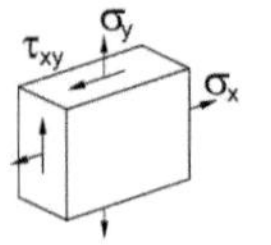	$\begin{pmatrix} \sigma_1 & 0 & 0 \\ 0 & \sigma_2 & 0 \\ 0 & 0 & 0 \end{pmatrix}$ $\begin{Bmatrix} \sigma_1 \\ \sigma_2 \end{Bmatrix} = \frac{\sigma_x+\sigma_y}{2} \pm$ $\pm \left(\left(\frac{\sigma_x+\sigma_y}{2} \right)^2 - \tau_{xy}^2 \right)^{1/2}$
Scheibe (ebener Verzerrungszustand)	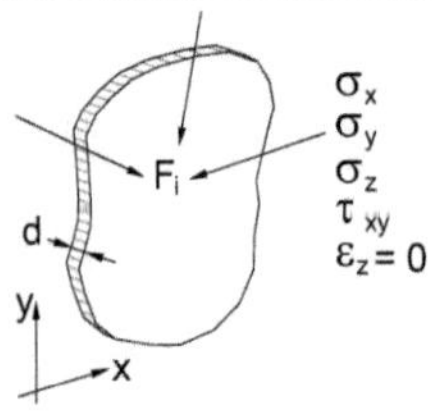	FEM, BEM in Sonderfällen strenge Lösung 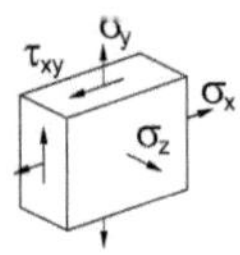	$\begin{pmatrix} \sigma_1 & 0 & 0 \\ 0 & \sigma_2 & 0 \\ 0 & 0 & \sigma_3 \end{pmatrix}$ σ_1, σ_2 wie oben $\sigma_3 = f$(Querkontraktionszahl)
Platte	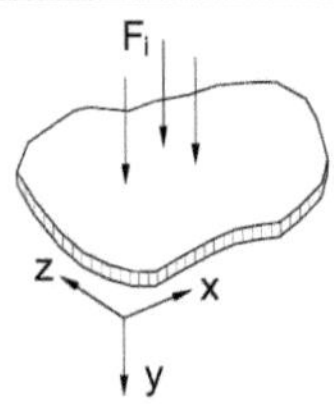	FEM in Sonderfällen strenge Lösung	$\begin{pmatrix} \sigma_1 & 0 & 0 \\ 0 & \sigma_2 & 0 \\ 0 & 0 & \sigma_3 \end{pmatrix}$ $\sigma_3 << \sigma_1, \sigma_2$
Schale (Membran)	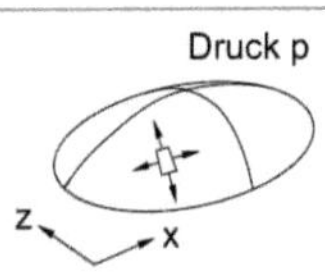	FEM in Sonderfällen strenge Lösung	$\begin{pmatrix} \sigma_1 & 0 & 0 \\ 0 & \sigma_2 & 0 \\ 0 & 0 & 0 \end{pmatrix}$

Tafel II.1.4 Kerbspannungszustände (strenge Lösungen)

Bezeichnung	Sinnbild	Berechnung	Spannungstensor
„gelochte" Scheibe nach Kirsch	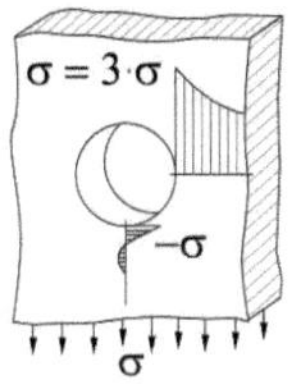	Spezielle „Airysche" Spannungsfunktion $\sigma_k = 3\,\sigma$	$\begin{pmatrix} \sigma_1 & 0 & 0 \\ 0 & 0 & 0 \\ 0 & 0 & 0 \end{pmatrix}$ $\sigma_1 = \sigma_k$
Tordierte Welle mit Querbohrung ($d_b << d_w$)	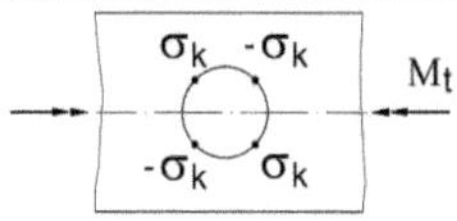	$\tau_t = \frac{M_t}{W_p}$ $\sigma_{1,2} = \lvert\tau_t\rvert$ $\sigma_k = \pm 4\lvert\tau_z\rvert$ (durch Superposition aus der Kirsch'schen Lösung)	$\begin{pmatrix} \sigma_1 & 0 & 0 \\ 0 & 0 & 0 \\ 0 & 0 & 0 \end{pmatrix}$ $\sigma_1 = \sigma_k$
Scheibe mit einseitiger Parabelkerbe	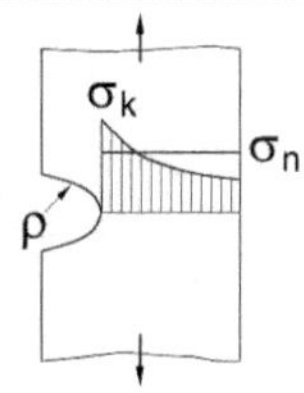	Z. B. $\sigma_k = 3.32 \cdot \sigma$ für $\frac{a}{\rho} = 5.0$ nach [14]	$\begin{pmatrix} \sigma_1 & 0 & 0 \\ 0 & \sigma_2 & 0 \\ 0 & 0 & 0 \end{pmatrix}$ $\sigma_1 = \sigma_k$

Eine große Anzahl strenger Lösungen wird in [14] mitgeteilt

Tafel II.1.5 Kontaktspannungszustände

Bezeichnung	Sinnbild	Berechnung	Spannungstensor
Kugel-Kugel	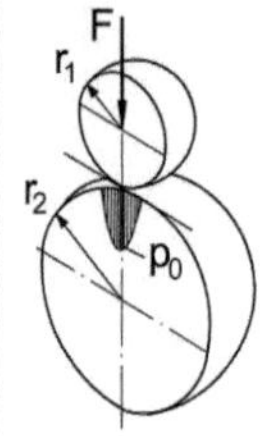	$p_0 = -\frac{1}{\pi}\sqrt[3]{\frac{3}{2}\cdot\frac{F\cdot E^2\cdot(\sum k)^2}{(1-\upsilon^2)^2}}$ $\sum k = \frac{1}{r_1}+\frac{1}{r_2}$	$\begin{pmatrix}\sigma_1 & 0 & 0\\ 0 & \sigma_2 & 0\\ 0 & 0 & \sigma_3\end{pmatrix}$
Zylinder-Zylinder	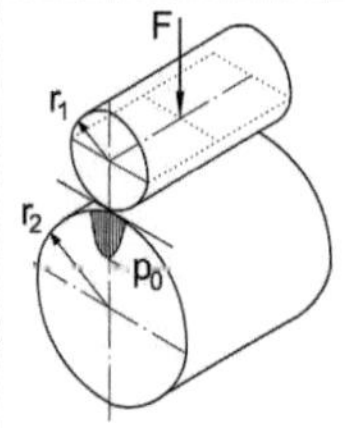	$p_0 = -\sqrt{\frac{F\cdot E\cdot(\sum k)}{(1-\upsilon^2)\cdot 2\cdot\pi\cdot l}}$ $\sum k = \frac{1}{r_1}+\frac{1}{r_2}$	$\begin{pmatrix}\sigma_1 & 0 & 0\\ 0 & \sigma_2 & 0\\ 0 & 0 & \sigma_3\end{pmatrix}$
Bolzendruck (kein Spiel)	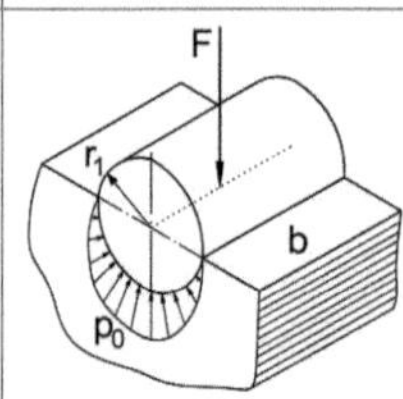	$p_0 = \frac{2\cdot F}{\pi\cdot r_1\cdot b} = \sigma_1$ (Kosinus-Verteilung)	$\begin{pmatrix}\sigma_1 & 0 & 0\\ 0 & \sigma_2 & 0\\ 0 & 0 & \sigma_3\end{pmatrix}$
Bolzendruck (mit Spiel)	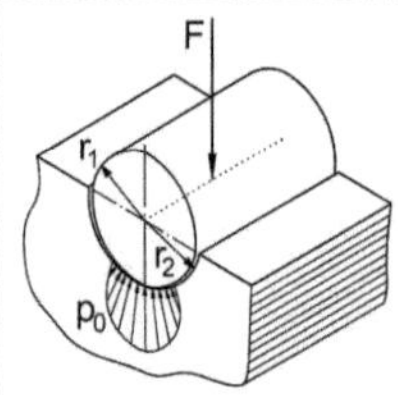	$p_0 = -\sqrt{\frac{F\cdot E\cdot(\sum k)}{(1-\upsilon^2)\cdot 2\cdot\pi\cdot l}}$ $\sum k = \frac{1}{r_1}-\frac{1}{r_2};\ r_2 > r_1$ $\sum k = \frac{s}{2r_1^2+s\,r_1};\ r_2 - r_1 = s$	$\begin{pmatrix}\sigma_1 & 0 & 0\\ 0 & \sigma_2 & 0\\ 0 & 0 & \sigma_3\end{pmatrix}$

Tafel II.2 Festigkeitskennwerte

Tafel II.2.1 Festigkeitskennwerte für allgemeine Baustähle

Stahlmarke	Rm σ_B	σ_{bF}	Re σ_S	τ_{tF}	σ_{bW}	σ_{zdW}	τ_{tW}	σ_{bSch}	σ_{zSch}	τ_{tSch}
	N/mm^2									
S195 (St34)	340	240	220	130	160	130	90	240	210	130
S235 (St38)	380	260	240	150	180	140	100	260	230	150
S245 (St42)	420	320	260	170	200	160	120	310	250	170
E295 (St50)	500	370	300	190	240	190	140	370	300	190
E335 (St60)	600	430	340	220	280	210	160	430	340	220
E360 (St70)	700	490	370	260	330	240	200	490	370	260

Tafel II.2.2 Festigkeitskennwerte für höherfeste Stähle

Stahlmarke	Rm σ_B N/mm^2	σ_{bF}	Re σ_S	τ_{tF}	σ_{bW}	σ_{zdW}	τ_{tW}	σ_{bSch}	σ_{zSch}	τ_{tSch}
H52-3	520	430	360	230	280	210	160	410	330	230
H45-2	450	390	300	200	250	190	140	360	300	200
H60-3										
HS60-3	600	550	450	300	310	240	190	460	400	300
HB60-3										

Tafel II.2.3 Festigkeitskennwerte für Vergütungsstähle

Stahlmarke	Rm σ_B N/mm^2	σ_{bF}	Re σ_S	τ_{tF}	σ_{bW}	σ_{zdW}	τ_{tW}	σ_{bSch}	σ_{zSch}	τ_{tSch}
C25	550	460	370	210	280	230	160	420	370	210
C35	650	540	420	270	310	250	180	470	400	270
C45	750	620	480	310	370	300	210	550	480	310
C55	800	680	530	370	390	310	230	570	510	370
C60	850	700	570	390	410	330	250	620	520	390
40Mn4	900	720	650	410	430	350	260	660	560	410
30Mn5	850	710	600	400	420	340	250	640	540	400
50MnSi4										
37MnSi5										
37MnV7	1000	890	800	450	490	380	280	750	620	450
34Cr4										
34CrNiMo4										
42MnV7										
38CrSi6										
42CrMo4	1100	980	900	500	520	420	310	800	680	500
36CrNiMo4										
40Cr4	1050	930	850	470	510	410	300	750	670	470
50CrV4										
50CrMo4	1200	1080	1000	520	550	440	340	850	720	520
58CrV4	1250	1130	1050	560	570	450	360	890	740	550
25CrMo4	900	780	700	410	440	360	270	660	600	410
30CrMoV9	1300	1180	1100	600	580	460	370	900	750	600

Tafel II.2.4 Festigkeitskennwerte für Einsatzstähle

Stahlmarke	Rm σ_B	σ_{bF}	Re σ_S	τ_{tF}	σ_{bW}	σ_{zdW}	τ_{tW}	σ_{bSch}	σ_{zSch}	τ_{tSch}
	N/mm^2									
C10	500	390	300	210	260	220	170	390	300	210
C15	600	460	350	240	280	240	180	450	350	240
15Cr3	600	560	400	240	350	300	220	490	400	240
16MnCr5	800	750	600	360	400	340	250	600	540	360
20MnCr5	1000	900	700	420	480	420	300	730	660	420
18CrNi8	1200	1100	800	470	550	470	330	850	760	470
20MoCr5[1)]	750	700	550	350	390	340	240	580	530	350
20MoCr5[2)]	900	850	700	440	460	400	290	680	610	440
18CrMnTi5	900	830	750	430	440	380	280	690	600	430
23MoCrB5	1100	1020	900	470	530	460	330	810	720	470

1) nach Härten in Öl, 2) nach Härten in Wasser

Tafel II.3 Dauerfestigkeitsschaubilder nach Smith

Tafel II.3.1 Näherungskonstruktion de

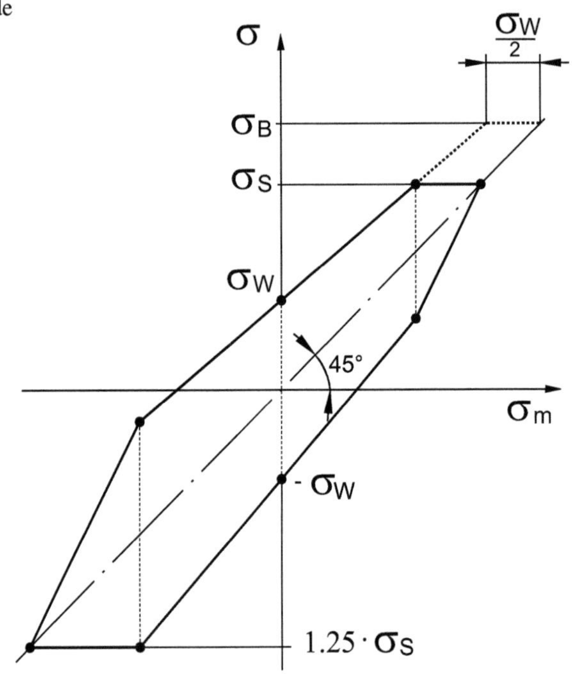

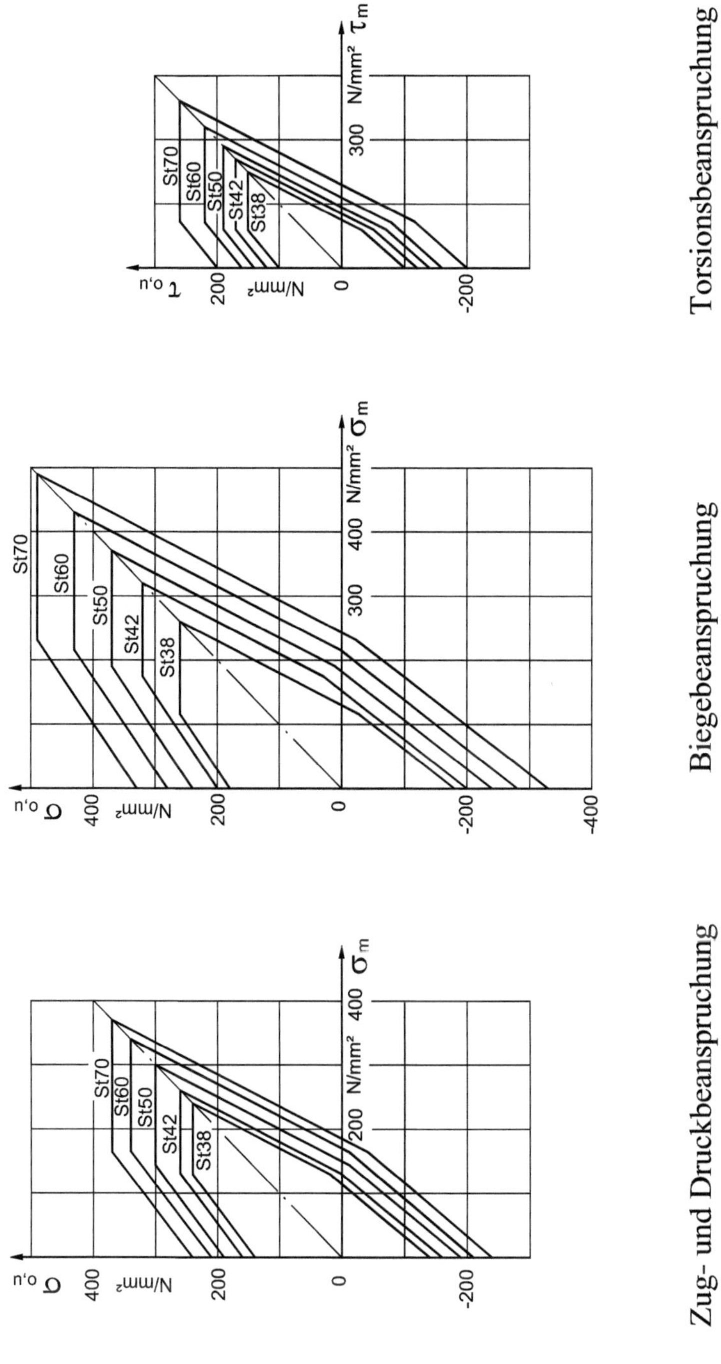

Tafel II.3.2 Dauerfestigkeitsschaubilder allgemeine Baustähle

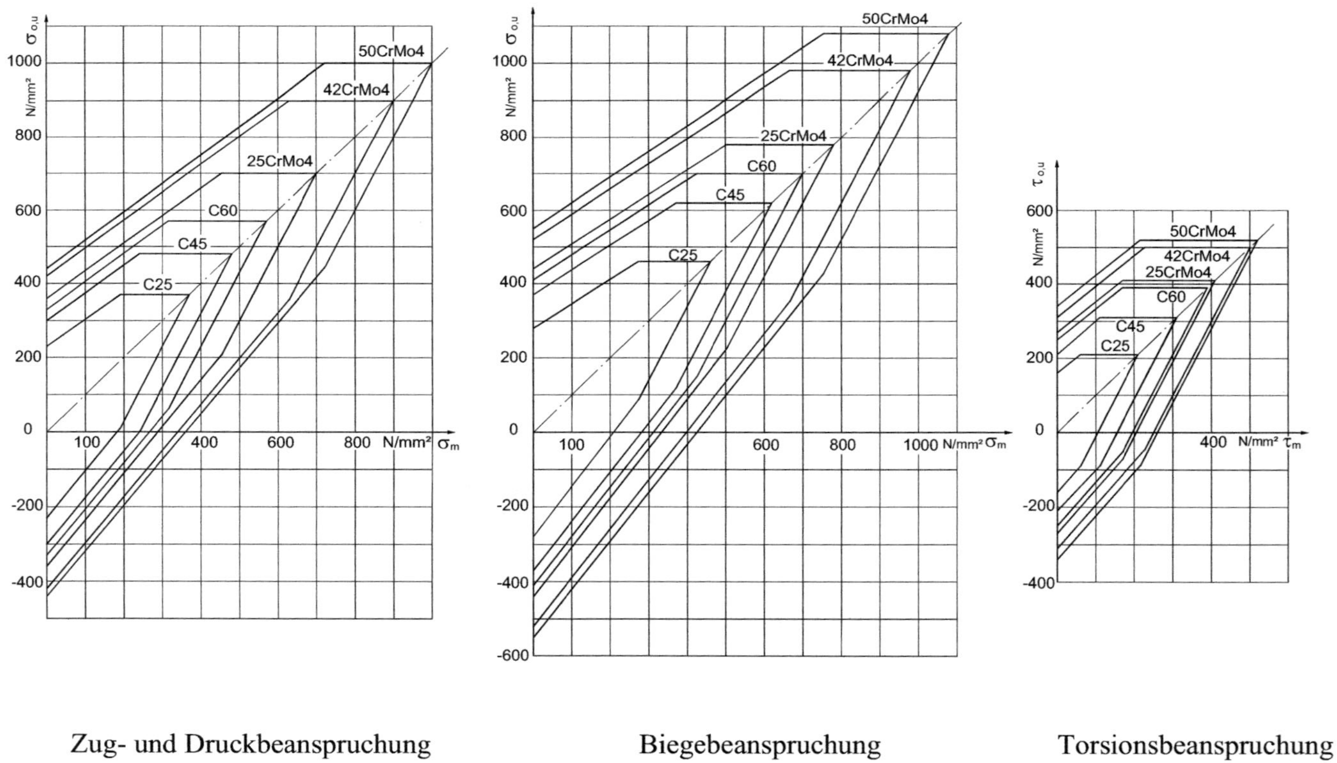

Tafel II.3.3 Dauerfestigkeitsschaubilder Vergütungsstahl

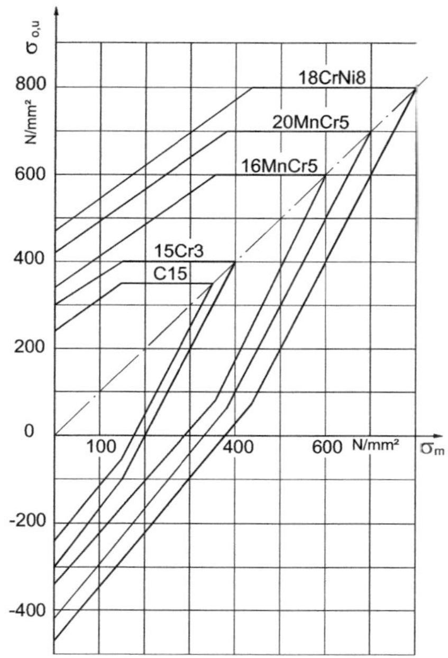

Zug- und Druckbeanspruchung

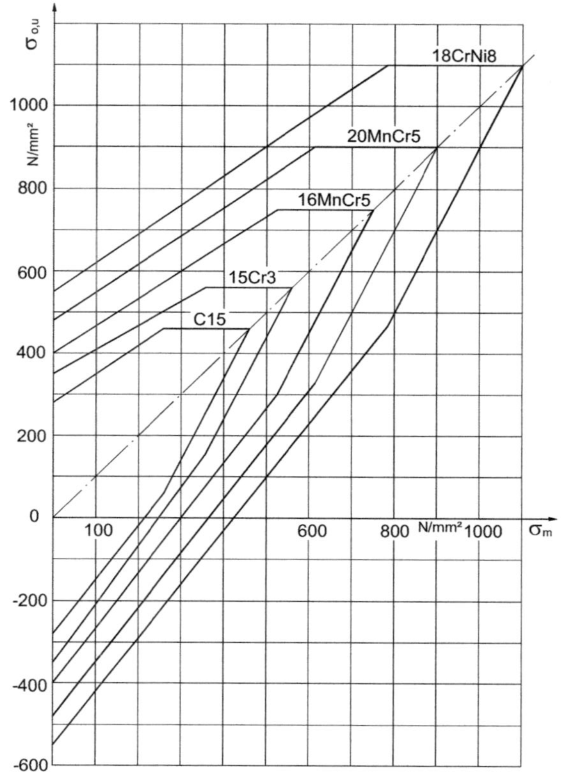

Biegebeanspruchung

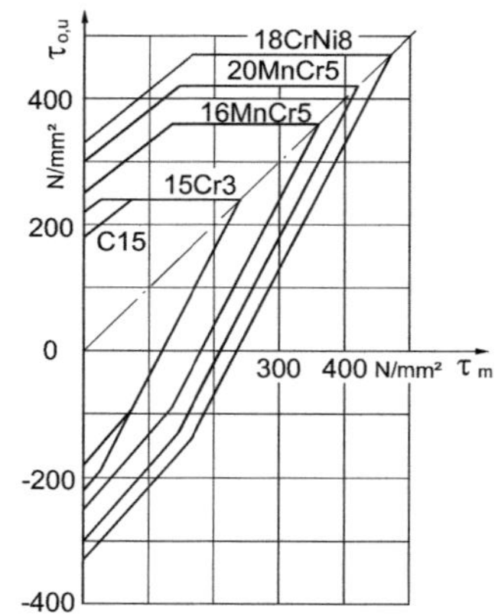

Torsionsbeanspruchung

Tafel II.3.4 Dauerfestigkeitsschaubilder Einsatzstahl

Tafel II.3.5 Werkstoff-Festigkeitswerte für Gusseisen Lamellengraphit (Grauguss). (Nach DIN EN 1561)

Werkstoff	σ_B Rm	σ_S Rp0,2	σ_{dB}	σ_{bB}	τ_{tB}	τ_{aB}	σ_{bW}	σ_{zdW}
	N/mm²							
EN-GJL-150	150	100	600	250	170	170	70	40
EN-GJL-200	200	130	720	290	230	230	90	50
EN-GJL-250	250	165	840	340	290	290	120	60
EN-GJL-300	300	195	960	390	345	345	140	75

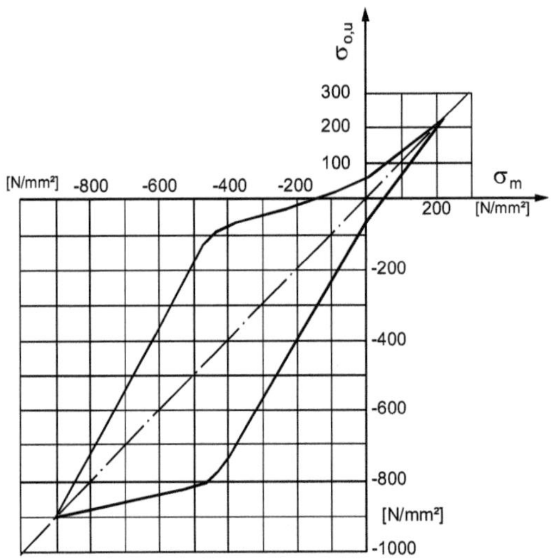

Beispiel für ein Zug-Druck-Dauerfestigkeitsdiagramm für Grauguss

Tafel II.3.6 Werkstoff-Festigkeitswerte für Gusseisen mit Kugelgraphit (Sphäroguss). (Nach DIN EN 1563)

Werkstoff	σ_B Rm	$\sigma_{0,2}$ Rp0,2	τ_{tB}	τ_{aB}	σ_{zdW}
	N/mm²				
EN-GJS-350-22-LT	350	220	315	315	100
EN-GJS-400-18-LT	400	240	360	360	110
EN-GJS-400-15	400	250	360	360	110
EN-GJS-500-7	500	320	450	450	150
EN-GJS-600-3	600	380	540	540	175
EN-GJS-700-2	700	440	630	630	200

Tafel II.4 Kerben, Einflussfaktoren

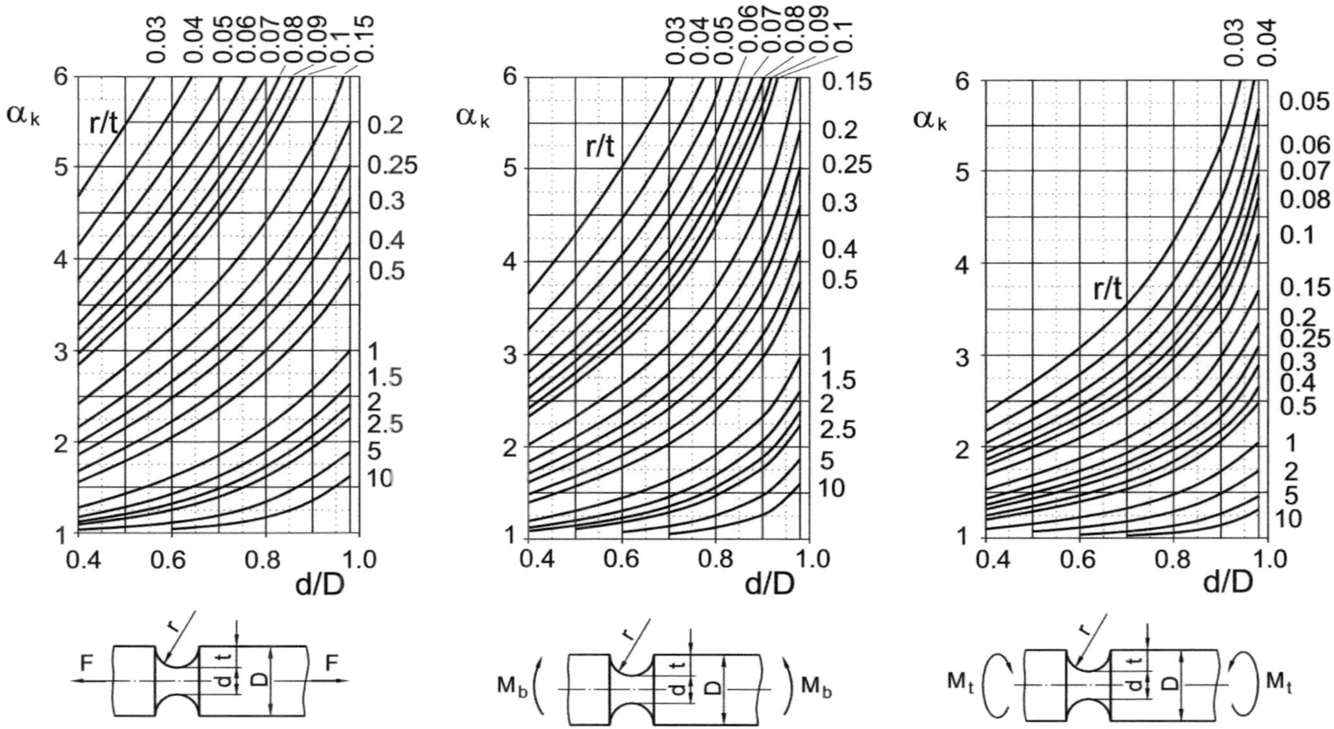

Tafel II.4.1 Formzahlen für gekerbte Rundstäbe

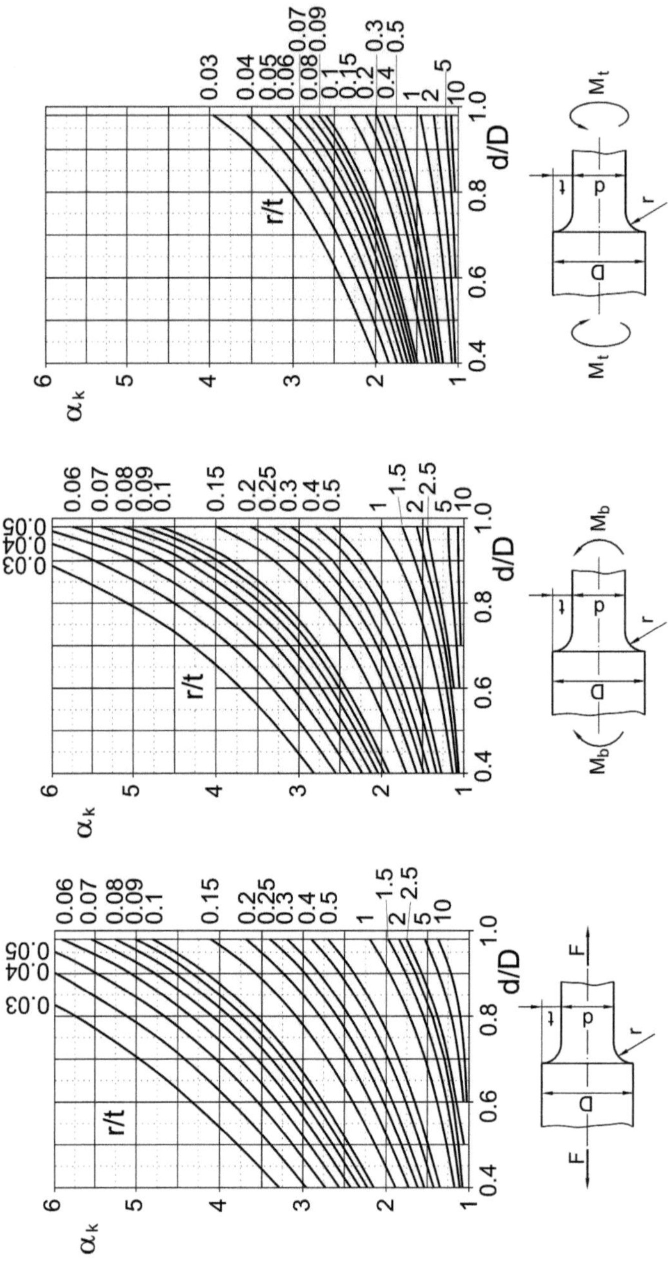

Tafel II.4.2 Formzahlen für abgesetzte Rundstäbe

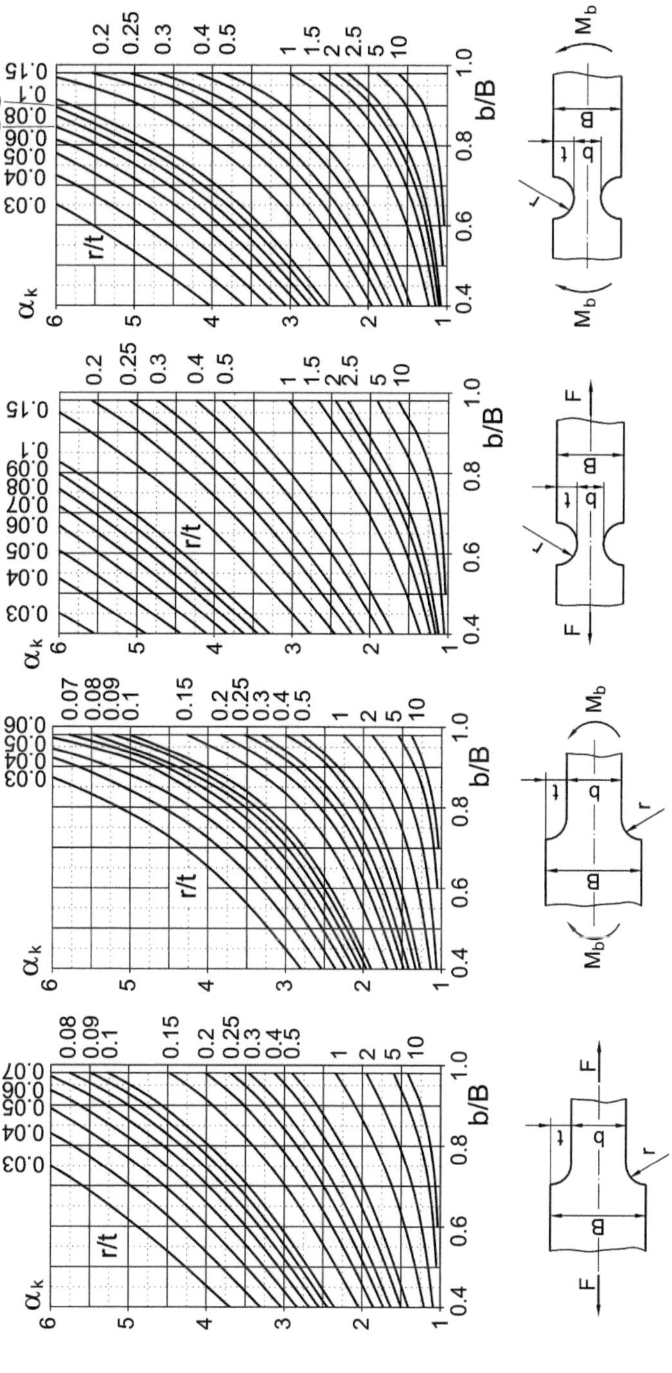

Tafel II.4.3 Formzahlen α_K für gekerbte bzw. abgesetzte Flachstäbe

Tafel II.4.4 Kerbwirkungskennzahlen $ß_k$ für Wellen mit Nabensitz

Wellen- und Nabenform	Passung	$ß_k$	σ_B in N/mm²								
			400	500	600	700	800	900	1000	1100	1200
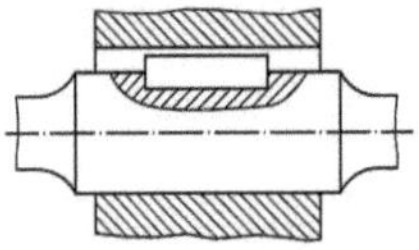	H7/n6	$ß_{kb}$	1,8	2,0	2,2	2,3	2,5	2,6	2,7	2,8	2,9
		$ß_{kt}$	1,2	1,3	1,4	1,5	1,6	1,7	1,8	1,8	1,9
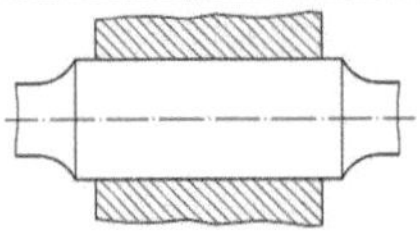	H8/u8	$ß_{kb}$	1,8	2,0	2,2	2,3	2,5	2,6	2,7	2,8	2,9
		$ß_{kt}$	1,2	1,3	1,4	1,5	1,6	1,7	1,8	1,8	1,9
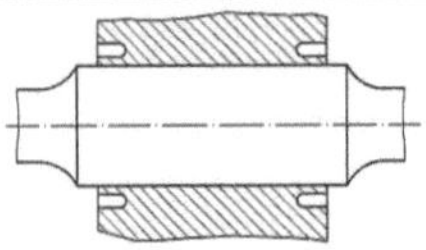	H8/u8	$ß_{kb}$	1,5	1,6	1,7	1,8	1,9	2,0	2,1	2,1	2,2
		$ß_{kt}$	1,0	1,0	1,1	1,2	1,3	1,3	1,4	1,4	1,5

Tafel II.4.5 Kerbempfindlichkeiten η_k

Baustähle	η_k
S235 (St 38)	0.50 ... 0.60
S245 (St 42)	0.55 ... 0.65
E295 (St 50)	0.65 ... 0.70
E335 (St 60)	0.30 ... 0.75
E360 (St 70)	0.70 ... 0.80

hochfeste und gehärtete Stähle	η_k
C 60	0.80 ... 0.90
34CrMo4	0.90 ... 0.95
30CrMoV9	0.95
Federstähle gehärtete Stähle	0.95 ... 1.00

Tafel II.4.6 Stützziffern n als Funktion des bezogenen Spannungsgefälles (s. **Tafel II.4.5**) zur Berechnung von Kerbwirkungszahlen nach Gl. (2.19)

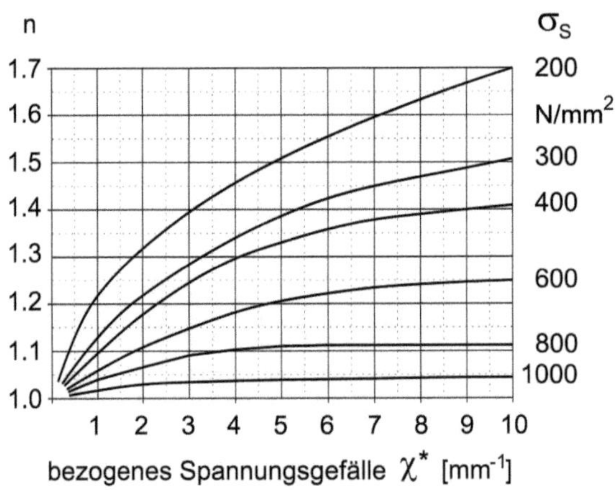

Tafel II.4.7 Beispiele für bezogene Spannungsgefälle

Bauteilform	χ^* bei		
	Zug/Druck	Biegung	Torsion
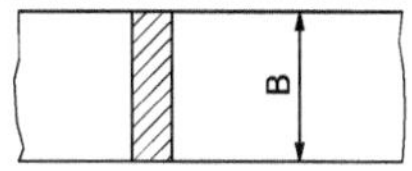	0	$\frac{2}{B}$	
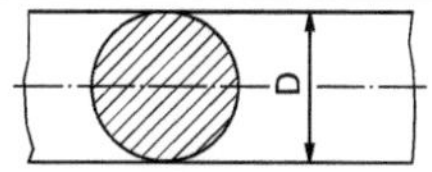	0	$\frac{2}{D}$	$\frac{2}{D}$
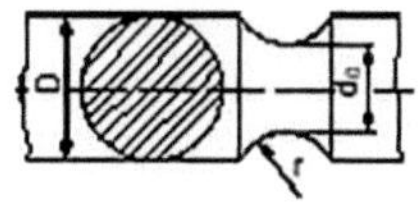	$\frac{2}{r}$	$\frac{2}{r} + \frac{2}{b_0}$	
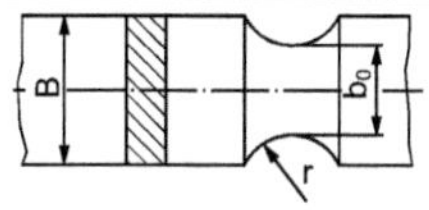	$\frac{2}{r}$	$\frac{2}{r} + \frac{2}{d_0}$	$\frac{1}{r} + \frac{2}{d_0}$
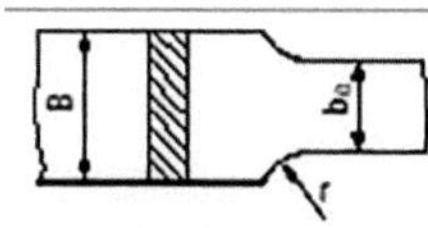	$\frac{2}{r}$	$\frac{2}{r} + \frac{4}{B+b_0}$	
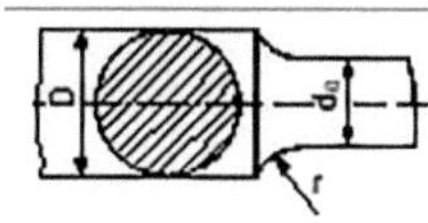	$\frac{2}{r}$	$\frac{2}{r} + \frac{4}{D+d_0}$	$\frac{1}{r} + \frac{4}{D+d_0}$

Tafel II.4.8 Einflussfaktoren k, k_g, k_t und O_F

Gesamteinfluss k	$k = k_g \cdot k_t$
Geometrischer Größeneinflussfaktor $\mathbf{k_g}$ (Torsion, Biegung) (für Zug/Druck gilt $k_g = 1$)	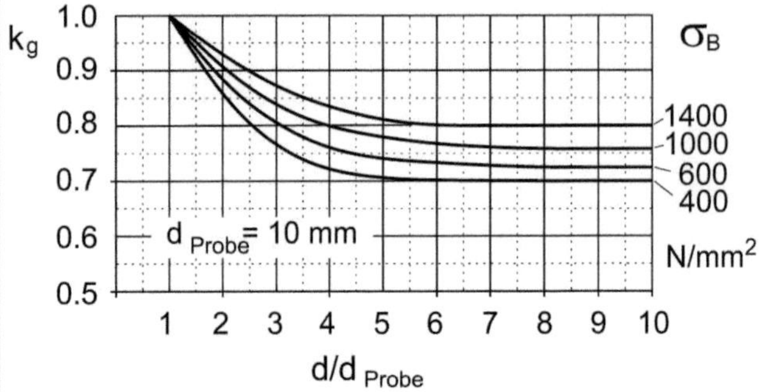
Technologischer Einflussfaktor $\mathbf{k_t}$	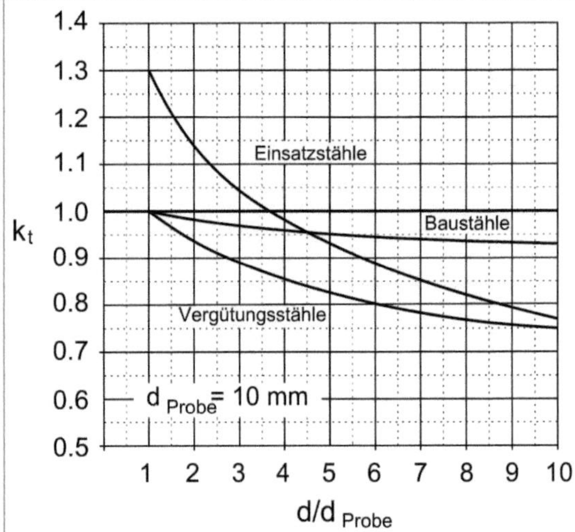
Oberflächeneinflussfaktoren $\mathbf{O_F}$	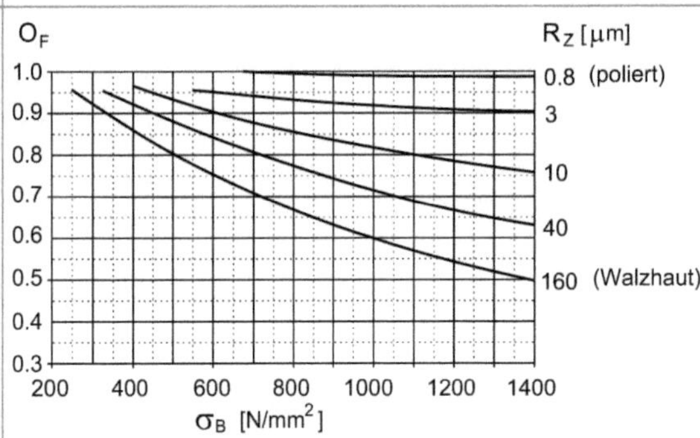

Tafel II.5 Erforderliche Sicherheiten (Maschinenbau)

Für den Sicherheitsnachweis muss gelten:

$$S_{vorh.} \geq S_{erf.} \quad \text{mit} \quad S_{vorh.} = \frac{\sigma_{vers.}}{\sigma_{vorh.}}$$

Allgemein verbindliche geforderte Sicherheiten $S_{erf.}$ können nicht festgelegt werden. Nach ingenieurmäßigen Regeln kann empfohlen werden:

Sicherheit $S_{erf.}$ gegen	
Gewaltbruch	$S_B = 2{,}0 \ldots 4{,}0$
Schwingbruch	$S_D = 1{,}5 \ldots 2{,}5$
Überschreiten der Streck- bzw. Fließgrenze	$S_F = 1{,}2 \ldots 2{,}0$
Instabilität (Knicken, Beulen)	$S_K = 3{,}0 \ldots 5{,}0$

mit Tendenz zur unteren Grenze bei

- genauer Kenntnis der Lastannahmen
- exaktem Berechnungsmodell
- Belastungsprüfung

mit Tendenz zur oberen Grenze bei

- hohen Folgeschäden bei Versagen (Gefährdung von Menschenleben)
- unsicheren Lastannahmen, Möglichkeit von Resonanzen

Tafel II.6 Bestimmung des Safety Integrated Level (SIL)

Schwere (S)	Klasse (K)				
	3 bis 4	5 bis 7	8 bis 10	11 bis 13	14 bis 15
4	SIL 2	SIL 2	SIL 2	SIL 3	SIL 3
3		(AM)	SIL 1	SIL 2	SIL 3
2			(AM)	SIL 1	SIL 2
1				(AM)	SIL 1

K = F + W + P

Auswirkungen	Schwere (S)
Irreversibel: Tod, Verlust eines Auges oder Arms	4
Irreversibel: gebrochene Gliedmaßen, Verlust eines/ mehrerer Finger	3
Reversibel: Behandlung durch einen Mediziner erforderlich	2
Erste Hilfe erforderlich	1

Häufigkeit und Dauer der Exposition	(F)
> 10 min ≤ 1 h	5
>1h ≤ 1 Tag	5
>1 Tag ≤ 2 Wochen	4
>2 Wochen ≤ 1 Jahr	3
>1Jahr	2

Wahrscheinlichkeit des Auftretens	Wahrscheinlichkeit (W)
sehr hoch	5
wahrscheinlich	4
möglich	3
selten	2
vernachlässigbar	1

Wahrscheinlichkeit der Vermeidung oder Schadensbegrenzung	(P)
unmöglich	5
selten	3
wahrscheinlich	1

Tafel II.7 Bestimmung des erforderlichen Performance Levels (PL)

Schwere der Verletzung

S1: leichte Verletzung

S2: Tod oder schwere Verletzung

Häufigkeit und Aufenthaltsdauer

F1: selten bis öfter

F2: häufig bis dauernd

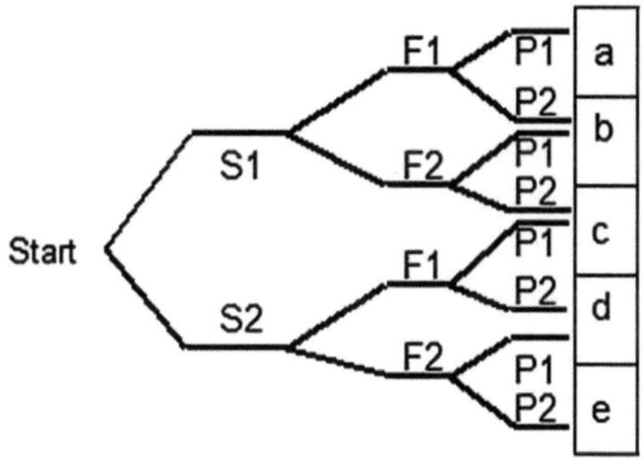

Möglichkeit zur Vermeidung von Gefährdungen

P1: möglich unter bestimmten Bedingungen

P2: kaum möglich

PL: Performance-Level

Bestimmung des erreichten Performance Levels:

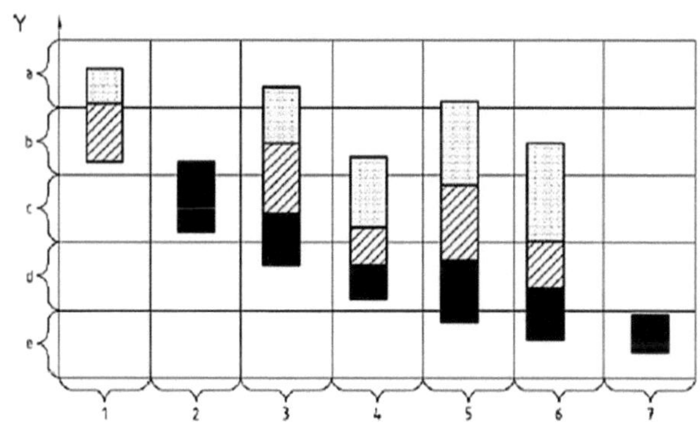

1 Kategorie B DC_{avg} = 0
2 Kategorie 1 DC_{avg} = 0
3 Kategorie 2 DC_{avg} = niedrig
4 Kategorie 2 DC_{avg} = mittel
5 Kategorie 3 DC_{avg} = niedrig
6 Kategorie 3 DC_{avg} = mittel
7 Kategorie 4 DC_{avg} = hoch
Y Performance Level
□ $MTTF_d$ = niedrig
▨ $MTTF_d$ = mittel
■ $MTTF_d$ = hoch

DC_{avg} = Diagnosedeckungsgrad
Kategorie= Steuerungskategorie

Um beispielsweise einen Performance-Level e (letzte Zeile im Diagramm) zu erreichen, gibt es folgende zwei Möglichkeiten:

1. Die Sicherheitsfunktion muss Kategorie 3 erfüllen, MTTF muss hoch sein (schwarzes Feld) und der Diagnosedeckungsgrad (DC_{avg}) muss mittel sein.

2. Die Sicherheitsfunktion muss Kategorie 4 erfüllen, MTTF muss hoch sein (schwarzes Feld) und der Diagnosedeckungsgrad (DC_{avg}) muss hoch sein.

Quellen und weiterführende Literatur

1. Bach, C.: Elastizität und Festigkeit. Springer, Berlin, 1917.
2. Brach, S.; Koschig, A.; Nowak, H.: Experimentelle Ermittlung der Gestaltfestigkeit von Kurbelwellen und die Wahrscheinlichkeit ihrer Vorhersage. In: Dieselmotoren Nachrichten 1: 16, WTZ, Roßlau, 1976.
3. Rieg, F.; Engelken, G., u. a.: Decker Maschinenelemente: Funktion, Gestaltung und Berechnung. Hanser, 2014.
4. DIN 15018 Teil 1 Krane, Grundsätze für Stahltragwerke. Beuth, Berlin, 1984.
5. DIN EN 62061, Sicherheit von Maschinen – Funktionale Sicherheit sicherheitsbezogener elektrischer, elektronischer und programmierbarer elektronischer Steuerungssysteme, Beuth, Berlin, 2013.
6. DIN EN ISO 12100, Sicherheit von Maschinen – Allgemeine Gestaltungsleitsätze – Risikobeurteilung und Risikominderung, Beuth, Berlin 2011.
7. DIN EN ISO 13849 Teil 1, Sicherheit von Maschinen – Sicherheitsbezogene Teile von Steuerungen, Beuth, Berlin, 06/2016.
8. Gough, Pollard, Clenshaw: Some Experiments on the Resistance of Metals to Fatigue under combined Stresses. In: London Aeronautic Research Couns Reports and Memorende, 1951.
9. Haibach, E.: Betriebsfestigkeit – Verfahren und Daten zur Bauteilberechnung. Springer Verlag (VDI-Buch), 3. Auflage, 2006.
10. Kirsch, G.: Die Theorie der Elastizität und die Bedürfnisse der Festigkeitslehre. In: VDI-Zeitschrift 797, 1898.
11. Maschinenverordnung: Neunte Verordnung zum Produktsicherheitsgesetz (Maschinenverordnung/9. ProdSV) vom 12. Mai 1993, geändert durch Artikel 1 der Verordnung vom 8.11. 2011.
12. v. Mises, Richard: Mechanik der plastischen Formänderung. ZAMM 161, 1928.
13. Moll, C.L.; Reuleaux, F.: Konstruktionslehre für den Maschinenbau. Vieweg und Sohn, Braunschweig, 1862.
14. Neuber, H.: Kerbspannungslehre. Springer, Berlin Heidelberg New York, 1985
15. Niemann, G.: Maschinenelemente. Springer Verlag, Berlin Heidelberg New York, 1973
16. Produktsicherheitsgesetz – Gesetz über die Bereitstellung von Produkten auf dem Markt (ProdSG), BGBl. I S. 2179, 2012 I S. 131.
17. Richtlinie 2001/95/EG des Europäischen Parlaments und des Rates über die allgemeine Produktsicherheit, 3. Dezember 2001.
18. Richtlinie 2006/42/EG des Europäischen Parlaments und des Rates über Maschinen und zur Änderung der Richtlinie 95/16/EG (Neufassung), 17. Mai 2006.
19. Schlecht, B.: Maschinenelemente 1. Festigkeit, Wellen, Verbindungen, Federn, Kupplungen. Pearson, 2007.
20. Schlecht, B.: Maschinenelemente 2. Getriebe, Verzahnungen, Lagerungen. Pearson, 2009.
21. Siebel, E.; Bussmann: Das Kerbproblem bei schwingender Beanspruchung. In: Die Technik 3: 249–252, 1948.
22. Szabo István: Einführung in die Technische Mechanik. Springer, Berlin, Göttingen, Heidelberg, 1961.
23. Szabo István: Höhere Technische Mechanik. Springer, Berlin Göttingen Heidelberg, 1960.
24. TGL 19340, Dauerfestigkeit der Maschinenbauteile, 1974.
25. Thum, A.; Buchmann, W.: Dauerfestigkeit und Konstruktion. VDI-Verlag, Düsseldorf, 1932.
26. Wittel, H.; Muhs, D.; u. a.: Roloff/Matek Maschinenelemente: Normung, Berechnung, Gestaltung. Springer, Vieweg, 2013.
27. Wöhler, August: Über die Festigkeitsversuche mit Eisen und Stahl. In: Zeitschrift für Bauwesen XX: 81–89, 1870.

Schädigung und Versagen technischer Gebilde

3

3.1 Systematisierung von Schädigung und Versagen

Ingenieure entwickeln und konstruieren Produkte, die, wie in Kap. 2 dargestellt wurde, nur in den Markt eingeführt werden dürfen, wenn sie sicher sind. Zur Gewährleistung der Sicherheit wird traditionell das Produkt so dimensioniert, dass die im Produkt auftretenden vorhandenen Spannungen kleiner sind als die zum Versagen führenden Spannungen. Aus Unsicherheit werden dazu in der auslegenden Praxis oft Sicherheitszahlen gewählt, die die zulässigen Spannungen relativ niedrig ansetzen. Damit können zwar gegenüber wirkenden Kräften und Momenten ausreichende, oft überdimensionierte Geometrien entgegengesetzt werden, aber die Praxis zeigt, dass es jenseits dieser Auslegungsmethode unzählige, davon abweichende Versagensfälle (s. Abb. 3.1) gibt.

Technische Gebilde sind während ihrer Nutzung – und dazu kann auch der Stillstand gehören – ständig Schädigungen unterworfen. Erreichen die Schädigungen Grenzen, die eine Funktionserfüllung nicht mehr gewährleisten, so wird die Schädigung als Versagen bezeichnet. Werden auftretende Schädigungen gemäß Abb. 3.1 analysiert, können Versagensfälle, die über den Ausfall durch unzulässige Verformung bzw. Gewaltbruch hinausgehen, gemäß Abb. 3.2 systematisiert und im Rahmen der Gestaltung und Auslegung von Technischen Gebilden berücksichtigt werden. Die Häufigkeit des Versagens infolge Schädigung nimmt mit der Nutzungsdauer i. d. R. progressiv zu. Auch Kombinationen dieser nach ihren Ursachen benannten Schädigungsarten treten auf, wie noch an konkreten Beispielen gezeigt wird.

Von den naturwissenschaftlichen Grundlagen her gehorchen die Schädigungsprozesse unterschiedlichen Gesetzmäßigkeiten – sie sind sogar verschiedenartigen Wissenschaftsgebieten zuzuordnen (z. B. Verschleiß und Tribologie).

Aus der Sicht des Konstrukteurs ist ihnen jedoch gemeinsam, dass sie zum Versagen des Technischen Gebildes führen und so zur Grundlage der Auslegung von Bauteilen

D. Schlottmann und H. Schnegas, *Auslegung von Konstruktionselementen*,
https://doi.org/10.1007/978-3-662-69386-5_3

Abb. 3.1 Beispiele für Versagensfälle [Sammlung Schnegas]

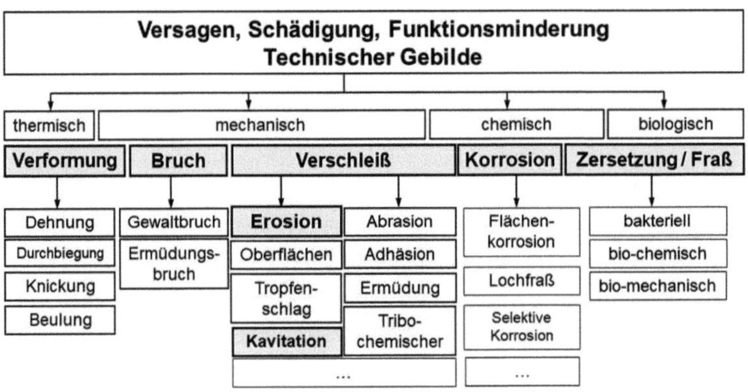

Abb. 3.2 Systematisierung von Versagens- und Schädigungsfällen

werden. Bisher liegt eine einheitliche Methodik für ihre Berechnung nicht vor und es ist das wesentliche Anliegen des Buches, eine solche Berechnungsgrundlage zu schaffen.

Am weitesten entwickelt sind die Berechnungsverfahren für „Ermüdung", die für den Sonderfall der Dauerschwingfestigkeit in Kap. 2 ausführlich dargestellt wurden.

Auch für die Beanspruchungen oberhalb der Dauerfestigkeitsgrenze und für kompliziertere Beanspruchungs-Zeit-Funktionen wurden durch die Betriebsfestigkeitslehre die wissenschaftlichen Grundlagen für eine im Wesentlichen abgeschlossene Berechnungsmethodik geschaffen. Natürlich wird darauf im vorliegenden Buch zurückgegriffen, wobei allerdings eine Beschränkung auf das Grundsätzliche geboten ist.

Folgen wir der von Wöhler [20] eingeführten und später auch für Wälzlager [14] verwendeten Methodik, jeder Schädigungsbeanspruchung B die zugehörige Lebensdauer x zuzuordnen, so ergibt sich eine Grenzkurve (s. Abb. 3.3)

$$B = f(x), \tag{3.1}$$

die für alle Schädigungsarten hyperbelartig abfallende Verläufe annimmt.

Erfolgreich verwendete Approximationsfunktionen sind die Hyperbelfunktionen

$$B = C \cdot \frac{1}{x} \tag{3.2}$$

mit einem weiteren Freiwert

$$B^a = C \cdot \frac{1}{x} \tag{3.3}$$

oder auch e-Funktionen der Form

$$B = C \cdot e^{k \cdot x}. \tag{3.4}$$

Durch Logarithmieren lässt sich zeigen, dass Gl. 3.3 für die doppelt-logarithmische Auftragung und Gl. 3.4 für die einfach-logarithmische Auftragung von Vorteil sein kann. Bevorzugt wird Gl. 3.3 in der Form

$$\boldsymbol{B^a \cdot x = C} \tag{3.5}$$

mit

B …	Beanspruchung oder Belastung
x …	Beanspruchungsdauer, Lebensdauer
a …	„Wöhlerlinien"-Exponent
C …	Konstante

Ein doppelt-logarithmisches Papier zum Eintragen solcher Graphen, welches in der Praxis auch Wöhlerpapier heißt, befindet sich in der Tafel III.2.2 des Anhanges.

Mit Rücksicht auf das Versagen durch Verschleiß und Korrosion und neuere Forschungen, die eine exakte „Dauerfestigkeit" infrage stellen, sollen im Weiteren die Begriffe *Kurzlebigkeit, Langlebigkeit und Sofortausfälle* verwendet werden, wobei letzterem insbesondere Bruch und Fließen infolge Überlastung zuzuordnen sind. Kurzlebigkeit und Langlebigkeit lassen sich einheitlich mit.

$$B^a \cdot x = C_a \text{ bzw. } B^b \cdot x = C_b \tag{3.6}$$

beschreiben, wenn die Konstanten für beide Bereiche unterschieden werden. Die Dauerfestigkeit ist als Sonderfall $b \rightarrow \infty$ enthalten, während das Fehlen der Langlebigkeit und auch der Dauerfestigkeit durch $a = b$ gekennzeichnet wird (vgl. Abb. 3.4). Letzteres trifft insbesondere für die noch zu behandelnde komplexe Schädigung des Wälzlagers (s. Abschn. 3.4), wie auch für Verschleiß und andere flächenabtragende Prozesse zu.

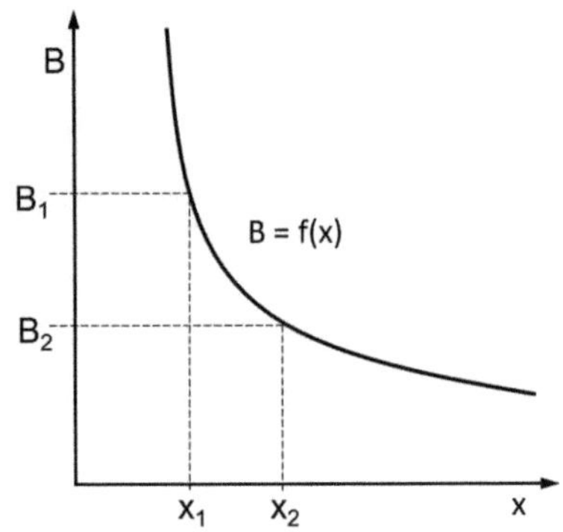

Abb. 3.3 Wöhlerlinie

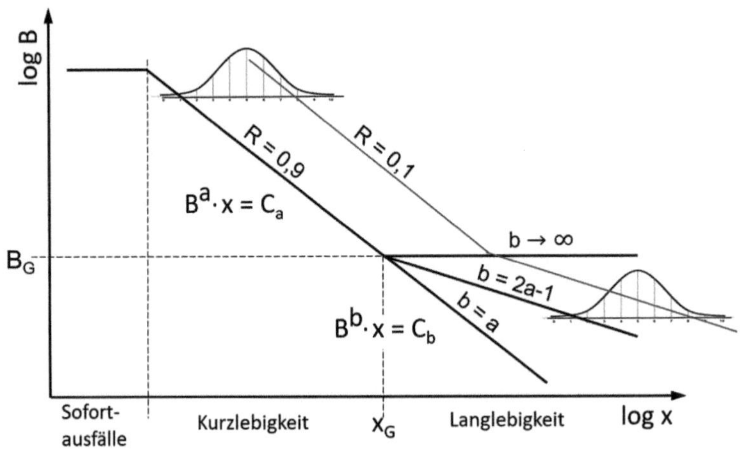

Abb. 3.4 Wöhlerdiagramm mit Streufeld

Für unsere Zwecke ist das Wöhlerdiagramm stets durch die Angabe des Streufeldes für 10 % vorzeitigen Ausfall (R = 0,9) und 10 % Überleben (R = 0,1) zu ergänzen (vgl. ebenfalls Abb. 3.4). Die Bedeutung und Ermittlung so eines Streufeldes wird im Kap. 4 noch näher beschrieben.

Während für Ermüdungsprozesse i. d. R. an der Ordinate die Beanspruchung bzw. Belastung B aufgetragen wird, muss für Verschleiß und Korrosion von einer allgemeineren Deutung des Begriffes Beanspruchung ausgegangen werden.

Es ist jedoch naheliegend, dass auch für Verschleiß und Korrosion eine Beanspruchung definiert werden kann, für die der empirische Ansatz der Gl. 3.5 oder Gl. 3.6 gilt. Wenn auch eine natur- bzw. technikwissenschaftliche Ableitung dieses Ansatzes schon aus Dimensionsgründen nicht gegeben werden kann, so ist er für viele Schädigungsprozesse in guter Näherung zutreffend.

Gehen wir davon aus, dass eine Schädigung selbst als energetischer Prozess aufgefasst werden kann, so ist den Schädigungen durch Ermüdung, Verschleiß und

Korrosion sicher gemeinsam, dass eine Energieumsetzung am Bauteil an bevorzugten Bereichen zu einer Akkumulation von Schädigungsenergie führt, die beim Überschreiten einer kritischen Grenze das Versagen des Bauteils bewirkt. Schädigungen sind als irreversible Prozesse einzuordnen, auch wenn „Erholungen" z. B. bei Ermüdungsprozessen eine dieser Thesen entgegenstehende Erscheinung darstellen. Dementsprechend führt die Akkumulation von Schädigungsenergie stets zu einer Entropiezunahme des einem Schädigungsvorgang unterworfenen Volumenelementes. So liegt neben speziellen Untersuchungen der Versagensarten Ermüdung, Verschleiß und Korrosion auch der Gedanke nahe, den Versuch einer allgemeinen Betrachtung über die Schädigungsenergie zu unternehmen.

Zum gegenwärtigen Zeitpunkt ist der diesbezügliche Erkenntnisstand nicht ausreichend, um in dem vorliegenden Buch durchgängig eine einheitliche Betrachtungsweise anzuwenden.

3.2 Schädigung durch Ermüdung

Im Gegensatz zum statischen Überlastbruch, der sich bei den meisten Werkstoffen durch eine plastische Deformation ankündigt, tritt das Versagen durch Ermüdung weit unterhalb statischer Festigkeitswerte auf (vgl. Kap. 2).

Ursache für die Ermüdungsvorgänge sind zeitlich veränderliche Beanspruchungen, die durch schwingende äußere mechanische Belastungen oder auch zeitabhängige thermische Einwirkungen auf das Bauteil hervorgerufen werden.

Die Ermüdung äußert sich in einer Minderung der inneren Bindungskräfte an den Gitterebenen kristalliner Werkstoffe bzw. an den Korngrenzen amorpher Stoffe, die schließlich durch einen Ermüdungsriss zum Versagen des Bauteils führen (s. Abb. 3.5).

Die zeitliche Änderung der zur Ermüdung führenden Beanspruchung kann periodisch schwingend oder mit unterschiedlicher Regellosigkeit stochastisch sein (s. Abb. 3.6).

Nahezu alle in der Praxis auftretenden Ermüdungsschäden lassen sich bzgl. der Zeitabhängigkeit ihrer Beanspruchung in das in der Abb. 3.6 dargestellte Schema einordnen.

Während bis vor drei Jahrzehnten die Werkstoffprüfung nur periodisch schwingende Beanspruchungen simulieren konnte und sich dabei vorzugsweise auf die Sonderfälle wechselnde Beanspruchung ($\sigma_m = 0$) und schwellende Beanspruchung ($\sigma_m = \sigma_a$) beschränkte, ermöglichen moderne servohydraulische Prüfmaschinen mit Prozessrechner praktisch die Simulation beliebiger Belastungs-Zeit-Funktionen.

Die periodisch schwingende Beanspruchung wird zweckmäßig durch das Anstrengungsverhältnis

$$r = \frac{\sigma_u}{\sigma_o} = \frac{\sigma_m - \sigma_a}{\sigma_m + \sigma_a} \tag{3.7}$$

gekennzeichnet.

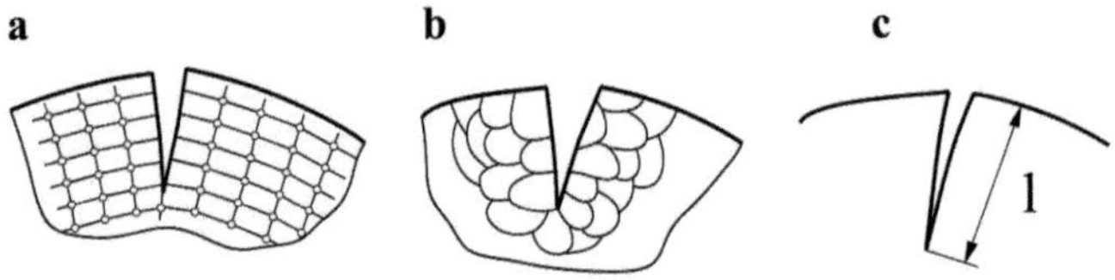

Abb. 3.5 Rissbildung und Ausbreitung. **a** kristalliner Körper; **b** amorpher Körper;**c** homogenes Kontinuum (Modell)

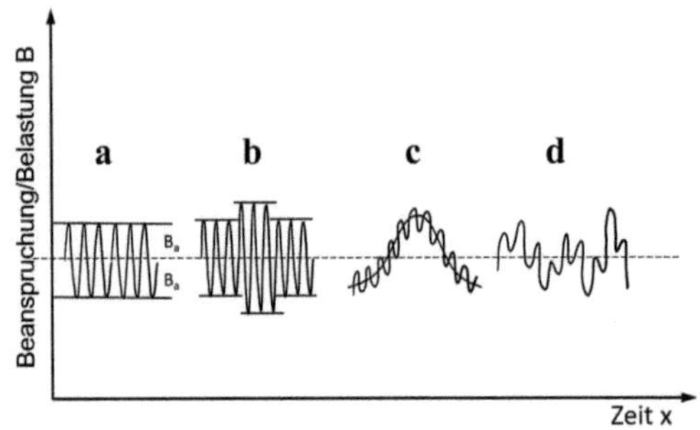

Abb. 3.6 Beanspruchungsarten. **a** periodisch schwingend; **b** periodisch schwingend, unterschiedliche Laststufen; **c** moduliert schwingend; **d** stochastisch regellos

Für die Beschreibung der stochastischen Beanspruchung sind weitere solcher Kenngrößen notwendig (vgl. Kap. 4).

Bei der Schädigung durch Ermüdung sind

- der Anriss
- die Rissausbreitung und
- der Restbruch

zu unterscheiden. Wegen der Kompliziertheit dieser Vorgänge überwiegen in der Bruchmechanik gegenwärtig Modelle, die den realen kristallinen bzw. amorphen Stoffaufbau vernachlässigen und vom homogenen Kontinuum (vgl. Abb. 3.5) ausgehen.

Ohne auf einzelne Bruchtheorien (vgl. z. B. [12]) einzugehen, wird einerseits behauptet, dass Risse ausgehend von einer Risslänge l_0 progressiv fortschreiten, andererseits aber auch durch bestimmte Bedingungen zum Stillstand kommen können (vgl. Abb. 3.7).

Mit der Auftragung der aktuellen Risslänge l über der Lastwechselzahl N lässt sich das Risswachstum durch den Differentialquotienten

$$\frac{d\,l}{d\,N} = f \tag{3.8}$$

kennzeichnen, der von der Rissbildungsenergie abhängig ist.

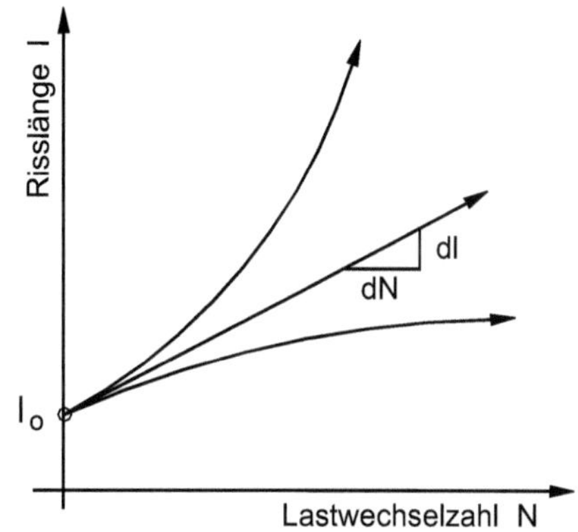

Abb. 3.7 Rissfortschritt in Abhängigkeit von der Lastwechselzahl N

Die Rissbildungsenergie steht dabei zweifellos mit der sog. Hysteresis beim Beanspruchungszyklus im Spannungs-Dehnungs-Diagramm (s. Abb. 3.8) im Zusammenhang.

Der größte Teil dieser Hysteresis-Arbeit wird dabei allerdings in Wärme umgewandelt, die sich in einer Temperaturerhöhung der Probe äußert, sodass eine Bestimmung der Rissbildungsenergie auf diesem Wege zumindest schwierig sein dürfte. Andererseits deuten Erholeffekte darauf hin, dass Rissbildungsvorgänge nicht grundsätzlich irreversibel sind.

Bei zyklischen Spannungs-Dehnungsverläufen wird weiter ein Sättigungseffekt beobachtet, der auf Gefügeumwandlungen zurückgeführt wird [9].

Die Gesamtheit dieser Erscheinungen stützt die Hypothese, dass Ermüdungs- und Rissbildungsprozesse als Überlagerung von Entfestigung und Verfestigung mit i. d. R. überwiegenden Entfestigungsanteil angesehen werden müssen (vgl. ebenfalls [9]). So scheint es beim gegenwärtigen Stand der Rissbildungs- und Ermüdungsforschung geboten, an der bisherigen Praxis der Betriebsfestigkeitslehre festzuhalten, und die Schädigung als Funktion von Beanspruchung und Lastspielzahl N als Lebensdauer x (vgl.

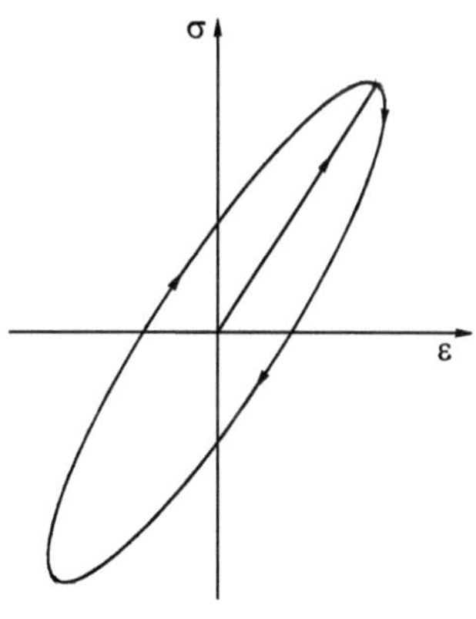

Abb. 3.8 Hysteresisschleife im Spannungs-Dehnungs-Diagramm

Wöhlerdiagramm in Abb. 3.3) mit Berücksichtigung des Streufeldes (vgl. Abb. 3.4) darzustellen.

Die wohl umfassendste Darstellung von Wöhlerdiagrammen und allen damit zusammenhängenden Problemen der Betriebsfestigkeit wurde von Haibach [11] gegeben. Dem in der Praxis tätigen Konstruktionsingenieur dürfte es jedoch schwer fallen, aus der Vielfalt der dort dargestellten Probleme einen rezeptiven Berechnungsweg abzuleiten.

Für die weitere Vorgehensweise werden folgende Festlegungen getroffen:

1. Wir verwenden grundsätzlich Wöhlerdiagramme, deren Werte aus periodischen Schwingbeanspruchungen konstanter Amplitude gewonnen wurden (vgl. Abb. 3.9). Blockprogramm-Versuche, Zufallslasten sowie Einzelver suche (vgl. ebenfalls Abb. 3.9) sollen die Spezialität der Betriebsfestigkeitslehre bleiben.
2. Die Anpassung an Kollektivformen erfolgt rechnerisch über noch zu behandelnde Akkumulationshypothesen (vgl.Abschn. 5.2).
3. Die Auftragung der Versuche erfolgt im doppeltlogarithmischen Netz unter Angabe der Grenzkurven für $R=0{,}9$ und $R=0{,}1$ (und evtl. $R=0{,}5$). Das doppeltlogarithmische Netz setzt damit die Gültigkeit der Gl. 3.5 und 3.6 zur Beschreibung der Wöhlerlinie voraus. Wesentlich ist die Grenzkurve $R=0{,}9$, die auch die für die Bestimmung der zur Sicherheitsbe rechnung notwendigen Festigkeitswerte enthält, d. h. auch B_D und x_G

(vgl. Abb. 3.10).

4. Eine Normierung wird mit dem Punkt (B_D und x_G) für $R = 0{,}9$ vorgenommen (im Unterschied zum Normierungsvorschlag nach [11] s. Abb. 3.11), für den $R = 0{,}5$ verwendet wird.)
5. Auf der Grundlage der Gl. 3.5 gilt mit dem üblichen Wöhlerkurvenexponenten a, der für die Neigung der Geraden in doppelt-logarithmischer Auftragung kennzeichnend ist,

$$B^a \cdot x = C \tag{3.9}$$

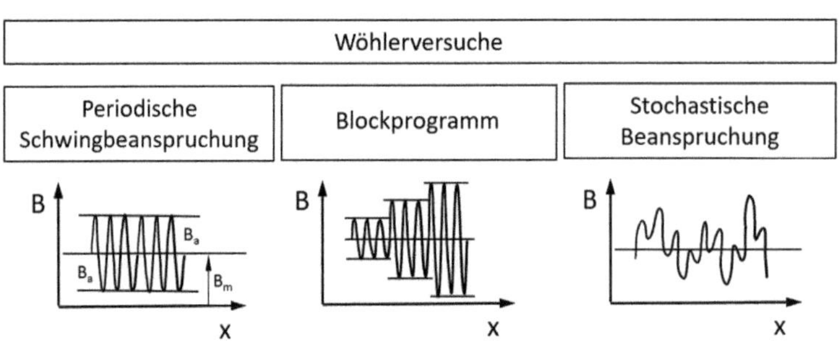

Abb. 3.9 Versuchstechniken zur Aufnahme von Wöhlerdiagrammen

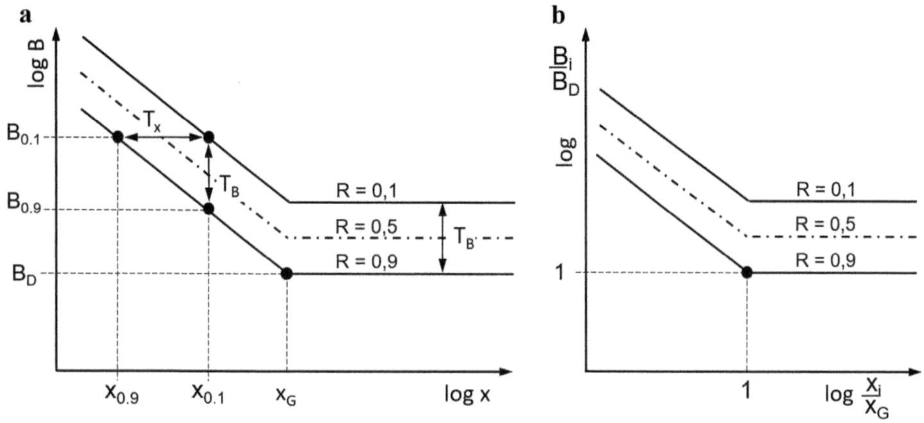

Abb. 3.10 Auftragung für Wöhlerdiagramme. **a** doppeltlogarithmische Auf-tragung; **b** normiertes Wöhlerdiagramm (log)

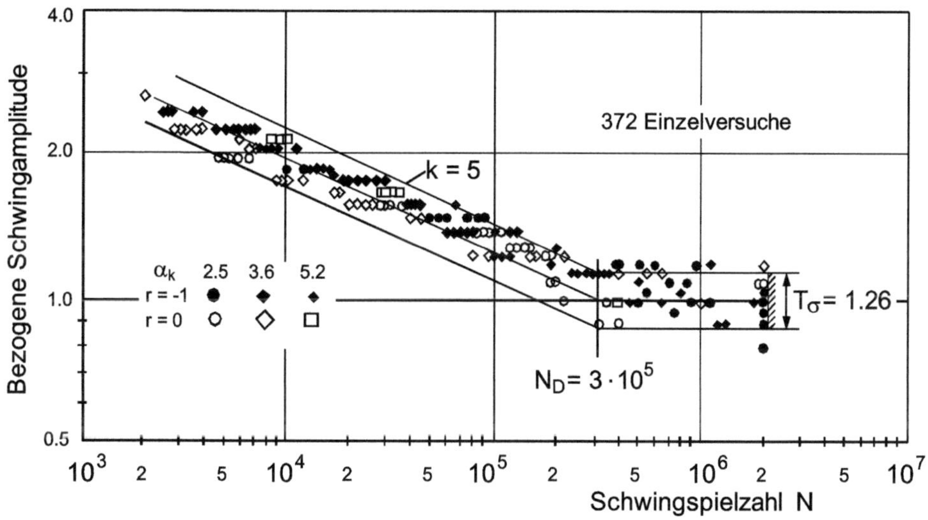

Abb. 3.11 Normierte Wöhlerlinie für Kerbstäbe aus vergütetem Stahl (nach [11])

und mit dem Wertepaar (B_i; x_i)

$$x = x_i \cdot \left(\frac{B_i}{B}\right)^a \tag{3.10}$$

bzw. mit dem speziellen Wertepaar (B_D; x_G)

$$x = x_G \cdot \left(\frac{B_D}{B}\right)^a. \tag{3.11}$$

6. Für den Wöhlerkurvenexponenten a gilt bei üblicher Bestimmung aus zwei Punkten mit den Wertepaaren (B_1; x_1) und (B_2; x_2) und dem Ansatz

$$B_1^a \cdot x_1 = B_2^a \cdot x_2 \text{ bzw. } \left(\frac{B_1}{B_2}\right)^a = \frac{x_2}{x_1} \text{ oder } \frac{x_1}{x_2} = \left(\frac{B_2}{B_1}\right)^a$$

nach Gl. 3.12 bzw. Gl. 3.13

$$a = \frac{\log\left(\frac{x_1}{x_2}\right)}{\log\left(\frac{B_2}{B_1}\right)} = \frac{\log x_1 - \log x_2}{\log B_2 - \log B_1} \tag{3.12}$$

bzw.

$$a = \frac{\log\left(\frac{x_2}{x_1}\right)}{\log\left(\frac{B_1}{B_2}\right)} = \frac{\log x_2 - \log x_1}{\log B_1 - \log B_2} \tag{3.13}$$

Der Exponent a ist eine wesentliche Beschreibungsgröße für die Wöhlerkurve. Er wird insbesondere von der Kerbform beeinflusst. Der Bereich erstreckt sich von a = 15 für den ungekerbten Stab bis a = 3 für die Spitzkerbe (vgl. Abb. 3.12).

In der Regel kann von

$$a_{0,9} = a_{0,1} \tag{3.14}$$

ausgegangen werden. Aufgrund vielfältiger Angaben in Wöhlerdiagrammen (vgl. z. B. [11]) kann kein signifikanter Einfluss der Mittelspannung bzw. des Spannungsverhältnisses auf den Exponenten festgestellt werden.

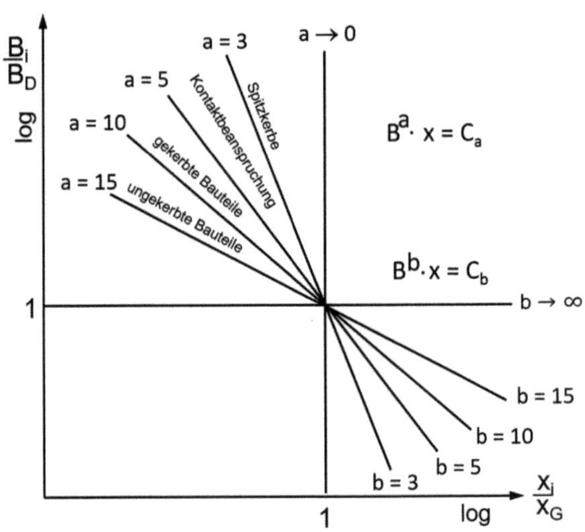

Abb. 3.12 Wöhlerfunktion, Exponentenübersicht (a bzw. b)

7. Die Streuspanne wird mit Tx im Kurzlebigkeitsbereich und T_B im Langlebigkeitsbereich (hier meist Dauerfestigkeitsbereich) angegeben (vgl. Abb. 3.10).

Es gilt:

$$T_x = \frac{x_{0,1}}{x_{0,9}} \tag{3.15}$$

und

$$T_B = \frac{B_{0,1}}{B_{0,9}} \tag{3.16}$$

und mit Gl. 3.11

$$T_x = T_B^a. \tag{3.17}$$

Etwa 50 Jahre Betriebsfestigkeitsforschung haben eine kaum noch überschaubare Menge von Schwingbruchergebnissen hervorgebracht.

Umso notwendiger sind Bemühungen, diese Ergebnisse zu systematisieren (vgl. [9] und [18]). Ein erster Schritt besteht in der Normierung der Wöhlerdiagramme. Die Abb. 3.11 zeigt ein normiertes Wöhlerdiagramm, in dem 372 Einzelversuche für 3 Kerbformen, zwei unterschiedliche Ruhegrade r und unterschiedliche Stähle aufgetragen wurden. In der Tafel III.1.3 sind weitere Wöhlerdiagramme mit der oben vorgeschlagenen Normierung zusammengefasst worden. Die Arbeit mit in dieser Weise normierten Wöhlerdiagrammen ist dem *Beispiel 6* zu entnehmen. Mit Abb. 3.12 wurde der Versuch unternommen, mit einer weiteren Zusammenfassung normierter Wöhlerdiagramme die Tendenz der Wöhlerlinienexponenten darzustellen. In Tafel III.2.1 des Anhanges sind typische Wöhlerexponenten und Streuspannen aus der Auswertung unzähliger Wöhlerversuche und zugänglichen Veröffentlichungen aus den unterschiedlichsten technischen Wissenschaftsbereichen typische Wöhlerexponenten und Streufelder zusammengestellt (s.Tafel III.2.1). Diese Angaben reichen aus, mit hinreichender Genauigkeit konkrete Wöhlerdiagramme zu „konstruieren“, um mithilfe bekannter Beanspruchungskollektive und geeigneter Schadensakkumulationshypothesen (s. Abschn. 5.2) in guter Näherung praktische Lebensdauerberechnungen durchführen zu können.

3.3 Schädigung durch Verschleiß

Unter Verschleiß sollen alle bleibenden Formänderungen und Materialverluste im Oberflächenbereich von Bauteilen verstanden werden, die auf Reibung zurückzuführen sind. Reibung tritt immer dann auf, wenn kraftübertragende Kontaktflächen von festen, flüssigen oder gasförmigen Gegenkörpern relativ gegeneinander verschoben werden. Abb. 3.13 zeigt eine Systematisierung des Verschleißes. Wegen der Kompliziertheit der Reibungs- und Verschleißvorgänge an den Grenzflächen reibungsbeanspruchter Festkörper hat sich

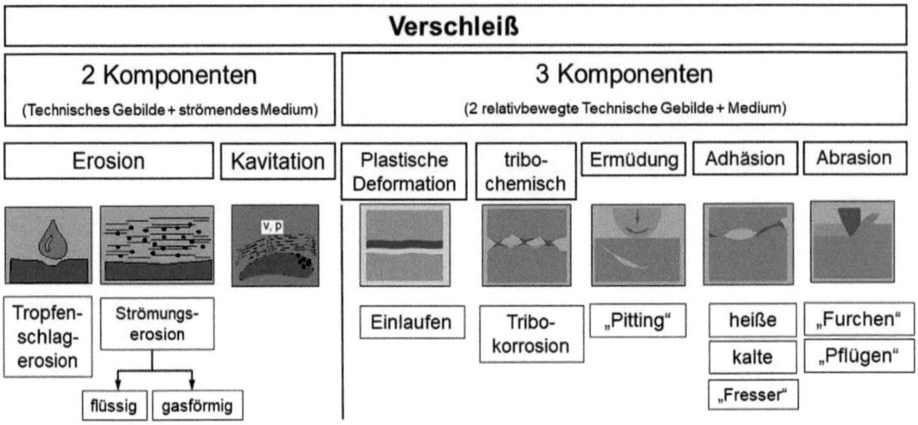

Abb. 3.13 Systematisierung von Verschleißarten

Abb. 3.14 Grundmodell der Reibung

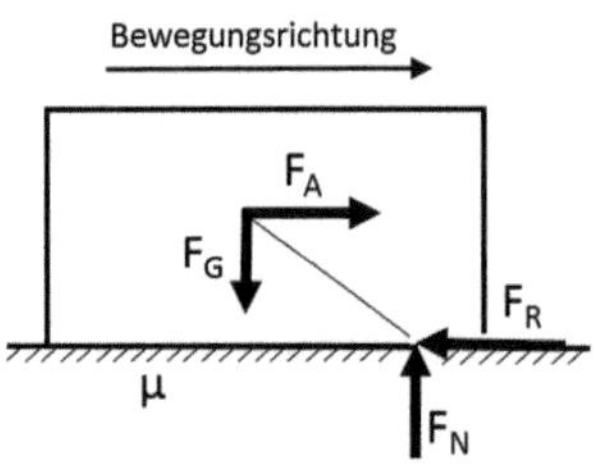

ein neues und inzwischen selbstständiges Wissenschaftsgebiet – die Tribologie – herausgebildet. Für die Auslegung von Maschinenteilen werden derzeit keine Berechnungen durchgeführt, sondern ggf. Materialzuschläge je nach Situation berücksichtigt.

Für eine mögliche Berechnung werden in diesem Kapitel zunächst die Verschleißmechanismen betrachtet, die durch 2 relativbewegte Technische Gebilde und einem Zwischenmedium durch Reibung verursacht werden. Gedanken zu Erosion und Kavitation sind im Abschn. 3.4 zu finden. Für tiefergehende Betrachtungen sei auf weiterführende Literatur zum Thema Tribologie (z. B. [5]) verwiesen.

Abb. 3.14 zeigt zunächst das Grundmodell der Reibung zwischen zwei Festkörpern. Das Vorhandensein und die Art eines dritten Stoffes, wie Flüssigkeit, Gas oder auch molekulare Festkörper – üblich als Schmiermittel bezeichnet – entscheidet über die Art der Reibung und die Gesetzmäßigkeiten des Verschleißes (s. Abb. 3.15 und 3.16).

Wegen der komplexen Erscheinung des Verschleißes soll hier nur auf einige mathematisch-physikalische Grundlagen eingegangen werden, soweit das für die Ableitung der angestrebten ingenieurmäßigen Methoden der Berechnung von Lebensdauer und Zuverlässigkeit durch Verschleiß geschädigter Bauteile erforderlich ist. Der schon auf Charles Augustin de Coulomb (1736–1806) zurückgehende Reibungsansatz für Festkörperberührung.

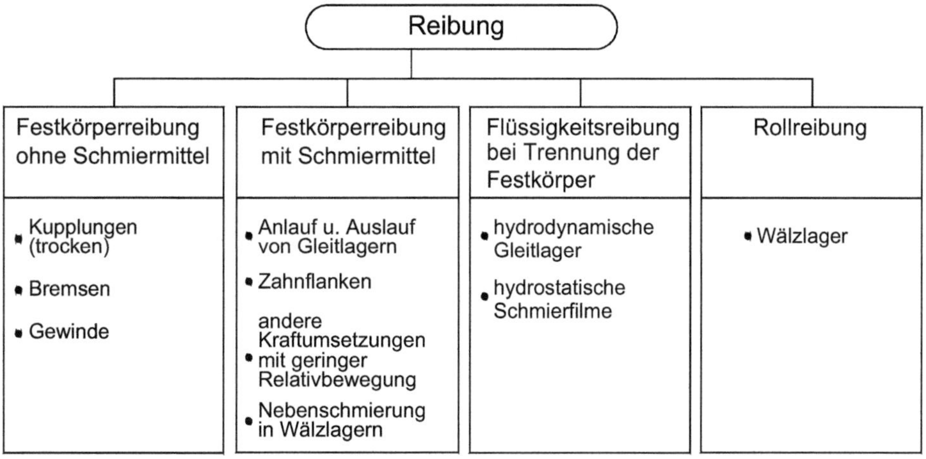

Abb. 3.15 Reibungsarten, technische Beispiele

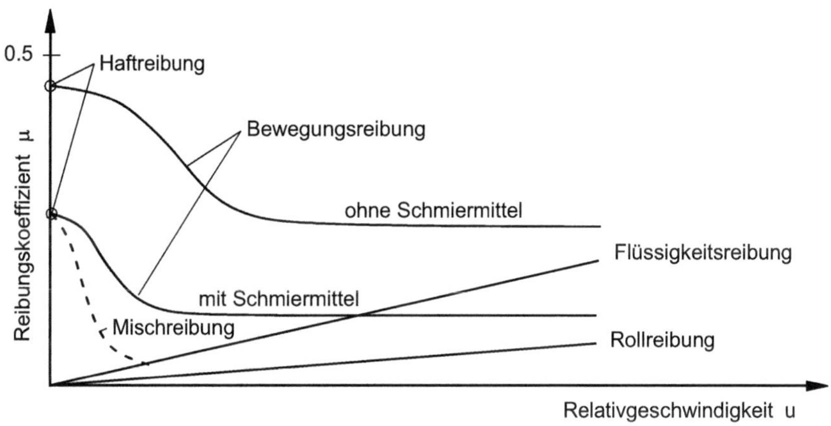

Abb. 3.16 Reibungsarten, Geschwindigkeitsabhängigkeit

$$F_R = \mu \cdot F_N \text{ und damit } \mu = \frac{F_R}{F_N} \tag{3.18}$$

oder wegen der Identität der Bezugsreibflächen A_R bei F_R und F_N auch in Spannungen zu definierende Reibungskoeffizient μ.

$$\text{mit } \frac{F_R}{A_R} = \mu \cdot \frac{F_N}{A_R} \text{ gleich } \tau_R = \mu \cdot \sigma_N \text{ und damit } \mu = \frac{\tau_R}{\sigma_N} \tag{3.19}$$

lässt eine gewisse Systematisierung der Reibungsart zu (s. Abb. 3.16). In der Reibfläche wirkende Schubkräfte erzeugen Scherspannungen, die bei Überschreiten der Werkstofffestigkeit zum Materialverlust führen.

Während bei Festkörperreibung ohne Schmierung i. d. R. ein großer Reibungskoeffizient im Interesse der Kraftübertragung oder der Energiewandlung angestrebt wird, so soll das Schmiermittel die Energieumsetzung in Reibungswärme auf ein Minimum reduzieren. Für den Verschleiß wird bei allen technischen Gebilden ein Minimum oder Optimum angestrebt.

Während der Reibungskoeffizient bei Festkörperreibung mit und ohne Schmierung nach dem Übergang von der Haftreibung in die Bewegungsreibung praktisch geschwindigkeitsunabhängig ist, nimmt dieser bei einer Trennung der Grenzflächen durch flüssige oder gasförmige Schmiermedien in der Grundtendenz mit der Geschwindigkeit linear zu. Diese Gesetzmäßigkeit lässt sich mit dem bereits von Isaac Newton (1643–1727) aufgestellten Ansatz für die Flüssigkeitsreibung

$$F_R = \eta \cdot \frac{U}{h} \cdot A_R \tag{3.20}$$

mit

η Stoffkonstante, dynamische Viskosität
U … Relativgeschwindigkeit der Grenzflächen
h … Schmierfilmdicke
A_R … Reibungsfläche

beschreiben.

Die reine Flüssigkeitsreibung (ebenso die Gasreibung) ist die einzige verschleißfreie Reibungsart. Sie sollte neben der Rollreibung das technisch anzustrebende Optimum darstellen. Die Schädigung des Bauteils wird am Verschleiß sichtbar und messbar. Die Oberflächenveränderungen lassen sich in fünf wesentliche Kategorien einteilen (vgl. Abb. 3.13 und 3.17), wobei davon ausgegangen wird, dass die relativ bewegten Oberflächen eine technologisch bedingte Anfangsrauigkeit aufweisen.

Die erste Verschleißschädigungsform, gekennzeichnet durch plastische Deformation meistens einer der beiden Festkörpergrenzflächen, vermindert die technologisch vorhandenen Oberflächenrauigkeiten. Der Glättungsvorgang wird durch einen sog. „Härtesprung" durch Paarungen Stahl/Stahl bzw. Stahl/Lagermetall angestrebt, wenn eine Trennung der Grenzflächen durch Flüssigkeitsreibung nicht oder nur unvollständig erreicht werden kann.

Der abrasive Verschleiß nach Abb. 3.17 tritt ebenfalls dort auf, wo weder Flüssigkeitsreibung noch gezielte Stoffpaarungen mit dem Ziel der Plastizierung den abrasiven Verschleiß minimieren können.

Beispiele sind Bremsbacke/Bremsstein, Radkranz/Schiene, Kolben/Zylinder, Gleitführungen u. a. Der Verschleiß schreitet mit der Nutzungsdauer fort und führt zur Schädigung und schließlich zum Versagen.

Beim Ermüdungsverschleiß kommt es durch eine sich dynamisch wiederholende Belastung zu lokalen Ermüdungserscheinungen. Partikel werden aus der Oberfläche herausgelöst und führen zu abrasivem Verschleiß. Auf Laufflächen entstehen sogenannte Pittinge (kleine Löcher).

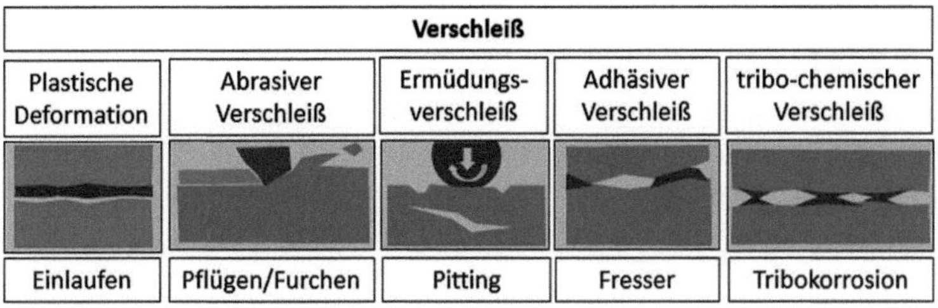

Abb. 3.17 Verschleißschädigungsformen

Besonders kritisch bzgl. des Ausfallverhaltens ist der adhäsive Verschleiß nach Abb. 3.17, bei der es vor dem Abschervorgang durch Verschweißung mit der Gegenfläche zum Stoffübergang kommt. Meistens endet dieser Vorgang – in der Praxis als das gefürchtete „Fressen" bei Paarungen Stahl/Stahl bekannt – sehr rasch nach progressivem Schädigungsvorlauf mit dem Totalausfall der Baugruppe.

Die hier bevorzugte Darstellung von Reibung und Verschleiß weist stark mechanische Züge auf. Es sei bemerkt, dass die wirklichen Prozesse an den Grenzflächen der Reibungskörper insbesondere unter Beteiligung der Schmierstoffe wesentlich komplizierter ablaufen und eine Wechselwirkung zwischen mechanischen, thermischen und chemischen Prozessabläufen beinhalten. Genannt sei als Beispiel der tribochemische Verschleiß. Hierzu sei wieder auf die Spezialliteratur verwiesen (vgl. z. B. [5] und [9]).

Dem Anliegen dieses Buches entsprechend soll im Folgenden eine auf die konstruktive Auslegung zugeschnittene Berechnungsmethode für den Verschleiß und die damit verbundene Schädigung entwickelt werden.

Für die Entwicklung eines Berechnungsansatzes verschleißbedingter Schädigung ist der zeitliche Verlauf des Verschleißes wesentlich.

Die Abb. 3.18 verdeutlicht unterschiedliche Verschleißvorgänge. Grundsätzlich benötigt jede Verschleiß-Stoffpaarung eine Einlaufzeit. In dieser Phase verändern sich die

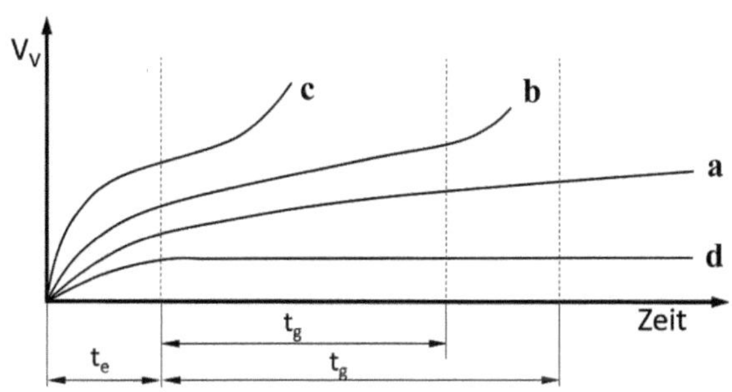

Abb. 3.18 Zeitlicher Verlauf des Verschleißes. **a** nach Einlaufzeit t_e stationärer Verschleiß **b** wie a, aber Übergang in den progressiven Verschleiß; **c** progressiver Verschleiß mit raschem Übergang in die Verschleißhochlage („Fressen"); **d** nach Einlaufzeit t_e kein Verschleiß

fertigungstechnisch bedingten Oberflächenstrukturen, bis sich eine stabile verschleißbedingte Oberflächenrauigkeit einstellt.

Erst danach kann sich ein stationärer, i. d. R. sogar linearer Verschleißablauf ausbilden, bis eine Grenznutzungsdauer t_g erreicht wird, bei der die Funktionserfüllung der Baugruppe infrage gestellt wird.

Der stationäre Anteil im Fall *a* stellt den einer Verschleißberechnung einfach zugänglichen Vorgang dar. Bei den Verläufen *b* und *c* kommt es sofort oder nach anfänglichem stationärem Verschleiß zum Übergang in die Verschleißhochlage, die vor allem durch Stoffauftrag auf die Gegenfläche verursacht wird. Beim Vorgang b können lediglich im Bereich tg einfache Rechenansätze angewendet werden.

Der technisch-ökonomisch günstigste, allerdings nur bei ganz speziellen Bedingungen erreichbare Verlauf wird durch *d* dargestellt. Er kann praktisch nur durch Realisierung der Flüssigkeitsreibung erreicht werden und ist weitgehend verschleißfrei. Im Weiteren soll der stationäre Verschleißvorgang als Grundlage für eine Lebensdauerberechnung betrachtet werden.

Das Verschleißvolumen V_V bzw. die Verschleißhöhe h_V ist dabei wie der Ermüdungsvorgang von einer Beanspruchung abhängig und wird ebenfalls eine statistische Streuung aufweisen. Die Abb. 3.19 verdeutlicht diese Gesetzmäßigkeiten, wobei zunächst in der Literatur üblichen Auftragungen gefolgt wird.

Je höher die Belastung B, um so größer die Verschleißhöhe h_V bzw. das Verschleißvolumen V_V, die i. d. R. dabei nach einem zurückgelegten Verschleißweg x_V einer Streuung unterliegen (s. Abb. 3.19a), genau wie eine bestimmte Verschleißhöhe bei streuenden Belastungen eintreten kann (s. Abb. 3.19b).

Nun liegt es bei den schon angedeuteten Analogien zum Ermüdungsvorgang nahe, ebenfalls eine wöhlerlinienähnliche Auftragung anzustreben (diese wurde übrigens bereits in [16] vorgeschlagen).

Die Auswertung von Versuchsergebnissen (vereinfachte Darstellung s. Abb. 3.20) spricht dafür, dass auch für den Verschleiß der empirische Zusammenhang nach Gl. 3.5 in der Form

$$B_V^a \cdot x_V = const. \tag{3.21}$$

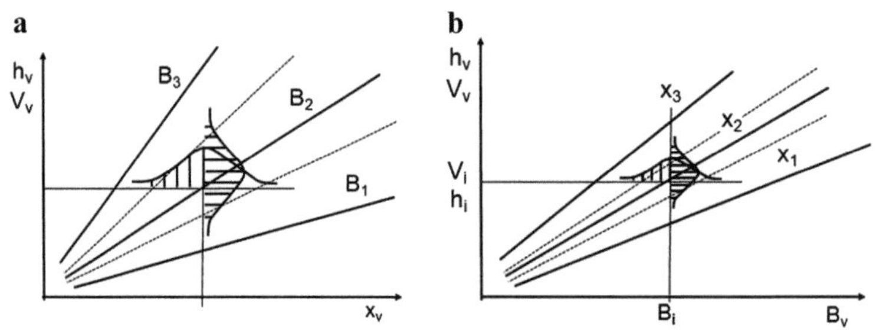

Abb. 3.19 Einfluss der Belastung auf die Verschleißhöhe (**a** $B_1 < B_2 < B_3$ bzw. **b** $\times 1 < \times 2 < \times 3$) – statistische Verteilung für V_V, h_V bzw. Bv

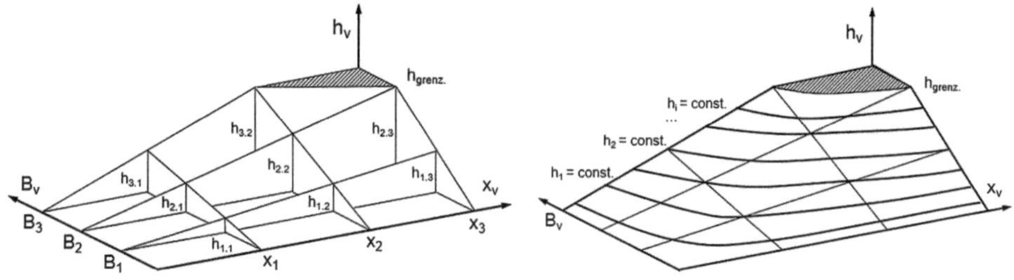

Abb. 3.20 Kurvenverlauf von Verschleißhöhen in Abhängigkeit von B und x

gültig ist, wenn $[B_i, x_i]$–Kombinationen, die zu identischen Verschleißhöhen h_i führen, verbunden werden und die in Abb. 3.20 zu erkennenden Hyperbeln sich ergeben. Da nicht alle Beanspruchungen zu einem Verschleiß führen, kann ebenfalls die in Abb. 3.4 definierte Kurz- und Langlebigkeit (vgl. Verschleiß nach Abb. 3.18d) zutreffend sein.
Die Gültigkeit der Gl. 3.21 lässt sich auch aus bekannten Verschleißansätzen ableiten, wobei sowohl die Verschleißbeanspruchung B_V als auch die Lebensdauer L_V neu zu definieren sind.

Es ist üblich (vgl. z. B. [4]), eine Verschleißintensität I_h

$$I_h = \frac{h_V}{s_R} \tag{3.22}$$

mit

s_R … Verschleißweg bzw. Reibungsweg
h_V… Verschleiß- oder Abtragshöhe (linear)

einzuführen. Von Kragelski [12] wird der Zusammenhang

$$I_h = C \cdot \overline{\tau}_R^m \tag{3.23}$$

mit $\overline{\tau}_R$ … mittlere Reibschubspannung

nachgewiesen. Durch Gleichsetzen von (3.22) und (3.23) ergibt sich

$$\frac{h_V}{s_R} = C \cdot \overline{\tau}_R^m \tag{3.24}$$

oder

$$\overline{\tau}_R^m \cdot s_R = h_V(s_R) \cdot C'. \tag{3.25}$$

Durch den Vergleich mit Gl. 3.21 wird die Verschleißbeanspruchung mit $B_V = \overline{\tau}_R$ und die Lebensdauer mit $L_V = s_R$ definiert. Deuten wir h_V als eine zum Schaden führende Verschleißhöhe, so ergibt sich eine wöhlerlinienähnliche Auftragung mit Streufeld, die wir als zweckmäßiges Arbeitsdiagramm den weiteren Betrachtungen zu Grunde legen wollen (vgl. Abb. 3.21).

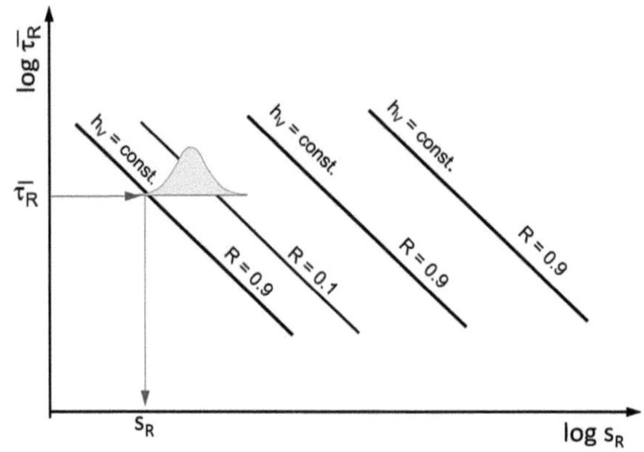

Abb. 3.21 Wöhlerkurvenähnliche Auftragung für den Verschleiß

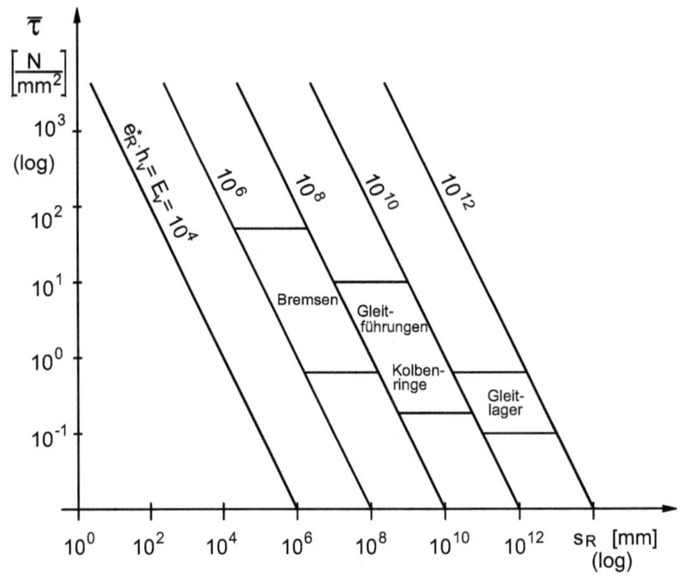

Abb. 3.22 Nomographische Darstellung der Verschleißgleichung mit Zuordnung spezieller Verschleißproblemen

Die aus der Literatur verfügbaren Aufgaben zur Quantifizierung der Verschleißdiagramme sind im Vergleich zur Ermüdung sehr spärlich. In Analogie zur Ermüdung würden ebenfalls zwei Wertepaare $(\tau_{R1;}s_{R1})$ und $(\tau_{R2;}s_{R2})$ genügen, um den Exponenten für Linien $h_V = \text{const.}$ und $R = \text{const.}$ zu bestimmen, wobei auch für den Verschleiß

$$m_{0,9} \cong m_{0,1}$$

gelten wird.

Die Streuspanne kann dann mit

$$T_S = \frac{s_{R0,1}}{s_{R0,9}} \tag{3.26}$$

und

$$T_\tau^m = T_S \tag{3.27}$$

in Analogie zu Gl. 3.17 angegeben werden.

Für m = 1 geht die Gl. 3.25 mit 3.22 in die einfache Form

$$\overline{\tau} = I_h \cdot C' \tag{3.28}$$

über, die völlig analog mit der von Fleischer [9] eingeführten „Verschleißgrundgleichung“

$$\overline{\tau} = I_h \cdot e_R^* \tag{3.29}$$

ist. Damit gilt für die Konstante C‘

$$C' = e_R^*, \tag{3.30}$$

die Fleischer als „scheinbare Reibungsenergiedichte“ bezeichnet und für die in der Literatur eine Reihe von Werten vorliegt. Zweckmäßig dürfte auch die Form

$$\overline{\tau} \cdot s_R = e_R^* \cdot h_V \tag{3.31}$$

oder

$$\overline{\tau} \cdot s_R = E_V \tag{3.32}$$

sein, wobei E_V als eine auf 1 mm Verschleiß bezogene „Verschleißfestigkeit“ gedeutet werden kann. Die Abb. 3.21 gibt den Zusammenhang von Gl. 3.32 wieder.

In der Tafel III.3.1 des Anhanges sind eine Reihe von Verschleißkennwerten aus Literaturangaben zusammengestellt worden.

Weiter sei auf das *Rechenbeispiel 10* verwiesen.

3.4 Schädigung durch Erosion, Korrosion und andere flächenabtragende Prozesse

Neben dem in Abschn. 3.3 ausführlich behandelten Verschleiß, sind insbesondere die Korrosion und Erosion als flächenabtragende Prozesse bekannt.

Es liegt nahe, auch diese in der Praxis häufig auftretenden Schädigungsarten in die angestrebte Berechnungsmethodik einzuordnen. Dabei bietet es sich an, das Ausfallverhalten in Analogie zu Gl. 3.25 durch

$$B^a \cdot L = h(t) \cdot C \tag{3.33}$$

zu beschreiben. Das Problem besteht darin, die Schädigungsbeanspruchung B zu definieren, um wiederum in einer wöhlerkurvenähnlichen Auftragung die Freiwerte C und a durch eine Versuchsserie auf zwei Horizonten bestimmen zu können.

3.4.1 Schädigung durch Erosion

Erosion stellt einen Sonderfall des Verschleißes dar (s. Abb. 3.13), bei dem ein Werkstoffabtrag infolge strömender Medien wie Flüssigkeiten oder Gase, die i. d. R. abrasive Teilchen enthalten und mechanisch auf die Oberfläche von Technischen Gebilden einwirken, zu beobachten ist. Bevorzugt unterliegen Rohrleitungen, Rohrkrümmer, aber auch Schaufeln von Gas- und Wasserturbinen dieser besonderen Form des Verschleißes. Erosion verursacht Abtragungen, die meist von einem Angriffspunkt (raue Oberflächen, Unebenheiten, u. a.) ausgehen. Der Materialabtrag tritt im Allgemeinen in Form von glatten, teilweise metallisch glänzenden Auswaschungen auf. Die abgetragene Oberfläche zeigt muldenartige oder wellige Strukturen, die im Fall von Rohrkrümmern schließlich zu Löchern führen.

Ursache der Erosion sind an Krümmern offensichtlich die Festkörperteilchen in Gasen oder Flüssigkeiten, die bei Beschleunigungsvorgang während der Strahlumlenkung mit der Oberfläche des Strömungskanals in Kontakt kommen. Die Erosion selbst dürfte als Kombination von Ermüdung und Verschleiß anzusehen sein.

Ausgehend von der Überlegung, dass die Erosionsbeanspruchung B_r wegen der Umlenkbeschleunigung proportional dem Quadrat der mittleren Geschwindigkeit v, der mittleren Krümmung $k = 1/r$ und der Differenz der Stoffdichte des Rohres ρ_P und des Mediums ρ_M sein wird, gilt

$$B_r = C_{er} \cdot \overline{v}^2 \cdot \frac{1}{r} \cdot (\rho_P - \rho_M). \tag{3.34}$$

Natürlich werden auch die Festigkeitswerte der erodierenden Oberfläche und die Härte der Partikel von Einfluss sein. Diese und andere Größen werden in der Konstante C_{er} zusammengefasst.

Weitere Ausführungen zu Erosion sind in [1] und [4] zu finden. Einige Zahlenangaben sind der Tafel III.3 des Anhanges zu entnehmen.

3.4.2 Schädigung durch Korrosion

Korrosion – lateinisch corrodere – zersetzen, zerfressen – ist die physikochemische Wechselwirkung zwischen einem Metall und seiner Umgebung, die zu messbaren Veränderungen der Eigenschaften des Metalls führt und die zu erheblichen Beeinträchtigungen der Funktion des Werkstoffes, der Umgebung oder des technischen Systems, von dem diese einen Teil bilden, führen kann.

Die DIN EN ISO 8044 definiert insgesamt 37 verschiedene Korrosionsarten, die anhand des Ortes ihres Auftretens unterschieden werden. Abb. 3.23 nennt hierzu einige Begrifflichkeiten, die in vielen Technischen Systemen von Bedeutung sind. Weiter betrachtet wird in diesem Buch die Flächenabtragende Korrosion, da sie bisher auch experimentell am besten beschreibbar ist.

Bei der Flächenabtragenden Korrosion wird durch Einwirkung von (Luft-)feuchtigkeit, ergänzt durch chemische Stoffkonzentrationen (z. B. Chloride durch Salze, oder Sulfate durch Abgase) und die chemischen Reaktionen begünstigenden Temperaturen die Oberfläche von Metallen so geschädigt, dass es zeitabhängig zur Funktionsminderung bzw. zum Ausfall kommt. Auch die flächenabtragende Korrosion dürfte so grundsätzlich Gl. 3.33 genügen. Je höher die Belastung infolge Konzentration, Feuchtigkeit und Temperatur, desto kürzer die Lebensdauer des Gebildes.

Obwohl in der Literatur (vgl. z. B. [15]) unterschiedlichste Messwerte mitgeteilt werden, ist es gegenwärtig sehr schwierig, eine konkrete Korrosionsbeanspruchung $B_{Korr.}$ zu definieren. Es lässt sich zwar eindeutig eine Abhängigkeit der Korrosionsgeschwindigkeit von den Umgebungsbedingungen nachweisen, jedoch sind Angaben wie

- Landatmosphäre
- Stadtatmosphäre
- Meeratmosphäre
- Industrieatmosphäre

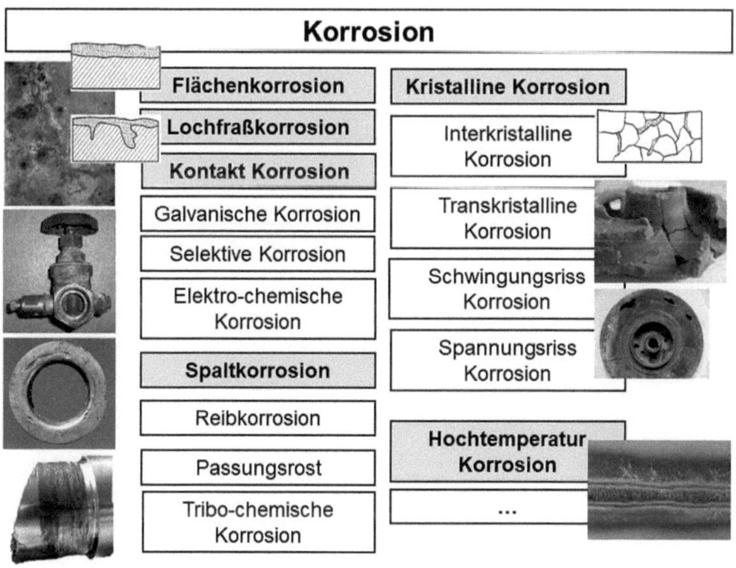

Abb. 3.23 Korrosionsarten (Auszug)

(die Reihenfolge entspricht zunehmender Korrosionsbeanspruchung) nicht geeignet, eine quantifizierte Korrosionsbeanspruchung anzugeben (vgl. [3]).

Auch der elektrochemische Korrosionsabtrag durch Elementbildung (z. B. Eisen/Kupfer im Rohrleitungsbau oder Eisen/Bronze bei Schiffskörpern, oder Stahl/ Aluminium bei Schiffsausrüstungen) ist trotz Kenntnis der „Spannungsreihe der Elemente" wegen schwankender Elektrolytparameter für praktische Zwecke bisher nicht zu quantifizieren. Erschwerend wirkt sich außerdem aus, dass die Korrosionsschichtdicke sich hemmend oder fördernd auf den Korrosionsvorgang auswirken kann.

Bemerkenswert sind die Auswirkungen örtlicher Korrosion auf das Ermüdungsverhalten von Bauteilen. So kommt es unter dem Einfluss von Seewasser durch Lochfraß an Schiffswellen zu erheblichen Kerbwirkungen und in der Folge zu gefährlichen Ermüdungsbrüchen. Andererseits wird die interkristalline Korrosion durch mechanische Spannungen angeregt bzw. beschleunigt. Dieser Effekt ist als Spannungsrisskorrosion in der Literatur bekannt. So lässt sich für Schiffbaustähle ein Abfall der Schwingfestigkeit in Seewasserumgebung feststellen [1].

Insbesondere die knapp gehaltenen Ausführungen zu Korrosion als einer wesentlichen Schädigungsart mögen dem Leser einerseits die Grenzen einer Berechnung von Schädigungsvorgängen und andererseits die Komplexität dieser Prozesse verdeutlicht haben. Da das vorliegende Buch aber auch den wahrscheinlichkeitstheoretischen Ansatz bei Schädigungen verfolgt, sollen im Folgenden bisher bekannte Sachverhalte für die in der Auslegung tätigen Ingenieure dargelegt werden und die bisher gängige Berücksichtigung von Korrosionszuschlägen bei der Auslegung von Konstruktionselementen ergänzen.

Interessant für die Auslegung ist die zu erwartende Oberflächenzersetzung, die zur Funktionsminderung oder sogar zum Ausfall führen kann. Für konkrete Örtlichkeiten und damit vorgegebenen Korrosionsbeanspruchungen B_K lässt sich die Oberflächenzersetzung als Dickenabnahme bzw. Massenabnahme am tragenden Bauteil definieren.

Typische Kurven dieser Materialabnahme K folgen dem Graphen nach Abb. 3.24. Je länger die Bauteile den Korrosionsbeanspruchungen ausgesetzt sind, desto höher ist die Dicken- bzw. Massenabnahme K des Bauteils.

Im Unterschied zu vielen Lehrbüchern, die mit Angabe einer Korrosionsrate in Millimetern je Jahr [mm/a] oder Gramm je Jahr [g/a] eine lineare Materialabnahme suggerieren, ist der Abtrag infolge Korrosion nicht linear zu beschreiben, sondern mit einer Potenzfunktion in der Form

$$\boldsymbol{K} = \boldsymbol{C} \cdot \boldsymbol{t}^{a}. \tag{3.35}$$

Diese Gleichung gilt für eine nahezu konstante Korrosionsbeanspruchung B_K an einem betrachteten Ort. In der Gleichung ist K die Massen- bzw. Dickenabnahme – je nach Zeitbezug in mg oder g bzw. μm oder mm. C die Korrosionskonstante und a der Korrosionsexponent – beide Werte sind Abhängig von der örtlich vorherrschenden Korrosionsbeanspruchung infolge chemischer Konzentration, Temperatur und Luftfeuchtigkeit. Die Zeit t wird je nach Notwendigkeit in Jahren, Monaten oder Tagen geführt, worauf auch die Parameter a und C abzustimmen sind.

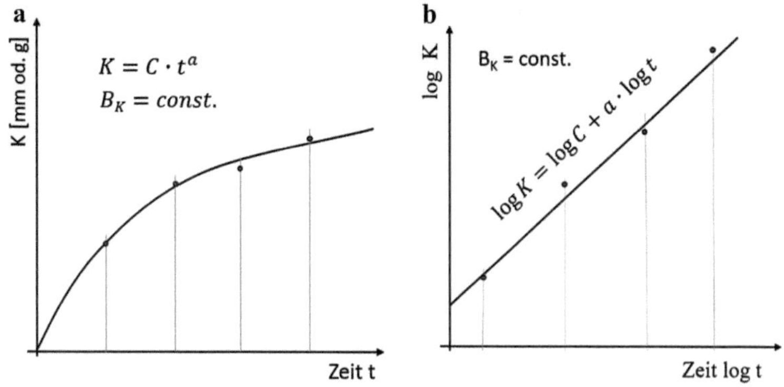

Abb. 3.24 Materialabnahme infolge Korrosion **a** exponentiell **b** doppel-logarithmisch

Abb. 3.25 Korrosionsrate

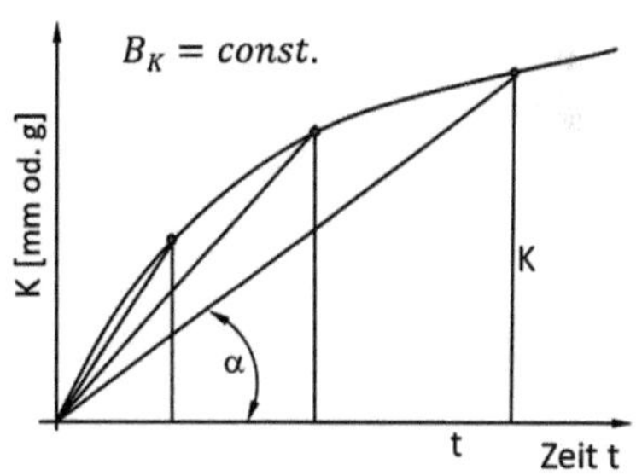

Wird die Gl. 3.35 logarithmiert, erhalten wir

$$\log K = \log C + a \cdot \log t \tag{3.36}$$

und damit einen linearen Ansatz, der mittels Regression die spezifischen Parameter C und a liefert.

Aus einem Vergleich von Gl. 3.36 mit dem Regressionsansatz

$$\overline{y} = a_x + b_x \cdot \overline{x} \tag{3.37}$$

folgt

$$\log\ \mathrm{C} = \mathrm{a_x} \text{ und damit } \boldsymbol{C} = 10^{a_x}, \tag{3.38}$$

sowie für den Korrosionsexponenten

$$\mathbf{a} = \mathbf{b_x}. \tag{3.39}$$

Für a_x und b_x gelten

$$a_x = \overline{y} - b_x \cdot \overline{x} \tag{3.40}$$

$$b_x = \frac{\sum (\log t - \overline{x}) \cdot (\log K - \overline{y})}{\sum (\log t - \overline{x})^2} \tag{3.41}$$

mit

$$\overline{x} = \frac{\sum \log t}{n} \text{ und} \tag{3.42}$$

$$\overline{y} = \frac{\sum \log K}{n}. \tag{3.43}$$

Die Wertepaare [K, t] sind das Ergebnis von Korrosionsversuchen im Labor bzw. im realen Einsatz und n die Anzahl der Wertepaare im Beobachtungszeitintervall. In der Realität kann dieses Beobachtungsintervall mehrere Jahre in Anspruch nehmen, bis belastbare Schädigungszustände erreicht werden. *Aufgabe 11* im Aufgaben Kap. 8 zeigt hierzu ein Beispiel.

In einem engen Zusammenhang mit dem Beobachtungszeitintervall steht die in der Literatur oft angegebene Korrosionsrate (auch Abtragsrate), die die Geschwindigkeit der Korrosion beschreibt. Typische Einheiten sind Gramm je Jahr [g/a], Millimeter je Jahr [mm/a], Mikrometer je Tag [µm/d] oder tausendstel inch je Jahr [mils/year] – bei Testkörpern oft auch auf eine verwendete Fläche bezogen z. B. mit Gramm je Quadratmeter und Jahr [g/m^2 a]. Allgemein gilt für die Zeitveränderliche Ausfallrate

$$\tan \alpha = \frac{K}{t} \tag{3.44}$$

Einige konkrete Messwerte für K und daraus resultierenden Werte C und a werden in [1] mitgeteilt (vgl. ebenfalls Tafel III.3.2 und III.3.3 des Anhanges).

In Analogie zu Ermüdung, Erosion und Verschleiß sind auch bei Korrosion Streuungen zu erwarten (s. Abb. 3.26). Zu bestimmten Zeitpunkten werden unterschiedliche Massen- bzw. Schichtabnahmen und zu unterschiedlichen Zeitpunkten gleiche Materialabnahmen bei konstanter Beanspruchung eintreten. Die Regression nach den Gl. 3.36 bis 3.43 ergibt in Analogie zur Regressionsanalyse für Ermüdung (Abschn. 4.3.3) oder die Lebensdauervorhersage mittels Perlschnurverfahren (Abschn. 5.1.1) eine Kurve mit der Eintretenswahrscheinlichkeit von P = 50 %.

In jedem Fall sind die Korrosionserscheinungen statistisch auszuwerten und einer wahrscheinlichkeitstheoretischen Zuverlässigkeits- und Lebensdauerberechnung zuzuführen (s. Kap. 5), damit sie einer einheitlichen Auslegungsphilosophie zugängig gemacht werden können.

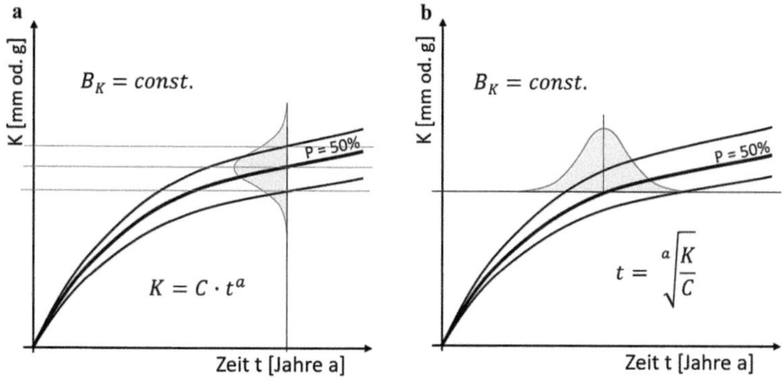

Abb. 3.26 Korrosion als Streuung **a** Streuung der Abträge **b** Streuung der Zeiten

Abb. 3.27 Vergrößerung der maximalen Wälzkörperbelastung durch Verschleiß

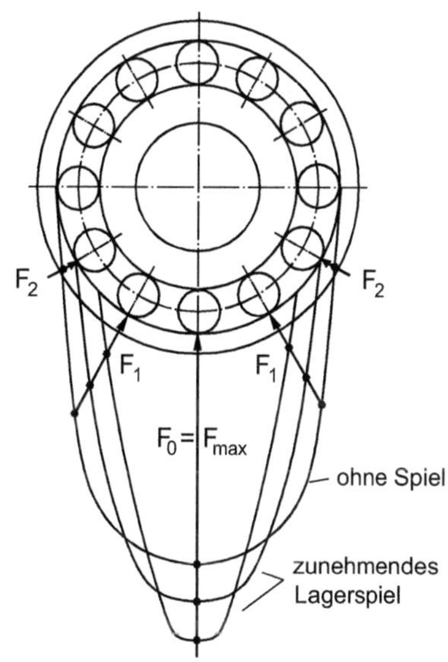

3.5 Komplexe Schädigungen/Schädigung an Wälzlagern

Wälzlager haben sich im Maschinenbau seit mehr als 70 Jahren als Elemente eingeführt, denen hohe Lebensdauer und Zuverlässigkeit zugeschrieben werden [14]. Dabei verläuft die Schädigung des Wälzlagers äußerst kompliziert. Es sind drei Phasen zu unterscheiden:

1. Phase: Die Wälzkörper unterliegen einem ständigen Verschleiß durch die Führungskräfte des Käfigs. Bei Kugeln und Tonnen kommt der Verschleiß durch „partielles Gleiten" an Wälzkörpern und Bahnen hinzu. Jedes Wälzlager erleidet so eine Spielvergrößerung.

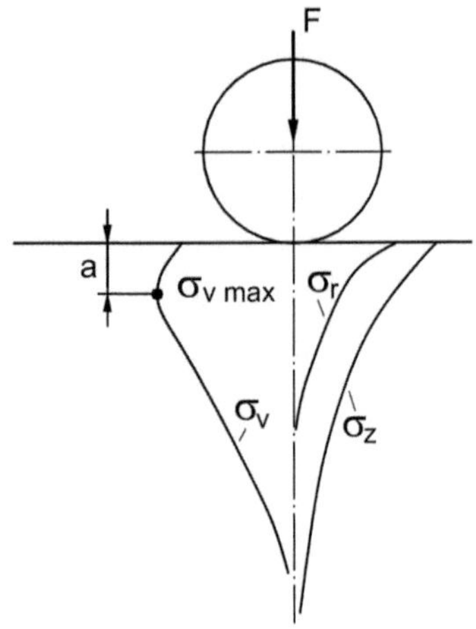

Abb. 3.28 Spannungsverlauf beim Kontakt Kugel/Halbraum. (Maximum der Vergleichspannung tritt im Abstand a unterhalb der Oberfläche auf)

2. Phase: Mit zunehmendem Verschleiß geht eine Verschlechterung der Kraftübertragungsbedingungen einher. Die Abb. 3.39 verdeutlicht, wie durch Spielvergrößerung immer weniger Wälzkörper an der Kraftübertragung teilnehmen. Die Maximalkraft F_0 nimmt zu.

3. Phase: Die schwellende Ermüdungsbeanspruchung insbesondere bei „Punktlast" (vgl. Abb. 3.29) überschreitet zunächst die Dauerfestigkeit nicht. Die in Phase 2 zunehmende Belastung der Wälzkörper bewirkt schließlich eine Überschreitung der Dauerschwingfestigkeitsgrenze und zwar in einem gewissen Maß unterhalb der Kontaktfläche zwischen Wälzkörper und Laufbahn, wodurch die bekannte Schädigung durch „Abblättern" der Laufbahnen zum schnellen Ausfall des Wälzlagers führt.

Dieser komplexe Vorgang der Schädigung, beginnend mit Verschleiß und dem eigentlichen Ausfall durch Ermüdung, ist in Abb. 3.30 dargestellt, wobei natürlich der Ermüdungsschaden durch Überlastung (im Vergleich mit der Auslegungsbelastung) oder durch Einbaufehler (Verspannung durch zu enge Passungen bzw. Taumelbewegungen) ebenfalls auftreten kann.

Dieser komplexe Schädigungsmechanismus führt dazu, dass trotz des Ermüdungsschadens ein Dauerfestigkeitsbereich nicht festgestellt werden kann. Das Wälzlager ist das historisch gesehen erste Maschinenelement, für welches die Lebensdauerberechnung mit den Komponenten

- Beanspruchungs-Zeit-Zusammenhang
- statistisches Ausfallverhalten und
- Schadensakkumulation

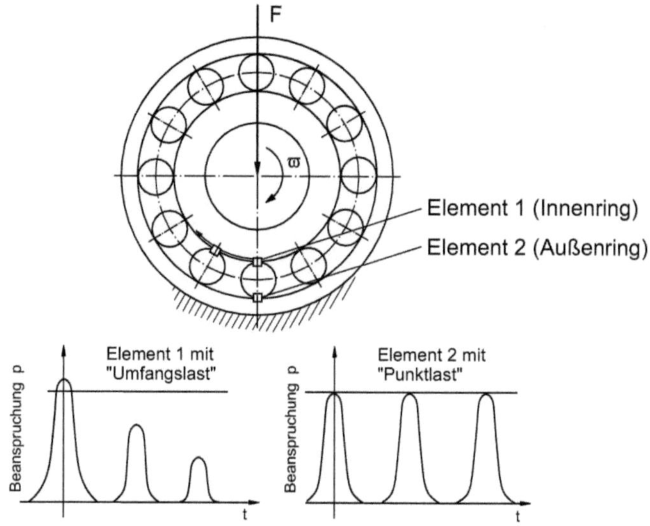

Abb. 3.29 Zeitabhängige Beanspruchungen am Innen- und Außenring eines Wälzlagers (Außenring „fest")

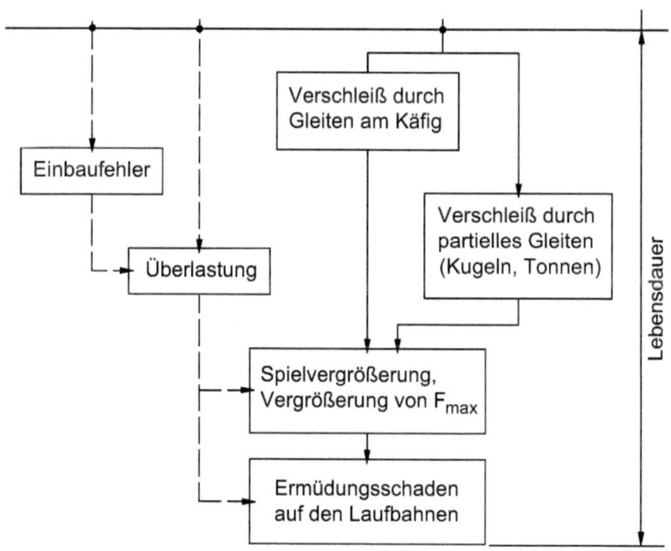

Abb. 3.30 Komplexe Schädigung des Wälzlagers

entwickelt wurde. Der Ansatz nach Gl. 3.10 wird in der Wälzlagerberechnung in der Form

$$L = \left(\frac{C_{dyn.}}{P}\right)^{p} \cdot 10^{6}\ Umdrehungen \tag{3.45}$$

mit p=3 für Kugeln bzw. $p={}^{10}/_{3}$ für Rollen verwendet, wodurch das in Wälzlagerkatalogen aufgeführte $C_{dyn.}$ die Dimension einer Kraft annimmt, bei der das betrachtete Wälzlager eine Lebensdauer von 10^6 Umdrehungen mit einer Wahrscheinlichkeit von 90 % ohne Ausfall erreicht. P ist die äquivalente Beanspruchung, die aus vorhandenen radialen und axialen Lasten bestimmt wird. Details sind relevanten Wälzlagerkatalogen (s. z. B. [8]) zu entnehmen.

Das Bemühen, unterschiedliches Belastungsniveau eines Lagers einer Berechnung zugänglich zu machen, regte Arvid Palmgren [14] an, bereits 1924 den linearen Schadensakkumulationsansatz (vgl. Abschn. 5.2) zu formulieren, der 1942 von Milton Miner [13] verallgemeinert wurde. Elementare Lebensdauerberechnungen für Wälzlager können in jedem Wälzlagerkatalog (vgl. z. B. [8]) nachgelesen werden. Für weiterführende Betrachtungen wird dem Leser das Studium des *Beispiels 13* in Kap. 8 angeboten, in welchem die Notwendigkeit erhöhter Einzelzuverlässigkeit abgeleitet wird.

Das Ausfallverhalten wird in guter Näherung durch die noch einzuführende Weibullverteilung (s. Abschn. 4.3.3) beschrieben, d. h. es gilt

$$R(x) = e^{-(\alpha \cdot x)^{\beta}}, \tag{3.46}$$

in diesem Falle zweckmäßig mit der dimensionslosen Variablen

$$\mathrm{x} = \frac{\mathrm{t}}{\mathrm{t_N}} \text{ bzw. } \mathrm{x} = \frac{\mathrm{L}}{\mathrm{L_N}}$$

mit $t_N = L_N$ als „nomineller" Lebensdauer für R=0,9. Für Wälzlager gilt z. B. nach [7] bzw. [8] hinreichend genau für die mittlere Lebensdauer L_m für R=0,5

$$L_m \cong 3,5 \cdot L_N. \tag{3.47}$$

Aus diesen Angaben lassen sich die Freiwerte α, T und ß zu.

$$\alpha‘ = 0,128, \mathrm{T} = 7,8 \text{ und ß} = 1,5$$

bestimmen (**s. auch Bsp. 7, 8, 13, 14**). Der mathematische Hintergrund zur Bestimmung diesbezüglicher Werte wird im Kap. 4 näher vorgestellt und kann **Tafel** IV.2.5 entnommen werden.

Anhang - Kap. 3

Tafel III.1 Wöhlerdiagramme.
Tafel III.3 Parameter für Verschleiß und andere flächenabtragende Prozesse.

Tafel III.1.1 Wöhlerfunktion für Ermüdung

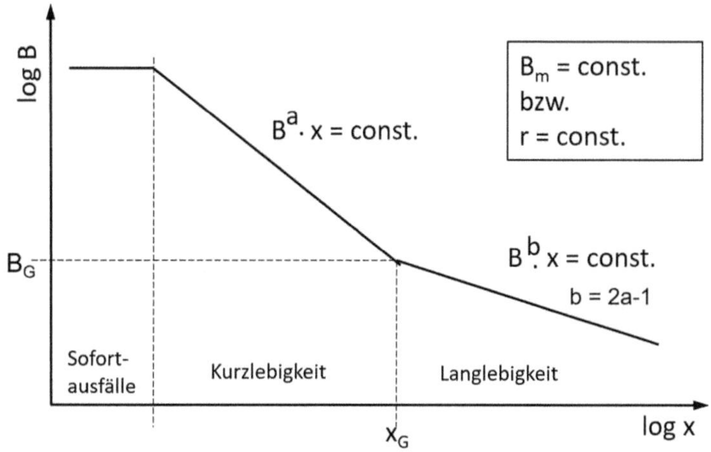

Tafel III.1.2 Wöhlerfunktion mit Streufeld, normiert

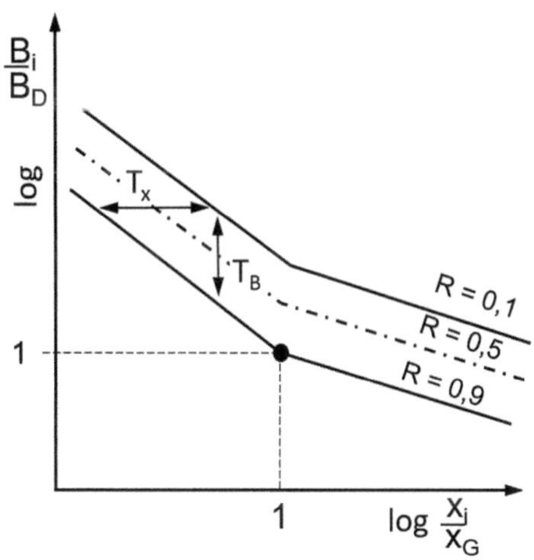

Tafel III.1.3 Normierte Wöhlerdiagramme (nach [11])

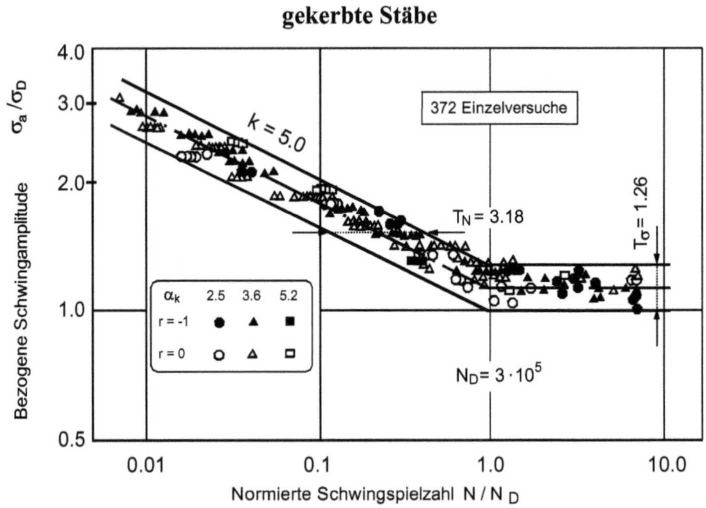

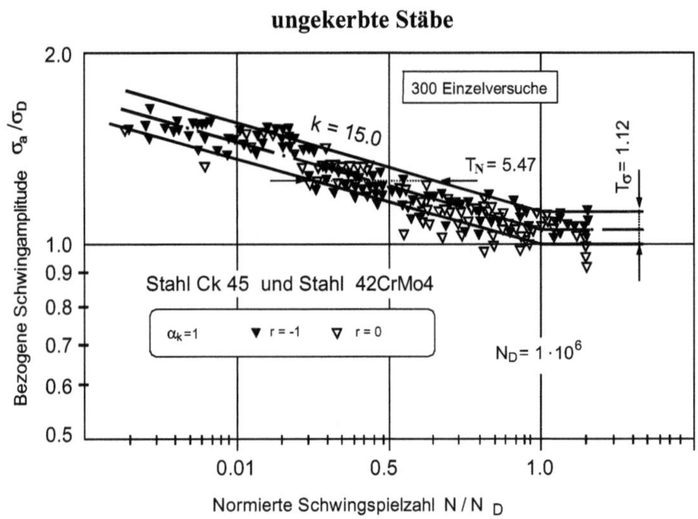

Tafel III.2.1 Typische Normpunkte und Exponenten für Wöhler-Diagramme und Streuspannen und Exponenten für weibullverteilte Lebensdauerlinien

Element	Beanspruchbarkeit B_N	Grenzlebensdauer x_N	Zuverlässigkeit R_N	Wöhlerexponent a	Wöhlerexponent b	Streuspanne Tx	Weibullparameter ß
Wälzlager	Tragzahl $C_{dyn.}$	10^6 Umdrehungen	90 %	Kugel 3 Rolle 3,3	a = b	7,8 ... 13,7	1,5 1,18
Zahnräder	Flankenpressung σ_{Hlim} Zahnbiegung σ_{Flim}	$5 \cdot 10^7$ LW $3 \cdot 10^6$ LW	99 %	Zahnflanke 3 ... 8 Zahnfuß/Evolvente 6 12	a = b ∞ bzw. 2a–1	8 ... 10 4 ... 8	1,48 ... 1,34 2,22 ... 1,48
Wellen	Wechselfestigkeit σ_W	10^7 LW	97,5 %	**ungekerbte Stäbe** 12 ... 15 **gekerbte Bauteile** Spitzkerben 3 ... 4 Normalkerben 5 ... 7 Flachkerben 6 ... 8 4 ... 8	∞ bzw. 2a–1	5 ... 8 1,2 ... 1,4 3 ... 5 6 ... 8 15 ... 25	1,92 ... 1,48 16,9 ... 9,17 2,81 ... 1,92 1,72 ... 1,48 1,14 ... 0,96
Stahlbau	Längsspannungen Dauerfestigkeit σ_D Schwellenfestigkeit σ_L Schubspannungen Schwellenfestigkeit σ_L Bezugswert (Kerbfall)	 $5 \cdot 10^6$ LW 10^8 LW 10^8 LW $2 \cdot 10^6$ LW	95 %				
Schweiß-verbindungen	Identisch mit Stahlbau jedoch ohne σ_L	$5 \cdot 10^6$ LW	97,5 %				
Linearführungen	Tragzahl $C_{dyn.}$	50 km (Kugel) 100 km (Rolle)	90%	Kugel 3 Rolle 3,3	a = b	–	–
Rohrleitungen	Berechnungsbeiwert B	$2 \cdot 10^6$ Druckzyklen	50%	geschweißt 3 nahtlos 3,3	∞ bzw. 2a–1	–	–
Ventilsitze	–	–	–	3 ... 5	a = b	7 ... 15	1,58 ... 1,14
Brems- und Kupplungsbelege	–	–	–	1 ... 2,5	a = b	3 ... 8	2,81 ... 1,48

Tafel III.2.2 „Wöhlerpapier“ – doppelt-logarithmisches Papier zur Darstellung von Wöhlerlinien

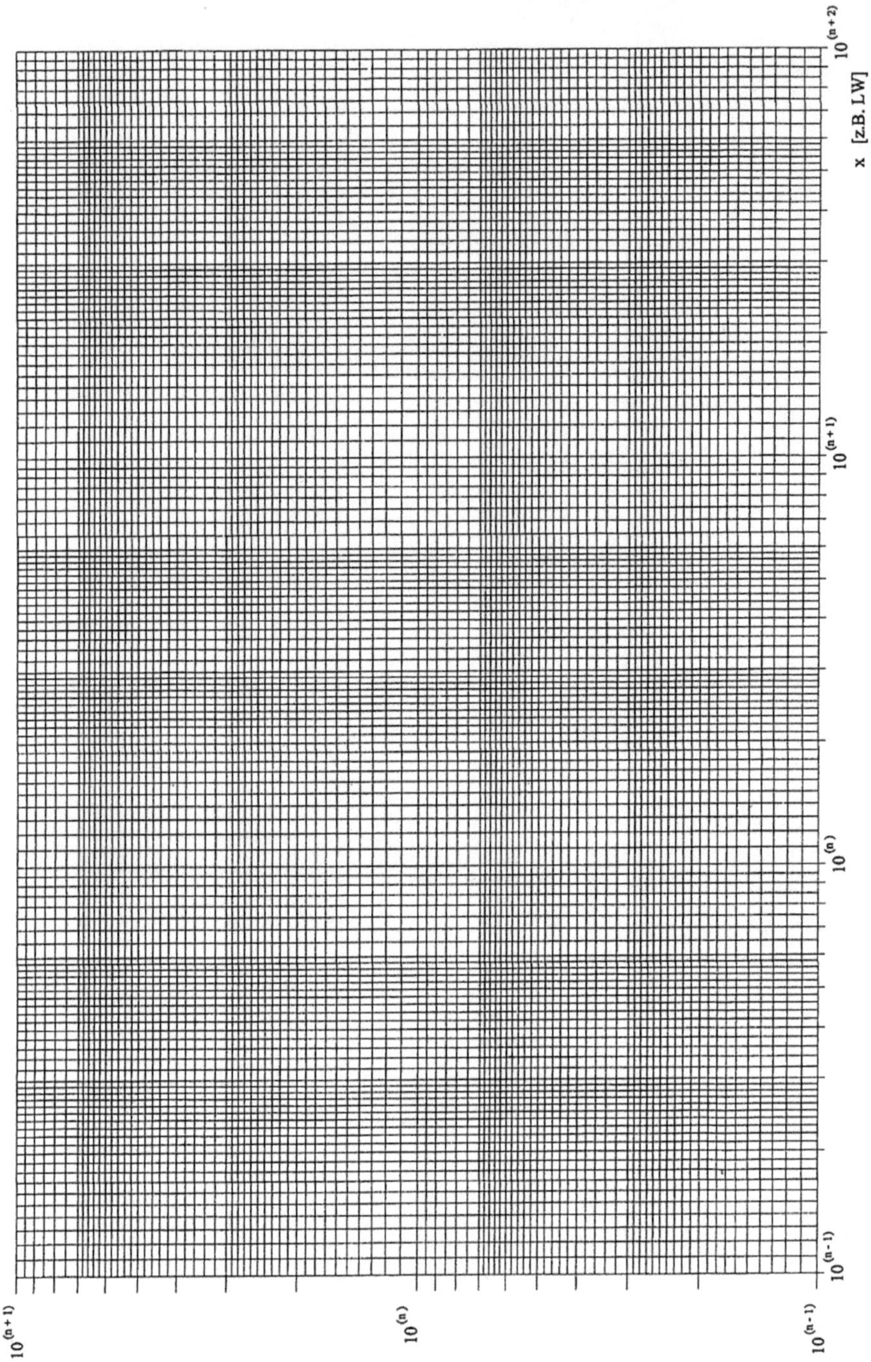

Tafel III.3.1 Reibungsbeiwerte, Verschleißkonstanten $C = e_R^*$ (Reibungsenergiedichte) und Verschleißintensitäten I_h für ausgewählte Reibpaarungen für $m = 1$

Reibpaarung	μ [-]	$C = e_R^*$ [Nm/mm³]	I_h [-]
Gleitlager zeitweise Mischreibung	0,01	$1 \cdot 10^9$	$1 \cdot 10^{-13}$
Dichtungsgleitringe GG/Stahl	0,04	$2 \cdot 10^8$	$4 \cdot 10^{-13}$
Kolbenringe in Verbrennungsmotoren	0,05	$5 \cdot 10^7$	$1 \cdot 10^{-12}$
Gleitführungen in Werkzeugmaschinen	0,08	$5 \cdot 10^6$	$1 \cdot 10^{-11}$
Zahnräder	0,06	$3 \cdot 10^7$	$5 \cdot 10^{-9}$
Eisenbahnräder gebremst	0,1	$2 \cdot 10^6$	$2 \cdot 10^{-8}$
Kupplungen GG/Stahl geschmiert	0,1	$1 \cdot 10^6$	$1 \cdot 10^{-8}$
Brems- und Kupplungsbeläge (trocken)	0,3	$2 \cdot 10^5$	$10^{-9} \dots 10^{-6}$

Tafel III.3.2 Vergleich von Korrosionsgeschwindigkeiten

Umgebung	Stahl [g/m² d]	Zink [g/m² d]	Kupfer [g/m² d]
Landatmosphäre	–	0,017	0,014
Meeresatmosphäre	0,29	0,031	0,032
Industrieatmosphäre	0,15	0,1	0,029
Meerwasser	2,50	1,0	0,8

Tafel III.3.3 Langjährige Grenzwerte der Konstanten C und a zur Bestimmung des Korrosionsverlustes K für Kohlenstoffstähle (nach [4]) $K = C \cdot t^a$ [g/m²]

Ort	Konstante C		Konstante a	
	Minimum	Maximum	Minimum	Maximum
Kap Arkona	320	400	0,553	0,606
Halle (Saale)	665	1060	0,402	0,496
Cottbus	485	775	0,443	0,506

Quellen und weiterführende Literatur

1. Baumann, K.: Einfluß von Korrosionsvorgängen und Korrosions-schutz auf die Zuverlässigkeit von Erzeugnissen. In: Die Technik 11: S. 611–614, 1978.
2. Beichelt, F.: Zuverlässigkeits- und Instandhaltungstheorie. Teubner, Stuttgart, 1993.
3. Bertsche, B., Lechner, G.: Zuverlässigkeit im Fahrzeug- und Maschinenbau. Ermittlung von Bauteil- und Systemzuverlässigkeiten. (VDI-Buch) Springer, Berlin, Heidelberg New York, 3. Auflage, 2004.
4. Broichhausen, J.: Schadenskunde. Carl Hanser, München Wien, 1985.

5. Czichos, H.; Habig, K. H.: Tribologiehandbuch. Tribometrie, Tribomaterialien, Tribotechnik. Springer Vieweg, 4. Auflage, 2015.
6. DIN 3990 Teil 1: Tragfähigkeitsberechnung von Stirnrädern; Einführung und allgemeine Einflußfaktoren, Beuth Verlag, 1987.
7. DIN ISO 281: Wälzlager – Dynamische Tragzahlen und nominelle Lebensdauer (ISO 281–2007), Beuth, Berlin, 2010.
8. FAG OEM und Handel AG: FAG Wälzlager-Katalog WL 41520, FAG, Schweinfurth, 1996.
9. Fleischer, G.; Gröger, H.; Thum, H.: Verschleiß und Zuverlässigkeit. Technik, Berlin, 1980.
10. Hahn, O.; Schucht, U.: Tragfähigkeit von geklebten Welle/Naben Verbindungen bei Umlaufbiegung. In: Zeitschrift Ingenieur Werkstoffe 9: S. 64–66, 1992.
11. Haibach, E.: Betriebsfestigkeit – Verfahren und Daten zur Bauteilberechnung. Springer Verlag (VDI-Buch), 3. Auflage, 2006.
12. Kragelski, J.W. Reibung und Verschleiß. Technik, Berlin, 1971.
13. Miner, N. Anton: Cumulative Damage in Fatigue. In: Journal of Appl. Mech. Trans. ASME 12: 159–164, 1945.
14. Palmgren, Arvid: Die Lebensdauer von Kugellagern. In: VDI-Zeit-schrift 58: 339-341, 1924.
15. RGW Standard, Entwurf "Stirnradpaare/ Festigkeitsberechnung, 1984.
16. Schlottmann, Dietrich, u.a.: Konstruktionslehre – Grundlagen. Technik, Berlin, 1970.
17. Schlottmann, D.; Günther, E.: Der DMR-Verstellpropeller NN Überlegungen zum Entwurf. In: Seewirtschaft 4: S. 293–298, 1970.
18. Schott, G. Werkstoffermüdung. Deutscher Verlag für Grundstoffindustrie, Leipzig, 1985
19. Uhlig, H.H.: Korrosion und Korrosionsschutz. Akademie-Verlag, Berlin, 1975.
20. Wöhler, August: Über die Festigkeitsversuche mit Eisen und Stahl. In: Zeitschrift für Bauwesen XX: 81–89, 1870.

Ausfallverhalten – Statistik, Zuverlässigkeit und Ausfallwahrscheinlichkeit

4

4.1 Ausfallverhalten und statistische Grundlagen

Zuverlässigkeitstheorie und Statistik bilden die Grundlage vieler Teildisziplinen der Technik und der Naturwissenschaften (vgl. z. B. [6] und [11]).

In Abschn. 2.9 wurden im Zusammenhang mit den wahrscheinlichkeitstheoretischen Aspekten der Sicherheit, auftretende Belastungen bzw. Beanspruchungen bereits als statistische Verteilungen dargestellt. Der Leser mag den Mangel empfunden haben, dass die Betrachtung rein qualitativ durchgeführt wurde.

Für die in den folgenden Abschnitten zu behandelnde „Lebensdauer" und „Zuverlässigkeit" ist die mathematische Beschreibung stochastischer Vorgänge unerlässlich, wobei die Darstellung aus praktischer Sicht des Ingenieurs erfolgen soll.

Technische Gebilde, deren Funktionalität und zugehörigen Merkmale bzw. Merkmalswerte, die einen Bezug zur Qualität und Sicherheit haben, verlieren in Abhängigkeit von der Höhe und Intensität der mechanischen, thermischen, umweltbezogenen oder biochemischen Belastung (s. Abschn. 3.1, Abb. 3.2) nach spezifischen Zeiten ihre an sie gestellten Anforderungen. Sie altern, ermüden, erodieren, korrodieren – bekommen Risse, unschöne oder ungeeignete Oberflächen, sie brechen oder deformieren – sie können nicht mehr genutzt werden. Wir sprechen allgemein vom Ende ihrer Lebensdauer – von ihrem Ausfall. Werden mehrere identische Technische Gebilde betrachtet, sind i. d. R. unterschiedliche Lebensdauern bis zum Eintreten des nicht mehr akzeptierbaren Merkmalswertes zu erwarten. Die Lebensdauerwerte der betrachteten Technischen Gebilde sind Zufallsgrößen, die zwischen minimalen und maximalen Grenzwerten $[x_{min}, x_{max}]$ mit unterschiedlicher Häufigkeit H verteilt sind und mittels Statistik beschrieben werden können (Abb. 4.1).

D. Schlottmann und H. Schnegas, *Auslegung von Konstruktionselementen*, https://doi.org/10.1007/978-3-662-69386-5_4

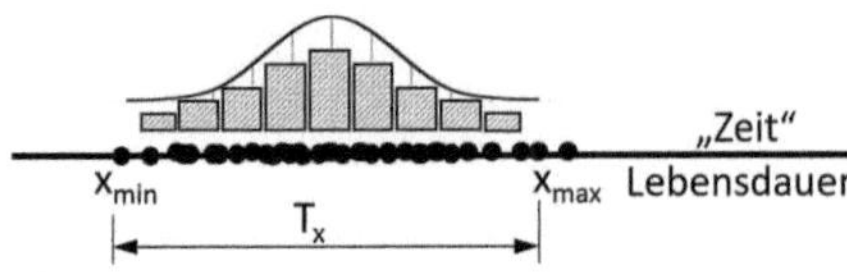

Abb. 4.1 Streuspanne der Lebensdauer von Merkmalswerten

Typische Lebensdauern in Bezug auf Ermüdung, Verschleiß und Korrosion, die als Zufallswerte den Status bzw. das Ende eines Merkmalswertes „zeitlich“ beschreiben und statistisch ausgewertet werden müssen, sind z. B.

- Jahre, Monate, Tage, Stunden, Sekunden bis zum Ausfall
- Lastwechsel oder Schwingspiele
- Schaltvorgänge, Betätigungen, Öffnungs- oder Schließvorgänge

aber auch indirekte zeitbezogene Größen wie

- zurückgelegte Strecken (km, m)
- gefertigte Produkte (Stück)
- beförderte Teile, Volumen (Liter, m^3,...], Massen (kg, t,...)
- bearbeitete Flächen (m^2, ha,...)

oder zeitabhängige Zustände wie

- Volumenverlust V (Liter, ml, m^3, mm^3), Massenverlust (kg, mg, g), Dickenverlust h (µm, mm), Formabweichung (µm, mm) je Zeiteinheit.

Das Ergebnis nach statistischer Auswertung kann (s. Abb. 4.2) eine grafische Darstellung sein, z. B. die statistische Verteilung des Ausfalls von Ventilsitzen als Funktion der Nutzungsdauer oder auch die statistische Verteilung z. B. der Verschleißhöhe h_v von Gleitsteinen nach einer bestimmten Kontaktzeit bei gleicher Belastung. In jedem Fall ist eine Häufigkeit H als Funktion einer Belastung, als Funktion der Zeit, als Funktion der Verschleißhöhe oder allgemein als Funktion eines Merkmalswertes x_i darzustellen.

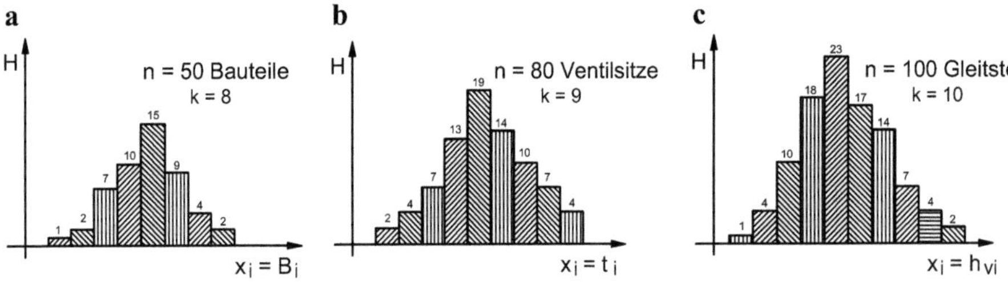

Abb. 4.2 Häufigkeitsdiagramme statistischer Verteilungen. **a** Bauteilversagen als Funktion der Belastung **b** Ventilsitzausfall als Funktion der Nutzungsdauer **c** Verschleiß von Gleitsteinen als Funktion der Verschleißhöhe

4.1.1 Klassische Statistik - Begrifflichkeiten

In den folgenden Ausführungen wird zur Einführung von Begrifflichkeiten, die im Zusammenhang mit der Ausfallwahrscheinlichkeit und Zuverlässigkeit technischer Produkte stehen, anhand eines Beispiels die klassische Auswertung eines Lebensdauerversuches für einen Horizont konstanter Beanspruchung B_i demonstriert. Beschrieben werden die einzelnen Arbeitsschritte und zugehörigen Begrifflichkeiten. Anstatt der im Beispiel untersuchten Lebensdauern, können aber auch alle zuvor aufgelisteten Zufallswerte (s. Abschn. 4.1) mit der gleichen Methode statistisch ausgewertet werden.

Schritt 1: Statistische Erhebung/Urliste

In unserem Beispiel wird bei einem Lebensdauerversuch das Ausfallverhalten von 20 Ventilen bei einem Beanspruchungshorizont $B = 450\ N/mm^2$ untersucht. Ermittelt werden als Zufallswert die Anzahl der Schließvorgänge, bis zu der das jeweils getestete Ventil nicht mehr dichtend schließt. Die 20 getesteten Ventile sind dabei nur eine kleine Anzahl von Ventilen, die wir ***Stichprobe n*** nennen, die aus einer viel größeren gefertigten Produktionsmenge, der sogenannten ***Grundgesamtheit*** entnommen wurden. Zur Festlegung erforderlicher Stichprobengrößen n sei auf weiterführende Literatur (z. B. [7], [18]) verwiesen. Der zu zählende Lebensdauerwert ist hierbei ein Schließvorgang SV, der auch als Lastspiel definiert werden kann. Eine Stichprobe vom Umfang n führt somit zu n Zufallsgrößen x_i, hier zu einer Anzahl von Schließvorgängen. Das Ergebnis sind 20 statistisch erhobene Einzelwerte, die in einer Urliste (s. Tab. 4.1) eingetragen werden.

Schritt 2: Geordnete Rangfolgentabelle

Im zweiten Arbeitsschritt werden die Werte der Urliste vom kleinsten zum größten Wert aufsteigend sortiert. Jedem Wert wird dabei ein Rang i entsprechend der Rangfolge $i = 1$ bis n mit $i \in N$ zugeordnet (s. Tab. 4.2). Wesentlich für die Aufbereitung ist in diesem Schritt die Feststellung der ***Streu- oder auch Variationsbreite T_x***

$$T_x = x_{max} - x_{min} \tag{4.1}$$

Tab. 4.1 Statistische Erhebung/Urliste

Ventil Nr.	Schließvorgänge
1	92.000
2	137.000
3	171.000
4	205.000
5	140.000
6	87.000
7	145.000
8	107.000
9	99.000
10	71.000

Ventil Nr.	Schließvorgänge
11	83.000
12	129.000
13	163.000
14	189.000
15	181.000
16	158.000
17	50.000
18	132.000
19	118.000
20	96.000

Tab. 4.2 Rangfolgentabelle i = 1 … n

Rang i	Ventil Nr.	Schließvorgänge SV		Rang i	Ventil Nr.	Schließvorgänge SV
1	17	50.000	◀ x_{min}	11	18	132.000
2	10	71.000		12	2	137.000
3	11	83.000		13	5	140.000
4	6	87.000		14	7	145.000
5	1	92.000		15	16	158.000
6	20	96.000		16	13	163.000
7	9	99.000		17	3	171.000
8	8	107.000		18	15	181.000
9	19	118.000		19	14	189.000
10	12	129.000	x_{max} ▶	20	4	205.000

Für unser Beispiel ergeben sich $x_{min} = 50.000$ SV, $x_{max} = 205.000$ SV und Tx = 155.000 SV.

Schritt 3: Bestimmung der Klassenanzahl k

Im Arbeitsschritt 3 wird die Streubreite Tx in k Klassen mit einer Klassenbreite Δx aufgeteilt. Zwischen der Klassenbreite und der Streubreite besteht der Zusammenhang

$$T_x = k \cdot \Delta x. \tag{4.2}$$

Die ***Klassenanzahl k*** richtet sich dabei nach dem Umfang n der Stichprobe bzw. Anzahl der Ereignisse. Für die Auswertung hat sich die Tabelle 4.3 bewährt:

Tab. 4.3 Ermittlung der Klassenanzahl k mit k ∈ N

$n \leq 25$	$25 \leq n \leq 100$	$n > 100$
$k = 5$	$k \approx \sqrt{n}$	$k \approx 1 + 4{,}5\, lg\, n$

In unserem Beispiel erhalten wir **k = 5**, da der Stichprobenumfang n = 20 ist.

Mit der Anzahl k der Klassen und x_{min} und x_{max} bzw. T_x wird die ***Klassenbreite Δx*** mit

$$\Delta x = \frac{x_{max} - x_{min}}{k} \text{oder} \frac{T_x}{k} \tag{4.3}$$

bestimmt und eine Klassierung der Testwerte vorgenommen. Bei uns gilt:

$$\Delta x = \frac{205.000 - 50.000}{5} = 31.000 \text{ SV} \tag{4.4}$$

und damit für die Klassen 1 bis 5 die Klassengrenzen nach Tab. 4.4.

Zusätzlich sollte auch der ***Klassenmittelwert*** $\overline{x}_j$ bestimmt werden. Wir rechnen

$$\overline{x}_j = \frac{x_{jmax} + x_{jmin}}{2} \tag{4.5}$$

Tab. 4.4 Klassierung mit Δx

Klasse j	Klassengrenzen Δx [SV]	$\bar{x}_j$ [SV]
1	50.000 … 81.000	65.500
2	>81.000 … 112.000	96.500
3	>112.000 … 143.000	127.500
4	>143.000 … 174.000	158.500
5	>174.000 …205.000	189.500

Schritt 4: Statistische Auswertung/Diskrete Beschreibung
Im Arbeitsschritt 4 erfolgt die eigentliche statistische Auswertung. Zunächst werden die Testwerte x als Strichliste den zugehörigen Klassen zugeteilt (s. Tab. 4.5). Festgestellt wird so die ***absolute Häufigkeit mj*** der Testwerte x je Klasse. Die absolute Häufigkeit m_j entspricht der absoluten Anzahl der Testwerte in der jeweiligen Klasse.

m_j absolute Häufigkeit je Klasse

Wird die absolute Häufigkeit m_j je Klasse auf den Stichprobenumfang n bezogen, erhalten wir die ***relative Häufigkeit*** $\boldsymbol{h_{rel.j}}$. Die relative Häufigkeit (auch Ausfalldichte) gibt den prozentualen Anteil der in der Klasse j vorhandenen Testwerte an. Es gilt.

$$h_{rel.j} = \frac{m_j}{n}[-] \text{ bzw.} \qquad h_{rel.j} = \frac{m_j}{n} \cdot 100\,\%\ [\%] \tag{4.6}$$

Werden von Klasse zu Klasse die absoluten Häufigkeiten m_j bzw. relativen Häufigkeiten $h_{rel.j}$ aufsummiert. Erhalten wir die ***Summenhäufigkeit H(j)***

$$H(j) = \sum_{j=1}^{k} h_{rel.j} \tag{4.7}$$

Die Summenhäufigkeit einer Klasse gibt die Anzahl der bis an das Ende dieser Klasse ausgefallenen Objekte an. Am Ende der höchsten Klasse werden 100 % der betrachteten Objekte (hier Ventile) ausgefallen sein. Als Ergebnis des Arbeitsschrittes 4 erhalten wir z. B. die Tab. 4.5.

Tab. 4.5 Statistische Auswertung, absolute und relative Häufigkeit, Summenhäufigkeit

Klasse j	Δx [SV]	$\bar{x}_j$ [SV]	Strichliste	m_j	$h_{rel.j}$	H(j)
1	50.000 – 81.000	65.500	II	2	0,10	0,10
2	> 81.000 – 112.000	96.500	~~IIII~~ I	6	0,30	0,40
3	>112.000 – 143.000	127.500	~~IIII~~	5	0,25	0,65
4	>143.000 – 174.000	158.500	IIII	4	0,20	0,85
5	>174.000 – 205.000	189.500	III	3	0,15	1,00

Schritt 5: Histogramme (Balkendiagramme).
Zur Versinnbildlichung können für die Gl. 4.6 und 4.7 sogenannte Histogramme gezeichnet werden. Wir erhalten folgende Bilder.

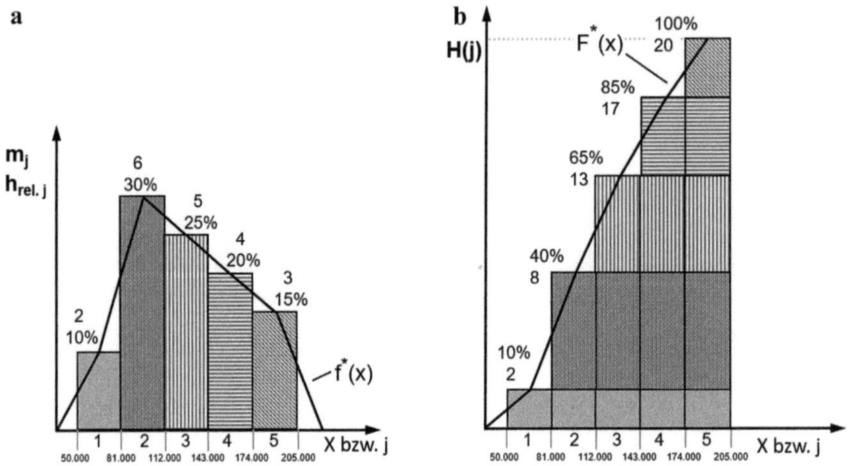

Abb. 4.3 Histogramme **a** absolute/relative Häufigkeit **b** Summenhäufigkeit

Das Histogramm a zeigt die Verteilung der Ausfallhäufigkeiten in jeweils einer Klasse – Histogramm b die aufsummierten Ausfälle bis zu dieser Klasse absolut bzw. prozentual.

Zusätzlich kann in Bezug zum Histogramm b der Summenhäufigkeit H(j) ein komplementäres Histogramm zum ***Bestandsanteil N(j)*** generiert werden. Für den Bestandanteil N(j) gilt

$$N(j) = 1 - H(j) \tag{4.8}$$

In diesem Histogramm kann die am Ende einer Klasse noch nicht versagte Anzahl von Objekten (hier Ventile) abgelesen werden. Mit zunehmender Zeit kommt es naturgemäß zum Anstieg der Anzahl der ausgefallenen und zur Abnahme der noch funktionierenden Technischen Gebilde, bis 100 % bzw. 0 % erreicht wurden.

In allen dargestellten Histogrammen wurden die Klassenmittelwerte $\overline{x}_j$ miteinander verbunden, wodurch die sogenannte ***empirische Ausfallhäufigkeit*** (Abb. 4.3a), ***empirische Summenhäufigkeit*** (Abb. 4.3b) und die ***empirische Bestandsanteilhäufigkeit*** (Abb. 4.4) definiert werden. Verteilungsfunktion, Summenhäufigkeits- und Bestandsanteilfunktion gehen für $n \to \infty$ und Klassenbreite $\Delta x \to 0$ in stetige Funktionen über, die dann der Differential- und Integralrechnung zugänglich sind. Bei Überführung der diskreten empirischen Funktionen in stetige Funktionen, werden im Rahmen der Zuverlässigkeitstheorie (s. Abschn. 4.2) die Begrifflichkeiten Dichtefunktion, Ausfallwahrscheinlichkeit und Zuverlässigkeit eingeführt.

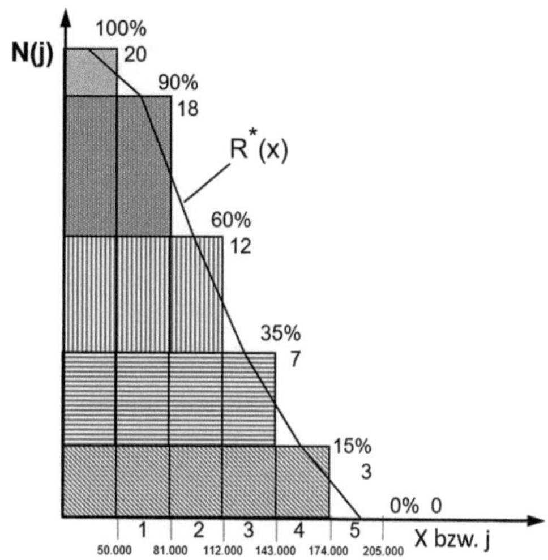

Abb. 4.4 Histogramm Bestandsanteil

4.1.2 Klassische Statistik – statistische Maßzahlen

Um das Ausfallverhalten mathematisch beschreiben und mit anderen Szenarien vergleichen zu können, gelten in der Statistik folgende Kenngrößen.

Arithmetischer Mittelwert $\bar{x}$

Dieser Wert gibt „ungefähr" die Mitte des Ausfallverhaltens an und somit auf der Zeitachse die Lage der zu erwartenden Ausfälle bzw. Funktionsminderungen.

Mittlere Quadratische Abweichung (Varianz) s^2

Die Varianz ist ein Streuungsmaß und beschreibt die quadrierte Streuung von Zufallswerten um den arithmetischen Mittelwert.

Standardabweichung s

Die Standardabweichung beschreibt die durchschnittliche Entfernung vom arithmetischen Mittelwert.

Zur Berechnung gelten die Gleichungen der Tab. 4.6:

Weiterhin charakteristisch sind der empirische Modal- und Medianwert mit folgenden Definitionen.

Empirischer Modalwert x_{modal}

Der empirische Modalwert (Dichtemittel) ist der Wert der Testreihe, der am häufigsten vorkommt.

Tab. 4.6 Berechnung Arithmetischer Mittelwert, Varianz, Standardabweichung

Arithmetischer Mittelwert	Varianz	Standardabweichung
$\overline{x} = \frac{1}{n}\sum_{i=1}^{n} x_i$	$s^2 = \frac{1}{n-1}\sum_{i=1}^{n} (x_i - \overline{x})^2$	$s = \sqrt{s^2}$
$\overline{x} \approx \frac{1}{n}\sum_{j=1}^{k} \overline{x}_j \cdot m_j$	$s^2 \approx \frac{1}{n}\sum_{j=1}^{k} \left(\overline{x}_j - \overline{x}\right)^2 \cdot m_j$	
$\overline{x} \approx \sum_{j=1}^{k} \overline{x}_j \cdot h_{rel.j}$	$s^2 \approx \sum_{j=1}^{k} \left(\overline{x}_j - \overline{x}\right)^2 \cdot h_{rel.j}$	

Empirischer Median $\mathbf{x_{median}}$

Der empirische Median (Zentralwert) ist der wahrscheinlichkeitsbezogene Lageparameter für den gilt, dass 50 % der ermittelten Werte kleiner und 50 % größer sind.

$$x_{median} = \left| \begin{array}{ll} x_{\frac{n+1}{2}} & \text{ungerade n} \\ \frac{1}{2}\left[x_{\frac{n}{2}} + x_{\frac{n}{2}+1}\right] & \text{gerade n} \end{array} \right. \quad (4.9)$$

Für unser Beispiel aus Abschn. 4.1.1 mit den Werten aus Tab. 4.2 ergeben sich für die charakteristischen statistischen Maßzahlen

- Mittelwert $\overline{x} = 127.650$ SV,
- Varianz $s^2 = 1.773.818.421$ SV^2,
- Standardabweichung $s = 42.117$ SV und für den
- Median $x_{median} = \dfrac{x_{10} + x_{11}}{2} = 130.500\ SV.$

Ein unmittelbarer Modaleinzelwert kann nicht angegeben werden, da es n unterschiedliche Ergebnisse gibt, wohl aber als Modalwertbereich die Klasse 2, da hier die Mehrzahl der Zufallswerte enthalten sind. Weichen Median, Modalwert und arithmetischer Mittelwert voneinander ab, erkennen wir eine unsymmetrisch schiefe Verteilung (s. Abb. 4.5).

4.2 Grundlagen der Zuverlässigkeitstheorie

Die Zuverlässigkeitstheorie betrachtet allgemein das Versagen als Funktion der Zeit t oder daraus abgeleiteter äquivalenter Lebensdauern x. Die Zuverlässigkeit selbst wird positiver im Sinn eines Nichtausfalls in einem definiertem Zeitintervall gesehen. Nach [17] wird technische Zuverlässigkeit von Maschinen als.

„Fähigkeit einer Maschine oder deren Teilen oder Ausrüstung, eine geforderte Funktion unter festgelegten Bedingungen und für einen vorgegebenen Zeitraum ohne Ausfall zu erfüllen“ beschrieben.

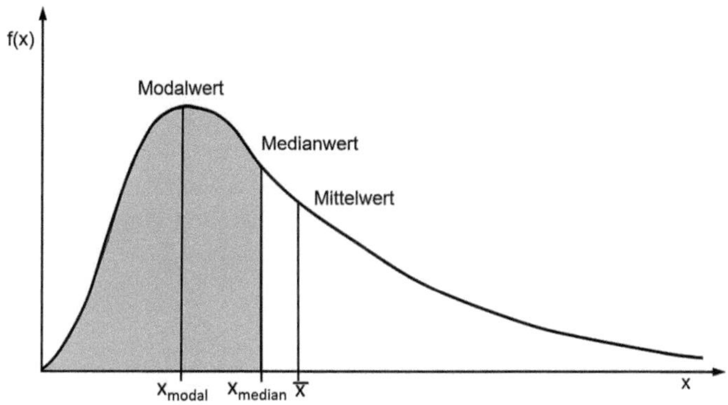

Abb. 4.5 Statistische Maßzahlen Modal, Median, Mittelwert

Wir können aber auch technisch-mathematisch schreiben „Zuverlässigkeit ist eine zeitabhängige, den Regeln der Statistik unterliegende Qualitätseigenschaft von Technischen Gebilden und ein Maß für die Wahrscheinlichkeit, mit der das Technische Gebilde die geforderten Funktionen und notwendigen Merkmalswerte unter gegebenen Funktions- und Umgebungsbedingungen in einem Zeitintervall ohne Einschränkungen erfüllt bzw. bewahrt."

Übliche Funktionen der Zuverlässigkeitstheorie sind

- die Dichtefunktion f(x)
- die Ausfallwahrscheinlichkeit F(x)
- die Überlebenswahrscheinlichkeit bzw. Zuverlässigkeit R(x)
- die Ausfallrate λ(x),

die in definiertem mathematischem Zusammenhang stehen.

Dichtefunktion f(x)

Die Dichtefunktion f(x) beschreibt den Ausfall analog den in Abschn. 4.1.1 Schritt 5 benutzten Histogrammen der absoluten bzw. relativen Häufigkeit. Als Grenzfall mit der Annahme $\lim\limits_{n\to\infty} h_{rel\cdot j}$ und $\lim\limits_{\Delta x\to 0} \mathrm{h}_{\mathrm{rel\cdot j}}$ ergibt sich auf der Basis des Verteilungsgesetzes der diskreten Werte x_i der Stichprobe n als mathematische Beschreibung der Merkmalswerte x der Grundgesamtheit die stetige Funktion f(x) nach Abb. 4.6.

Für die Fläche unter dem Funktionsgraph f(x) gilt:

$$\int_0^{(+\infty)} f(x)dx = 1 \tag{4.10}$$

Ausfallwahrscheinlichkeit F(x)

Das Integral der Dichtefunktion f(x) über der Zeit ergibt den Ausfallanteil F(x) mit

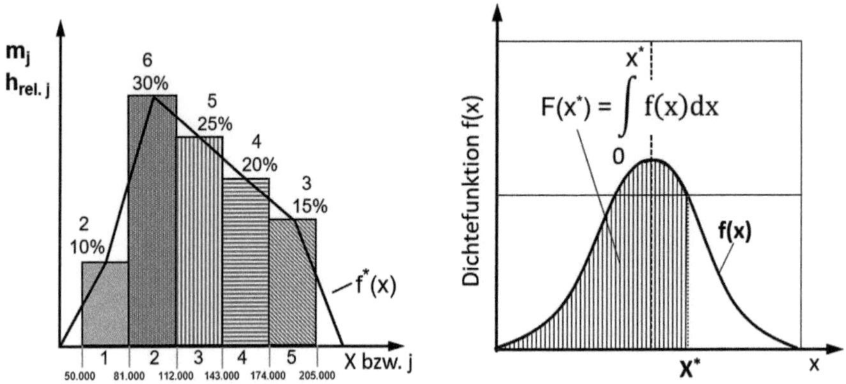

Abb. 4.6 diskrete Ausfallhäufigkeit wird zur stetigen Dichtefunktion

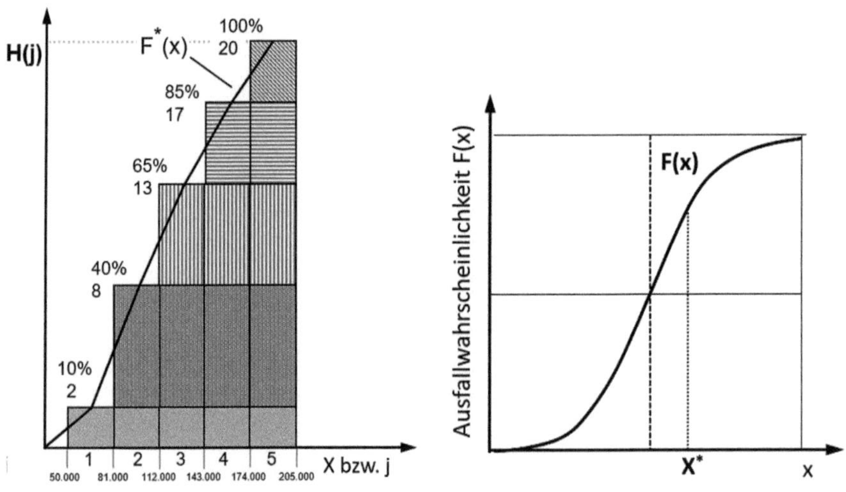

Abb. 4.7 diskrete Summenhäufigkeit wird zur Ausfallwahrscheinlichkeit

$$F(x) = \int_0^x f(x)\, dx \tag{4.11}$$

im Wertebereich $0 \leq F(x) \leq 1$ entsprechend 0 % bis 100 %. Wir sprechen von Ausfallwahrscheinlichkeit F(x) (siehe Abb. 4.7).

Bis zu einem Zeitpunkt x* wird ein prozentualer Anteil der betrachteten Produkte mit der entsprechenden Wahrscheinlichkeit F(x) – Fläche unter f(x) – ausgefallen sein. Das F steht hier für probability of **f**ailure. Mathematisch gilt auch

$$f(x) = \frac{dF(x)}{d\,x} \tag{4.12}$$

Überlebenswahrscheinlichkeit/Zuverlässigkeit R(x)

Betrachten wir zum Zeitpunkt x* unter der Dichtefunktion f(x) den komplementären Flächenanteil zur Ausfallwahrscheinlichkeit F(x) (siehe Abb. 4.8) erhalten wir ein Maß für die Überlebenswahrscheinlichkeit, die synonym mit der Zuverlässigkeit R(x) ist. Das Kürzel R steht hier für die englische Übersetzung Reliability.

Es gilt

$$R(x) = \int_{x}^{(+\infty)} f(x)dx \tag{4.13}$$

und zusammen mit Gl. 4.11

$$R(x) = 1 - F(x) \tag{4.14}$$

Mit längerer Betriebszeit x nimmt die Wahrscheinlichkeit eines Ausfalls F(x) zu und die Überlebenswahrscheinlichkeit bzw. Zuverlässigkeit R(x) ab (siehe Abb. 4.7 und 4.9). Für die Zuverlässigkeitsfunktion gelten analog zur Ausfallwahrscheinlichkeit Werte im Bereich $1 \geq R(x) \geq 0$. Für „normierte" Verteilungsfunktionen ist der Anfangsbestand $N_0 = 1$ und der Endbestand gleich Null zu setzen – entsprechend 100 % zu Beginn und 0 % Überlebenswahrscheinlichkeit am Ende der Lebensdauer aller betrachteter Gebilde.

Ausfallrate λ(x)

Eine häufig benutzte Kenngröße z. B. im Qualitätsmanagement ist die Ausfallrate λ(x), die die Dichtefunktion f(x) auf den Bestandanteil N(x) oder besser die Zuverlässigkeit R(x) bezieht. Es gilt

$$\lambda(x) = \frac{f(x)}{R(x)} = \frac{\textit{ausgefallene Elemente zum Zeitpunkt x}}{\textit{intakte Elemente zum Zeitpunkt x}} \tag{4.15}$$

Die Ausfallrate ist eine Kenngröße für die Zuverlässigkeit eines Objektes. Sie gibt an, wie viele Gebilde in einer Zeitspanne durchschnittlich ausfallen. Sie wird angegeben in 1/Zeit, also Ausfall pro Zeitspanne.

Eine Analyse von Bauteilen bzgl. ihrer Ausfallrate über die gesamte Nutzungsdauer ergibt i. d. R. einen typischen und für alle technischen Gebilde zumindest qualitativ

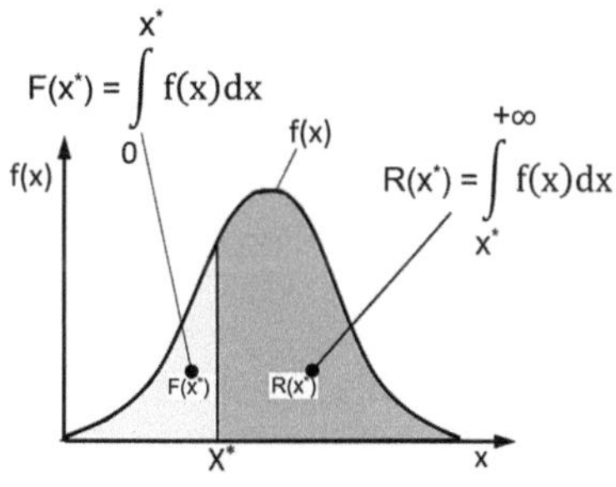

Abb. 4.8 Zusammenhang Ausfall- und Überlebenswahrscheinlichkeit/ Zuverlässigkeit

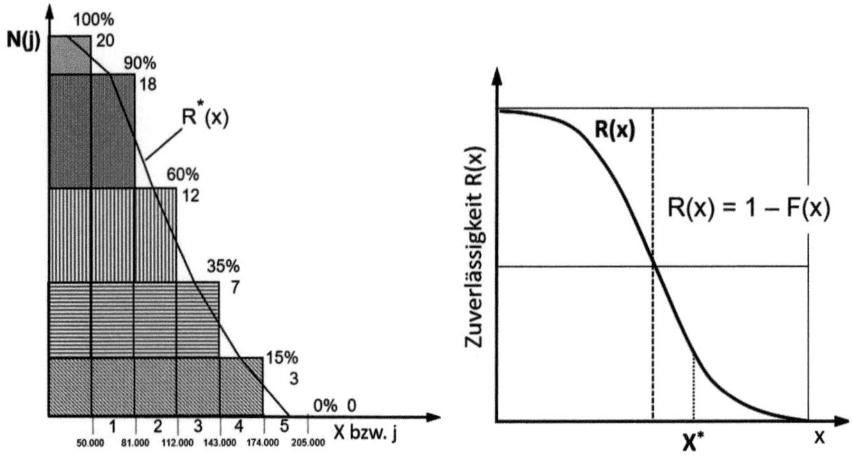

Abb. 4.9 Diskreter Bestandsanteil N(j) wird zur stetigen Zuverlässigkeit R(x)

Abb. 4.10 Ausfallrate λ(x) bei Ermüdung

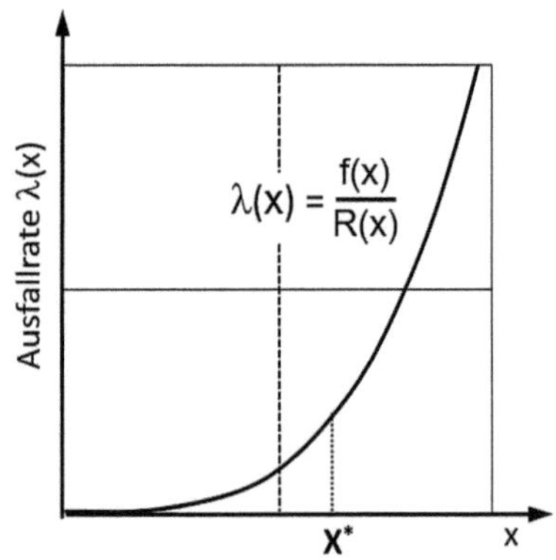

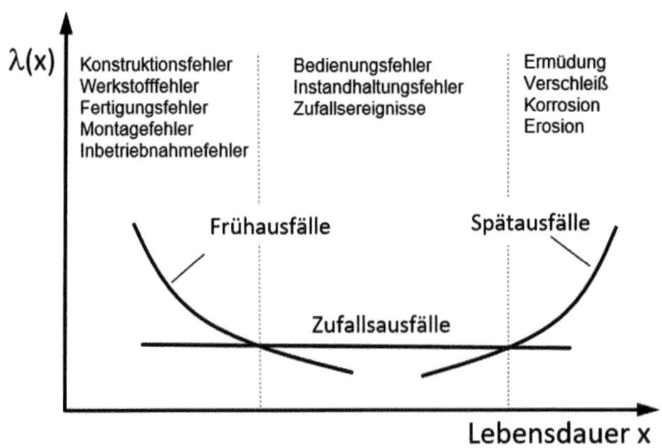

Abb. 4.11 „Badewannenkurve“

wiederkehrenden Verlauf (vgl. Abb. 4.10 und 4.11), der wegen gewisser Ähnlichkeit als „Badewannenkurve“ bezeichnet wird.

Nach zunächst häufigen Frühausfällen, die i. d. R. vor allem auf Fertigungs- oder Konstruktionsfehlern beruhen, klingt das Ausfallverhalten ab und geht über in den Bereich des zufälligen Versagens, das meistens auf äußere Einwirkungen infolge „zufälliger“ Ereignisse zurückzuführen ist.

Für das Anliegen des Buches, Lebensdauer und Zuverlässigkeit infolge Ermüdung, Verschleiß und Korrosion zu beschreiben und zu berechnen, gebührt den Spätausfällen besondere Beachtung. Sie sind Grundlage der Auslegung und Dimensionierung in der Konstruktionsphase.

Für die Bearbeitung von praktischen Aufgaben erweisen sich einige Verteilungsfunktionen als zweckmäßig und gut handhabbar. Sie sollen im nächsten Abschnitt dargestellt werden.

4.3 Spezielle Verteilungsfunktionen und ihre Anwendung

4.3.1 Gauß-Normal-Verteilung

Die wohl gebräuchlichste Verteilungsfunktion geht auf Carl Friedrich Gauß (1777–1855) zurück, der aus Fehleruntersuchungen bei Vermessungsarbeiten und den hier entstandenen Messabweichungen den Zusammenhang

$$f(x) = \frac{1}{\sigma\sqrt{2\pi}} \cdot e^{-\frac{(x-\mu)^2}{2\sigma^2}} \tag{4.16}$$

für die Dichtefunktion f(x) fand. Die charakteristischen Größen μ, σ und σ^2 entsprechen dabei denen in Abschn. 4.1.2 bereits erläutertem Mittelwert $\overline{x}$, der die Streubreite charakterisierenden Standardabweichung s und Varianz s^2, die für die Gaußfunktion besonders einprägsam sind und dieser Verteilung auch den Namen „Glockenkurve“ einbrachte. Wegen der Symmetrie der Funktion befindet sich μ an der Stelle des Maximums, während σ durch die Lage des Wendepunktes bestimmt ist (vgl. Abb. 4.12). Der Mittelwert μ ist stochastisch als Erwartungswert definiert.

Die Gaußverteilung nach Gl. 4.16 heißt „normiert“, wenn gilt

$$\int_{-\infty}^{+\infty} f(x)dx = 1 \tag{4.17}$$

Abgeleitet werden können für die Ausfallwahrscheinlichkeit F(x)

$$F(x) = \frac{1}{\sigma\sqrt{2\pi}} \int_{-\infty}^{x} e^{-\frac{(x-\mu)^2}{2\sigma^2}} dx \tag{4.18}$$

für die Überlebenswahrscheinlichkeit gleich Zuverlässigkeit R(x)

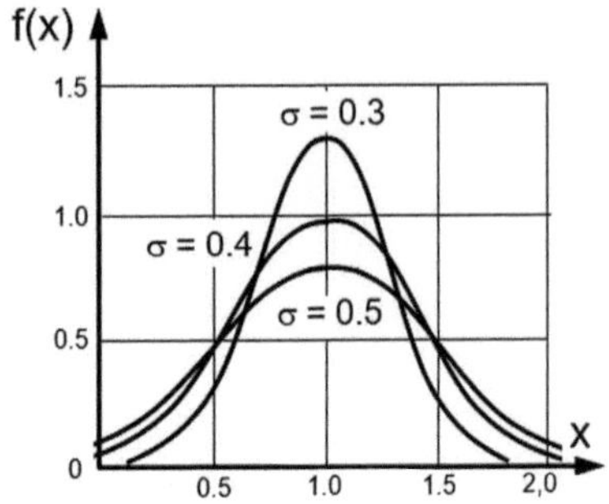

Abb. 4.12 Gauß'sche Verteilungsfunktionen mit unterschiedlicher Standardabweichung σ und gleichem Mittelwert μ (Darstellung mit μ = 1)

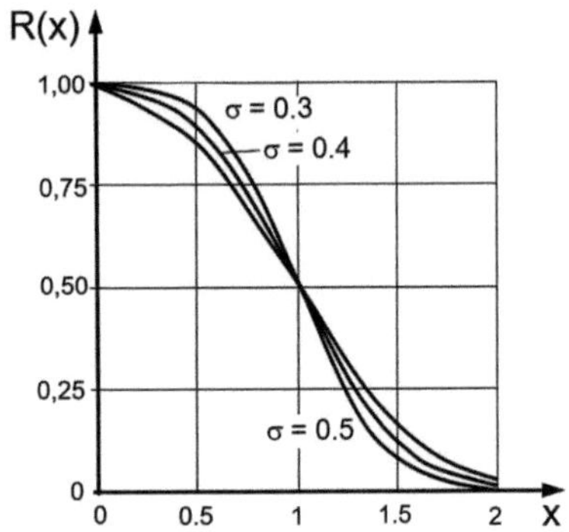

Abb. 4.13 Zuverlässigkeit R(x) (Darstellung mit μ = 1)

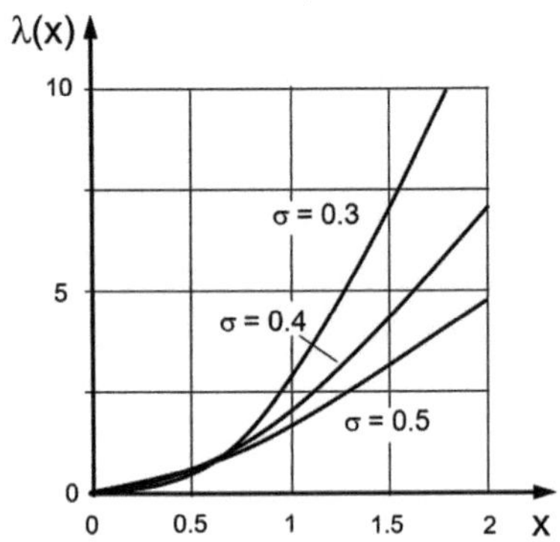

Abb. 4.14 Ausfallrate λ(x)

$$R(x) = \frac{1}{\sigma\sqrt{2\pi}} \int_{x}^{+\infty} e^{-\frac{(x-\mu)^2}{2\sigma^2}} dx \tag{4.19}$$

und für die Ausfallrate λ(x) (Abb. 4.13 und 4.14)

$$\lambda(x) = \frac{f(x)}{R(x)} \tag{4.20}$$

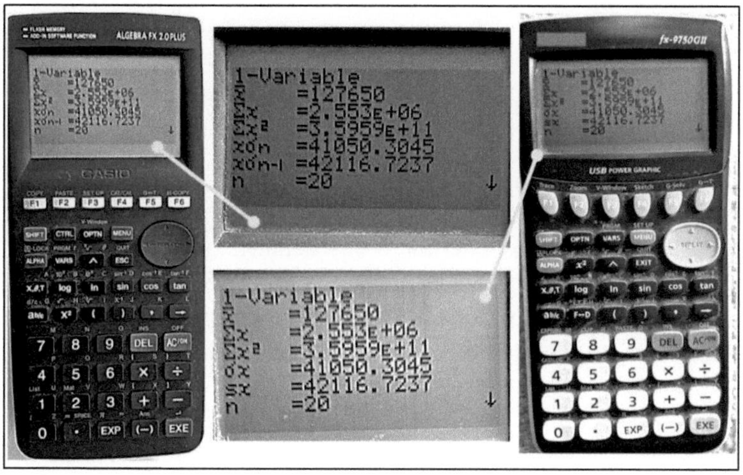

Abb. 4.15 Displayansichten (Bsp.)

Für die Ermittlung der charakteristischen Größen μ, σ und σ^2 sind zwei Verfahren relevant, die im Folgenden als „Taschenrechnermethode" und „Wahrscheinlichkeitspapier-Methode" an unserem Ventil-Beispiel aus Abschn. 4.1.1 angewendet werden sollen. Weitere Anwendungsbeispiele sind dem Abschn. 8 *(Beispiele 7 und 10)* zu entnehmen.

Für die „Taschenrechnermethode" kann ein handelsüblicher Taschenrechner angewendet werden, der über ein Statistikprogramm verfügt. Nach Eingabe der Zufallswerte x werden unmittelbar die relevanten Größen ausgegeben, die wir bereits aus dem Abschn. 4.1.1 kennen: Mittelwert $\mu = 127.650$ SV, Standardabweichung $\sigma = 42.117$ SV und $x_{median} = 130.500$ SV.

Dahinter stehen die Gleichungen nach Tab. 4.6 (Abb. 4.15).

$$\overline{x} = \frac{1}{n}\sum_{i=1}^{n} x_i \quad s^2 = \frac{1}{n-1}\sum_{i=1}^{n}(x_i - \overline{x})^2 \quad s - \sqrt{s^2}$$

Auffällig sind je nach Anbieter unterschiedliche Notationen insbesondere für die Standardabweichung mit sx oder xσn für σ (siehe Abb 4.15).

Eine bewährte Alternative zur „Taschenrechnermethode" stellt die Parameterbestimmung der Gauß-(Normal-)Verteilung mit dem Wahrscheinlichkeitspapier dar (siehe Abb. 4.17 und Anlage Tafel IV.1.2). Dieses liegt auch darin begründet, dass in der praktischen Arbeit aus finanziellen oder zeitlichen Gründen sehr häufig nicht ausreichend Werte für ein Histogramm anfallen.

Für die Nutzung des Wahrscheinlichkeitspapiers erfolgt zunächst für jeden Rang die Schätzung der Ausfallwahrscheinlichkeit. Die Schätzung erfolgt mit der Schätzfunktion nach Rossow (s. auch Tafel IV.1.1) mit

$$\boldsymbol{F(x)} = \frac{3\boldsymbol{i} - 1}{3\boldsymbol{n} + 1} \tag{4.21}$$

Beispiele wären für unsere Aufgabe

für i = 1 bei n = 20 gilt $\boldsymbol{F(x)} = \frac{3 \cdot 1 - 1}{\mathbf{3 \cdot 20 + 1}} = \frac{\mathbf{2}}{\mathbf{61}} = \mathbf{0{,}033} = 3{,}3\,\%$

für i = 5 bei n = 20 gilt $\boldsymbol{F(x)} = \frac{\mathbf{3{\cdot}5-1}}{\mathbf{3{\cdot}20+1}} = \frac{14}{61} = \mathbf{0{,}229} = 22{,}9\,\%$

oder

für i = 15 bei n = 20 gilt $\boldsymbol{F(x)} = \frac{\mathbf{3{\cdot}15-1}}{\mathbf{3{\cdot}20+1}} = \frac{44}{61} = \mathbf{0{,}721} = 72{,}1\,\%$

und damit für die gesamte Merkmalswertliste (Beispiel Ventile) (Tab. 4.7).

Werden diese Wertepaare x, F(x) im Wahrscheinlichkeitspapier (s. Abb. 4.17) eingetragen und wird eine Ausgleichsgerade eingezeichnet, kann für F(x) = 50 % der Mittelwert μ abgelesen werden. Dazu wird der Schnittpunkt der Ausgleichsgeraden mit der 50 %-F(x)-Linie auf die Abszisse x gefällt. Wir lesen für unser Beispiel in guter Näherung.

$$\mu = 127.600\ SV$$

ab. Für die Standardabweichung σ kann für den Schnittpunkt von F(x) = 84,13 % mit der Ausgleichsgerade der Wert μ + σ bzw. für F(x) = 15,87 % der Wert μ-σ auf der Abszisse abgelesen werden.

Tab. 4.7 Wertetabelle mit Wertepaaren x, F(x)-Schätzer

Rang i	Schließvorgänge x_i [SV]	F(x) [–]	F(x) [%]
1	50.000	0,033	3,3 %
2	71.000	0,082	8,2 %
3	83.000	0,131	13,1 %
4	87.000	0,180	18,0 %
5	92.000	0,229	22,9 %
6	96.000	0,279	27,9 %
7	99.000	0,328	32,8 %
8	107.000	0,377	37,7 %
9	118.000	0,426	42,6 %
10	129.000	0,475	47,5 %
11	132.000	0,525	52,5 %
12	137.000	0,574	57,4 %
13	140.000	0,623	62,3 %
14	145.000	0,672	67,2 %
15	158.000	0,721	72,1 %
16	163.000	0,770	77,0 %
17	171.000	0,820	82,0 %
18	181.000	0,869	86,9 %
19	189.000	0,918	91,8 %
20	205.000	0,967	96,7 %

$$\mu + \sigma = 170.000\ SV\ bzw.\ \mu - \sigma = 85.200\ SV$$

Die Standardabweichung σ berechnen wir abschließend mit

$$\sigma = (\mu + \sigma) - \mu = 170.000\ SV - 127.600\ SV = 42.400\ SV$$

bzw.

$$\sigma = \mu - (\mu - s) = 127.600\ SV - 85.200\ SV = 42.400$$

Für die Dichtefunktion bzw. Zuverlässigkeitsfunktion erhalten wir schlussendlich

$$f(x) = \frac{1}{42.400\ SV\sqrt{2\pi}} \cdot e^{-\frac{(x-127.600SV)^2}{3.547.683.378\ SV^2}}$$

und

$$R(x) = \frac{1}{42.400\sqrt{2\pi}} \int_x^{+\infty} e^{-\frac{(x-127600\ SV)^2}{3.547.683.378\ SV^2}} dx$$

Die Standardabweichung ist eine charakteristische, gestaltgebende Größe der Gauß-Verteilung und gibt die Streuung um den Mittelwert μ an. In einem Bereich ± σ werden 68,3 % aller Werte, im Bereich ± 2 σ 95,4% und im Bereich ± 3σ 99,7 % aller Werte um den Mittelwert μ streuen. Kleine σ-Werte ergeben kleine Lebensdauerstreuungen und große σ-Werte große Streuungen Tx (Abb. 4.16).

Ob die Gauß-Verteilung geeignet ist, kann anhand der Abweichung der Wertepaare von der Ausgleichsgeraden abgelesen werden. Weichen die Werte sehr stark von der Ausgleichsgerade ab, bzw. verlaufen übermäßig wellenförmig um die Gerade herum, so ist die Gaußverteilung nur eingeschränkt nutzbar, da i. d. R. dann eine unsymmetrische Verteilung vorliegt. In unserem Beispiel sehen wir eine leichte s-förmige Kurve, was an der linksseitigen Werteverteilung liegt (s. Abb. 4.3a). Einen gleichen Hinweis erhalten wir, wenn μ+σ und μ-σ sehr stark voneinander abweichen. Die Gaußverteilung hat aber auch den Nachteil, dass sie von −∞ bis +∞ definiert und so aus technischer Sicht ebenfalls nicht vorteilhaft ist, aber in einer Reihe von Normen immer noch verpflichtend verwendet wird [z. B. 16]. Besser – das heißt mathematisch genauer – ist dann die Verwendung z. B. der Weibull-Verteilung (s. Abschn. 4.3.3).

Abb. 4.16 Bereiche der Standardabweichung

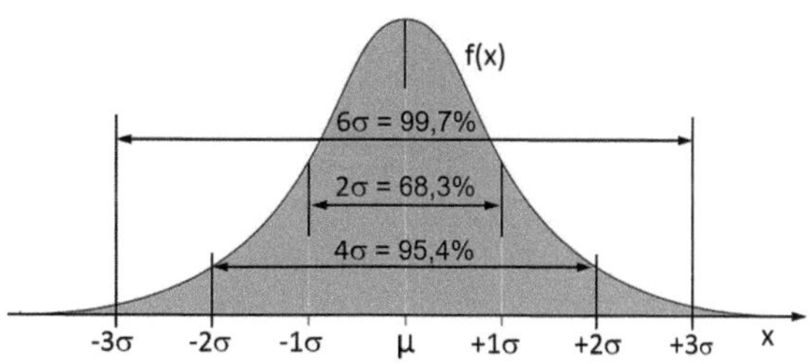

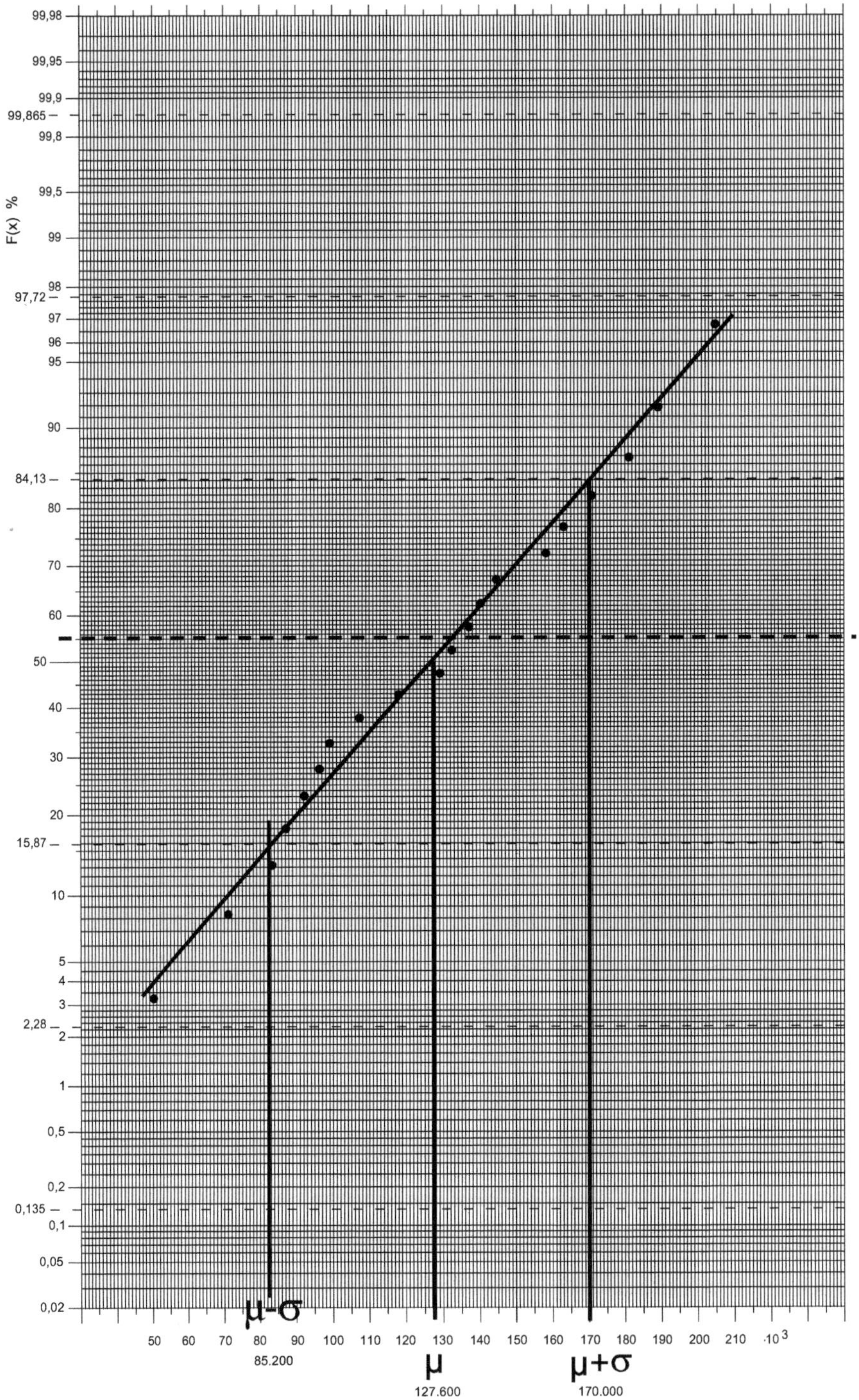

Abb. 4.17 Wahrscheinlichkeitspapier für die Gaußverteilung

4.3.2 Exponential-Verteilung

Für zufällige Ausfälle hatten wir bereits im Zusammenhang mit der „Badewannenkurve“ (vgl. Abb. 4.11) den Sonderfall

$$\lambda(x) = \lambda = const. \tag{4.22}$$

Solche konstanten Ausfallraten sind typisch für elektronische Bauteile ohne Gedächtnis mit Erholungseffekt, bei denen z. B. eine Alterung keine Rolle spielt. Aus Sicht des Maschinenbaus sind Bauteile mit Exponential-Verteilung und konstanter Ausfallrate bei mechatronischen Komponenten als Bestandteil von Gesamtsystemen von Bedeutung.

Exponentialverteilte Lebensdauererscheinungen sind durch eine anfänglich hohe Ausfallhäufigkeit charakterisiert, die dann schnell monoton fällt. Die Dichtefunktion f(x) kann wie folgt beschrieben werden

$$f(x) = \lambda \cdot e^{-\lambda \cdot x} \tag{4.23}$$

und damit für die Ausfallwahrscheinlichkeit F(x)

$$F(x) = 1 - e^{-\lambda \cdot x} \tag{4.24}$$

und die Zuverlässigkeit R(x)

$$R(x) = e^{-\lambda \cdot x} \tag{4.25}$$

Typische Funktionsgraphen sind in den Abb. 4.18, 4.19, 4.20 und 4.21 dargestellt.

Der konstante Skalenparameter λ entspricht dem Reziprokewert der mittleren Ausfallzeit untersuchter Technischer Systeme. Der Wert λ kann durch

$$\lambda = \frac{1}{\overline{x}} \text{ mit } \overline{x} = \frac{\sum x_i}{n} \tag{4.26}$$

für eine Stichprobe vom Umfang n ermittelt werden. Im Abschn. 8 ist mit dem *Beispiel 9* eine Aufgabe zur Ermittlung der Exponential-Verteilung enthalten.

Der Reziprokewert der Ausfallrate λ wird wiederum für nicht reparierbare Systeme als Mittlere Betriebszeit bis zum Ausfall MTTF (Mean time to failure), bzw. in reparierbaren Systemen als Mittlere Betriebszeit zwischen zwei Ausfällen MTBF (Mean time between failures) bezeichnet. Es gilt.

$$\lambda = \frac{1}{MTTF} \text{ bzw. } \lambda = \frac{1}{MTBF} \tag{4.27}$$

Wahrscheinlichkeitstheoretisch entsprechen MTTF bzw. MTBF Lebensdauern x, bei deren erreichen 63,2 % der betrachteten Produkte ausgefallen bzw. 36,8 % noch nicht ausgefallen sind. Beide Werte lassen sich mit x gleich MTTF bzw. MTBF mit den Gl. 4.26 und 4.27 nachweisen.

Abb. 4.18 Dichtfunktion f(x)

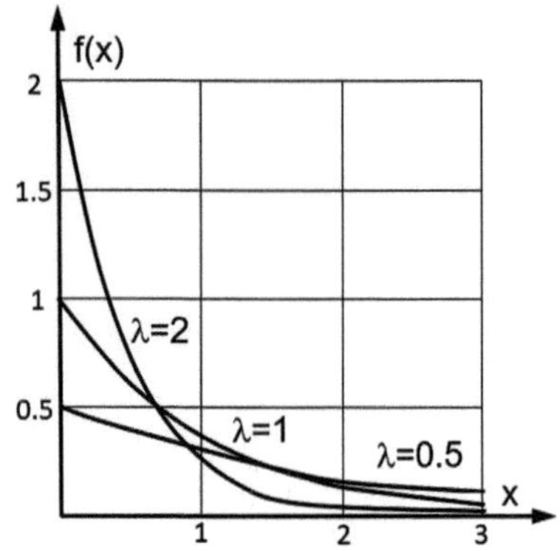

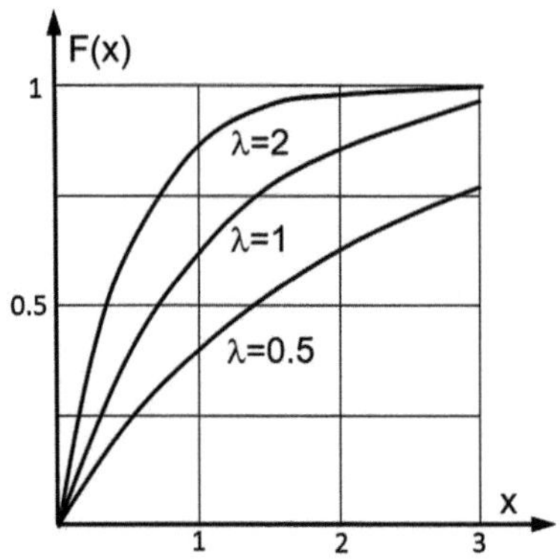

Abb. 4.19 Ausfallwahrscheinlichkeit F(x)

Abb. 4.20 Zuverlässigkeit R(x)

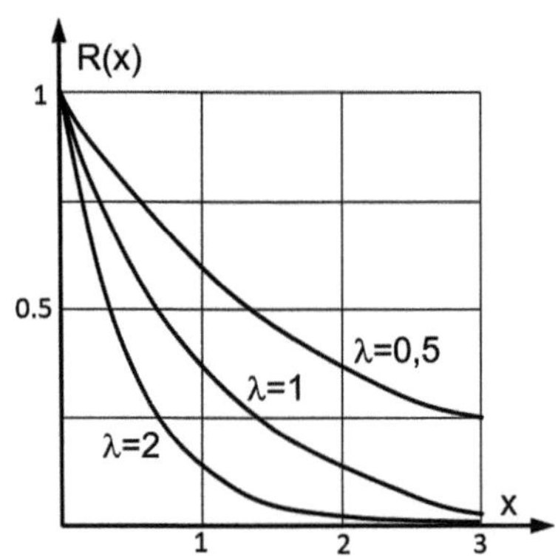

Abb. 4.21 Ausfallrate λ(x)

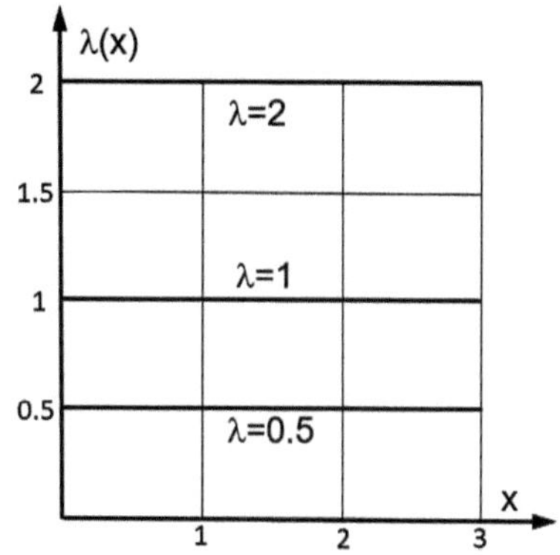

Einen Medianwert der Exponentialverteilung erhalten wir, wenn die Gl. 4.24 oder GL. 4.25 mit einer Ausfallwahrscheinlichkeit F(x) = 50 % bzw. Überlebenswahrscheinlichkeit R(x) = 50 % gleichgesetzt und zum Lebensdauerwert x umgestellt werden. Es gilt

$$x_{median} = \frac{\ln 2}{\lambda} \tag{4.28}$$

Anwendung finden diese charakteristischen Größen wie bereits beschrieben (vgl. Abschn. 2.10) in der Zuverlässigkeitsbewertung, Risikoanalyse bzw. Bewertung einer vorhandenen bzw. zu schaffenden Maschinensicherheit (z. B. [17]).

4.3.3 Weibull-Verteilung

Die Exponentialverteilung wurde von Ernst Hjalmar Waloddi Weibull (1887–1979) durch Einführung eines weiteren Parameters anpassungsfähiger gemacht. Es entsteht die nach ihm benannte zweiparametrige Weibull-Verteilung mit der Dichtefunktion f(x)

$$f(x) = \alpha \cdot \beta \cdot (\alpha \cdot x)^{\beta - 1} \cdot e^{-(\alpha \cdot x)^{\beta}} \tag{4.29a}$$

bzw.

$$f(x) = \frac{\beta}{T} \cdot \left(\frac{x}{T}\right)^{ß-1} \cdot e^{-\left(\frac{x}{T}\right)^{ß}} \tag{4.29b}$$

Ausfallwahrscheinlichkeit F(x)

$$F(x) = 1 - e^{-(\alpha \cdot x)^{ß}} \tag{4.30a}$$

bzw.

$$F(x) = 1 - e^{-\left(\frac{x}{T}\right)^{ß}} \tag{4.30b}$$

Zuverlässigkeit R(x)

$$R(x) = e^{-(\alpha \cdot x)^{ß}} \tag{4.31a}$$

bzw.

$$R(x) = e^{-\left(\frac{x}{T}\right)^{ß}} \tag{4.31b}$$

und Ausfallrate λ(x)

$$\lambda(x) = \alpha \cdot ß \cdot (\alpha \cdot x)^{ß-1} \tag{4.32a}$$

bzw.

$$\lambda(x) = \left(\frac{ß}{T}\right) \cdot \left(\frac{x}{T}\right)^{ß-1} \tag{4.32b}$$

Der Koeffizient α ist das Reziproke der Charakteristischen Lebensdauer T. Der Parameter ß ist die Ausfallsteilheit. In Analogie zum Mittelwert und der Varianz der Gaußverteilung geben T und ß die Lage bzw. die Form der Verteilungsfunktion an. Ein charakteristischer Punkt liegt für α · x = 1 bzw. x/T = 1 analog zur Exponentialverteilung mit den Werten R(x) = 0,368 bzw. F(x) = 0,632 vor. Zum Zeitpunkt T werden 63,2 % der untersuchten Gebilde ausgefallen und 36,8 % noch nicht ausgefallen sein. Beispiele für diese Funktion sind in den Abb. 4.22, 4.23, 4.24 und 4.25 dargestellt. Die Graphen wurden zwecks Vergleichbarkeit mit $\alpha = 1$ bzw. T = 1 normiert.

Wir erkennen die besondere Eignung der Weibull-Funktion für

- Lebensdauerwerte $x \geq 0$
- unsymmetrische Verteilungen
- für abfallende und aufsteigende Verläufe der Früh- und Spätausfälle (ß < 1 Früh-, ß = 1 Zufalls- und ß > 1 Spätausfälle)

Bemerkenswert ist außerdem, dass für β = 3,4 eine Weibullverteilung mit großer Ähnlichkeit zur Gaußverteilung vorhanden ist und mit 1,5 ≤ ß ≤ 3 eine logarithmische

Abb. 4.22 Dichtfunktion f(x)

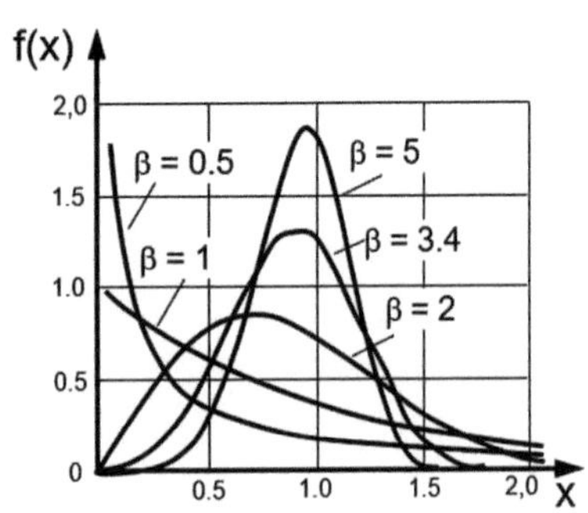

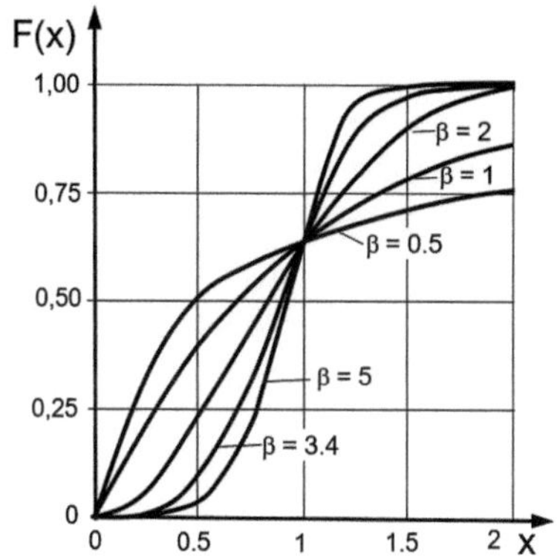

Abb. 4.23 Ausfallwahrscheinlichkeit F(x)

Abb. 4.24 Zuverlässigkeit R(x)

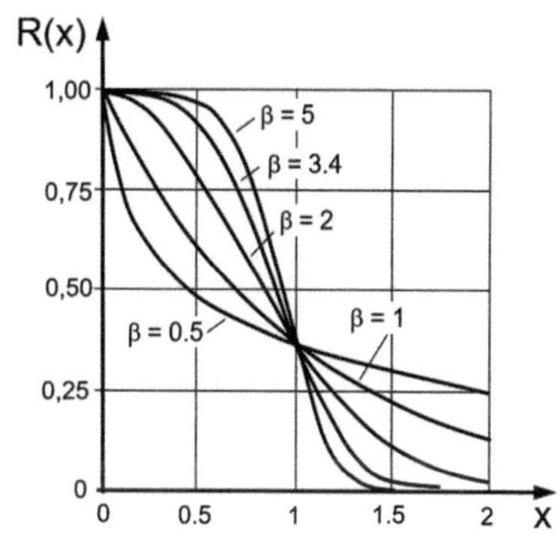

Abb. 4.25 Ausfallrate λ(x)

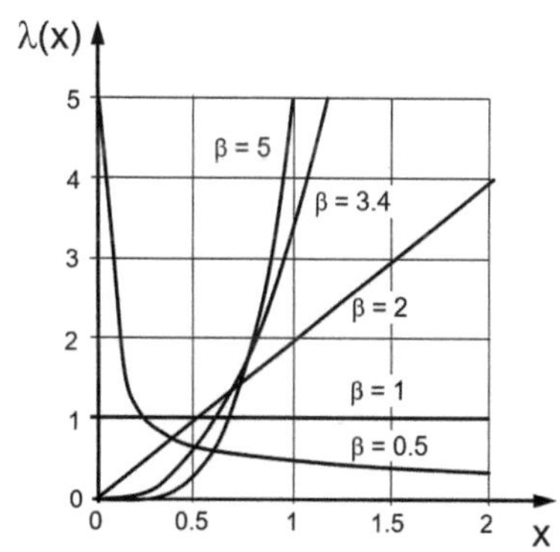

Normalverteilung. Nützlich ist ebenfalls die elementare Lösbarkeit und mathematische Modifizierbarkeit. Bezüglich weiterer Ausführungen zur Weibull-Verteilung wird auf [12] bzw. [15] verwiesen.

Für die Ermittlung der charakteristischen Lebensdauer T und der Ausfallsteilheit ß werden zwei Methoden bevorzugt – die Verwendung des Weibull-Wahrscheinlichkeitspapieres und die Methode der Regressionsanalyse.

Das Wahrscheinlichkeitspapier für *Weibull* (s. Abb. 4.26 und Anhang Tafel IV.2.2) ist das Ergebnis der Linearisierung der Weibullgleichung. Aus

$$F(x) = 1 - e^{-\left(\frac{x}{T}\right)^{ß}} \tag{4.33}$$

folgt

$$ln(-\ln(1 - F(x))) = ß \ln x - ß\ lnT \tag{4.34}$$

und damit die Einteilung der Achsen mit ln x bzw. ln(-ln(1-F(x))). Analog zur Arbeit im Gaußpapier werden zunächst die Versuchsereignisse aufsteigend als Rangfolge sortiert. Für die Schätzung der Ausfallwahrscheinlichkeiten je Rang hat sich

$$\boldsymbol{F(x) = \frac{i - 0{,}3}{n + 0{,}4}} \tag{4.35}$$

durchgesetzt (s. auch Tafel IV.2.1). Im Schnittpunkt von F(x) = 63,2 % mit der eingetragenen Ausgleichsgerade kann die Charakteristische Lebensdauer T direkt abgelesen werden. Die Ausfallsteilheit ß entspricht mathematischem dem Anstieg der linearen Funktion nach Gl. 4.36. Bei Kenntnis von zwei Wertepaaren F(x) und x der Ausgleichsgeraden kann ß mit

$$\beta = \frac{\ln(-\ln(1 - F_2(x)) - \ln(-\ln(1 - F_1(x))}{\ln x_2 - lnx_1} \tag{4.36}$$

berechnet werden. Ohne großen Rechenaufwand kann die Ausfallsteilheit ß aber auch nach Parallelverschiebung der Ausgleichsgeraden durch den Pol auf der rechten Skale des Weibullpapiers abgelesen werden.

Für unsere Ventilaufgabe würden sich folgende Arbeitsschritte und Ergebnisse ergeben.

(1) Rangfolge festlegen und Schätzer F(x) mit Gl. 4.35 berechnen (s. Tab. 4.8).

Weitere Arbeitsschritte für die Parameterbestimmung mit dem Wahrscheinlichkeitspapier

(2) Wertepaare x, F(x) im Wahrscheinlichkeitspapier eintragen (s. Abb. 4.26).
(3) Ausgleichsgerade einzeichnen.
(4) Bestimmung der charakteristischen Lebensdauer T (siehe Abb. 4.26)

Dazu wird der Schnittpunkt der Ausgleichsgeraden mit dem Horizont der Ausfallwahrscheinlichkeit von F(x) = 63,2 % auf die Abszisse ln x übertragen. T ist ablesbar.

$$T = 142.000\ LW$$

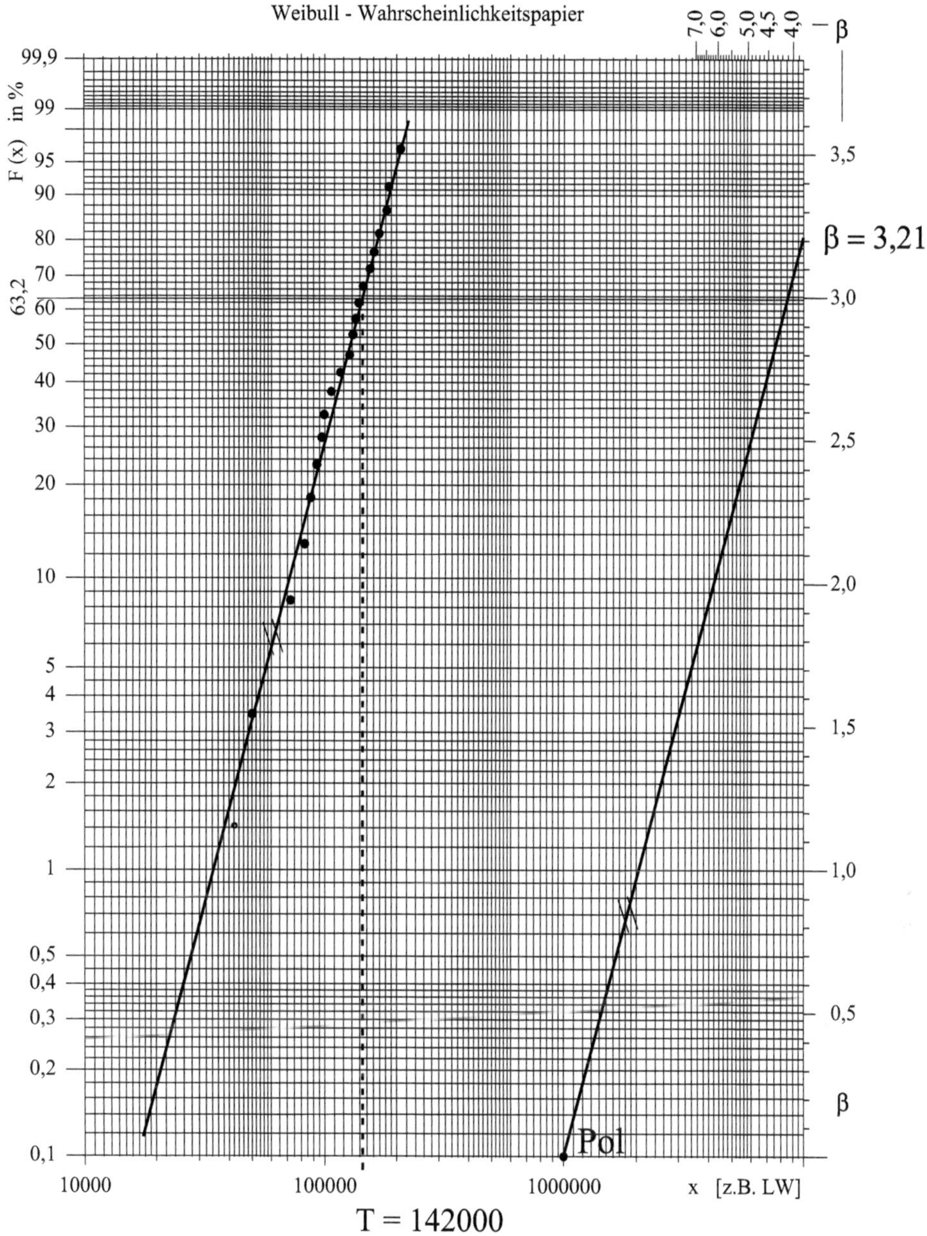

Abb. 4.26 Weibull-Wahrscheinlichkeitspapier mit Ausgleichsgerade

Tab. 4.8 Wertetabelle mit Wertepaaren x, F(x)-Schätzer

Rang i	Schließvorgänge xi	$F(x) = \frac{i-0{,}3}{n+0{,}4}$	F(x) [%]
1	50.000	0,034	3,4 %
2	71.000	0,083	8,3 %
3	83.000	0,132	13,2 %
4	87.000	0,181	18,1 %
5	92.000	0,230	23,0 %
6	96.000	0,279	27,9 %
7	99.000	0,328	32,8 %
8	107.000	0,377	37,7 %
9	118.000	0,426	42,6 %
10	129.000	0,475	47,5 %
11	132.000	0,525	52,5 %
12	137.000	0,574	57,4 %
13	140.000	0,623	62,3 %
14	145.000	0,672	67,2 %
15	158.000	0,721	72,1 %
16	163.000	0,770	77,0 %
17	171.000	0,819	81,9 %
18	181.000	0,868	86,8 %
19	189.000	0,917	91,7 %
20	205.000	0,966	96,6 %

(5) Paralleles Verschieben der Ausgleichsgeraden durch den Pol.

(6) Der Schnittpunkt der verschobenen Ausgleichsgeraden mit der rechten Ordinatenachse ergibt den Formparameter β

$$\beta = 3{,}21.$$

Natürlich existieren auch Rechenalgorithmen, die diese Aufgabe als Ausgleichsrechnung nach dem „Minimum der Abstandsquadrate“ ausführen. Die lineare Weibullgleichung lautet

$$\ln(-\ln(1 - F(x))) = \text{ß} \ln\, x - \text{ß}\, \ln T. \tag{4.37}$$

Die Gleichung der Regressionsgerade:

$$\ln(-(1 - \widehat{F}(\widehat{x}))) = a_x + b_x \cdot \ln \widehat{x}. \tag{4.38}$$

Mit Hilfe der Gauß'schen Methode der kleinsten Quadrate wird die Gerade für den Zusammenhang von F(x) und x bestimmt, bei der die Quadrate der Abweichungen des Originalpunktes vom Schätzwert ein Minimum ergeben. Allgemein gilt für die Gauß'sche Methode der kleinsten Quadrate

$$\sum_{i=1}^{n}\left[\ln\left(-\ln\left(F(x_i)\right)\right)-\ln\left(-\ln\left(\widehat{F}\left(\widehat{x}_i\right)\right)\right)\right]^2=\sum_{i=1}^{n}\left[\ln\left(-\ln\left(F(x_i)\right)\right)-\left(a_x+b_x\cdot\ln x_i\right)\right]^2\Rightarrow MIN \tag{4.39}$$

Zur Bestimmung der Regressionsgerade werden die Regressionsparameter a_x und b_x bestimmt.

$$a_x=\overline{y}-b_x\cdot\overline{x} \tag{4.40}$$

$$b_x=\frac{\sum_{i=1}^{n}\left[(\ln x_i-\overline{x})\cdot\left(\ln\left(-\ln\left(1-F(x_i)\right)\right)-\overline{y}\right]\right.}{\sum_{i=1}^{n}(\ln x_i-\overline{x})^2} \tag{4.41}$$

mit

$$\overline{x}=\frac{\sum_{i=1}^{n}\ln x_i}{n} \tag{4.42}$$

und

$$\overline{y}=\frac{\sum_{i=1}^{n}\ln\left(-\ln\left(1-F(x_i)\right)\right)}{n} \tag{4.43}$$

Vergleichen wir die Regressionsgerade $\ln\left(-\ln\left(1-\widehat{F}(\widehat{x})\right)\right)=a_x+b_x\cdot\ln\widehat{x}$ mit der linearen Weibullgleichung $\ln(-\ln(1-F(x)))=\beta\cdot\ln x-\beta\cdot\ln T$ kann $b_x=\beta$ und $a_X=-\beta\cdot\ln T$ als Analogie für die Regressionsparameter geschrieben werden. Für die Weibullparameter gilt demzufolge:

$$\beta=b_x \tag{4.44}$$

$$T=e^{-\frac{a_X}{b_X}} \tag{4.45}$$

Für die Ventilaufgabe ergeben sich durch Nutzung von Excel (siehe Abb. 4.27) für T = 142.690 Schließvorgänge und für ß = 3,21.

Und damit für die Zuverlässigkeitsgleichung nach Weibull

$$R(x)=e^{-\left(\frac{x}{142.690}\right)^{3,21}} \tag{4.46}$$

Die Korrespondierende Regressionsgerade lautet

$$\widehat{\ln x}=a_y+b_y\cdot \ln\left(-\ln\left(1-\widehat{F}(\widehat{x})\right)\right) \tag{4.47}$$

$$\sum_{i=1}^{n}\left[\ln x_i-\widehat{\ln x_i}\right]^2=\sum_{i=1}^{n}\left[\ln x_i-\left(a_y+b_y\cdot\ln\left(-\ln\left(1-F(x_i)\right)\right)\right)\right]^2\Rightarrow Minimum \tag{4.48}$$

$$a_y=\overline{x}-b_y\cdot\overline{y} \tag{4.49}$$

$$b_y = \frac{\sum_{i=1}^{n} [(ln\, x_i - \overline{x})(ln\big(-ln\big(1 - F(x_i)\big)\big) - \overline{y})]}{\sum_{i=1}^{n} [ln\big(-ln\big(1 - F(x_i)\big)\big) - \overline{y}]^2} \tag{4.50}$$

	A	B	C	D	E	F	G	H
1	i	x	F(x)	ln x	ln(-ln(1-F(x)))	ln x - (ln x)m	(ln x - (ln x)m)^2	(ln x - x)(ln(-ln...)-y)
2	1	50000	0,034	10,81978	-3,35480	-0,87930	0,77317	2,47114
3	2	71000	0,083	11,17044	-2,44172	-0,52864	0,27946	1,00297
4	3	83000	0,132	11,32660	-1,95214	-0,37248	0,13874	0,52434
5	4	87000	0,181	11,37366	-1,60881	-0,32541	0,10589	0,34636
6	5	92000	0,230	11,42954	-1,33989	-0,26953	0,07265	0,21440
7	6	96000	0,279	11,47210	-1,11570	-0,22697	0,05152	0,12966
8	7	99000	0,328	11,50288	-0,92095	-0,19620	0,03850	0,07387
9	8	107000	0,377	11,58058	-0,74669	-0,11849	0,01404	0,02396
10	9	118000	0,426	11,67844	-0,58708	-0,02064	0,00043	0,00088
11	10	129000	0,475	11,76757	-0,43805	0,06849	0,00469	0,00729
12	11	132000	0,525	11,79056	-0,29651	0,09148	0,00837	0,02268
13	12	137000	0,574	11,82774	-0,15992	0,12866	0,01655	0,04947
14	13	140000	0,623	11,84940	-0,02602	0,15032	0,02260	0,07793
15	14	145000	0,672	11,88449	0,10744	0,18541	0,03438	0,12087
16	15	158000	0,721	11,97035	0,24300	0,27127	0,07359	0,21361
17	16	163000	0,770	12,00151	0,38388	0,30243	0,09146	0,28075
18	17	171000	0,819	12,04942	0,53486	0,35034	0,12274	0,37813
19	18	181000	0,868	12,10625	0,70423	0,40717	0,16579	0,50843
20	19	189000	0,917	12,14950	0,91024	0,45042	0,20288	0,65523
21	20	205000	0,966	12,23077	1,21557	0,53169	0,28269	0,93578
22		xm =		Σ ln x =	Σ ln(-ln(...)) =		Σ(ln x - (ln x)m)^2	Σ (...) =
23		127650		233,98156	-10,88907		2,50014	8,03775
24				(ln x)m =	(ln(-ln(...)))m =			
25				11,69908	-0,544453483			
26				x	y			
27								
28	bx =	3,21		ß =	3,21			
29	ax =	-38,1561		T =	142690			

Abb. 4.27 Excel-Tabelle der Regressionsrechnung (Bsp. Ventilausfälle)

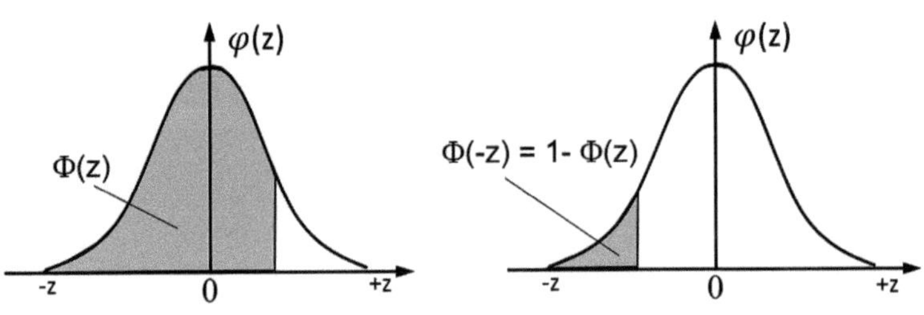

Abb. 4.28 0,1-Verteilung und Φ(z) bzw. Φ(-z)

$$\overline{x} = \frac{\sum_{i=1}^{n} \ln x_i}{n} \tag{4.51}$$

$$\overline{y} = \frac{\sum_{i=1}^{n} ln\big(-ln\big(1-f(x_i)\big)\big)}{n}. \tag{4.52}$$

$$r_{xy} = \sqrt{b_x \cdot b_y}. \tag{4.53}$$

Für $r_{xy} = \pm 1$ besteht ein sehr hoher stochastischer Zusammenhang. Mit $r_{xy} = 0$ besteht kein Zusammenhang zwischen der Zufallsgröße und der zugeordneten Eintretenswahrscheinlichkeit. In der Praxis sind häufig r_{xy} Werte anzutreffen, die gegen 1 streben.

Für die korrespondierende Gerade ergibt sich in unserem Beispiel für $b_y = 0{,}308$ und $a_y = 11{,}867$. Damit erhalten wir einen r_{xy} Wert von 0,9952 und damit den Nachweis einer ausreichenden Zusammengehörigkeit der stochastischen Werte.

Weitere Beispiele für die Auswertung von Lebensdauerversuchen mit Gauß und Weibull sind dem Anhang zu entnehmen (Tafel IV.1 und IV.2 und Bsp. 7 und 10).

4.4 Berechnung von Ausfallwahrscheinlichkeit und Zuverlässigkeit

Wurden die charakteristischen Parameter der einzelnen Verteilungsfunktionen bestimmt (s. Tab. 4.9), können für beliebige Lebensdauerwerte x die Ausfall- und Überlebenswahrscheinlichkeit bzw. Zuverlässigkeit berechnet werden, die z. B. für eine Risikoanalyse nach Abschn. 2.10, die Bewertung einer Sicherheit nach Abschn. 5 oder die Planung von Instandhaltungen nach Abschn. 7 maßgebend sind. Während für die Exponential- (GL. 4.25) und die Weibullverteilung (GL. 4.31) die Werte nur eingesetzt werden müssen, ist im Fall der Gaußverteilung keine elementare Lösung möglich. Aus diesem Grund soll im Folgenden die besondere Anwendungsmethode zur Bestimmung der Ausfall- und Überlebenswahrscheinlichkeit für die Gaußverteilung näher vorgestellt werden.

Da die allgemeine Zuverlässigkeitsgleichung der Gauß-(Normal-)Verteilung aufgrund des Wertebereiches von $-\infty$ bis $+\infty$ elementar nicht lösbar ist, wird eine Transformation durchgeführt.

Der Mittelwert μ erhält den 0-Wert der Abszisse und die Standardabweichung σ den Wert 1. So entsteht die Standardnormalverteilung, die auch (0,1)-Verteilung genannt wird. Durch Substitution mit.

$$z = \frac{x - \mu}{\sigma} \tag{4.54}$$

erhalten wir für die **(0,1)-Verteilung** die folgenden Gleichungen:

$$\text{Dichtefunktion} \qquad \varphi(z) = \frac{1}{\sqrt{2\pi}} \cdot e^{-\frac{1}{2}z^2} \tag{4.55}$$

Tab. 4.9 Zuverlässigkeits- und Ausfallwahrscheinlichkeitsfunktionen und benötigte Verteilungsparameter

Gauß	Exponential	Weibull
$R(x) = \frac{1}{\sigma \cdot \sqrt{2\pi}} \cdot \int_x^{+\infty} e^{-\frac{(x-\mu)^2}{2 \cdot \sigma^2}} dx$	$\mathrm{R(x)} = e^{-\lambda \cdot x}$	$R(x) = e^{-\left(\frac{x}{T}\right)^{\beta}}$
μ, σ	λ	ß, T bzw. α
F(x) = 1 – R(x)		

$$\text{Ausfallwahrscheinlichkeit} \qquad \Phi(z) = \frac{1}{\sqrt{2\pi}} \int_{-\infty}^{z} e^{-\frac{1}{2}z^2} dz \tag{4.56}$$

$$\text{Zuverlässigkeit} \qquad R(z) = \frac{1}{\sqrt{2\pi}} \int_{z}^{+\infty} e^{-\frac{1}{2}z^2} dz \tag{4.57}$$

Für die Funktion Φ(z) der Ausfallwahrscheinlichkeit existieren in der einschlägigen Literatur Tabellen. Eine solche zu verwendende Tabelle ist in Tafel IV.1.3 des Anhangs enthalten.

Zur Bestimmung der Zuverlässigkeit R(x) wird zunächst die Ausfallwahrscheinlichkeit Φ(z) ermittelt. Dazu wird als erstes mit Gl. 4.54 der z-Wert bestimmt. Mit dem z-Wert wird dann in der Tafel IV.1.3 Φ (z) abgelesen (Abb. 4.28).

Werden mit Gl. 4.54 negative z-Werte errechnet, dann gilt

$$\Phi(-z) = 1 - \Phi(z). \tag{4.58}$$

Das abgelesene Φ(z) bzw. errechnete Wert Φ(-z) ist dann gleich der Ausfallwahrscheinlichkeit F(x). Die Zuverlässigkeit erhalten wir mit der bekannten Gleichung

$$\begin{aligned} & R(x) = 1 - \Phi(z) && \text{bei } z \geq 0 \\ \text{bzw.} & \\ & R(x) = 1 - \Phi(-z) = \Phi(z) && \text{bei } z < 0. \end{aligned} \tag{4.59}$$

In guter Näherung und ohne Vorliegen einer Wertetabelle kann die Wahrscheinlichkeit F(x) natürlich auch mit dem Wahrscheinlichkeitspapier abgelesen werden.

Die Berechnung der Ausfallwahrscheinlichkeit bzw. Zuverlässigkeit und der Umgang mit den Wertetabellen für Φ(z) werden in den Beispielen 4 und 10 demonstriert.

4.5 Berechnung von Systemzuverlässigkeit

Maschinen, Apparate oder Geräte bestehen i. d. R. aus mehreren Baugruppen. Die Baugruppen wiederum aus Komponenten, den sog. Einzelelementen, die untereinander Wechselbeziehungen eingehen. Baugruppen und Einzelelemente sind i. d. R. Zukaufteile, die in den herstellenden Betrieben bereits einer Qualitäts- und Lebensdaueruntersuchung unterzogen worden sind.

Von der Festigkeitslehre her ist bekannt, dass Bauteile mehrere gefährdete Querschnitte aufweisen können. Auch die Anordnung einer größeren Anzahl gleicher oder ähnlicher Elemente wie mehrere Wälzlager in einem Getriebe, für die die Einzelzuverlässigkeiten bekannt sind, muss bzgl. Lebensdauer und Zuverlässigkeit berechnet werden können. Somit ist aus den unterschiedlichsten Gründen die Frage nach der Gesamt- oder Systemzuverlässigkeit $R_{Sys.}$ des technischen Gebildes zu beantworten.

In der Theorie der Zuverlässigkeit von Systemen wird allgemein unterschieden zwischen Serien-, Parallel- und Mischsystemen (vgl. Abb. 4.29), die wiederum als nicht-redundante, redundante bzw. teilredundante Systeme beschrieben werden können.

4.5.1 Seriensysteme (Nichtredundanz)

Wenn der Ausfall einer Komponente zu einem Ausfall des Gesamtsystems führt, sind die beteiligten Komponenten als Seriensystem aufzufassen. Seriensysteme werden in der Praxis auch Reihensystem genannt. Entsprechend des Multiplikationssatzes der Wahrscheinlichkeitslehre berechnet sich dann die Systemzuverlässigkeit zum Zeitpunkt x aus dem Produkt der Elementzuverlässigkeiten entsprechend *Gl. 4.60*. Kombinierbar sind so auch Systeme, die sich aus mechanischen und elektronischen Komponenten zusammensetzen, die wiederum unterschiedlichen Verteilungsfunktionen folgen können.

$$R_{Sys.}(x) = \prod_{i=1}^{n} R_i(x) \tag{4.60}$$

Mit der Weibull-Verteilung ist die *Gl. 4.61* anzuwenden.

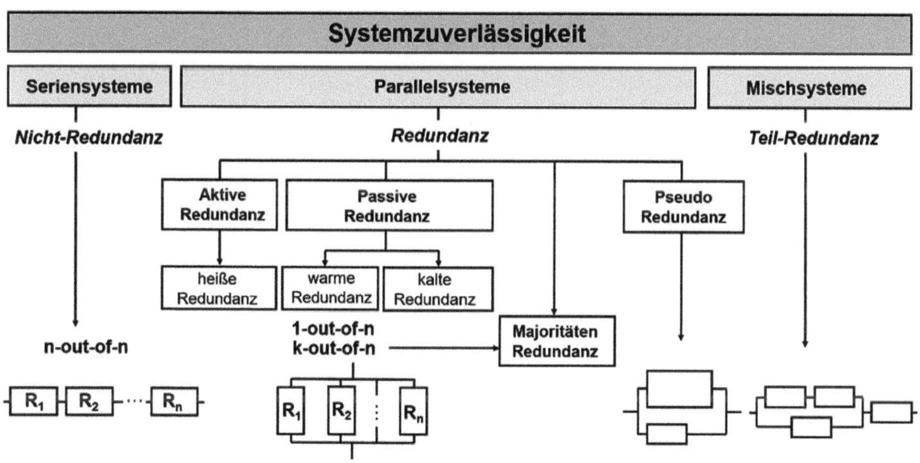

Abb. 4.29 Zuverlässigkeitsstrukturen von Systemen

$$R^{W}_{Sys.}(x) = \exp - \left(\sum_{i=1}^{n} \left(\frac{x}{T_i} \right)^{\beta_i} \right) \tag{4.61}$$

Wie in Abb. 4.30 zu erkennen ist, sinkt mit zunehmender Komponentenanzahl n die Systemzuverlässigkeit R_{Sys}. Der Abfall der Systemzuverlässigkeit erfolgt umso schneller, desto geringer die Elementzuverlässigkeiten R_i sind. Die einzige Möglichkeit, eine hohe Zuverlässigkeit unter Beibehaltung einer gleichen Zuverlässigkeitsstruktur zu gewährleisten, liegt in der Verbesserung der Elementzuverlässigkeiten zum Zeitpunkt x.

4.5.2 Parallelsysteme (Redundanz)

Wenn beim Ausfall eines Elementes ein oder mehrere weitere identische Funktionselemente existieren, welche die Funktion uneingeschränkt übernehmen können, wird von einem *Parallelsystem* bzw. einem *redundanten System* gesprochen. Wahrscheinlichkeitstheoretisch berechnet sich die Systemzuverlässigkeit paralleler Systeme zum Zeitpunkt x mit:

$$\boxed{R_{Sys.}(x) = 1 - \prod_{i=1}^{n} (1 - R_i(x))} \tag{4.62}$$

Wie Abb. 4.31 zeigt, kann im Gegensatz zum Seriensystem bei Parallelsystemen mit zunehmender Komponentenanzahl n eine Steigerung der Gesamtzuverlässigkeit erzielt werden. Zu bedenken sind andererseits jedoch die progressiv ansteigenden Kosten für Material und Fertigung, die dem positiven Zuverlässigkeitszuwachs entgegenstehen. Als Beispiele für reine Elementredundanz können Schraubenfelder, Versteifungsrippen in Maschinengehäusen, Spanten auf Schiffen oder Stränge in Stahltrossen genannt werden. Viel häufiger sind jedoch Anlagenredundanzen anzutreffen. Ohne derartige Redundanzen wäre z. B. die Flug-, Raumfahrt- oder Reaktorsicherheit nicht zu gewährleisten.

Wird die Fähigkeit eines Systems betrachtet, vom Ausfall in den funktionstüchtigen.

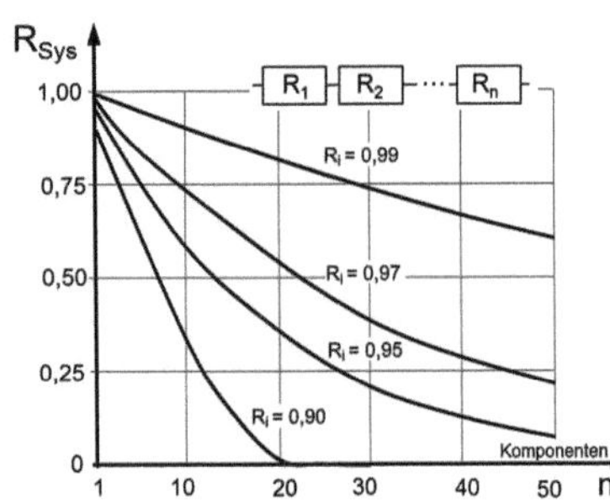

Abb. 4.30 Seriensysteme $R_{Sys} = f(n)$

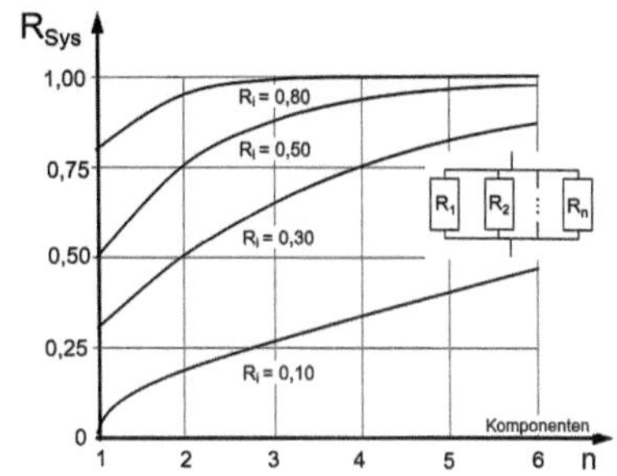

Abb. 4.31 Parallelsystem $R_{Sys} = f(n)$

Zustand zu wechseln, können drei allgemeine Redundanzklassen – die heiße, warme und kalte Redundanz – bei den Parallelsystemen beschrieben werden:

Heiße Redundanz – auch aktive, belastete oder funktionsbelastete Redundanz -beschreibt, dass das Redundanzelement ständig in Betrieb ist und funktionsbedingter Beanspruchung (gleiche Beanspruchung wie Primäreinheit) unterliegt.

Warme Redundanz – auch passive, leicht belastete oder Standby Redundanz – beschreibt, dass das Redundanzelement wie die Primäreinheit eingeschaltet ist, aber erst bei Störung oder Ausfall der Primäreinheit die vorgesehenen Aufgaben übernimmt.

Kalte Redundanz – auch passive, nichtbelastete Redundanz – beschreibt, dass das Redundanzelement bis zum Ausfall der arbeitenden Einheit keiner Belastung ausgesetzt ist und erst bei Störung oder Ausfall der Primäreinheit eingeschaltet wird.

Zur Vervollständigung der Redundanzartenübersicht sollen noch die *k-aus-n-Redundanz* und die *Pseudoredundanz* erwähnt werden.

Wenn mindestens k von n Elementen funktionieren müssen, damit die Gesamtfunktion eines technischen Systems erfüllt wird, wird von einer ***k-aus-n Redundanz*** (k-out-of-n-redundancy) gesprochen. Ein Sonderfall stellt die ***Majoritätenredundanz*** (Mehrheitsredundanz, majority-redundancy) dar, bei der nur eine sehr geringe Anzahl an Redundanzelementen in Bezug auf die aktiven Elemente als Reserve zur Verfügung stehen.

Durch Nutzung der Binomialverteilung gilt für die Wahrscheinlichkeit, dass genau k Elemente noch nicht ausgefallen sind bei k-aus-n-Redundanz.

$$f(k) = \binom{n}{k} R^k (1 - R)^{n-k} \text{ mit } \binom{n}{k} = \frac{n!}{k!(n-k)!} \tag{4.63}$$

Die Systemzuverlässigkeit eines k-aus-n Systems ist gegeben, wenn nicht nur k Elemente, sondern auch mehr als k Elemente noch nicht ausgefallen sind. Es gilt dann:

$$\boxed{R_{Sys.} = \sum_{i=k}^{n} \binom{n}{i} R^i (1 - R)^{n-i}} \tag{4.64}$$

n ... Zahl existierender Elemente
k ... Mindestanzahl der Komponenten, die funktionieren müssen
R ... Zuverlässigkeit eines Elementes

Bei der **Pseudoredundanz** führt das Reserveelement nicht die identische Funktion wie das Primärelement aus. Es wird lediglich eine verminderte Funktionserfüllung gewährleistet. Ein Beispiel hierfür ist die Zuschaltung eines Notstromaggregates bei Ausfall der Hauptstromversorgung.

4.5.3 Mischsysteme

Liegt in einem System eine Zuverlässigkeitsstruktur vor, die eine Kombination der Grundsysteme darstellt, wird von einem Mischsystem gesprochen (vgl. Abb. 4.32). Die Systemzuverlässigkeit ist dann das Ergebnis der logischen Verknüpfung der Überlebenswahrscheinlichkeiten der einzelnen Komponenten, die durch Schaffung von seriellen und parallelen Ersatzschaltungen auch formelmäßig wahrscheinlichkeitstheoretisch zu verknüpfen sind.

In Abb. 4.32 sind die Elemente R_3 und R_4 parallel zueinander, R_5 und R_6 in Serie – beide Paare wiederum parallel zueinander und das gesamte Teilsystem $R_{3\text{–}6}$ Bestandteil der Serienschaltung R_1, R_2, $R_{3\text{–}6}$ und R_7, was dann zur Systemzuverlässigkeit führt. Wir sprechen von Teilredundanz, weil nur das Element 3 oder 4 sich bei Ausfall ersetzen können oder wenn die Elemente 3 und 4 ausgefallen sind ggf. das Teilseriensystem aus 5 und 6 die Aufgabe übernehmen kann.

Modellstrukturen für die Zuverlässigkeitsberechnung sind logische Strukturen, die von der Überlegung Redundanz oder Nichtredundanz ausgehen. Das Problem liegt in der Festlegung der Modellstruktur, die oft nicht identisch ist mit den stofflichen und energetischen Kopplungen. Ein Werkzeug zur Ermittlung der Zuverlässigkeitsstruktur ist z. B. die Fehlerbaumanalyse FTA. Ansätze zu weiteren Methoden der Systemzuverlässigkeit werden z. B. in [2] abgehandelt. Es wird auf die Beispiele 12, 13 und 14 des Abschnitts 8 verwiesen.

Abb. 4.32 Reduktion komplexer Systeme

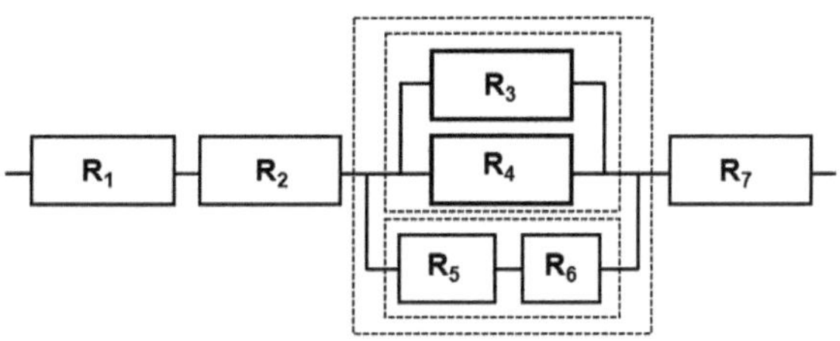

4.5.4 Mehrfache Schädigung

Unter „Mehrfacher Schädigung“ soll das gleichzeitige Fortschreiten mehrerer Schädigungen am Element oder an einer Baugruppe verstanden werden, wobei eine gegenseitige Beeinflussung der einzelnen Schädigungsvorgänge ausgeschlossen werden soll.

Die Vorgehensweise wird zweckmäßig an konkreten Sachverhalten dargestellt. Der Zahn eines Zahnrades kann bekanntlich sowohl an der Zahnflanke durch Pittingbildung als auch am Zahnfuß durch Bruch ausfallen (s. Abb. 4.33). Beide Schädigungen sind der Schädigungsart „Ermüdung“ zuzurechnen und sie entstehen ohne gegenseitige Beeinflussung. Bei der Auslegung durch Berechnung einer „Sicherheit“ wird für jede der beiden Schädigungen eine völlig getrennte Auslegung vorgenommen. Die Auslegung auf der Basis von „Lebensdauer und Zuverlässigkeit“ ermöglicht eine Verknüpfung beider Schädigungen.

Wird davon ausgegangen, dass sowohl der Zahnfußbruch als auch die Pittingbildung an der Zahnflanke zum Ausfall des Getriebes führen (hier sei vernachlässigt, dass Pittingbildung in der Praxis teilweise toleriert wird), so liegt der Fall des „nichtredundanten Systems“ vor und die berechneten Einzelzuverlässigkeiten $R_1(x)$ und $R_2(x)$ sind durch das Produktgesetz nach Gl. 4.60 zu verknüpfen (vgl. Abb. 4.33). Die allgemeine Lebensdauervariable x wird hier mit Betriebszeit beschrieben.

$$R_{ges.}(x) = R_1(x) \cdot R_2(x). \tag{4.65}$$

Die Betrachtungsweise ermöglicht die Aussage, mit welcher Wahrscheinlichkeit das Versagen durch die eine oder andere Schädigung eintritt sowie mit welcher Gesamtwahrscheinlichkeit das Bauteil ausfällt.

Auch unterschiedliche Schädigungsarten lassen sich auf diesem Wege verknüpfen. So lässt sich z. B. die Ausfallwahrscheinlichkeit einer Verstellpropellernabe infolge Ermüdung, Verschleiß und/oder Korrosion abschätzen. Es gilt allgemein.

$$F_{ges.}(x) = 1 - R_{Erm.}(x) \cdot R_{Verschl.}(x) \cdot R_{Korr.}(x). \tag{4.66}$$

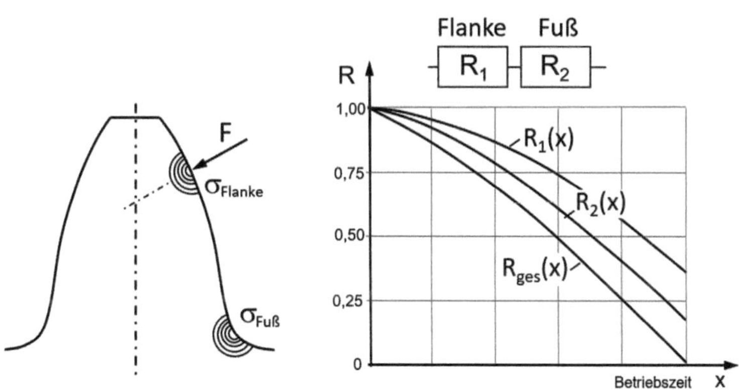

Abb. 4.33 Mehrfachschädigung am Beispiel der Verzahnung

Anhang

Tafeln IV Verteilungsfunktionen.

Tafel IV.1.1 Gaußverteilung, Formeln und Schätzer

Dichtefunktion	$f(x) = \frac{1}{\sigma\sqrt{2\pi}} \cdot e^{-\frac{(x-\mu)^2}{2\sigma^2}}$
Ausfallwahrscheinlichkeit	$F(x) = \frac{1}{\sigma\sqrt{2\pi}} \int_{-\infty}^{x} e^{-\frac{(x-\mu)^2}{2\sigma^2}} dx$
Zuverlässigkeit	$R(x) = \frac{1}{\sigma\sqrt{2\pi}} \int_{x}^{+\infty} e^{-\frac{(x-\mu)^2}{2\sigma^2}} dx$
	mit μ Mittelwert σ Standardabweichung
Ausfallrate	$\lambda(x) = \frac{f(x)}{R(x)}$

Schätzer F(x) für das Gauß-Wahrscheinlichkeitspapier

$$\mathbf{F(x)} = \frac{\mathbf{3 \cdot i - 1}}{\mathbf{3 \cdot n + 1}}$$

	n															
i	6	7	8	9	10	11	12	13	14	15	16	17	18	19	20	i
1	0,1053	0,0909	0,0800	0,0714	0,0645	0,0588	0,0541	0,0500	0,0465	0,0435	0,0408	0,0385	0,0364	0,0345	0,0328	1
2	0,2632	0,2273	0,2000	0,1786	0,1613	0,1471	0,1351	0,1250	0,1163	0,1087	0,1020	0,0962	0,0909	0,0862	0,0820	2
3	0,4211	0,3636	0,3200	0,2857	0,2581	0,2353	0,2162	0,2000	0,1860	0,1739	0,1633	0,1538	0,1455	0,1379	0,1311	3
4	0,5789	0,5000	0,4400	0,3929	0,3548	0,3235	0,2973	0,2750	0,2558	0,2391	0,2245	0,2115	0,2000	0,1897	0,1803	4
5	0,7368	0,6364	0,5600	0,5000	0,4516	0,4118	0,3790	0,3500	0,3256	0,3043	0,2857	0,2692	0,2545	0,2414	0,2295	5
6	0,8947	0,7727	0,6800	0,6071	0,5484	0,5000	0,4595	0,4250	0,3953	0,3696	0,3469	0,3269	0,3091	0,2931	0,2787	6
7		0,9091	0,8000	0,7143	0,6452	0,5882	0,5405	0,5000	0,4651	0,4348	0,4082	0,3846	0,3636	0,3448	0,3279	7
8			0,9200	0,8214	0,7419	0,6765	0,6216	0,5750	0,5349	0,5000	0,4694	0,4423	0,4182	0,3966	0,3770	8
9				0,9286	0,8387	0,7647	0,7027	0,6500	0,6047	0,5652	0,5306	0,5000	0,4727	0,4483	0,4262	9
10					0,9355	0,8529	0,7838	0,7250	0,6744	0,6304	0,5918	0,5577	0,5273	0,5000	0,4754	10
11						0,9412	0,8649	0,8000	0,7442	0,6957	0,6531	0,6154	0,5818	0,5517	0,5246	11
12							0,9459	0,8750	0,8140	0,7609	0,7143	0,6731	0,6364	0,6034	0,5738	12
13								0,9500	0,8837	0,8261	0,7755	0,7308	0,6909	0,6552	0,6230	13
14									0,9535	0,8913	0,8367	0,7885	0,7455	0,7069	0,6721	14
15										0,9565	0,8980	0,8462	0,8000	0,7586	0,7213	15
16											0,9592	0,9038	0,8545	0,8103	0,7705	16
17												0,9615	0,9091	0,8621	0,8197	17
18													0,9636	0,9138	0,8689	18
19														0,9655	0,9180	19
20															0,9672	20

Tab. IV.1.2 „Wahrscheinlichkeitspapier" für die Gauß-Verteilung.

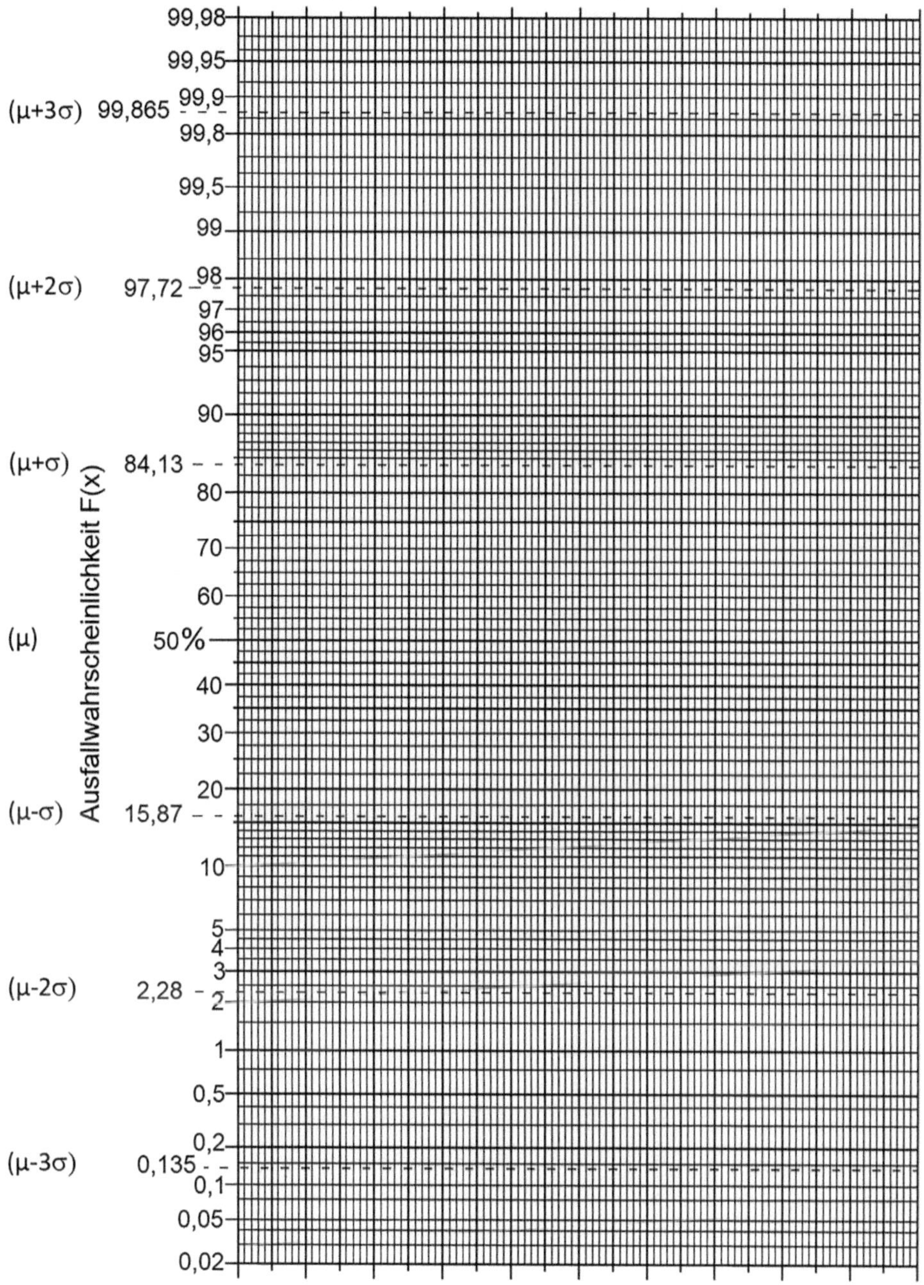

Tafel IV.1.3 Φ(z) und R(x) für die Standardnormalverteilung (0,1-Verteilung).

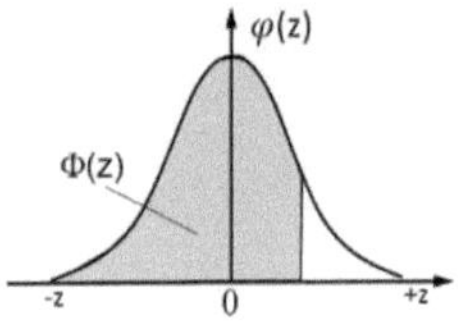

$$x \rightarrow z \rightarrow \Phi(z) \rightarrow \mathrm{R}(x)$$

$$z = \frac{x - \mu}{\sigma}$$

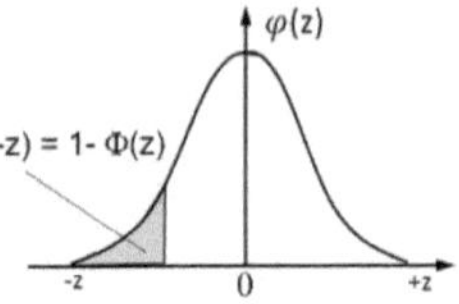

$$\Phi(-z) = 1 - \Phi(z)$$

$$\mathbf{R(x)} = 1 - \mathbf{\Phi(z)} \qquad \text{bei } z \geq 0$$

$$\mathbf{R(x)} = 1 - \mathbf{\Phi(-z)} = \mathbf{\Phi(z)} \qquad \text{bei } z < 0.$$

Φ(**z**)-Wertetabelle

z	0	1	2	3	4	5	6	7	8	9
0,0	**0,5000**	0,5040	0,5080	0,5120	0,5160	0,5199	0,5239	0,5279	0,5319	0,5359
0,1	0,5398	0,5438	0,5478	0,5517	0,5557	0,5596	0,5636	0,5675	0,5714	0,5753
0,2	0,5793	0,5832	0,5871	0,5910	0,5948	0,5987	0,6026	0,6064	0,6103	0,6141
0,3	0,6179	0,6217	0,6255	0,6293	0,6331	0,6368	0,6406	0,6443	0,6480	0,6517
0,4	0,6554	0,6591	0,6628	0,6664	0,6700	0,6736	0,6772	0,6808	0,6844	0,6879
0,5	0,6915	0,6950	0,6985	0,7019	0,7054	0,7088	0,7123	0,7157	0,7190	0,7224
0,6	0,7257	0,7291	0,7324	0,7357	0,7389	0,7422	0,7454	0,7486	0,7517	0,7549
0,7	0,7580	0,7611	0,7642	0,7673	0,7704	0,7734	0,7764	0,7794	0,7823	0,7852
0,8	0,7881	0,7910	0,7939	0,7967	0,7995	0,8023	0,8051	0,8078	0,8106	0,8133
0,9	0,8159	0,8186	0,8212	0,8238	0,8264	0,8289	0,8315	0,8340	0,8365	0,8389
1,0	**0,8413**	0,8438	0,8461	0,8485	0,8508	0,8531	0,8554	0,8577	0,8599	0,8621
1,1	0,8643	0,8665	0,8686	0,8708	0,8729	0,8749	0,8770	0,8790	0,8810	0,8830
1,2	0,8849	0,8869	0,8888	0,8907	0,8925	0,8944	0,8962	0,8980	0,8997	0,9015
1,3	0,9032	0,9049	0,9066	0,9082	0,9099	0,9115	0,9131	0,9147	0,9162	0,9177
1,4	0,9192	0,9207	0,9222	0,9236	0,9251	0,9265	0,9279	0,9292	0,9306	0,9319
1,5	0,9332	0,9345	0,9357	0,9370	0,9382	0,9394	0,9406	0,9418	0,9429	0,9441
1,6	0,9452	0,9463	0,9474	0,9484	0,9495	0,9505	0,9515	0,9525	0,9535	0,9545
1,7	0,9554	0,9564	0,9573	0,9582	0,9591	0,9599	0,9608	0,9616	0,9625	0,9633
1,8	0,9641	0,9649	0,9656	0,9664	0,9671	0,9678	0,9686	0,9693	0,9699	0,9706
1,9	0,9713	0,9719	0,9726	0,9732	0,9738	0,9744	0,9750	0,9756	0,9761	0,9767
2,0	**0,9772**	0,9778	0,9783	0,9788	0,9793	0,9798	0,9803	0,9808	0,9812	0,9817
2,1	0,9821	0,9826	0,9830	0,9834	0,9838	0,9842	0,9846	0,9850	0,9854	0,9857
2,2	0,9861	0,9864	0,9868	0,9871	0,9875	0,9878	0,9881	0,9884	0,9887	0,9890

z	0	1	2	3	4	5	6	7	8	9
2,3	0,9893	0,9896	0,9898	0,9901	0,9904	0,9906	0,9909	0,9911	0,9913	0,9916
2,4	0,9918	0,9920	0,9922	0,9925	0,9927	0,9929	0,9931	0,9932	0,9934	0,9936
2,5	0,9938	0,9940	0,9941	0,9943	0,9945	0,9946	0,9948	0,9949	0,9951	0,9952
2,6	0,9953	0,9955	0,9956	0,9957	0,9959	0,9960	0,9961	0,9962	0,9963	0,9964
2,7	0,9965	0,9966	0,9967	0,9968	0,9969	0,9970	0,9971	0,9972	0,9973	0,9974
2,8	0,9974	0,9975	0,9976	0,9977	0,9977	0,9978	0,9979	0,9979	0,9980	0,9981
2,9	0,9981	0,9982	0,9982	0,9983	0,9984	0,9984	0,9985	0,9985	0,9986	0,9986
3,0	**0,9987**	0,9987	0,9987	0,9988	0,9988	0,9989	0,9989	0,9989	0,9990	0,9990

Tafel IV.2.1 Weibullverteilung, Formeln und Schätzer

Dichtefunktion	$f(x) = \frac{\beta}{T} \cdot \left(\frac{x}{T}\right)^{\beta-1} \cdot e^{-\left(\frac{x}{T}\right)^{\beta}}$
Ausfallwahrscheinlichkeit	$F(x) = 1 - e^{-\left(\frac{x}{T}\right)^{\beta}}$
Zuverlässigkeit	$R(x) = e^{-\left(\frac{x}{T}\right)^{\beta}}$
Lebensdauer	mit T charakteristische F(T) = 63,2% β Ausfallsteilheit
Ausfallrate	$\lambda(x) = \left(\frac{\beta}{T}\right) \cdot \left(\frac{x}{T}\right)^{\beta-1}$

Schätzer F(x) für das Weibull-Wahrscheinlichkeitspapier

$$F(x) = \frac{i - 0,3}{n + 0,4}$$

	n															
i	6	7	8	9	10	11	12	13	14	15	16	17	18	19	20	i
1	0,1094	0,0946	0,0833	0,0745	0,0673	0,0614	0,0565	0,0522	0,0486	0,0455	0,0427	0,0402	0,0380	0,0361	0,0343	1
2	0,2656	0,2297	0,2024	0,1809	0,1635	0,1491	0,1371	0,1269	0,1181	0,1104	0,1037	0,0977	0,0924	0,0876	0,0833	2
3	0,4219	0,3649	0,3214	0,2872	0,2596	0,2368	0,2177	0,2015	0,1875	0,1753	0,1646	0,1552	0,1467	0,1392	0,1324	3
4	0,5781	0,5000	0,4405	0,3936	0,3558	0,3246	0,2984	0,2761	0,2569	0,2403	0,2256	0,2126	0,2011	0,1907	0,1814	4
5	0,7344	0,6351	0,5595	0,5000	0,4519	0,4123	0,3790	0,3507	0,3264	0,3052	0,2866	0,2701	0,2554	0,2423	0,2304	5
6	0,8906	0,7703	0,6786	0,6064	0,5481	0,5000	0,497	0,4254	0,3958	0,3701	0,3476	0,3276	0,3098	0,2938	0,2794	6
7		0,9054	0,7976	0,7128	0,6442	0,5877	0,5403	0,5000	0,4653	0,4351	0,4085	0,3851	0,3641	0,3454	0,3284	7
8			0,9167	0,8191	0,7404	0,6754	0,6210	0,5746	0,5347	0,5000	0,4695	0,4425	0,4185	0,3969	0,3775	8
9				0,9255	0,8365	0,7632	0,7016	0,6493	0,6042	0,5649	0,5305	0,5000	0,4728	0,4485	0,4265	9
10					0,9327	0,8509	0,7823	0,7239	0,6736	0,6299	0,5915	0,5575	0,5272	0,5000	0,4755	10
11						0,9386	0,8629	0,7985	0,7431	0,6948	0,6524	0,6149	0,5815	0,5515	0,5245	11
12							0,9435	0,8731	0,8125	0,7597	0,7134	0,6724	0,6359	0,6031	0,5735	12
13								0,9478	0,8819	0,8247	0,7744	0,7299	0,6902	0,6546	0,6225	13
14									0,9514	0,8896	0,8354	0,7874	0,7446	0,7062	0,6716	14
15										0,9545	0,8963	0,8448	0,7989	0,7577	0,7206	15
16											0,9573	0,9023	0,8533	0,8093	0,7696	16
17												0,9598	0,9076	0,8608	0,8186	17
18													0,9620	0,9124	0,8676	18
19														0,9639	0,9167	19
20															0,9657	20

Tafel IV.2.2 „Wahrscheinlichkeitspapier" für die Weibullverteilung.

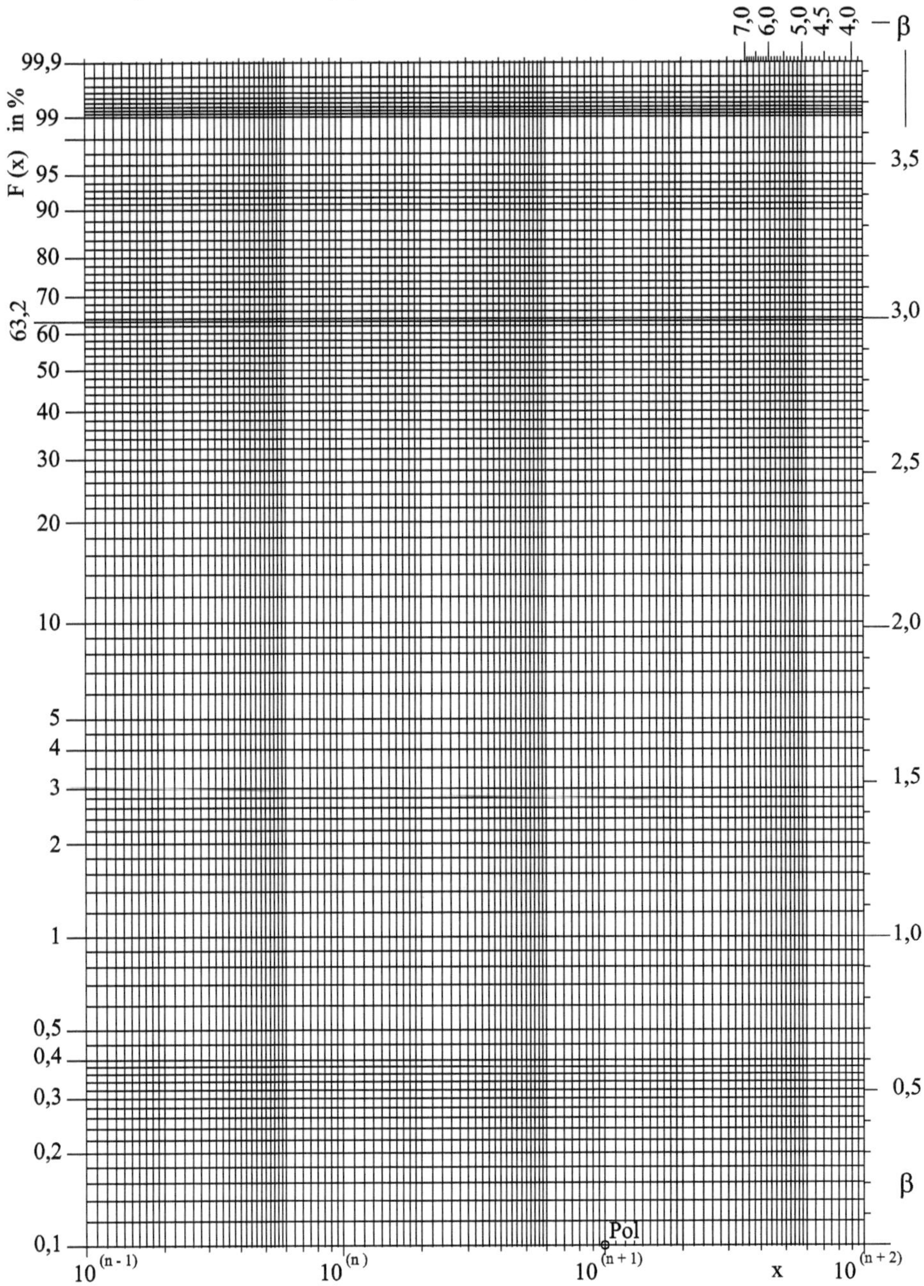

Tafel IV.2.3 Weibull-Wahrscheinlichkeitspapier, Parameterbestimmung

Bestimmung von T bzw. α

Wegen $F(T) = 1 - e^{-(1)^\beta} = 1 - e^{-1}$ gilt immer $F(T) = 0{,}632 \hat{=} 63{,}2\,\%$ und damit $\alpha = \frac{1}{T}$ für den Schnittpunkt der Geraden mit der 63,2 %-Linie.

Bestimmung von β

Da ß den Anstieg der Geraden bestimmt, kann ß direkt durch Parallelverschiebung der Geraden in den Pol und Ablesung am Nomogramm für ß bestimmt werden.

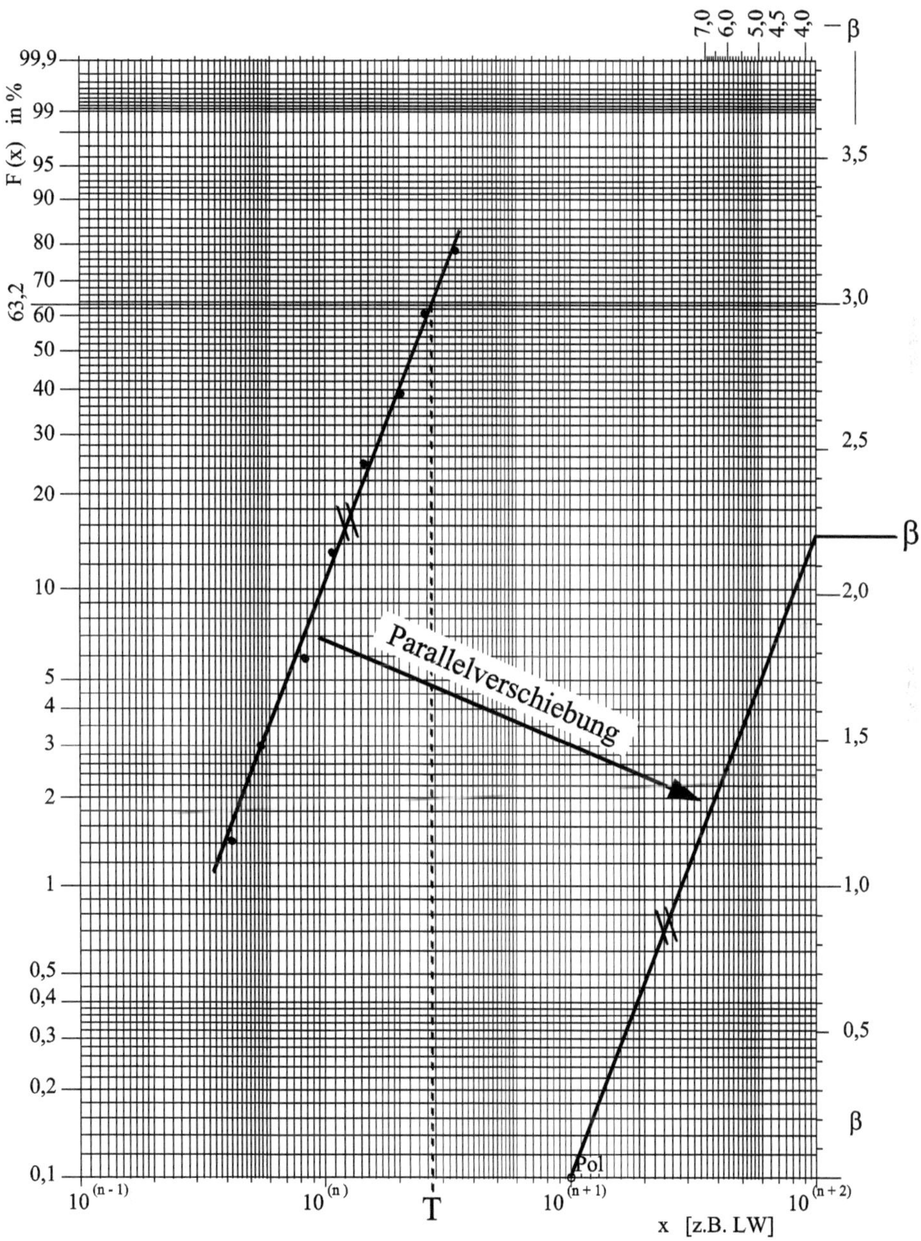

Tafel IV.2.4 Regressionsanalyse der Weibull-Verteilung

Linearisierte Weibull-Gleichung	$ln(-ln(1-F(x))) = ß\ ln\ x - ß\ ln\ T$
Regressionsgleichung	$ln\left(-ln\left(1-\widehat{F}(\widehat{x})\right)\right) = b_x \cdot ln\,\widehat{x} + a_x$
Entsprechung	$\beta = b_x \qquad a_X = -\beta \cdot ln\ T$
Regressionskoeffizient a_x	$a_x = \overline{y} - b_x \cdot \overline{x}$
mit	$\overline{y} = \frac{\sum_{i=1}^{n} \ln(-\ln(1-F(x_i)))}{n}$
und	$\overline{x} = \frac{\sum_{i=1}^{n} \ln x_i}{n}$

Regressionskoeffizient b_x

$$b_x == \frac{\sum_{i=1}^{n} [(\ln x_i - \overline{x}) \cdot (\ln(-\ln(1-F(x_i))) - \overline{y})]}{\sum_{i=1}^{n} (\ln x_i - \overline{x})^2}$$

$$\boldsymbol{R(x) = e^{-\left(\frac{x}{T}\right)^{ß}}}$$
mit
$$\boldsymbol{\beta = b_x \qquad T = e^{-\frac{a_x}{b_x}}}$$

Tafel IV.2.5 Bestimmungsgleichungen häufig verwendeter charakteristischer Kenngrößen für die Weibullverteilung (mit $x_n = x_{0,9}$ $x_m = x_{0,5}$ $T_x = x_{0,1}/x_{0,9}$)

Bestimmung von …	**aus …**	**mit …**
Formparameter **β**	$\mathbf{T_x, x_{0,1}, x_n}$	$\beta \approx \frac{3{,}084}{ln\ T_x} = \frac{3{,}084}{ln\ x_{0,1} - ln\ x_n}$
Formparameter **β**	$\mathbf{x_m, x_n}$	$\beta \approx \frac{1{,}884}{ln\ x_m - ln\ x_n}$
Formparameter **β**	$\mathbf{T, x_n}$	$\beta \approx \frac{2{,}25}{ln\ T - ln\ x_n}$
charakt. Lebensdauer **T**	$\mathbf{\beta, x_m}$	$T \approx \sqrt[\beta]{1{,}443} \cdot x_m$
charakt. Lebensdauer **T**	$\mathbf{\beta, x_n}$	$T \approx \sqrt[\beta]{9{,}491} \cdot x_n$
charakt. Lebensdauer **T**	$\mathbf{T_x, x_n}$	$T \approx T_x^{0{,}73} \cdot x_n$
Reziprokewert von T **α**	$\mathbf{B, x_n}$	$\alpha \approx \sqrt[\beta]{0{,}1053} \cdot x_n^{-1}$
Median $\mathbf{x_m}$	$\mathbf{T_x, x_n}$	$x_m = x_{0,5} \approx T_x^{0{,}611} \cdot x_n$
Median $\mathbf{x_m}$	**ß,T**	$x_m = x_{0,5} \approx \sqrt[\beta]{0{,}693} \cdot T$
Median $\mathbf{x_m}$	$\mathbf{ß, x_n}$	$x_m = x_{0,5} \approx \sqrt[\beta]{6{,}579} \cdot x_n$
nominelle Lebensdauer $\mathbf{x_n}$	$\mathbf{ß, x_m}$	$x_n \approx \sqrt[\beta]{0{,}152} \cdot x_m$
nominelle Lebensdauer $\mathbf{x_n}$	**ß, T**	$x_n \approx \sqrt[\beta]{0{,}105} \cdot T$
Streuspanne $\mathbf{T_x}$	**ß**	$T_x \approx \sqrt[\beta]{21{,}854}$
Modalwert $\mathbf{x_{modal}}$	**ß, T**	$x_{modal} = \sqrt[\beta]{1 - \frac{1}{ß}} \cdot T$

Tafel IV.3 Vergleich Gauß – Weibull ($\mu = 1$; $T = 1$)

Gauß-Verteilung **Weibull-Verteilung**

Dichtefunktionen (f(x)

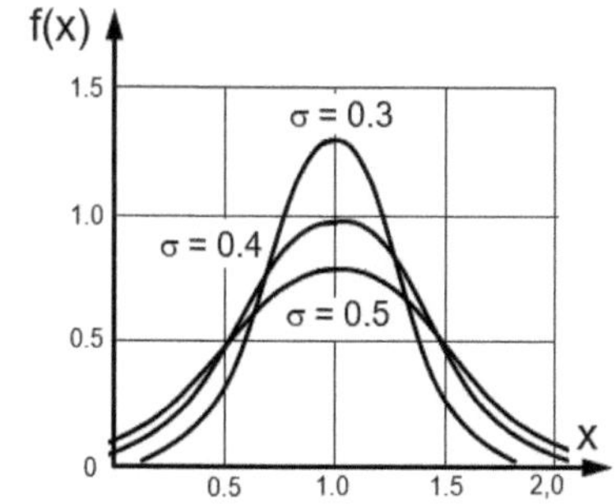

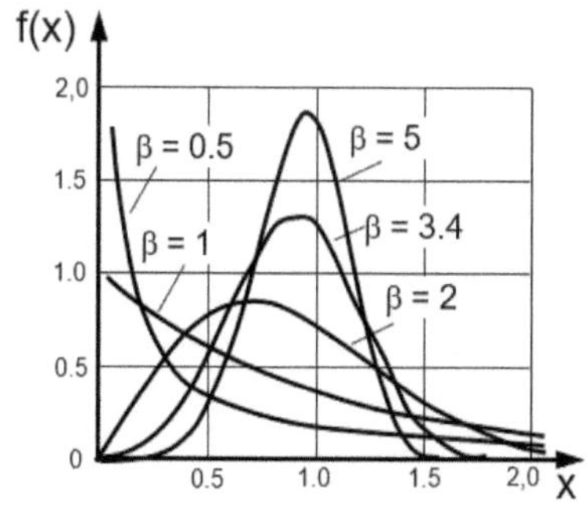

Zuverlässigkeit R(x)

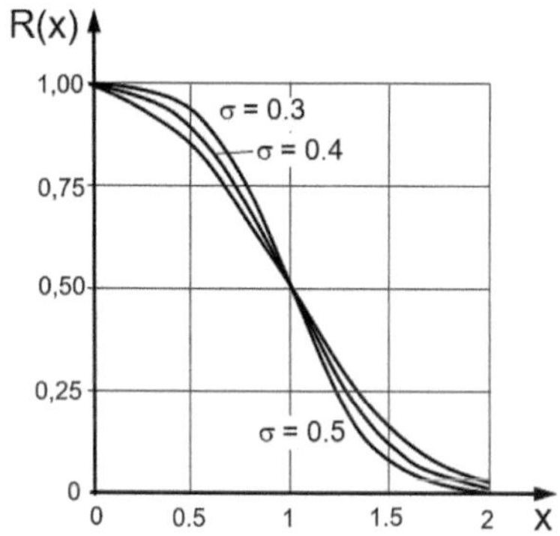

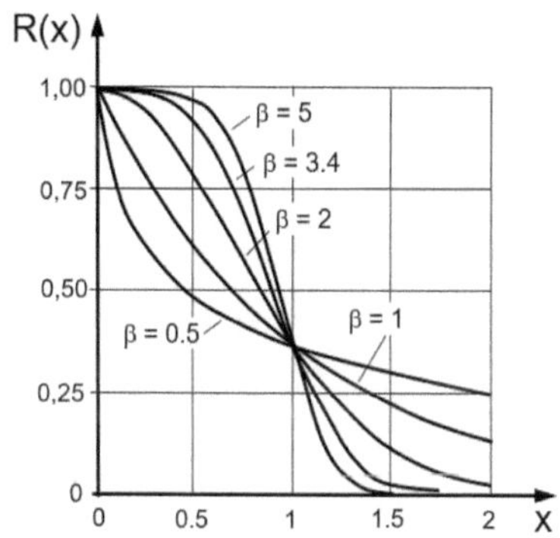

Ausfallrate λ(x)

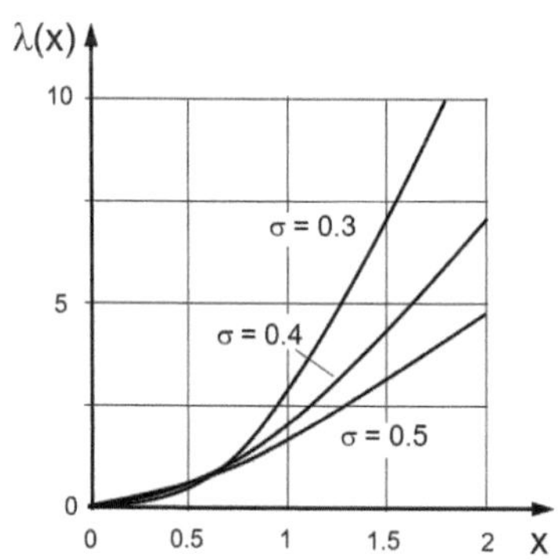

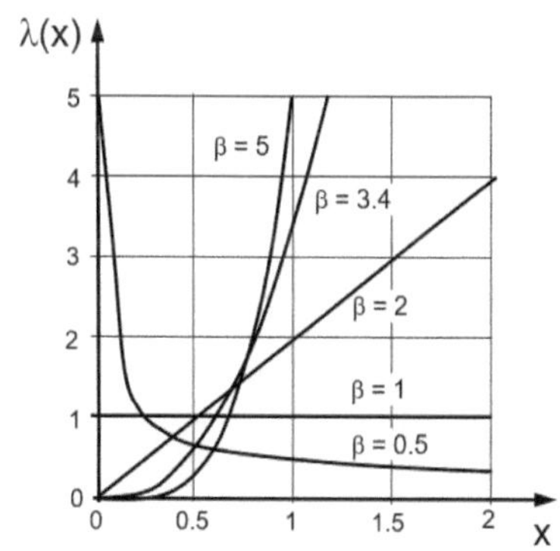

Quellen und weiterführende Literatur

1. Beichelt, F.: Zuverlässigkeits- und Instandhaltungstheorie. Teubner, Stuttgart, 1993.
2. Bertsche, B., Lechner, G.: Zuverlässigkeit im Fahrzeug- und Maschinen-bau. Ermittlung von Bauteil- und Systemzuverlässigkeiten. (VDI-Buch) Springer, Berlin, Heidelberg New York, 3. Auflage, 2004.
3. Bertsche, B.; Dazer, M: Zuverlässigkeit im Fahrzeug- und Maschinenbau: Ermittlung von Bauteil- und Systemzuverlässigkeiten, Springer Verlag. 2023.
4. Ebeding, S.; Hock, B.: Zuverlässigkeit und Verfügbarkeit technischer Systeme: Eine Einführung in die Praxis, Springer Verlag, 2014
5. Fleischer, G.; Gröger, H.; Thum, H.: Verschleiß und Zuverlässigkeit.
6. Haibach, E.: Betriebsfestigkeit – Verfahren und Daten zur Bauteilberechnung. Springer Verlag (VDI-Buch), 3. Auflage, 2006.
7. Linß, G.: Qualitätsmanagement für Ingenieure, Hanser Verlag, 2018.
8. Litz, L.: Wahrscheinlichkeitstheorie für Ingenieure. Hüthig Verlag Heidelberg, 2001
9. Schlottmann, Dietrich, u. a.: Konstruktionslehre – Grundlagen. Technik, Berlin, 1970.
10. Schlottmann, D.; Günther, E.: Der DMR-Verstellpropeller NN. Überlegungen zum Entwurf. In: Seewirtschaft 4: S. 293–298, 1970.
11. Schott, G. Werkstoffermüdung. Deutscher Verlag für Grundstoffindustrie, Leipzig, 1985.
12. Storm, R.: Wahrscheinlichkeitsrechnung mathematische Statistik und statistische Qualitätskontrolle, Fachbuchverlag Leipzig – Köln, 1995.
13. DIN 3990 Teil 1: Tragfähigkeitsberechnung von Stirnrädern; Einführung und allgemeine Einflußfaktoren, Beuth Verlag, 1987.
14. DIN 53804 Teil 1, Statistische Auswertungen, Messbare (kontinuierliche) Merkmale, Beuth Verlag, 1981.
15. DIN 55303-7: Statistische Auswertung von Daten. Schätz- und Testverfahren bei zweiparametriger Weibull-Verteilung. Beuth Verlag 1996.
16. DIN 65352 Verfahren zur statistischen Auswertung der Prüfergebnisse bei der Qualifikations- und Abnahmeprüfung von Faserverbundwerkstoffen. Beuth Verlag, 1987.
17. DIN EN ISO 12100: Sicherheit von Maschinen – Allgemeine Gestaltungsleitsätze – Risikobeurteilung und Risikominderung, Beuth Verlag, 2011.
18. DIN ISO 2859-1: Annahmestichprobenprüfung anhand der Anzahl fehlerhafter Einheiten oder Fehler (Attributprüfung), Beuth Verlag, 2014.
19. DIN ISO 3951: Verfahren für die Stichprobenprüfung anhand quantitativer Merkmale (Variablenprüfung), Beuth Verlag, 2015.

Berechnung der Lebensdauer bei nomineller und variabler Zuverlässigkeit

5

5.1 Klassische Lebensdauerberechnung bei nomineller Zuverlässigkeit

Für das Wälzlager, welches bzgl. des Schädigungsprozesses bereits ausführlich in Abschn. 3.5 dargestellt wurde, hat insbesondere Arvid Palmgren (1890–1971) die wesentlichen Grundlagen für die Lebensdauerberechnung 1924 entwickelt [16].

Nachdem fast alle Schädigungen durch Ermüdung dank der „Dauerfestigkeit" weiter mit Hilfe einer „Sicherheitszahl" ausgelegt werden konnten, musste für das Wälzlager wegen des Fehlens der Dauerfestigkeit infolge der komplexen Schädigung ein qualitativ neuer Weg beschritten werden – eben die Berechnung der Lebensdauer. Für den Lebensdauernachweis genügt es i. d. R. nachzuweisen, dass die mit dem gewählten Wälzlager erreichbare Lebensdauer $L_{vorh.}$ größer oder gleich der geforderten Lebensdauer $L_{erf.}$ ist.

$$L_{vorh.} \geq L_{erf.} \tag{5.1}$$

Klassisch folgen wir der Abb. 5.1. Die dynamische Tragzahl $C_{dyn.}$ ist die Belastung, bei der eine größere Anzahl gleicher Lager eine Lebensdauer von 10^6 Umdrehungen mit einer nominellen Wahrscheinlichkeit von 90 % ohne Ausfall erreicht und für verschiedene Wälzlager in Wälzlagerkatalogen eine vergleichende Größe für die Auswahl darstellt.

$C_{dyn.}$ ist hierbei eine Prüfbelastung, die im späteren praktischen Einsatz des Wälzlagers nicht wieder vorkommt und von der herstellenden Firma ermittelt wird. Der Wöhlerlinienexponent – bei Wälzlagern p – beträgt nach [8] $p = 3$ für Kugeln und $p = 10/3$ für längliche Wälzkörper mit Linienlast.

Durch Anwendung der im Abschn. 3.2 eingeführten Gl. 3.10 berechnen wir die erreichbare Lebensdauer, wie in Abschn. 3.4 Gl. 3.45 beschrieben, mit

D. Schlottmann und H. Schnegas, *Auslegung von Konstruktionselementen*,
https://doi.org/10.1007/978-3-662-69386-5_5

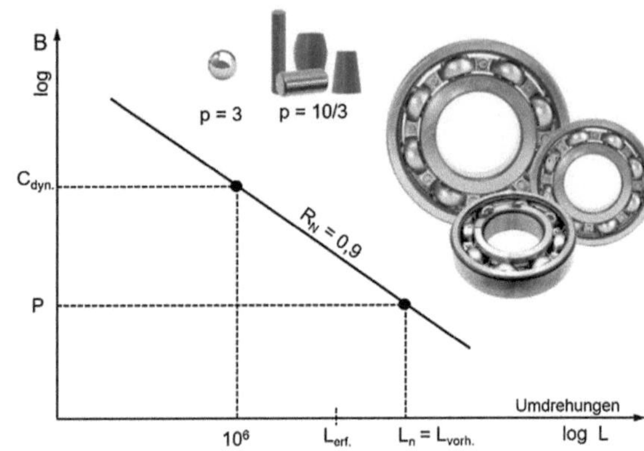

Abb. 5.1 Klassisches Lebensdauermodell für Wälzlager

$$L_{vorh.} = L_n = \left(\frac{C_{dyn.}}{P}\right)^p \cdot 10^6 \; Umdrehungen \tag{5.2}$$

und bei Kenntnis der vorliegenden Drehzahl n [in $\min^{-1}$] mit

$$L_{vorh.} = L_h = \frac{L_n}{n \cdot 60}[h] \tag{5.3}$$

in Betriebsstunden. Die mit dem gewählten Lager erreichbare Lebensdauer $L_{vorh.}$ bezieht sich dabei auf eine nominelle Lebensdauer, die im Fall der Wälzlager einer Zuverlässigkeit von R = 90 % entspricht. Vorschläge für die erforderliche Lebensdauer $L_{erf.}$ sind in der Tafel V.1 des Anhanges zusammengestellt.

Im Rahmen der Entwicklung der Betriebsfestigkeit wurden in der Folgezeit in Analogie zum charakteristischen Wertepaar C_{dyn} und 10^6 Umdrehungen bei Wälzlagern, für Führungen, Zahnräder, Wellen, Schweißverbindungen u. a. spezifische Normpunkte definiert. Eine Auswahl zeigt im Kap. 3 die Tafel III.2.1.

Die wesentlichen Grundelemente dieser Lebensdauerberechnung, die auch später von der Betriebsfestigkeitslehre übernommen wurden, bestehen in der Approximation des Zusammenhanges zwischen Lebensdauer x und Belastung B in Form der Gl. 3.5 oder in der allgemeinen Schreibweise nach Gl. 3.10 (vgl. Kap. 3) und der noch abzuleitenden Schadensakkumulationshypothese sowie der daraus entwickelten sog. Äquivalenzbelastung. Angewendet werden zur Bestimmung der Lebensdauerkurve das Perlschnurverfahren (Abb. 5.2a) und vor allem das 2 Horizontenverfahren (Abb. 5.2b), die in den folgenden Abschnitten näher beschrieben werden sollen.

5.1.1 Lebensdauerberechnung und Perlschnurverfahren

Folgen wir der Modellvorstellung nach Abb. 5.2a ergibt sich die Lebensdauer x für eine bestimmte Belastung B durch Umstellung des mathematischen Ansatzes aus Gl. 3.5 mit $B^a \cdot x = C$ (s. Kap. 3) mit der Gleichung

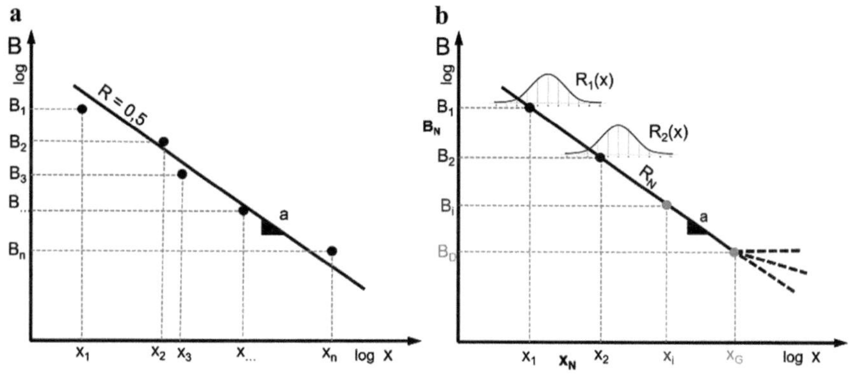

Abb. 5.2 Lebensdauermodelle **a** Perlschnurverfahren **b** 2-Horizontenverfahren

$$x = \frac{C}{B^a} \text{ bzw. } \boxed{\boldsymbol{x = C \cdot B^{-a}}.} \tag{5.4}$$

Diese Gleichung ist auch als ***Basquin'sche Gleichung*** (O.H. Basquin 1910, s. [1]) in der Literatur aufgeführt. Zur Berechnung der Lebensdauer x muss der als „Wöhler-Exponent" bezeichnete Wert a und die Konstante C bekannt sein.

Liegen Wertepaare [x_i, B_i] aus mehrstufigen Lebensdauerversuchen vor, bei denen nur jeweils ein Versuch je Belastungshorizont durchgeführt worden ist (Perlschnurverfahren s. Abb. 5.2a), können die Parameter a und C mittels Regressionsanalyse nach der Methode der kleinsten Fehlerquadrate bestimmt werden. Dazu wird durch Linearisierung von Gl. 5.4 die entstehende Gleichung

$$logx = logC \quad a \cdot logB, \tag{5.5}$$

mit der allgemeinen Regressionsgerade

$$\overline{y} = a_x + b_x \cdot \overline{x} \tag{5.6}$$

verglichen. Abgeleitet werden können für die Bestimmung von C und a die Zusammenhänge

$$\boldsymbol{C} = 10^{\boldsymbol{a_x}} \text{ und } \boldsymbol{a} = -\boldsymbol{b_x}. \tag{5.7}$$

Nach Anwendung der Regressionsanalyse gilt für den Parameter a_x

$$a_x = \overline{y} - b_x \cdot \overline{x} \tag{5.8}$$

und für b_x

$$b_x = \frac{\sum\limits_{i=1}^{n} \left[(\log\ B_i - \overline{x}) \cdot (\log\ x_i - \overline{y})\right]}{\sum\limits_{i=1}^{n} (\log B_i - \overline{x})^2} \tag{5.9}$$

mit

$$\overline{x} = \frac{\sum_{i=1}^{n} \log B_i}{n} \quad \text{bzw.} \quad \overline{y} = \frac{\sum_{i=1}^{n} \log x_i}{n}. \tag{5.10}$$

Das Ergebnis ist eine mediane Lebensdauerlinie, die stochastisch einer Überlebenswahrscheinlichkeit R = 50 % entspricht. Eine Beispielaufgabe zur Ermittlung der Basquin'schen Lebensdauergleichung ist im Kap. 8 zu finden *(Beispiel 4)*.

5.1.2 Lebensdauerberechnung und 2-Horizontenverfahren

Wird in der Gleichung $B^a \cdot x = C$ die Konstante C durch ein zweites Wertepaar ersetzt, erhalten wir die bereits vorgestellte Gleichung.

$$\boxed{x_i = \left(\frac{B_N}{B_i}\right)^a \cdot x_N.} \tag{5.11}$$

Diese Gleichung wird in der Literatur häufig als ***Wöhlerliniengleichung*** bezeichnet. Das Wertepaar B_N, x_N ist in dieser Gleichung ein Normpunkt, der aus der Betriebsfestigkeitslehre heraus bevorzugt der Dauerfestigkeits- bzw. Langzeitfestigkeitspunkt B_D, x_G sein sollte. Beispiele für B_N, x_N sind in der Tafel III.2.1 aufgelistet. Aus finanziellen und auch zeitlichen Gründen werden im Rahmen der konstruktiv-auslegenden Nutzung – wenn es jenseits von betriebsfestigkeitsspezifischen Untersuchungen z. B. um die Qualifizierung von Produkten geht – jedoch häufig Wertepaare, ähnlich des Wertepaares [$C_{dyn.}$, 10^6 Umdrehungen] verwendet. Mit Belastungen, höher als die im normalen Betrieb zu erwartenden, lassen sich so nützliche Zeitraffungen erreichen. Ein Nachteil ist in diesem Fall das Verlieren möglicher Informationen über das Dauer- oder Langfestigkeitsverhalten, was gegenüber der Auslegung sicherer Produkte aber keine gefährlichen Auswirkungen hat, da eine worst-case Betrachtung eine gewisse zusätzliche Sicherheit schafft. Sollen Produkte kosten- und ressourceneffizient optimiert und mit Blick auf eine mögliche Lang- oder Dauerfestigkeit verwendet werden, ist eine Ermittlung dieses speziellen Punktes jedoch unerlässlich.

Folgen wir den genannten Hintergründen, lässt sich in Bezug auf Abb. 5.3 der folgende mathematische Zusammenhang darstellen

$$B_1^a \cdot x_1 = B_2^a \cdot x_2 = B_D^a \cdot x_G = B_i^a \cdot x_i = const. \tag{5.12}$$

Der Wöhlerlinienexponent a kann wie bereits beschrieben aus zwei bekannten Wertepaaren berechnet werden.

$$a = \frac{log\ x_2 - log\ x_1}{log\ B_1 - log\ B_2} \ \text{bzw.}\ a = \frac{log\ x_1 - log\ x_2}{log\ B_2 - log\ B_1} \tag{5.13}$$

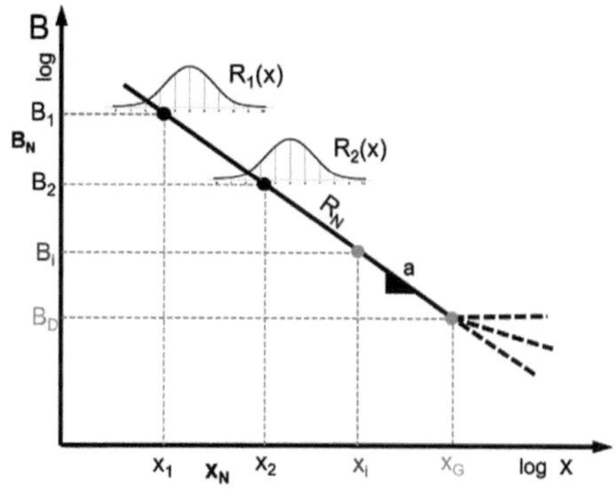

Abb. 5.3 Lebensdauermodell 2-Horizontenverfahren

Anstatt $[B_1,x_1]$ oder $[B_2,x_2]$ kann auch $[B_D, x_G]$ verwendet werden. In jedem Fall muss schlussendlich eines dieser drei Wertepaare als Normpunkt B_N, x_N festgelegt und in der Wöhlerliniengleichung 5.11 verwendet werden.

Die Wertepaare sind das Ergebnis der statistischen Auswertung von Lebensdauerwerten auf zwei Belastungshorizonten. Werte gleicher Zuverlässigkeit R liefern die Wertepaare, die dann zur benötigten Lebensdauerlinie verbunden werden (s. z. B. Abschn. 3.1 Abb. 3.4, 3.10, 3.11) Die Ermittlung von Wertpaaren variabler Zuverlässigkeit ist Bestandteil von Abschn. 5.3.1 und 5.3.2.

Abschließend soll noch auf den Sachverhalt verwiesen werden, dass bei der klassischen Lebensdauerberechnung im Wöhlerdiagramm die mathematische Gleichung nicht mit der graphischen Darstellung übereinstimmt. Entgegen des mathematischen Ansatzes, dass die Lebensdauer x eine Funktion der Belastung B ist, sind traditionell die Lebensdauern x auf der Abszisse abgetragen. Dieses ist mit großer Wahrscheinlichkeit auf die angenehmere Betrachtungsweise des Anwenders zurückzuführen, der eine Belastung auf der Ordinate auswählt und dann in Analogie zur zeitlich „horizontal" voranschreitenden Lastspielzahl die erreichbare Lebensdauer auf der Abszisse ablesen kann.

5.2 Lebensdauerberechnung bei Kollektivbeanspruchung

Während die meisten dynamischen Beanspruchungen als sinusförmige Dauerbeanspruchung mit schwellenden oder wechselnden Amplitudenverlauf angesehen werden können und im Regelfall die Wöhlerlinien für Bauteile bzw. Probekörper mittels Pulsator bei periodisch schwingenden Beanspruchungsfolgen mit konstanter Amplitudenhöhe ermittelt werden, sind in der Praxis auch zeitlich zyklisch wiederkehrende Belastungsfolgen unterschiedlicher Amplitudenhöhe bzw. zeitlich regellose Belastungsfolgen mit stochastischer Amplitudenhöhe anzutreffen.

Sie sind z. B. typisch für das Zusammenwirken von Kraftfahrzeug und Fahrbahn, für das Schiff im Seegang oder für Bodenbearbeitungsgeräte in der Landtechnik. Stochastisch schwingende Beanspruchungsfunktionen sind i. d. R. das Ergebnis einer experimentellen Beanspruchungsermittlung in einem repräsentativen Beobachtungszeitintervall. Das Ergebnis einer solchen Messung ist in Abb. 5.4 schematisch dargestellt.

Um stochastische Belastungsfolgen der Lebensdauerberechnung zugänglich zu machen, müssen zunächst die regellosen Folgen in sogenannte Kollektive (s. Abb. 5.5) überführt werden.

Ein Kollektiv entsteht nach Klassierung der Beanspruchungen. Mit einer Auswertung im Amplitudenbereich folgen wir der Erkenntnis, dass als Schädigungsursache z. B. für Werkstoffermüdung das Schwingspiel anzusehen ist. Monotone Beanspruchungen werden in Folgen konstanter Beanspruchung überführt. Anwendung finden Ordnungen nach fallenden Beanspruchungen oder einem sogenannten genormten Kollektiv. Bei Normierung (s. Abb. 5.5b) werden die Beanspruchungsfunktion Gl. 5.14 und die Häufigkeitsfunktion Gl. 5.15 definiert.

$$y_B = \frac{B}{B_{max}} \tag{5.14}$$

$$\Phi = \frac{x}{x_{max}} \tag{5.15}$$

Abb. 5.4 Stochastische Beanspruchungsfolge

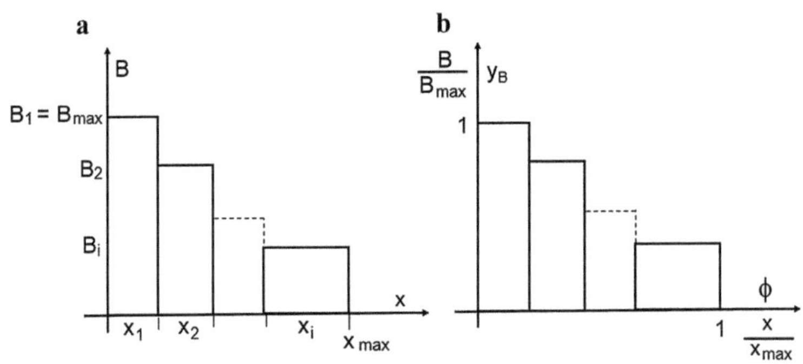

Abb. 5.5 Aufbereitung der Beanspruchungsfolgen zum Kollektiv. **a** Ordnung nach fallender Beanspruchung; **b** Normierte Ordnung

Auswertverfahren	
einparametrig	***zweiparametrig***
Spannenverfahren	Spannenmittelwertverfahren
Spitzenwertverfahren	Matrix-Verfahren
Klassendurchgangsverfahren	Rainflow-Verfahren
Spannenpaarverfahren	Verweildauerverfahren
	Verfahren der Amplitudentransformation

Abb. 5.6 Auswertverfahren für die Ermittlung von Spannungskollektiven

Besonders für die Häufigkeitsfunktion Φ ist es damit unerheblich, ob sie aus Zeit-, Weg- oder Lastspielvariablen gebildet wird. Die Größe x_{max} ist dabei identisch mit den Erfassungs- oder Beobachtungsintervallen bei der experimentellen Ermittlung des Kollektivs.

Für die eigentliche Auswertung hat die „Betriebsfestigkeit" eine Reihe von ein- bzw. zweiparametrigen Verfahren (s. Abb. 5.6) entwickelt [13].

Für eine Klassierung der Beanspruchung B ist z. B. das

- Spannen- oder Schwingweitenverfahren (Range Counting)
- Spitzenwertverfahren (Peak Counting)
- Klassendurchgangsverfahren (Level Crossing Counting)

wegen der sehr einfachen Anwendbarkeit üblich. Die Abb. 5.7a–c veranschaulicht grafisch diese drei Amplituden-Auswerteverfahren. Die Schwingweitenzählung nach Abb. 5.7a muss als einfachstes Auswerteverfahren angesehen werden. Sie vernachlässigt jedoch den Einfluss der Mittelspannung, der – wie an jedem Smith-Diagramm sichtbar wird – objektiv vorhanden ist.

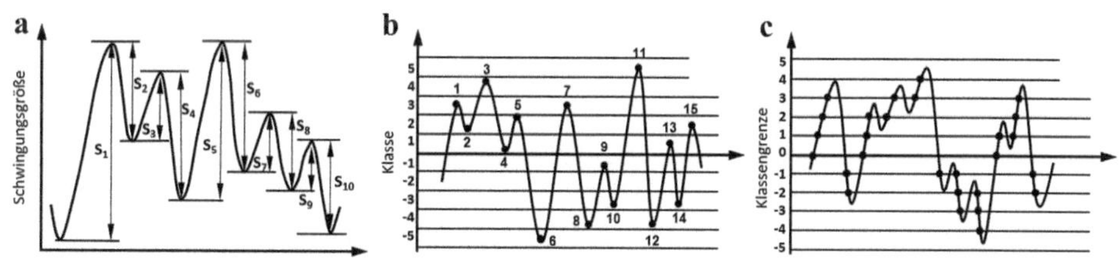

Abb. 5.7 Auswertverfahren. **a** Spannenverfahren; **b** Spitzenwertverfahren; **c** Klassendurchgangsverfahren

Für die Kollektivbildung aus stochastischen Beanspruchungskollektiven sind in der Betriebsfestigkeitslehre, wie in Abb. 5.6 dargestellt, eine Reihe weiterer, auch zweiparametrischer Zählverfahren entwickelt worden, die aus der Sicht einer Auslegungsrechnung im Konstruktionsprozess hier nicht relevant sind. In Tafel V.3 ist als Ergänzung schematisch die jeweilige Philosophie skizziert. Für eine konkrete Anwendung sei auf die Spezialliteratur (z. B. [3, 4, 9, 18]) verwiesen.

Nachdem die Wöhlerlinie eines Bauteils experimentell durch periodisch schwingende Belastungen, wir können auch sagen durch Rechteckkollektive ermittelt wurde und in einem repräsentativen Beobachtungszeitraum die real wirkenden Belastungen erfasst und zum Kollektiv transformiert wurden (s. Abb. 5.8), müssen für die Lebensdauerberechnung beide Datensätze nun miteinander verbunden werden.

Es ist die Leistung von Nils Arvid Palmgren (1890–1971), dieses Problem bereits 1924 mit einem genial einfachen Ansatz gelöst zu haben. Der Grundgedanke besteht darin, dass auf jedem Beanspruchungshorizont die Schädigung D linear fortschreitet und bei einem Horizont nach der Schädigungsdauer X mit der Wahrscheinlichkeit 1 – R zum Schaden führt.

Für die Schädigung D soll der Wertebereich D $\leq$ 1 gelten. Bei mehreren Horizonten kann jeweils nur eine Teilschädigung (vgl. Abb. 5.9) zugelassen werden. Die Teilschädigung definieren wir als

$$D_i = \frac{x_i}{X_i}, \tag{5.16}$$

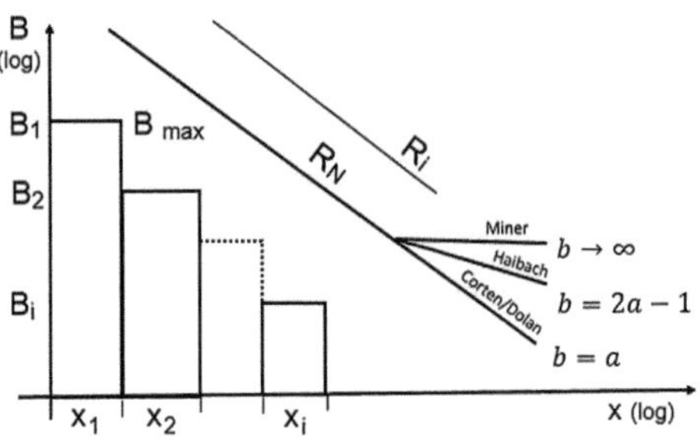

Abb. 5.8 Grundmodell Lebensdauerberechnung, Treppenkollektiv, Wöhlerlinie

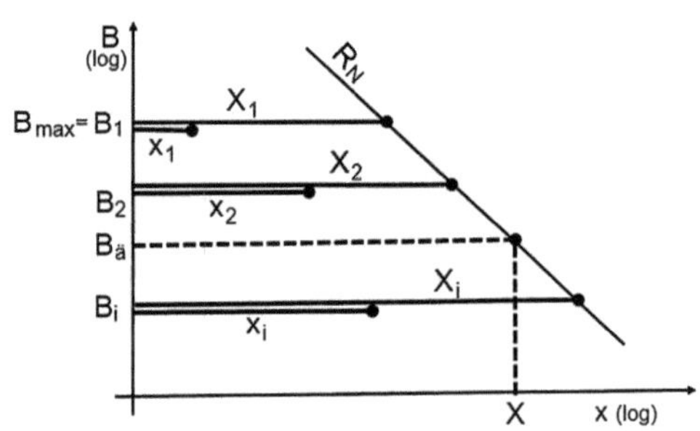

Abb. 5.9 Lebensdauer bei Kollektivbeanspruchung

d. h. der Schaden tritt dann bei

$$D = \sum D_i = \sum \frac{x_i}{X_i} = 1 \tag{5.17}$$

ein. Nun sind i. d. R. die tatsächlich zum Schaden führenden x_i nicht bekannt, wohl aber die x_i^* des beobachteten Beanspruchungskollektivs, wobei $x_i^* < x_i$ gilt. Führen wir einen Faktor α ein, so können wir schreiben

$$x_i^* = \alpha \cdot x_i \tag{5.18}$$

d. h. das Beobachtungskollektiv führt zu einer Teilschädigung

$$D^* = \sum \frac{x_i^*}{X_i} = \alpha. \tag{5.19}$$

Aus

$$X = \sum x_i = \frac{1}{\alpha} \cdot \sum x_i^*$$

folgt dann

$$X = \frac{\sum x_i^*}{\sum \frac{x_i^*}{X_i}} \tag{5.20}$$

und damit auch

$$X = \frac{\sum x_i}{\sum \frac{x_i}{X_i}}. \tag{5.21}$$

Gl. 5.21 ist die bekannte Lebensdauergleichung nach Palmgren, die später von Miner auf die Betriebsfestigkeitslehre übertragen wurde und heute allgemein als Schadensakkumulationshypothese in der Literatur aufgeführt wird.

Wird die bei konstantem Belastungshorizont B_i mit R_N zum Versagen führende Lebensdauer X_i aus Gl. 5.21 mit Gl. 5.11 ergänzt, erhalten wir für die Lebensdauerberechnung

$$X = \frac{\sum x_i}{\sum \frac{x_i}{X_N} \cdot \left(\frac{B_i}{B_N}\right)^a}. \tag{5.22}$$

In Bezug auf die unterschiedlichen Modelle (s. Abb. 5.8) werden bei der Original Miner Regel [15] nur Spannungsamplituden berücksichtigt, die oberhalb der Dauerfestigkeit liegen ($B_i > B_N$). Amplituden unterhalb der Dauerfestigkeit sollen keinen Einfluss auf den Schaden haben.

Nach dem Modell von Cortan/Dolan [5] – auch als Elementare Miner Regel benannt – wonach es bei vielen Bauteilen keinen Dauerfestigkeitsbereich gibt, werden alle Amplituden bei der Berechnung berücksichtigt. Anwendung findet dieses Modell auch, wenn aus Zeit- bzw. Kostengründen die experimentelle Ermittlung des Dauerfestigkeitspunktes nicht möglich ist.

Nachdem experimentelle Untersuchungen zeigten, dass die Original-Miner-Regel zu optimistische und die Elementare Miner Regel zu pessimistische Lebensdauern ergibt, wurde durch Haibach [9] unterhalb von B_N für die Wöhlerlinie der Exponent $b = 2a - 1$ definiert. Mit dieser Annahme wird Gl. 5.22 zu

$$X = \frac{\sum_{i=1}^{n} x_i}{\sum_{i=1}^{m} \frac{x_i}{X_N} \cdot \left(\frac{B_i}{B_N}\right)^a + \sum_{i=m+1}^{n} \frac{x_i}{X_N} \cdot \left(\frac{B_i}{B_N}\right)^{2a-1}}. \tag{5.23}$$

Für die Anwendung sei auf die *Beispiele 6 und 8* im Kap. 8 verwiesen.

Neuere Überlegungen greifen den Gedanken der Schadenslinie auf. Das in [9] entwickelt Konzept der Folgewöhlerlinien oder auch die in [2] vorgeschlagene Berücksichtigung des Sinkens der Dauerfestigkeit durch eine Ermüdungsvorgeschichte ermöglichen weitere Annäherungen an die realen Verhältnisse. Der Genauigkeitszuwachs rechtfertigt jedoch kaum den nicht unerheblichen Aufwand.

Für praktische Aufgaben sollte wegen der Vergleichbarkeit der Ergebnisse immer die gleiche Methode angewendet werden. Nach den Erfahrungen der Verfasser ist die klassische Palmgren–Miner-Formel mit dem von Haibach vorgeschlagenen Exponenten eine geeignete Anwendung.

5.2.1 Lebensdauerberechnung bei Äquivalenzbelastung

Bemerkenswert ist auch die auf die Wälzlagerberechnung zurückgehende „Äquivalenzlast", einer Belastung oder Beanspruchung mit analoger Schädigung wie das Kollektiv.

Gehen wir von Gl. 5.4 aus, so gilt mit

$$X_i = \frac{C}{B_i^a}. \tag{5.24}$$

in Gl. 5.16 für die Gesamtschädigung

$$D = \frac{1}{C} \cdot \sum x_i \cdot B_i^a \tag{5.25}$$

und für eine äquivalente Beanspruchung (s. Abb. 5.9)

$$D = \frac{1}{C} \cdot X \cdot B_{\ddot{a}}^a. \tag{5.26}$$

Durch Gleichsetzen der Gl. (5.25) und (5.26) folgt

$$B_{\ddot{a}} = \sqrt[a]{\sum B_i^a \left(\frac{x_i}{X}\right)}. \tag{5.27}$$

Nun sind wiederum x_i und X selbst nicht bekannt, wohl aber die x_i^* der Beobachtungsdauer X^*. Die relative Beanspruchungsdauer x_i/X ist offensichtlich gleich der relativen Beobachtungsdauer x_i^*/X^*, sodass gilt.

$$q_i = \frac{x_i^*}{X^*} = \frac{x_i}{X} \text{ mit } 0 \leq q \leq 1, \tag{5.28}$$

d. h. die Äquivalenzbelastung kann bei Kenntnis des Kollektivs berechnet werden.

Mit dem relativen Zeitmaß q_i ergibt sich.

$$B_{\ddot{a}} = \sqrt[a]{\sum B_i^a \cdot q_i} \text{ mit } q_i = \frac{x_i}{\sum x_i}. \tag{5.29}$$

Diese Gleichung wurde für die Wälzlagerberechnung (z. B.[7]) in vielfältiger Weise modifiziert. Bei Kenntnis der Äquivalentlast folgt die Lebensdauer aus der einfachen Lebensdauerformel

$$X = \left(\frac{B_N}{B_{\ddot{a}}}\right)^a \cdot x_N \tag{5.30}$$

für einen Horizont einer vorgegebenen nominellen Zuverlässigkeit. Diese beträgt für das Wälzlager bekanntlich R = 0,9, d. h. es werden für die Auslegung 10 % vorzeitiger Ausfall zugelassen.

5.2.2 Lebensdauerberechnung mit Äquivalenzfaktor

So zweckmäßig in der Praxis gestufte Kollektive auch sein mögen, für die allgemeine Darstellung haben analytische Beschreibungen ihre Vorteile.

Ein einfacher Ansatz der Form (vgl. [9])

$$y_B = 1 - \Phi^\gamma \tag{5.31}$$

ergibt das Kollektivsystem nach Abb. 5.10a Dieser Ansatz kann für „abgeschnittene" Kollektive durch Einführung von $B_{min}/B_{max.}$ angepasst werden (vgl. Abb. 5.10b).

$$y_B = 1 - \Phi^\gamma \left(1 - \frac{B_{min}}{B_{max}}\right) \tag{5.32}$$

Beide Ansätze gehen für $\gamma = 0$ in das sog. „Rechteck"-Kollektiv für statische konstante Beanspruchung bzw. Ermüdung für konstant schwingende Beanspruchung über.

Für die Arbeit mit den verschiedenen Formen der Beanspruchungsfunktionen ist es zweckmäßig, die elementare Lebensdauergleichung (5.22) anzupassen. Mit $B_{max} = B_N$

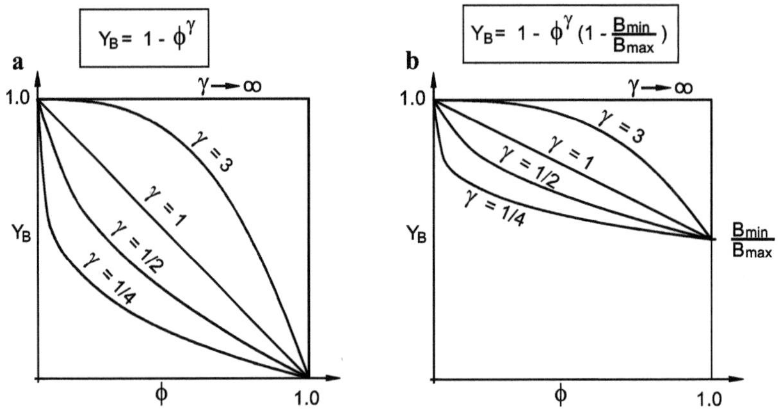

Abb. 5.10 Analytische Beschreibung von Beanspruchungskollektiven

kann die Belastungsfunktion y_B nach Gl. 5.13 eingeführt werden. Mit $X_N = X(B_{max})$ schreiben wir

$$X = \frac{X(B_{\max}) \cdot \sum x_i}{\sum x_i \cdot y_b^a}, \tag{5.33}$$

Für die analytische Kollektivform

$$y_B = f(\Phi) \tag{5.34}$$

ist der Übergang auf eine integrale Lebensdauerformel zweckmäßig. Mit $x_i \sim \Delta\Phi i$ folgt aus Gl. 5.33

$$X = \frac{X(B_{\max}) \cdot \sum \Delta\Phi_i}{\sum \Delta\Phi_i \cdot y_B^a}. \tag{5.35}$$

Wegen der Summierung von $\Delta\Phi_i$ über den Definitionsbereich von Φ gilt

$$\sum \Delta\Phi_i = 1$$

und damit

$$X = \frac{X(B_{\max})}{\sum \Delta\Phi_i \cdot y_B^a}. \tag{5.36}$$

Der Grenzübergang der Summe zum Integral führt auf die einfache Formel

$$X = \frac{X(B_{\max})}{\int_0^1 y_B^a \cdot d\Phi}. \tag{5.37}$$

Für stetige Wöhlerlinien, d. h. für solche ohne Langlebigkeitsbereich, ist die Anwendung der abgeleiteten Gleichungen unproblematisch. Insbesondere in Hinblick auf die Schädigung durch Ermüdung wird die besondere Beachtung des Langlebigkeitsbereiches notwendig. Kollektivbeanspruchungen im Langlebigkeitsbereich und natürlich zugleich auch im Kurzlebigkeitsbereich lassen sich mit mathematischen Mitteln wie der Integration über Unstetigkeitsstellen hinweg lösen. Unter Anwendung Gl. 5.23 und der oben beschriebenen Substitutionen durch $\Delta\Phi_i$ und y_B erhalten wir für die Lebensdauerberechnung die Integralform

$$X = \frac{X_N}{\int_0^{\Phi g} y_B^a \cdot d\Phi + \int_{\Phi g}^{1} y_B^{(2a-1)} \cdot d\Phi}. \tag{5.38}$$

Ausgehend von Gl. 5.27 kann mit Gl. 5.15 für die äquivalente Beanspruchung auch geschrieben werden

$$\mathrm{B_{ä}} = \sqrt[a]{\sum \mathrm{B_i^a} \cdot \Delta\Phi_i}. \tag{5.39}$$

Nach Umstellung der Belastungsnormierung y_B (s. Gl. 5.14) nach B_i und Einsetzen in Gl. 5.39 schreiben wir

$$B_{ä} = B_{\max} \cdot \sqrt[a]{\sum y_B^a \cdot \Delta\Phi_i} \tag{5.40}$$

und in Analogie zu den Gln. 5.35 und 5.36

$$\mathrm{B_{ä}} = \mathrm{B_{max}} \sqrt[a]{\int_0^1 y_B^a \, d\Phi}. \tag{5.41}$$

Aus diesem Lösungsansatz folgt der Äquivalenzfaktor $\chi_{ä}$ mit.

$$\chi_{ä} = \frac{B_{ä}}{B_{\max}} = \sqrt[a]{\int_0^1 y_B^a \, d\Phi} \; 0 \leq \chi_{ä} \leq 1. \tag{5.42}$$

Leider ist dieser Äquivalenzfaktor abhängig vom Wöhlerlinienexponenten a und der verwendeten Akkumulationshypothese.

In diesem Zusammenhang sei auf einen Standardentwurf für Zahnradberechnungen [18] verwiesen, in dem 12 typische Kollektivformen angeboten werden (s. Tafel V.4). Für die im Anhang angegebenen zwölf Musterkollektive wurde der Äquivalenzfaktor nach der linearen Schadensakkumulationshypothese in der Version Corten/Dolan (b = a) berechnet.

Zur Lebensdauerabschätzung reicht es aus, ein gestuftes Kollektiv im gleichen Maßstab wie diese Kollektive zweckmäßig auf Transparentpapier aufzutragen, um die Übereinstimmung mit einem der zwölf Kollektive zu prüfen. Mit dem zugehörigen Äquivalenzbeiwert und der maximalen Belastung können die äquivalente Belastung

$$B_{ä} = \chi_{ä} \cdot B_{\max} \tag{5.43}$$

und damit die Lebensdauer mit Gl. 5.30 bestimmt werden.

Es wird auf das *Beispiel 6* in Kap. 8 verwiesen.

5.3 Lebensdauerberechnung bei variabler Zuverlässigkeit

Lebensdauerwerte x_i für alle Versagenskriterien sind zufällige Ereignisse, die statistisch ausgewertet werden können (s. Kap. 4). Ganze Produkte, Baugruppen aber auch deren Elemente werden im einfachsten Fall experimentell der Belastung ausgesetzt, die auch im späteren Feldeinsatz vorkommt. Dieses wird vor allem bei der Bauteilqualifikation eingesetzt, wo das Erreichen einer bestimmten Lebensdauer nachgewiesen werden soll. Für eine ganzheitliche Betrachtung werden Wöhlerdiagramme aufgenommen, die wie dargestellt auf die Auswertung unterschiedlicher Belastungshorizonte zurückzuführen sind. Aktuell erfahren diese Betrachtungen im Rahmen einer Robustness Validation (Robustheitsbewertung) einen neuen Impuls. Aus Zeit- und Kostengründen sind auch immer häufiger Lebensdauertests Stand der Technik, bei denen die Bauteile mit „Burn-in"-Belastungen beansprucht werden, die im späteren Einsatz i. d. R. nicht mehr auftreten, aber eine ganzheitliche Betrachtung auch bei niedrigeren Belastungen ermöglichen sollen. Da die Zuverlässigkeit alias Überlebenswahrscheinlichkeit und die Ausfallwahrscheinlichkeit in aktuellen Sicherheitsbetrachtungen (s. Abschn. 2.10) ebenfalls relevant sind und die Wahrscheinlichkeiten untrennbar mit der Belastung und der Lebensdauer verbunden sind, sollen in diesem Abschnitt Möglichkeiten aufgezeigt werden, um Lebensdauern durch Vorgabe einer individuellen Wahrscheinlichkeit auf konstantem Belastungshorizont (s. Abb. 5.11a) oder Lebensdauern auf einem von einem Normhorizont [x_N, B_N und R_N] abweichendem Belastungshorizont B_i (s. Abb. 5.11b) bestimmen zu können.

5.3.1 Zuverlässigkeitsbasierte Lebensdauerberechnung bei konstanter Beanspruchung und Gaußverteilung

Betrachtet wird zunächst das Modell nach Abb. 5.11a. Die statistische Beschreibung der Verteilung der Lebensdauerwerte erfolgt mithilfe der Gaußverteilung (s. Abschn. 4.3.1). Soll eine Lebensdauer für eine individuelle Zuverlässigkeit bestimmt werden, muss aufgrund der nicht gegebenen elementaren Lösbarkeit auf die substituierte (0,1) -Verteilung und der zugehörigen Wertetabelle (s. Tafel V.2) zurückgegriffen werden.

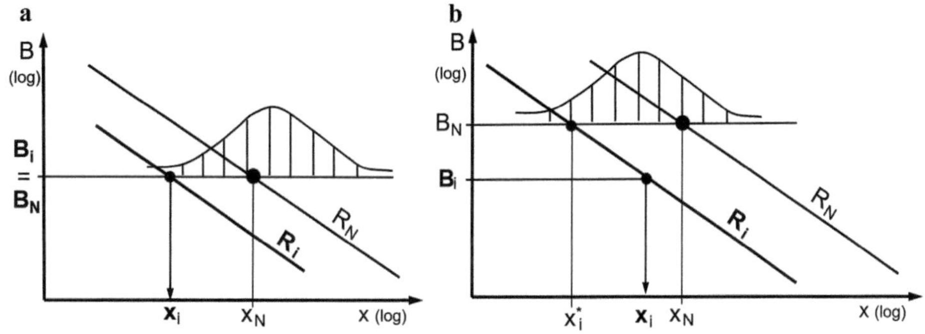

Abb. 5.11 Stochastische Betrachtungsmodelle **a** $B_i = B_N$ **b** $Bi \neq B_N$

Wird der Substitutionsterm nach Gl. 4.54 zur Lebensdauer x umgestellt, erhalten wir für die Berechnung der Lebensdauer

$$x = z \cdot \sigma + \mu. \tag{5.44}$$

Während die Verteilungsparameter σ und μ aus der statistischen Versuchsauswertung (Abschn. 4.3.1) bekannt sind, muss die Laufvariable z in Abhängigkeit der gesuchten Zuverlässigkeit R(x) bestimmt werden.

Dazu wird im ersten Arbeitsschritt die Ausfallwahrscheinlichkeit berechnet.

$$F(x) = 1 - R(x) \Rightarrow \Phi(z) \tag{5.45}$$

Bei R(x) > 50 % bzw. F(x) < 50 % erhalten wir negative z Werte und damit ein Φ(-z) (s. Abb. 5.12a). Bei R(x) < 50 % bzw. F(x) > 50 % erhalten wir positive z Werte und damit ein Φ (z) (s. Abb. 5.12b). Es besteht für negative z-Werte der Zusammenhang

$$\Phi(-z) = 1 - \Phi(z). \tag{5.46}$$

Die Kenntnis dieses Zusammenhanges kann erforderlich sein, wenn nicht mit Tafel V.2 gearbeitet wird, sondern mit allgemeinen statistischen Fachbüchern, in denen i. d. R. nur Tabellen mit Φ(+z)-Werten enthalten sind. Verwenden wir die im Anhang befindliche

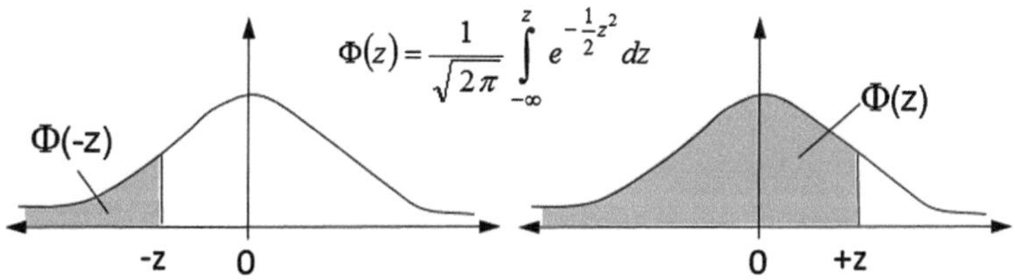

$$\Phi(z) = \frac{1}{\sqrt{2\pi}} \int_{-\infty}^{z} e^{-\frac{1}{2}z^2} dz$$

Abb. 5.12 Ausfallwahrscheinlichkeit Φ und zugehörige z-Werte **a** Φ < 50% **b** Φ > 50%s

Tafel V.2, kann der z-Wert für die gewünschte Zuverlässigkeit direkt abgelesen und in die Gl. 5.44 zur Berechnung der Lebensdauer eingesetzt werden.

Möchten wir auf einem Belastungshorizont B_i z. B. den Lebensdauerwert für eine Zuverlässigkeit von 97 % = 0,97 ermitteln – wir schreiben $x_{0,97}$ – müssen wir für R = 0,97 z. B. in Tafel V.2 für den Komplementäranteil Φ(z) = 0,03 den z-Wert, für unser Beispiel z = −1,8808 ablesen, der dann mit der Gl. 5.44 für R = 97 % den Lebensdauerwert $x_{0,97} = -1,8808 \cdot \sigma + \mu$ ergibt.

Mit einer Standardtabelle der Statistik müssten wir zunächst für R = 0,97 den Zusammenhang aus Gl. 5.46 mit Φ(−z) = 1 − Φ(z) nutzen und so in einer Standard-Tabelle (z. B. in [19]) oder [14]) für die Φ(z) = 0,97 Ausfallwahrscheinlichkeit den Wert z = 1,8808 ablesen, der dann mit z = −1,8808 in Gl. 5.44 einzusetzen ist und dann $x_{0,97}$ ergibt.

Als unkompliziertere Alternative kann natürlich auch die Verwendung des Wahrscheinlichkeitspapiers nach Gauß (s. Abschn. 4.3.1) angesehen werden. Ein Anwendungsbeispiel ist im Kap. 8 – *Aufgabe 4 und 10* enthalten.

5.3.2 Zuverlässigkeitsbasierte Lebensdauerberechnung bei konstanter Beanspruchung und Weibullverteilung

Betrachtet wird auch hier zunächst das Modell nach Abb. 5.11a. Die statistische Beschreibung der Verteilung der Lebensdauerwerte erfolgt mithilfe der Weibullverteilung (s. Abschn. 4.3.3). Aus der Zuverlässigkeitsgleichung

$$R(x) = e^{-\left(\frac{x}{T}\right)^{ß}} \tag{5.47}$$

wird durch Umstellung nach x die Lebensdauergleichung

$$\mathrm{x} = \sqrt[ß]{-\ln\ \mathrm{R_i}} \cdot \mathrm{T} \tag{5.48}$$

generiert. Durch Verwendung der Verteilungsparameter ß und T (Ermittlung s. Abschn. 4.3.3) und Eingabe der benötigten Zuverlässigkeit kann die Lebensdauer berechnet werden. Für unser Beispiel ergibt sich $x_{0,97} = \sqrt[ß]{-ln0,97} \cdot T$. Das Wahrscheinlichkeitspapier kann alternativ ebenfalls verwendet werden.

Aus vorangehenden Kapiteln kennen wir die Arbeit mit genormten Funktionen, weshalb für die Weibullverteilung auch eine Lebensdauerberechnung in Bezug auf einen Normpunkt x_N, B_N und R_N im Folgenden bereitgestellt werden soll.

Umgeformt wird die Gl. 5.47 zum Term $T^ß$, der durch zusammengehörige R_i, x_i Wertepaare einer bekannten Verteilungsfunktion mit Gl. 5.49 beschrieben werden kann.

$$\mathrm{T}^ß = \frac{\mathrm{x}^ß}{-\ln \mathrm{R_i}} = \frac{\mathrm{x_N^ß}}{-\ln\ \mathrm{R_N}} \tag{5.49}$$

Aus Gl. 5.49 resultiert die auf einen Normpunkt bezogene Lebensdauergleichung

$$x = \sqrt[ß]{\frac{-ln\,R_i}{-\ln R_N}} \cdot x_N \qquad (5.50)$$

Der Wurzelterm des Quotienten der natürlichen Zuverlässigkeitslogarithmen wird in Wälzlagerkatalogen (z. B. [9]) und der zugehörigen Wälzlager-Norm (vgl. [8]) als Faktor a_1 für Ausfallwahrscheinlichkeit bezeichnet, in Bezug auf $x_N = 1$ für R = 99, 98, 97, 96, 95 und 90 % angegeben und für die Berechnung der modifizierten Lebensdauer verwendet. Für Wälzlager z. B. in [8] gilt ein ß-Wert von ß = 1,5 und damit die folgenden Werte.

Betrachten wir unser Beispiel. So können wir die Lebensdauer x für eine Zuverlässigkeit von R = 97 % gemäß Gl. 5.48 mit

$$x_{0,97} = \sqrt[\beta]{-ln\,0,97} \cdot T$$

in Bezug auf die charakteristische Lebensdauer T und gemäß Gl. 5.50 in Bezug auf einen Normpunkt B_N, x_N bei R_N mit

$$x_{0,97} = \sqrt[ß]{\frac{-ln\,0,97}{-ln\,R_N}} \cdot x_N$$

berechnen. Bei Annahme $R_N = 0,9$ erhalten wir für Wälzlager nach [9] vereinfacht

$$x_{0,97} = 0,44 \cdot x_N$$

mit x_N als nominelle Lebensdauer nach Gl. 5.2. für $R_N = 0,9$.

Tab. 5.1 Beiwerte a1 für unterschiedliche Zuverlässigkeiten ($x_N = 1$, ß = 1,5)

R_i	90	95	96	97	98	99	%
a_1	1	0,62	0,53	0,44	0,33	0,21	[-]

5.3.3 Zuverlässigkeitsbasierte Lebensdauerberechnung bei variabler Beanspruchung, Normpunkt und Gaußverteilung

Weicht die Belastung B_i vom genormten Belastungshorizont B_N ab, kann die Lebensdauer xi für eine von der Normlebensdauerlinie mit R_N abweichende Zuverlässigkeit R_i wie folgt abgeschätzt werden. Notwendig ist die Kenntnis eines aus einem Lebensdauerversuch auf 2 Horizonten abgeleiteten Normpunkt B_N, x_N für R_N und dem für die Lebensdauerkurve für R_N geltenden Wöhlerlinienexponenten a. Folgende Arbeitsschritte sind dann abzuarbeiten:

1. Für die von R_N abweichende Zuverlässigkeit R_i wird für die komplementäre Ausfallwahrscheinlichkeit $\Phi(z)$ der z-Wert aus der Tafel V.2 abgelesen.
2. Mit dem z-Wert wird auf dem Normhorizont B_N die Lebensdauer x_i^* nach Gl. 5.44 berechnet. Es folgt so eine Transformation von (1) nach (2) gemäß Abb. 5.13.
3. Aus den Wertepaaren B_N, x_i^* (2) und dem Wertepaar B_i und x_i (3) wird die Wöhlerliniengleichung aufgestellt und nach der gesuchten Lebensdauer x_i umgestellt. Es gilt

$$B_N^a \cdot x_i^* = B_i^a \cdot x_i \text{ mit } x_i^* = z \cdot \sigma + \mu \tag{5.51}$$

und damit für die gesuchte Lebensdauer für R_i und B_i in Bezug auf den Normpunkt

$$x_i = \left(\frac{B_N}{B_i}\right)^a \cdot x_i^* = \left(\frac{B_N}{B_i}\right)^a \cdot (z \cdot \sigma + \mu) \tag{5.52}$$

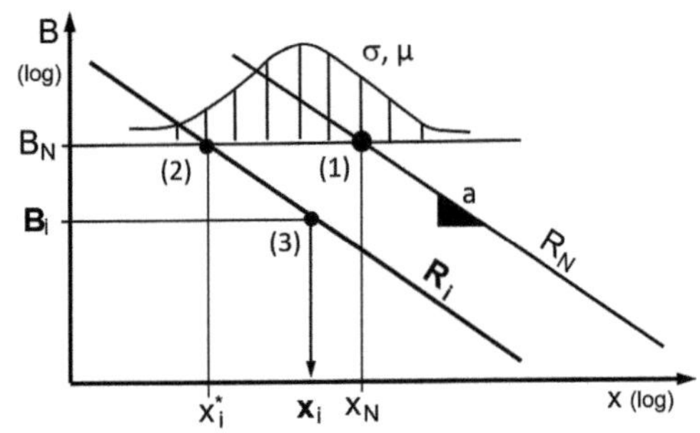

Abb. 5.13 Gauß-Wöhler-Lebensdauermodell

Die individuelle Zuverlässigkeit R_i ist bei dieser Vorgehensweise mit dem z-Wert verbunden und durch die benötigte $\Phi(z)$-Tafelarbeit etwas umständlich.

5.3.4 Zuverlässigkeitsbasierte Lebensdauerberechnung bei variabler Beanspruchung, Normpunkt und Weibullverteilung

Das folgende Modell geht davon aus, dass für ein betrachtetes Bauteil die Wöhlerlinie bekannt ist. Das Wöhlerdiagramm ist durch einen Normpunkt B_N, x_N bei einer Zuverlässigkeit R_N und dem Wöhlerlinienexponenten a gegeben. Zusätzlich ist mindestens der Verteilungsparameter ß für die Lebensdauern auf dem Belastungshorizont B_N bekannt.

Möchte der Auslegungsingenieur für eine erforderliche Zuverlässigkeit R_i und einen vorhandenen Beanspruchungshorizont B_i die erreichbare Lebensdauer x_i abschätzen – Alternative Fragestellung: „Welche Lebensdauer x_i wird mit einer Wahrscheinlichkeit von R_i bei einer Belastung B_i ohne Ausfall erreicht?" kann er das Lebensdauerberechnungsmodell nach Gl. 5.55 nutzen, welches im Folgenden hergeleitet werden soll.

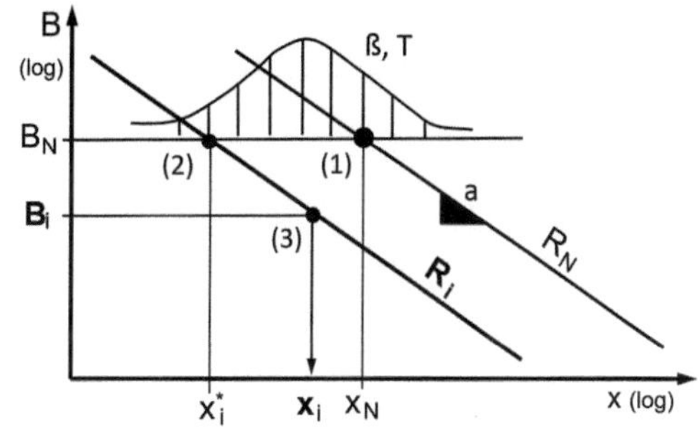

Abb. 5.14 Weibull-Wöhler-Lebensdauermodell

Ausgehend vom Normpunkt [x_N, B_N, R_N] (vgl. (1) in Abb. 5.14) wird zunächst durch Anwendung der Gl. 5.53 (Ableitung in 5.3.2) auf dem Belastungs-horizont B_N die Lebensdauer x_N zum Lebensdauerwert x_i^* des geforderten Zuverlässigkeitshorizontes R_i transformiert (vgl. (2) in Abb. 5.14). Es gilt

$$x_i^* = \sqrt[\beta]{\frac{-ln\ R_i}{-ln\ R_N}} \cdot x_N \tag{5.53}$$

Im nächsten Schritt wird dieser Lebensdauerwert in die Wöhlerliniengleichung des geforderten Zuverlässigkeitshorizontes eingesetzt. Geschrieben wird

$$\mathrm{B_i^a} \cdot \mathrm{x_i} = \mathrm{B_N^a} \cdot \mathrm{x_i^*} = \mathrm{B_N^a} \cdot \sqrt[\ss]{\frac{-\ln R_i}{-\ln \mathrm{R_N}}} \cdot \mathrm{x_N} \tag{5.54}$$

Daraus kann nun die notwendige Lebensdauergleichung abgeleitet werden, mit der durch Eingabe von R_i und B_i die erreichbare Lebensdauer berechnet werden kann.

Erkennbar ist in Gl. 5.55 die klassische Wöhlerliniengleichung, die um den Korrekturfaktor aus Gl. 5.53 ergänzt wurde.

$$\mathrm{x} = \left(\frac{\mathrm{B_N}}{\mathrm{B_i}}\right)^{\mathrm{a}} \cdot \sqrt[\ss]{\frac{-\ln \mathrm{R_i}}{-\ln \mathrm{R_N}}} \cdot \mathrm{x_N} \tag{5.55}$$

Die vorgestellten Gleichungen sind uneingeschränkt für die Lebensdauerhypothese nach Corten/Dolan anzuwenden. Liegt ein Dauerfestigkeitsbereich (Modell Miner) bzw. eine abgeknickte Lebensdauerlinie (Modell Haibach) vor (s. Abschn. 3.1 Abb. 3.4), dann sind die Geltungsbereiche mit den entsprechenden Wöhlerexponenten und Verteilungsparameter zu berücksichtigen.

5.3.5 Zuverlässigkeitsbasierte Lebensdauerberechnung bei Kollektivbeanspruchung und Normpunkt

Im Abschn. 5.2 wurde für eine Wöhlerlinie konstanter Zuverlässigkeit die Anwendung der Schadensakkumulationshypothese vorgestellt. Durch Kombination von Gl. 5.21 mit Gl. 5.55 entsteht für eine zuverlässigkeitsbezogene Lebensdauerberechnung bei Kollektivbelastung der Berechnungsansatz

$$x = \frac{\sum_{i=1}^{n} x_i}{\sum_{i=1}^{n} \frac{x_i}{X_N} \left(\frac{B_i}{B_N}\right)^a \cdot \sqrt[\beta]{\frac{-\ln R_N}{-\ln R_i}}}. \tag{5.56}$$

Nach einer Transformation vom Normpunkt auf den gewünschten Zuverlässigkeitshorizont (s. Abb. 5.15), werden, wie bereits in Abschn. 5.2 dargelegt, die Teilschädigungen, hier jedoch unter Berücksichtigung der Zuverlässigkeit, für die Berechnung der Lebensdauer ermittelt.

Als eine Alternative zu Gl. 5.56 kann Gl. 5.57 angesehen werden. Verwendet wird hier die Äquivalenzbelastung aus Abschn. 5.2.1.

$$\mathrm{x} = \left(\frac{\mathrm{B_N}}{\mathrm{B_ä}}\right)^{\mathrm{a}} \cdot \sqrt[ß]{\frac{-\ln \mathrm{R_i}}{-\ln \mathrm{R_N}}} \cdot \mathrm{x_N} \text{ mit } \mathrm{B_ä} = \sqrt[\mathrm{a}]{\sum \mathrm{B_i^a} \cdot \frac{\mathrm{x_i}}{\sum \mathrm{x_i}}} \tag{5.57}$$

Da es gegenwärtig noch viele andere Lebensdauerhypothesen gibt, die für eine Standardauslegung nicht relevant sind, sei an dieser Stelle auf die Fachliteratur verwiesen.

5.3.6 Zuverlässigkeitsbasierte Lebensdauerberechnung bei variabler Beanspruchung und Basquin'scher Lebensdauergleichung

Im Abschn. 5.1.1 wird für die Auswertung von Lebensdaueruntersuchungen auf verschiedenen Lasthorizonten im Zeitfestigkeitsbereich das Perlschnurverfahren vorgestellt,

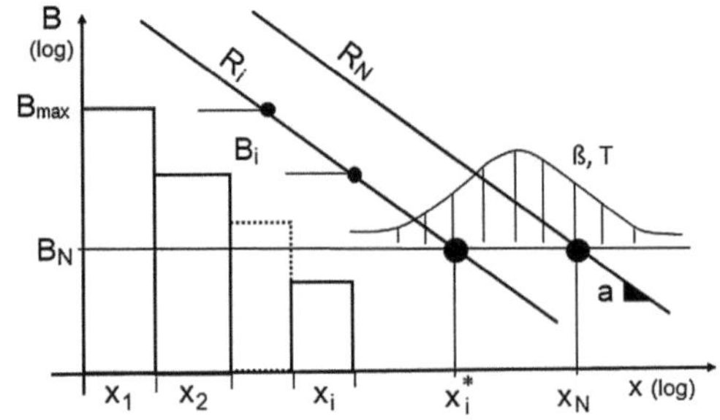

Abb. 5.15 Weibull-Wöhler-Lebensdauermodell für Kollektivbelastung

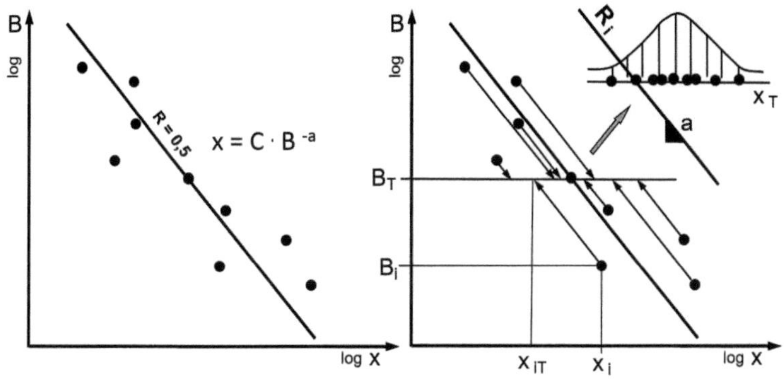

Abb. 5.16 Lebensdauergleichung nach Basquin und x-Transformation

welches durch Regression und der Methode der kleinsten Fehlerquadrate die Lebensdauergleichung

$$x = C \cdot B^{-a} \tag{5.58}$$

liefert. Diese Lebensdauergleichung entspricht infolge der Regressionsanalyse dem Median R bzw. F = 50 %. Im Rahmen der Zuverlässigkeitsarbeit sind in Produkten Zuverlässigkeiten umzusetzen, die i. d. R. größer gleich 90 % sind. Aus diesem Grund ist es notwendig, auch ohne Vorliegen von statistisch verteilten Zufallsvariablen x auf einem Belastungshorizont B, eine statistische Bewertung durchzuführen. Einen guten Ansatz liefert [7] für den Bereich der Betriebsfestigkeitslehre.

Für einen für die Auslegung interessanten Belastungshorizont B_i wird ein sogenannter Transformationshorizont B_T definiert. Im zweiten Arbeitsschritt werden alle ermittelten Lebensdauerwerte x_i für die getesteten Belastungshöhen B_i mit dem Wöhlerlinienansatz Gl. 5.11 auf den Horizont transformiert (siehe Abb. 5.16). Aus dem Zusammenhang folgt

$$B_i^a \cdot x_i = B_T^a \cdot x_{iT} \tag{5.59}$$

$$x_{iT} = \left(\frac{B_i}{B_T}\right)^a \cdot x_i \tag{5.60}$$

Die so erhaltenen Werte x_{iT} sind auf dem Horizont $B_T = B_i$ verteilt und können nun statistisch gemäß Abschn. 4.3 ausgewertet und mit dem Wertepaar $[B_T = B_N,\ x = f(Ri) = x_N]$ der Lebensdauerrechnung gemäß Abschn. 5.3.1 bzw. 5.3.2 zugänglich gemacht werden. Ein Beispiel ist im Kap 8 – *Beispiel 4* enthalten.

Anhang – Kap. 5

Tafel V.1 Richtwerte für Lebensdauerberechnungen im Maschinenbau

Bereich	Rechnerische Lebensdauer in Betriebsstunden für R = 0,9	Umrechnung in km mittlere Laufleistung
Allgemeiner Maschinenbau • Werkzeugmaschinen • Textilmaschinen • Fahrzeuge	15.000–25.000 h 10.000–20.000 h 1000–40.000 h	30.000–300.000 km
Fahrzeugbau • Krafträder • Personenkraftwagen • Lastkraftwagen • Omnibusse • Schienenfahrzeuge	1000–2000 h 3000–5000 h 2000–5000 h 4000–6000 h 20.000–40.000 h	30.000–60.000 km 100.000– 300.000 km 60.000–200.000 km 200.000– 400.000 km $2{\cdot}10^6$–$4{\cdot}10^6$km
Achslager in Fahrzeugen • Kraftfahrzeuge • Schienenfahrzeuge	2000–6000 h 20.000–30.000 h	
Getriebe in Fahrzeugen • Kraftfahrzeuge • Schienenfahrzeuge • Schiffsgetriebe	2000–4000 h 20.000–40.000 h 20.000–80.000 h	
Elektrische Maschinen und Geräte • Haushaltsgeräte • Elektromotoren bis 4 kW • Elektromotoren > 4 kW • stationäre elektrische Maschinen (z. B. Kraftwerke)	1000–3000 h 8000–12.000 h 10.000–20.000 h 50.000 und mehr h	

Tafel V.2 Bestimmung der z-Werte für die **Standardnormalverteilung (0,1-Verteilung)**

Φ(z)	z	Φ(z)	z	Φ(z)	z	Φ(z)	z
0,01	−2,3263	0,21	−0,8064	0,41	−0,2275	0,61	0,2793
0,02	−2,0537	0,22	−0,7722	0,42	−0,2019	0,62	0,3055
0,03	−1,8808	0,23	−0,7388	0,43	−0,1764	0,63	0,3319
0,04	−1,7507	0,24	−0,7063	0,44	−0,1510	0,64	0,3585
0,05	−1,6449	0,25	−0,6745	0,45	−0,1257	0,65	0,3853
0,06	−1,5548	0,26	−0,6433	0,46	−0,1004	0,66	0,4125
0,07	−1,4758	0,27	−0,6128	0,47	−0,0753	0,67	0,4399
0,08	−1,4051	0,28	−0,5828	0,48	−0,0502	0,68	0,4677
0,09	−1,3408	0,29	−0,5534	0,49	−0,0251	0,69	0,4958
0,10	−1,2816	0,30	−0,5244	0,50	0,0000	0,70	0,5244
0,11	−1,2265	0,31	−0,4958	0,51	0,0251	0,71	0,5534
0,12	−1,1750	0,32	−0,4677	0,52	0,0502	0,72	0,5828
0,13	−1,1264	0,33	−0,4399	0,53	0,0753	0,73	0,6128
0,14	−1,0803	0,34	−0,4125	0,54	0,1004	0,74	0,6433
0,15	−1,0364	0,35	−0,3853	0,55	0,1257	0,75	0,6745
0,16	−0,9945	0,36	−0,3585	0,56	0,1510	0,76	0,7063
0,17	−0,9542	0,37	−0,3319	0,57	0,1764	0,77	0,7388
0,18	−0,9154	0,38	−0,3055	0,58	0,2019	0,78	0,7722
0,19	−0,8779	0,39	−0,2793	0,59	0,2275	0,79	0,8064
0,20	−0,8416	0,40	−0,2533	0,60	0,2533	0,80	0,8416

Φ(z)	z	Φ(z)	z	Φ(z)	z	Φ(z)	z
0,81	0,8779	0,91	1,3408	0,991	2,3656	0,9999	3,7195
0,82	0,9154	0,92	1,4051	0,992	2,4089	0,99999	4,2655
0,83	0,9542	0,93	1,4758	0,993	2,4573	…	…
0,84	0,9945	0,94	1,5548	0,994	2,5121		
0,85	1,0364	0,95	1,6449	0,995	2,5758		
0,86	1,0803	0,96	1,7507	0,996	2,6521		
0,87	1,1264	0,97	1,8808	0,997	2,7478		
0,88	1,1750	0,98	2,0537	0,998	2,8782		
0,89	1,2265	0,99	2,3263	0,999	3,0902		
0,90	1,2816						

Tafel V.3 Auswerteverfahren für Kollektivbeanspruchungen [nach Abb. 5.6]

Spannenpaarverfahren
Range Pair Counting

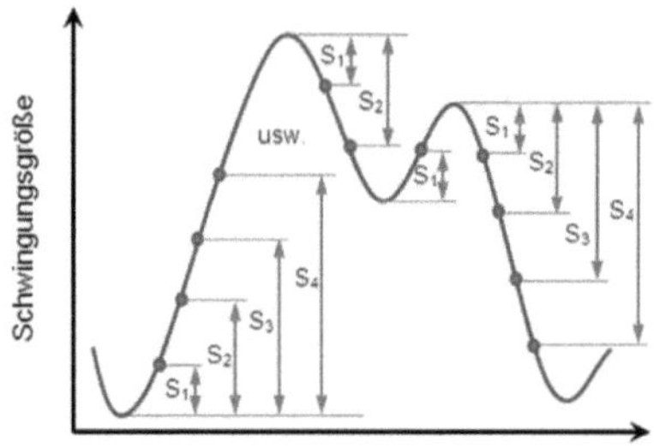

Spannen-Mittelwert-Verfahren
Range Average-Counting

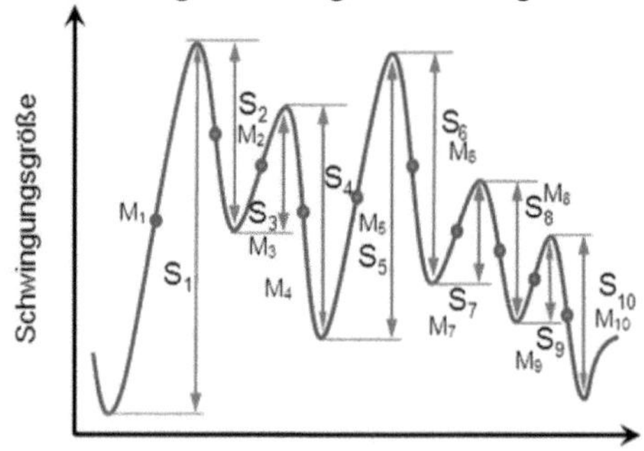

Rainflow-Verfahren

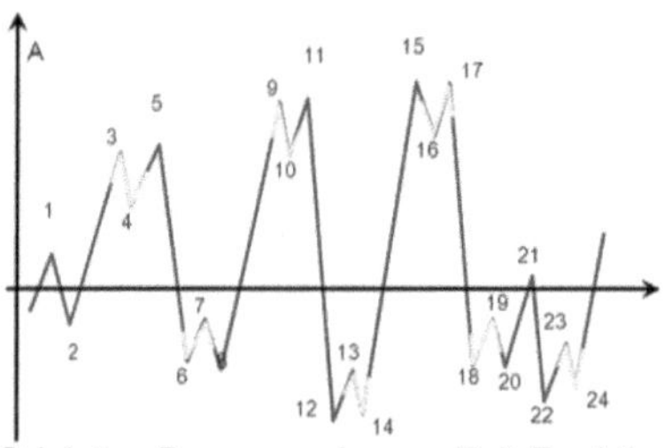

Originäre Beanspruchungs-Zeit-Funktion

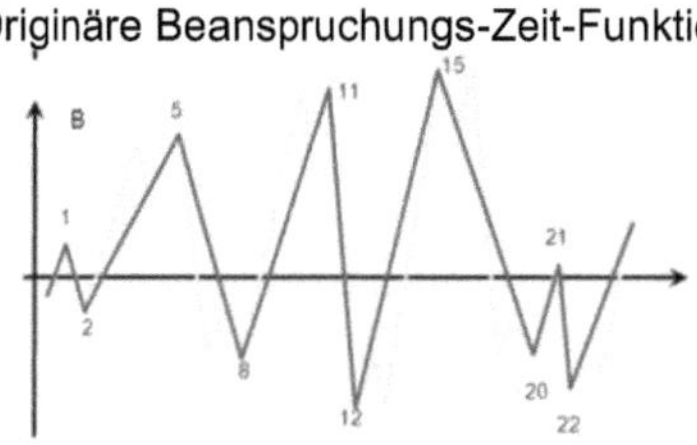

um primär vorhandene Zwischenschwingungen reduzierte Beanspruchungs-Zeit-Funktion

Matrix-Verfahren Matrix-Counting

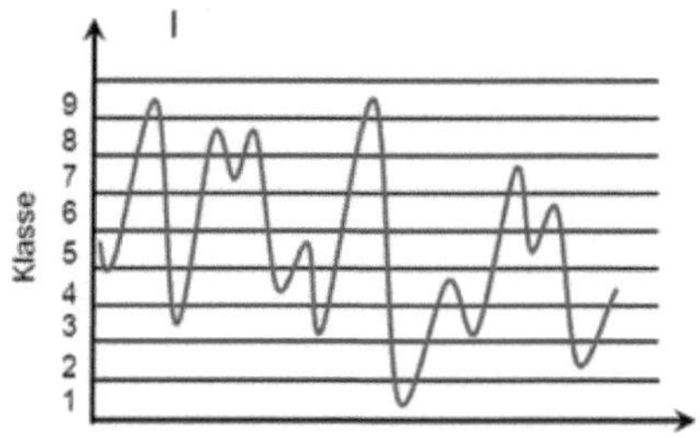

Übergänge nach unten (oberhalb der Diagonale); Übergänge nach oben (unterhalb der Diagonale)

Ausgangsklasse									
9	1		1						
8				1			1		
7					1			1	
6		1							
5			1			1			1
4			1		1				
3							1	1	1
2									
1				1					
Zielklasse	1	2	3	4	5	6	7	8	9

Verweildauerverfahren Time Range Counting

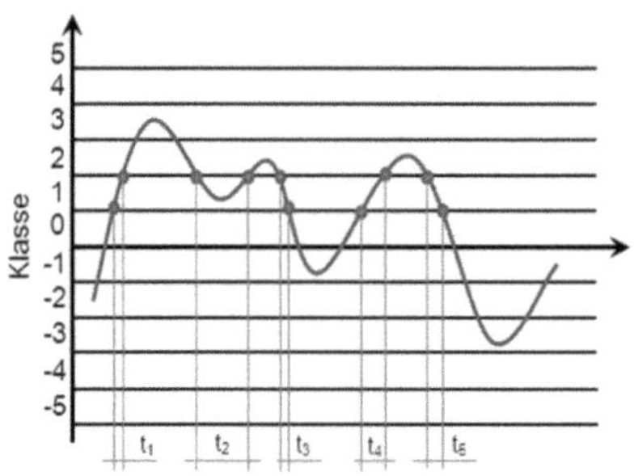

Darstellung mit Zählbeispiel für Klasse 1

Tafel V.4 Beanspruchungskollektive und Äquivalenzfaktoren (nach [15]).

Tafel V.4.1 Typische Beanspruchungskollektive mit Äquivalenzfaktoren

	Äquivalenzfaktor $\chi_ä$			
	a = 3	a = 6	a = 9	a = 12
1	0.750	0.776	0.799	0.817
2	0.640	0.664	0.685	0.702
3	0.500	0.584	0.664	0.709
4	0.450	0.491	0.522	0.540
5	0.342	0.436	0.502	0.564
6	0.257	0.310	0.360	0.407
7	0.192	0.290	0.389	0.446

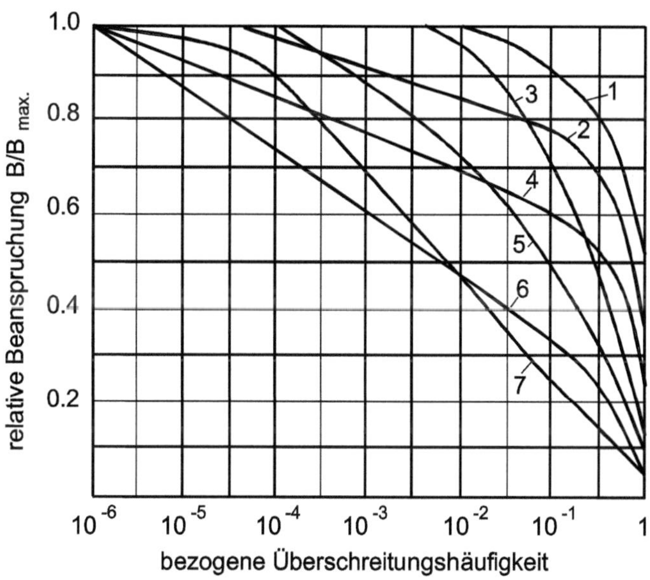

Tafel V.4.2 Beanspruchungskollektive mit Äquivalenzfaktoren, Mischkollektive

	Äquivalenzfaktor $\chi_{ä}$			
	a = 3	a = 6	a = 9	a = 12
8	0.779	0.781	0.784	0.787
9	0.534	0.547	0.555	0.566
10	0.327	0.354	0.380	0.407
11	0.182	0.191	0.244	0.336
12	0.045	0.076	0.108	0.196

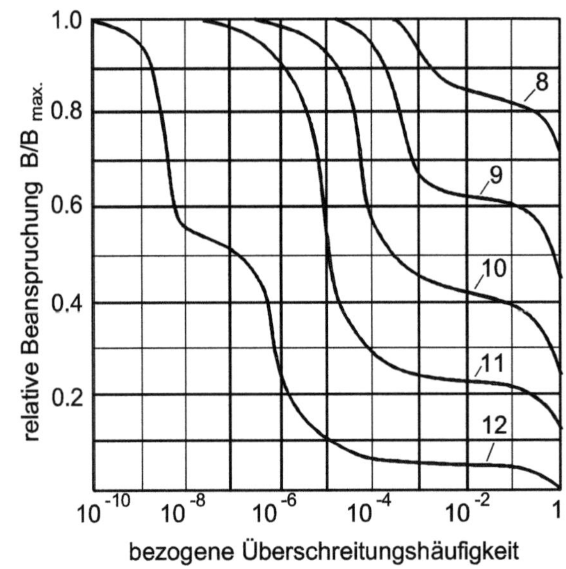

Quellen und weiterführende Literatur

1. Basquin, O.H.: The exponential law of endurance tests. Proc. ASTM 11, S. 625, 1910.
2. Beichelt, F.: Zuverlässigkeits- und Instandhaltungstheorie. Teubner, Stuttgart, 1993.
3. Broichhausen, J.: Schadenskunde. Carl Hanser, München Wien, 1985.
4. Buxbaum, O.: Betriebsfestigkeit – Sichere und wirtschaftliche Bemessung schwingbruchgefährdeter Bauteile. Düsseldorf: Verlag Stahleisen mbH, 1988.
5. Corten, H. T., Dolan, T. J., Cumulative fatigue damage. In: Proceedings of the International Conference on Fatigue of Metals. Institution of Mechanical Engineers, ASME, pp. 235–246, 1956.

6. DIN 3990–1: Tragfähigkeitsberechnung von Stirnrädern. Einführung und allgemeine Einflussfaktoren Beuth Verlag, Berlin, 1987.
7. DIN 50100: Schwingfestigkeitsversuch – Durchführung und Auswertung von zyklischen Versuchen mit konstanter Lastamplitude für metallische Werkstoffproben und Bauteile. Beuth Verlag, Berlin 2016.
8. DIN ISO 281: Wälzlager – Dynamische Tragzahlen und nominelle Lebensdauer (ISO 281–2007), Beuth Verlag, Berlin, 2010.
9. FAG OEM und Handel AG: FAG Wälzlager-Katalog WL 41520, FAG, Schweinfurth, 1996.
10. Haibach, E.: Betriebsfestigkeit – Verfahren und Daten zur Bauteil- berechnung. Springer Verlag (VDI-Buch), 3. Auflage, 2006.
11. Eichler, C.: Instandhaltungstechnik. Technik, Stuttgart, 1990.
12. Forschungskuratorium Maschinenbau: Festigkeitsnachweis Vorhaben 154, Rechnerischer Festigkeitsnachweis für Maschinenbauteile. In: FKM 183–2, Frankfurt, 1994.
13. Köhler, M.; Jenne, S.; Potter, K.; Zenner, H.: Zählverfahren und Lastannahme in der Betriebsfestigkeit. Springer Verlag, 2012.
14. Linß, G.: Qualitätsmanagement für Ingenieure. Hanser Verlag, 2018.
15. Miner, N. Anton: Cumulative Damage in Fatigue. In: Journal of Appl. Mech. Trans. ASME 12: 159–164, 1945.
16. Palmgren, Arvid: Die Lebensdauer von Kugellagern. In: VDI-Zeit- schrift 58: 339–341, 1924.
17. Radaj, D.; Vormwald, M.: Ermüdungsfestigkeit, Springer Verlag, 2007.
18. RGW Standard: Entwurf "Stirnradpaare/ Festigkeitsberechnung, 1984.
19. Storm, R.: Wahrscheinlichkeitsrechnung, Mathematische Statistik, Statistische Qualitätskontrolle, Fachbuchverlag Leipzig-Köln, 1995.

Zusammenhänge zwischen Sicherheit, Lebensdauer und Zuverlässigkeit – eine neue Auslegungsphilosophie

6

6.1 Systematisierung und Zielstellung

In Abschn. 1.1 wurde die Berechnung von Sicherheit, Lebensdauer und Zuverlässigkeit als historisch gewachsene Auslegungsmethoden gekennzeichnet.

Trotz der kritischen Bemerkungen zur Sicherheit (s. Abschn. 2.9) und trotz Betonung der Grenzen der Lebensdauerberechnung im Sinne der Betriebsfestigkeitslehre (s. Kap. 3) muss realistisch davon ausgegangen werden, dass beide Auslegungsmethoden auch in Zukunft zum festen Bestand der konstruktionsmethodischen Grundlagen gehören werden, auch wenn das einzige „wahre" Auslegungskriterium die Ausfallwahrscheinlichkeit sein dürfte.

Natürlich gibt es in der Literatur zuverlässigkeitstheoretische Ansätze zur Berechnung der Ausfallwahrscheinlichkeit (vgl. z. B. [2] und [19]). Leider sind diese mathematisch relativ anspruchsvoll und nur numerisch zu lösen.

Bevor wir darauf eingehen, sollen einfache Berechnungsmodelle vorgestellt werden, die den Leser in die Problemstellung einführen und auf der Basis von Sicherheits- und Lebensdauerberechnungen einfach handhabbar und in der praktischen Konstruktionsarbeit einsetzbar sind.

6.2 Zusammenhang zwischen Lebensdauer und Sicherheit im Zeitfestigkeitsbereich bei variabler Zuverlässigkeit

Wöhlerdiagramme sind gewöhnlich mit einem charakteristischen Wertepaar $[x_N, B_N]$ für eine konkrete Zuverlässigkeit R_N und dem Wöhlerlinienexponenten a gegeben, was für die „klassische" Lebensdauerberechnung (s. Abschn. 5.1) ausreichend ist. Sollen jedoch für Lebensdauerlinien beliebiger Zuverlässigkeit R_i die Beanspruchbarkeiten $B_{vers.}$ als

D. Schlottmann und H. Schnegas, *Auslegung von Konstruktionselementen*,
https://doi.org/10.1007/978-3-662-69386-5_6

Funktion der geforderten Lebensdauer x_i oder die Lebensdauern x_i als Funktion der Beanspruchung $B_{vorh.}$ ermittelt werden, bedarf es eines neuen Lösungsansatzes.

In Abschn. 5.3.4 haben wir bereits einen Ansatz für den Zusammenhang von Lebensdauer, Beanspruchung und Zuverlässigkeit auf der Basis der Weibull-Verteilung in Kombination mit der Wöhlerliniengleichung kennengelernt. Nach Gl. 5.54 gilt

$$B_i^a \cdot x_i = B_N^a \cdot \sqrt[ß]{\frac{-\ln R_i}{-\ln R_N}} \cdot x_N. \tag{6.1}$$

Neben der Gleichung zur Bestimmung der Lebensdauer in Abhängigkeit von der Beanspruchung und der Zuverlässigkeit (s. Gl. 5.55) kann auch ein Ansatz für die Berechnung der Beanspruchbarkeit $B_{vers.}$ als Funktion der geforderten Zuverlässigkeit R_i und geforderten Lebensdauer x_i in Bezug auf den Normpunkt $[x_N, B_N, R_N]$ abgeleitet werden (s. Abb. 6.1).

Für $B_{vers.}$ folgt aus Gl. 6.1

$$B_{vers.} = B_N \cdot \sqrt[a \cdot ß]{\frac{-\ln R_i}{-\ln R_N}} \cdot \sqrt[a]{\left(\frac{x_N}{x_i}\right)}. \tag{6.2}$$

Darin ist x_i die geforderte Lebensdauer, R_i die geforderte Zuverlässigkeit und $B_{vers.}$ die Beanspruchung die nicht überschritten werden darf, damit $x_{erf.}$ mit der Wahrscheinlichkeit R_i erreicht wird.

Zusammen mit der Sicherheitsgleichung (s. Gl. 2.3, Abschn. 2.1) erhalten wir den Zusammenhang zwischen Sicherheit, Lebensdauer und Zuverlässigkeit

$$S_B = \frac{B_{vers.}}{B_{vorh.}} = \frac{B_N}{B_{vorh.}} \cdot \sqrt[a \cdot ß]{\frac{-\ln R_i}{-\ln R_N}} \cdot \sqrt[a]{\left(\frac{x_N}{x_i}\right)} \tag{6.3}$$

Wir erkennen, dass zum Zeitpunkt x_i bei Vergrößerung der geforderten Zuverlässigkeit der Versagenswert $B_{vers.}$ und damit auch die vorhandene Sicherheit sinkt.

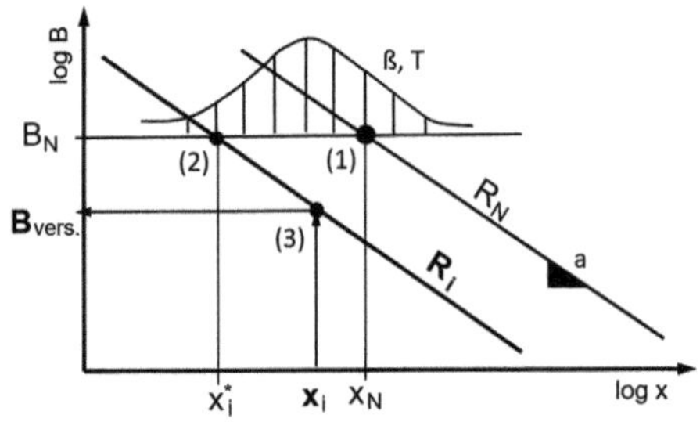

Abb. 6.1 Zuverlässigkeitsbasierte Abschätzung der Beanspruchbarkeit

Sollen bestimmte Sicherheiten in Bezug auf das wahrscheinliche Versagen realisiert werden, können für Auslegungen im Zeitfestigkeitsbereich oder allgemein für Auslegungen nach der Theorie von Corten/Dolan (vgl. Kap. 3) die Beanspruchbarkeiten nach Gl. 6.4 zuverlässigkeits-, lebensdauer- und sicherheitsbezogen bestimmt werden.

$$B_{zul.} = \frac{B_N}{S_B} \cdot \sqrt[a \cdot \beta]{\frac{-\ln R_i}{-\ln R_N}} \cdot \sqrt[a]{\left(\frac{x_N}{x_i}\right)} \qquad (6.4)$$

Anstatt der Weibullverteilung können natürlich auch andere Verteilungsfunktionen genutzt werden, womit aber keine geschlossene numerische Beschreibung möglich ist.

6.3 Zusammenhang zwischen Lebensdauer und Sicherheit im Zeitfestigkeitsbereich bei gleichbleibender Zuverlässigkeit

In Analogie zur Relation zwischen „erforderlicher“ und „vorhandener“ Sicherheit wird bei der Lebensdauerberechnung zwischen „Mindestlebensdauer“ und „vorhandener Lebensdauer“ bzw. erreichbarer Lebensdauer unterschieden.

Für den Fall gleichbleibender Zuverlässigkeit lässt sich ein einfacher Zusammenhang herstellen (vgl. [15]).

Lassen wir den Dauerfestigkeitsbereich im Sinne der Hypothese nach Corten/Dolan außer Betracht, wird in Abb. 6.2 deutlich, dass auf der Wöhlerlinie für R = const. zwei Punkte existieren, für die geschrieben werden kann

$$B_{vers.}^{a} \cdot x_{vorh.} = B_{vorh.}^{a} \cdot x_{vers.} \qquad (6.5)$$

$X_{vorh.}$ ist die Lebensdauer, die unter $B_{vorh.}$ mit einer gewissen Wahrscheinlichkeit bereits ohne Ausfall erreicht wurde bzw. gefordert wird und $x_{vers.}$ die Lebensdauer, die mit einer Wahrscheinlichkeit R vom Bauteil erreicht werden könnte.

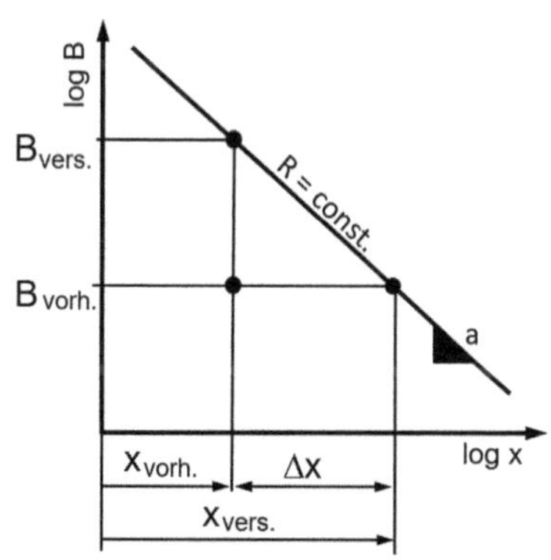

Abb. 6.2 Ansatz zum Zusammenhang zwischen Sicherheit und Lebensdauer bei R = const

Wenn aus Gl. 6.5 durch Umstellung die Gleichung

$$\left(\frac{\mathrm{B_{vers.}}}{\mathrm{B_{vorh.}}}\right)^{\mathrm{a}} = \frac{\mathrm{x_{vers.}}}{\mathrm{x_{vorh.}}} \tag{6.6}$$

wird, ist das Verhältnis der Beanspruchungen die bekannte Sicherheitszahl S_B. Für das Verhältnis der Lebensdauern ist bisher in der Auslegungspraxis keine der „Sicherheit" äquivalente Größe eingeführt worden – denkbar ist aber einer lebensdauerbezogene Sicherheitszahl S_x, sodass gilt

$$S_B{}^a = S_x. \tag{6.7}$$

Sinnvoll dürfte aber auch die Definition einer „Lebensdauerreserve" Δx sein, mit der gemäß Abb. 6.2

$$\mathrm{x_{vers.}} = \mathrm{x_{vorh.}} + \Delta\mathrm{x} \tag{6.8}$$

gilt und damit auch

$$\mathrm{B^a_{vers.}} \cdot \mathrm{x_{vorh.}} = \mathrm{B^a_{vorh.}} \cdot (\mathrm{x_{vorh.}} + \Delta\mathrm{x}). \tag{6.9}$$

bzw.

$$\left(\frac{\mathrm{B_{vers.}}}{\mathrm{B_{vorh}}}\right)^{\mathrm{a}} = 1 + \frac{\Delta x}{\mathrm{x_{vorh.}}}. \tag{6.10}$$

Im Quotienten der Spannungen erkennen wir wiederum die früher definierte Sicherheit nach Gl. 6.7. $\Delta x/x_{vorh.}$ wollen wir als „relative" Lebensdauerreserve bezeichnen. Für die Sicherheit als Funktion der relativen Lebensdauerreserve schreiben wir

$$\mathrm{S_B} = \sqrt[\mathrm{a}]{1 + \frac{\Delta\mathrm{x}}{\mathrm{x_{vorh.}}}} \tag{6.11}$$

oder

$$\frac{\Delta\mathrm{x}}{\mathrm{x_{vorh.}}} = \mathrm{S_B}^{\mathrm{a}} - 1. \tag{6.12}$$

Die relative Lebensdauerreserve scheint geeignet, wie die Sicherheit in Spannungen, für Lebensdauerberechnungen in ingenieurmäßig einfacher Form den „Abstand" vom Versagenspunkt zu beschreiben.

In Abb. 6.3 ist der Zusammenhang zwischen der relativen Lebensdauerreserve $\Delta x/x_{vorh.}$ und der Sicherheit S_B dargestellt.

Es wird deutlich, dass für große Wöhlerkurvenexponenten a erhebliche Lebensdauerreserven erforderlich sind, um ausreichende Sicherheiten zu erreichen.

Abb. 6.2 verdeutlicht, dass die Sicherheit aus der Lebensdauerreserve nach Gl. 6.11 ohne Kenntnis der Verteilungsfunktion für ein R = const. berechnet werden kann (vgl. dazu Bsp. 5, 6 und 7).

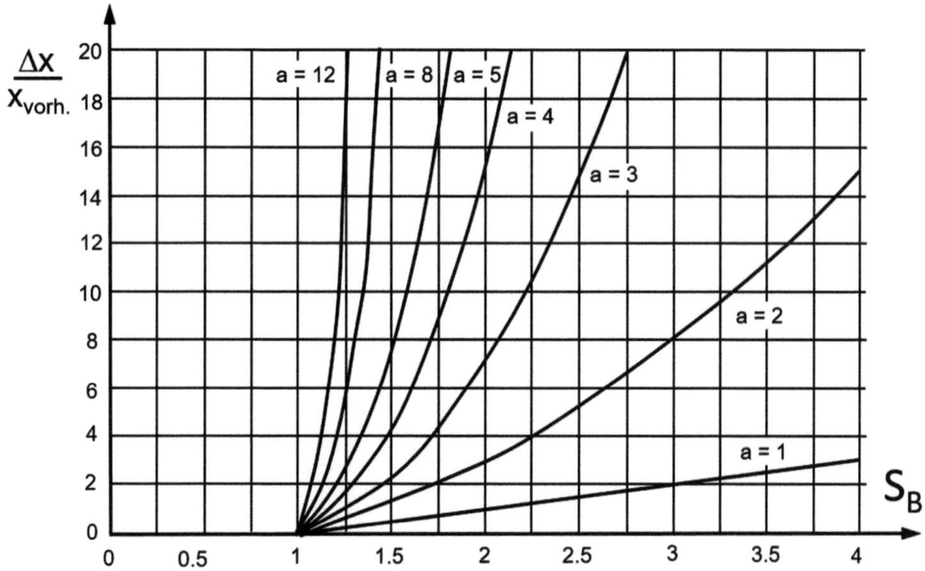

Abb. 6.3 Zusammenhang zwischen Sicherheit S und relativer Lebensdauerreserve

Es stellt sich die Frage, welche Zunahme der Zuverlässigkeit damit verbunden ist. Diese ungleich schwierigere Aufgabe soll in Abschn. 6.4 umfassend behandelt werden.

6.4 Zusammenhang zwischen Zuverlässigkeit bzw. Schadenswahrscheinlichkeit und Sicherheit bei gleichbleibender Lebensdauer

Mit Blick auf Abb. 6.4 steht im Feldeinsatz eines Bauteils das Ausfallverhalten in Form eines Wöhlerliniensystems ggf. mit einem Normpunkt [x_N, B_N bei R_N] einem realen Betriebspunkt mit einer vorhandenen Beanspruchung $B_{vorh.}$ und einer vorhandenen oder

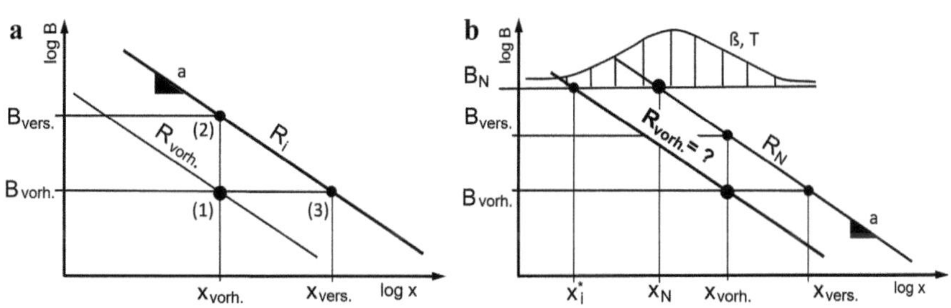

Abb. 6.4 Vorhandene Zuverlässigkeit **a** Grundmodell **b** Transformationsansatz

geforderten Lebensdauer $x_{vorh.}$ gegenüber. Zum Zeitpunkt $x_{vorh.}$ besitzt das Bauteil eine Sicherheit bzw. Belastungsreserve gegenüber der Beanspruchbarkeit $B_{vers.}$ und eine Lebensdauerreserve in Bezug auf $x_{vers.}$ Im Rahmen einer Zuverlässigkeitsbewertung zum Zeitpunkt $x_{vorh.}$ ist die Kenntnis der vorhandenen Zuverlässigkeit (s. Abb. 6.4) von Bedeutung, die im Folgenden betrachtet werden soll.

Die Berechnung der aktuellen Zuverlässigkeit, der Zuverlässigkeit, die zum Zeitpunkt $x_{vorh.}$ bei einer Beanspruchung $B_{vorh.}$ vorliegt, setzt die Kenntnis der Lebensdauerverteilung auf einem bekannten Horizont B_N voraus, die i. d. R. zum Normpunkt und nach Auswertung eines zweiten Horizontes den Wöhlerlinienexponenten a führt.

Ausgehend vom Betriebspunkt $B_{vorh.}$ und $x_{vorh.}$ (Punkt 1) wird mithilfe des Wöhlerlinienansatzes auf den Normhorizont transformiert. Wir schreiben

$$B^{a}_{vorh.} \cdot x_{vorh.} = {B_N}^{a} \cdot x^* \tag{6.13}$$

bzw.

$$x^* = \left(\frac{B_{vorh.}}{B_N}\right)^{a} \cdot x_{vorh.} \tag{6.14}$$

Der Lebensdauerwert x^* ist eine Zeitvariable des genormten Horizontes B_N und kann in die geltende Zuverlässigkeitsgleichung eingesetzt werden. Im Fall der Verwendung der Weibullverteilung kann die vorhandene, sprich aktuelle Zuverlässigkeit mit

$$R\left(x^*\right) = R_{vorh.}(x_{vorh.}) = e^{-\left(\frac{x^*}{T_N}\right)^{ß}} = e^{-\left(\left(\frac{B_{vorh.}}{B_N}\right)^{a}\cdot\frac{x_{vorh.}}{T_N}\right)^{ß}} \tag{6.15}$$

berechnet werden. T_N und ß sind die Verteilungsparameter der Lebensdauerverteilung auf dem Beanspruchungshorizont B_N.

Eingeführt wurde im Abschn. 5.3.2 die Gl. 5.49, die wir umstellen.

$$x_i^* = \sqrt[ß]{\frac{-ln\,R_i}{-ln\,R_N}} \cdot x_N \rightarrow \frac{x_i^*}{x_N} = \sqrt[ß]{\frac{-ln\,R_i}{-ln\,R_N}} \tag{6.16}$$

Gl. 6.16 wiederum aufgelöst nach R_i ergibt eine Gleichung für die aktuell vorhandene Zuverlässigkeit. Es gilt

$$R_{vorh.} = R_N^{\left(\frac{x_i^*}{x_N}\right)^{ß}} \tag{6.17}$$

und mit Gl. 6.14

$$R_{vorh.} = R_N^{\left[\left(\frac{B_{vorh.}}{B_N}\right)^{a}\cdot\frac{x_{vorh.}}{x_N}\right]^{ß}}. \tag{6.18}$$

Die Anwendung der Gl. 6.18 wird im Abschn. 6.5 am Beispiel der Bewertung der aktuell vorhandenen Zuverlässigkeit von Wälzlagern erfolgen.

Betrachten wir die Gl. 6.17 im Zusammenhang mit Abb. 6.4b kann $x_i^* = x_{vorh.}$ und $x_N = x_{vers.}$ gesetzt werden, woraus mit Gl. 6.7 dann der gesuchte Zusammenhang für die Sicherheit hergestellt werden kann.

$$R_{vorh.} = R_N^{\left(\frac{x_{vorh.}}{x_{vers.}}\right)^{ß}} = R_N^{\left(\frac{1}{S_x}\right)^{ß}} = R_N^{\left(\frac{1}{S_B}\right)^{a \cdot \beta}} \tag{6.19}$$

Revers umgestellt zu den Sicherheitszahlen S_x und S_B ergeben sich zuverlässigkeitsbasierte Sicherheitszahlen, die lediglich die Zuverlässigkeitshorizonte berücksichtigen müssen.

$$S_x = \sqrt[ß]{\frac{ln\, R_N}{ln\, R_{vorh.}}} = \frac{x_{vers.}}{x_{vorh.}} \text{ bzw. } S_B = \sqrt[a \cdot ß]{\frac{ln\, R_N}{ln\, R_{vorh.}}} = \frac{B_{vers.}}{B_{vorh.}} \tag{6.20}$$

Es wird auf die Beispiele 5, 6 und 13 verwiesen.

6.5 Aktuell vorhandene Zuverlässigkeit von Wälzlagern

Im Abschn. 5.1 wurde für Wälzlager die klassische Lebensdauerberechnung eingeführt. Es gilt die Abb. 6.5. Die nominelle Lebensdauer L_n für eine Zuverlässigkeit von $R_N = 0{,}9$ berechnet sich, wie in Abschn. 5.1 und 5.4 eingeführt auf der Basis des Wöhlerlinienansatzes mit

$$L_n = \left(\frac{C_{dyn}}{P}\right)^p \cdot 10^6 \; Umdrehungen \; (R_N = 0{,}9). \tag{6.21}$$

Die Dynamische Tragzahl $C_{dyn.}$ ist die genormte Belastung B_N, die 10^6 Umdrehungen die genormte Lebensdauer x_N und die äquivalente Beanspruchung P die vorhandene Belastung B_i.

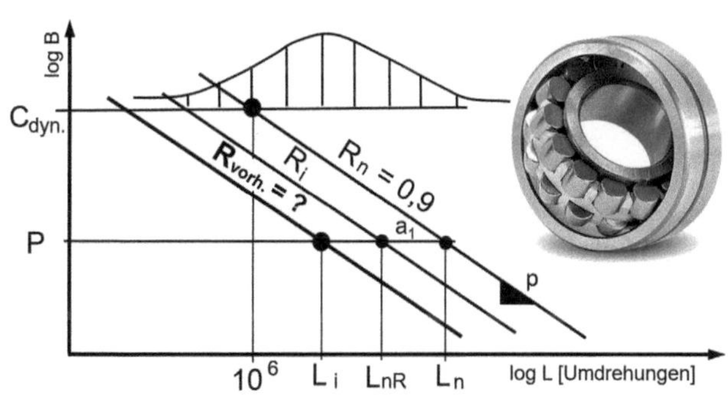

Abb. 6.5 Modellvorstellung vorhandene Zuverlässigkeit für Wälzlager

Sollen von $R_N = 0{,}9$ abweichende Zuverlässigkeitshorizonte abgefragt werden, wird ein Faktor a_1 (s. Abschn. 5.3.2, Tab. 5.1) in den Wälzlagerkatalogen genutzt. Dieser Faktor ist das Ergebnis der Anwendung des Zuverlässigkeitsterms in der Formel 5.50. Für die erreichbare Lebensdauer einer spezifischen Zuverlässigkeit R_i gilt:

$$L_{nR} = a_1 \cdot \left(\frac{C_{dyn}}{P} \right)^p \cdot 10^6 \; Umdrehungen \; (\mathrm{R_i} \neq 0{,}9) \tag{6.22}$$

und unabhängig von den Transformations-Werten a_1 in Tab. 5.1

$$L_i = \sqrt[ß]{\frac{-ln\, R_i}{-ln\, R_N}} \cdot \left(\frac{C_{dyn}}{P} \right)^p \cdot 10^6 \; Umdrehungen \; (\mathrm{R_i} \neq 0{,}9). \tag{6.23}$$

Umgestellt nach Ri schreiben wir in Analogie zu Gl. 6.18 für die vorhandene Zuverlässigkeit zum Zeitpunkt L_i

$$R_{vorh.} = R_N^{\left[\left(\frac{P}{C_{dyn}} \right)^p \cdot \frac{L_i}{10^6} \right]^ß}. \tag{6.24}$$

Die vorhandene Lebensdauer L_i ist in Umdrehungen einzusetzen. P berechnet sich aus den vorhandenen radialen und axialen Lagerkräften in Kombination mit herstellerspezifischen aus Wälzlagerkatalogen zu entnehmenden Beiwerten X und Y mit

$$P = X \cdot F_r + Y \cdot F_a, \tag{6.25}$$

der Wöhlerlinienexponent p = 3 für Kugeln als Wälzkörper bzw. p = 10/3 für alle Wälzkörper mit Linienkontakt, $R_N = 0{,}9$ und ß = 1,5.

Benötigt werden diese Zuverlässigkeiten z. B. für die Ermittlung der Systemzuverlässigkeit, bei denen Wälzlager infolge ihrer Ausprägung vor allem als Reihensystem in Erscheinung treten.

Es wird auf das *Beispiel 13* verwiesen.

6.6 Zuverlässigkeit bzw. Schadenswahrscheinlichkeit bei Kollektivbeanspruchung

Der Zuverlässigkeitsarbeit bei Kollektivbeanspruchung näherten wir uns im Abschn. 5.3.5. Dort wurde für die Lebensdauerberechnung bei veränderlicher Zuverlässigkeit die klassische Schadensakkumulationshypothese um einen Modifizierungsterm erweitert. Eingeführt wurde für die Berechnung der Lebensdauer in Abhängigkeit einer zu berücksichtigenden Zuverlässigkeit

$$x = \frac{\sum_{i=1}^{n} x_i}{\sum_{i=1}^{n} \frac{x_i}{X_N} \left(\frac{B_i}{B_N} \right)^a \cdot \sqrt[ß]{\frac{-\ln R_N}{-\ln R_i}}}. \tag{6.26}$$

Bei Nutzung der Äquivalenten Beanspruchung $B_ä$ wurde nach Abschn. 5.3.5 für die mit einer Überlebenswahrscheinlichkeit R_i erreichbare Lebensdauer.

$$x = \left(\frac{B_N}{B_ä}\right)^a \cdot \sqrt[ß]{\frac{-\ln R_i}{-\ln R_N}} \cdot x_N \text{ mit } B_ä = \sqrt[a]{\sum B_i{}^a \cdot \frac{x_i}{\sum x_i}} \tag{6.27}$$

definiert. Für die Bestimmung der „augenblicklichen" vorhandenen Zuverlässigkeit eines Bauteils können in Analogie zum Abschn. 6.4 identische Rechenansätze in Bezug auf die Abb. 6.6 verwendet werden.

Von der vorhandenen Lebensdauer auf dem Horizont $B_ä$ wird durch den bekannten Wöhleransatz die äquivalente Lebensdauer x_i^* auf dem Normhorizont B_N bestimmt und in die zugehörige Weibull-Gleichung eingesetzt. Wir schreiben

$$B_ä{}^a \cdot x_{vorh.} = B_N{}^a \cdot x_i^* \rightarrow x_i^* = \left(\frac{B_ä}{B_N}\right)^a \cdot x_{vorh.} \rightarrow R_{vorh.} = e^{-\left(\frac{x_i^*}{T_N}\right)^ß}$$

$$R_{vorh.} = e^{-\left[\left(\frac{B_ä}{B_N}\right)^a \cdot \frac{x_{vorh.}}{T_N}\right]^ß} \tag{6.28}$$

Der identische Rechenansatz für $R_{vorh.}$ wird erreicht, wenn für die Zuverlässigkeitsgleichung nach Weibull die benötigte charakteristische Lebensdauer $T_ä$ mithilfe der Wöhlerliniengleichung aus der charakteristischen Lebensdauer T_N des Normhorizontes B_N generiert.

$$R_{vorh.} = e^{-\left(\frac{x_{vorh.}}{T_ä}\right)^ß} \text{ mit } T_ä = \left(\frac{B_N}{B_ä}\right)^a \cdot T_N \tag{6.29}$$

$$R_{vorh.} = e^{-\left[\left(\frac{B_ä}{B_N}\right)^a \cdot \frac{x_{vorh.}}{T_N}\right]^ß} \tag{6.30}$$

Durch Verwendung der Gleichung 6.18. erhalten wir für die aktuelle Zuverlässigkeit nach einem repräsentativen Beobachtungszeitintervall

Abb. 6.6 Modellvorstellung für die aktuelle Zuverlässigkeit bei Kollektiven

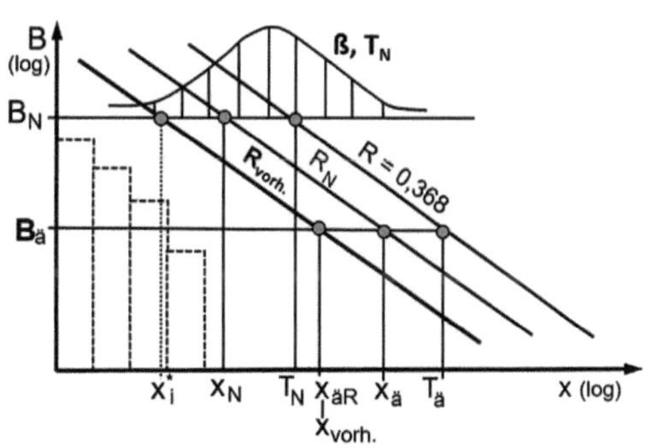

$$R_{vorh.} = R_N^{\left[\left(\frac{B_{\ddot{a}}}{B_N}\right)^a \cdot \frac{x_{vorh.}}{x_N}\right]^{\beta}}, \tag{6.31}$$

wobei in allen Zuverlässigkeitsgleichungen der Ansatz für die äquivalente Belastung

$$B_{\ddot{a}} = \sqrt[a]{\sum B_i^a \cdot \frac{x_i}{\sum x_i}}. \tag{6.32}$$

zu berücksichtigen ist. Für weitere Zeitintervalle muss kein neues Kollektiv gebildet werden, da nach Wiederholung des Lastkollektivs die gleiche Belastungshöhe $B_{ä}$ vorliegt. „Reelle" Zuverlässigkeitswerte sind allerdings nur nach Vollendung des jeweiligen ganzzahligen Vielfachen des Beobachtungszeitintervalls ableitbar, da innerhalb der Lastfolge des Kollektivs der Reihenfolgeeinfluss der Beanspruchungshorizonte durch die Treppenstufung keine Berücksichtigung findet und es somit zu einer Verfälschung des Zuverlässigkeitsergebnisses kommt.

Soll der Reihenfolgeeinfluss berücksichtigt werden, wird folgende Vorgehensweise nach [17] vorgeschlagen.

Erträgt ein Bauteil x_1 Lastwechsel der Beanspruchungshöhe B_1, besitzt das Bauteil zum Zeitpunkt x_1 entsprechend Bild 6.7 die aktuelle Zuverlässigkeit R_1 mit

$$R_1 = e^{-\left(\frac{x_1}{T_1}\right)^{\beta}} \text{ bzw. } R_1 = e^{-\left(\frac{x_1}{T_N} \cdot \left(\frac{B_1}{B_N}\right)^a\right)^{\beta}} \tag{6.33}$$

Folgen danach x_2 Lastwechsel einer Beanspruchung B_2, verringert sich mit Gl. 6.34 die Zuverlässigkeit R_1 auf die Zuverlässigkeit R_2 (s. Abb. 6.7) wobei der Zuverlässigkeitsansatz gemäß Gl. 6.17 verwendet werden kann. Der Lebensdauerwert x_1^* ist dabei der theoretische Lastwechselwert, mit dem bei einer Beanspruchungshöhe B_2 die Zuverlässigkeit R_1 erreicht worden wäre. Der Wert ist mithilfe der Wöhlerliniengleichung zu berechnen. Es gilt:

$$R_2 = R_1^{\left(\frac{x_1^* + x_2}{x_1^*}\right)^{\beta}} \text{ mit } x_1^* = \left(\frac{B_1}{B_2}\right)^a \cdot x_1 \tag{6.34}$$

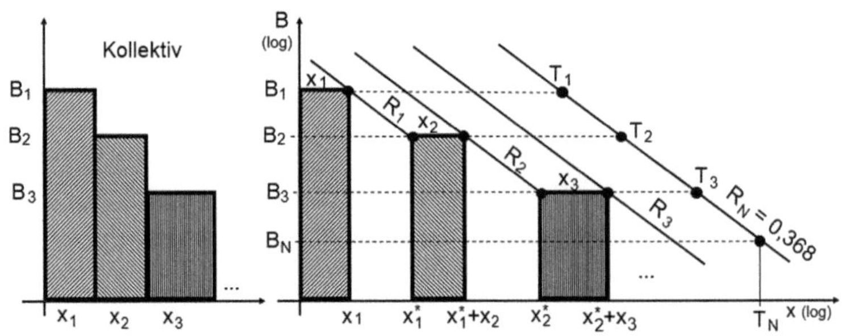

Abb. 6.7 Schema der Zuverlässigkeitsentwicklung bei Kollektivbeanspruchung

Analog gilt für ein drittes Beanspruchungs- und Lastwechselwertepaar (s. Abb. 6.7).

$$\mathrm{R}_3 = \mathrm{R}_2^{\left(\frac{x_2^*+x_3}{x_2^*}\right)^\beta} \quad \text{mit } x_2^* = \left(\frac{B_2}{B_3}\right)^a \cdot \left(x_1^* + x_2\right) \tag{6.35}$$

Nach Verallgemeinerung der Lösungsansätze, dass Einsetzen der Zuverlässigkeit in die Vorgängergleichung, kann für die aktuelle Zuverlässigkeit einer Kollektivbeanspruchung nach n Stufen

$$R^n_{vorh.} = exp - \left[\left(\frac{x_1}{T_1}\right)^\beta \cdot \prod_{i=2}^{n}\left(1 + \frac{x_i}{x^*_{i-1}}\right)^\beta\right] \tag{6.36}$$

$$\text{mit } x^*_{i-1} = \left(\frac{B_{i-1}}{B_i}\right)^a \cdot \left(x^*_{i-2} + x_{i-1}\right) \quad \mathrm{i} = 2, 3, \ldots, \mathrm{n};\ \mathrm{x}^*_0 = 0$$

geschrieben werden, womit auch der Reihenfolgeeinfluss beschreibbar wird. Eine konsequente Anwendung führt zur Erkenntnis, dass Lastwechsel hoher Beanspruchungshorizonte zu einer schnelleren Zuverlässigkeitsreduzierung führen als Lastwechsel niederer Beanspruchungen. Für virtuelle $x^*_{i-1} < 1$ ist ein Zuverlässigkeitssprung bereits nach einem Lastwechsel zu berücksichtigen. Beim Standard-kollektiv ($B_{max} \rightarrow B_{min}$) wird eine „pessimistische“ Zuverlässigkeit; beim Inverskollektiv ($B_{min} \rightarrow B_{max}$) eine „optimistische“ Zuverlässigkeit eintreten. Die Realität wird je nach Reihung der Belastungshöhen einen Zwischenwert einnehmen. Mit der „pessimistischen“ Variante ist im Rahmen einer Auslegung ausreichend Sicherheit gegeben. Mögliche Anwendungsgebiete liegen in der diagnostischen Überwachung sicherheitsrelevanter Bauteile im Zusammenhang mit der Instandhaltungsplanung oder in der überschläglichen Abschätzung einer Zuverlässigkeit während der Auslegung.

6.7 Zuverlässigkeitstheoretische Interferenzmodelle

6.7.1 „Statisches“ Interferenzmodell

In Abb. 2.31 wurde im Zusammenhang mit einer kritischen Betrachtung der Sicherheitszahl das auf Erker [8] zurückgehende Modell zur Interferenz von statistisch verteilter Beanspruchbarkeit B_{vers} eines Bauteils und einer statistisch verteilten Beanspruchung B_{vorh} dargestellt. Dieses Modell soll um eine mathematische Lösung angeführt werden (vgl. Abb. 6.8).

Wir verwenden hier den Begriff des „statischen“ Interferenzmodells, weil eine Aussage zum Zeitpunkt des Ausfalls und damit zur Lebensdauer nicht möglich ist.

Das Modell basiert auf der wahrscheinlichkeitstheoretischen „Faltung“ von zwei statistischen Verteilungen.

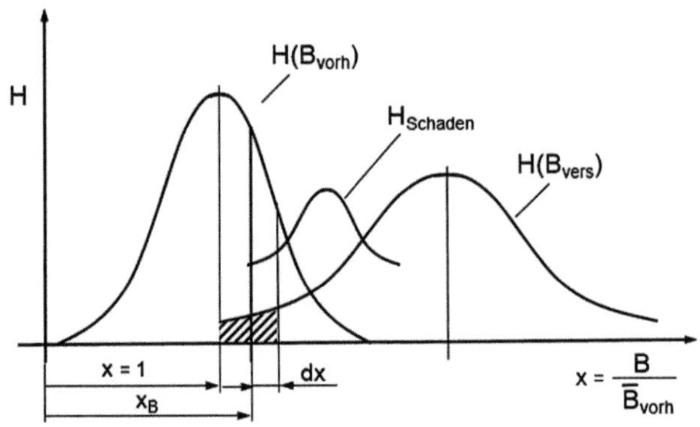

Abb. 6.8 „Statisches" Interferenzmodell

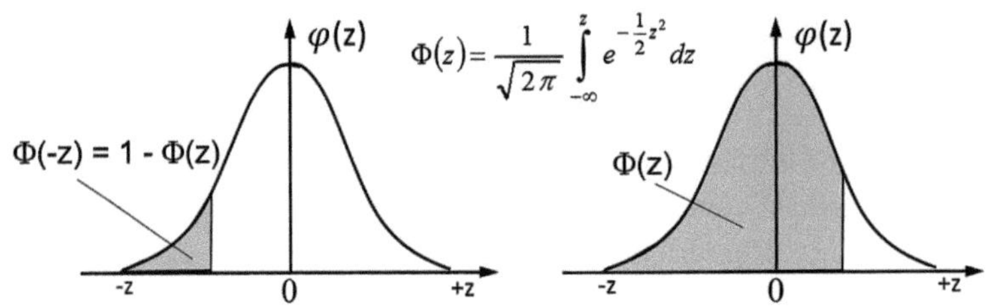

Abb. 6.9 Lage von Φ(-z) in der Standardnormalverteilung

Werden beide Häufigkeitsverteilungen über der dimensionslosen Belastung bzw. Beanspruchung

$$x = \frac{B}{\overline{B}_{vorh.}} \tag{6.37}$$

aufgetragen, wobei $\overline{B}_{vorh.}$ der Mittelwert der vorhandenen Belastungen bzw. Beanspruchungen sein soll (vgl. Abb. 6.9), so entspricht die nominelle Versagensgrenze (meist 10 %) mit dem Wert x_s der Sicherheitszahl

$$\mathrm{x_S} = \mathrm{S}. \tag{6.38}$$

Die Schadenswahrscheinlichkeit an der Stelle x_B ergibt sich nach dem Faltungssatz der Wahrscheinlichkeitsrechnung aus dem Produkt der Häufigkeit aller Bauteile mit einer Beanspruchbarkeit kleiner als x_B und der Häufigkeit der Beanspruchung an dieser Stelle zu

$$d\,W_B = H_{B\,vorh.}(x) \int_{-\infty}^{x_B} H_{B\,vers.}(x)dx \tag{6.39}$$

und damit

$$W_B = \int_{-\infty}^{+\infty} H_{B\,vorh.}(x) \int_{-\infty}^{x_B} H_{B\,vers.}(x)dx\,dx. \tag{6.40}$$

Dieses Integral kann für spezielle Verteilungsfunktionen gelöst werden. Als relativ einfacher Ansatz zur Berechnung der Ausfallwahrscheinlichkeit auf der Grundlage der Gaußverteilung (vgl. Abschn. 4.3.1) kann

$$\Phi(-z) = \Phi\left(-\frac{\overline{B}_{vers} - \overline{B}_{vorh}}{\sqrt{\sigma_{vers}^2 - \sigma_{vorh}^2}}\right) = 1 - \Phi\left(\frac{\overline{B}_{vers} - \overline{B}_{vorh}}{\sqrt{\sigma_{vers}^2 - \sigma_{vorh}^2}}\right). \tag{6.41}$$

angesehen werden. $\overline{B}_{vers.}$ und $\overline{B}_{vorh.}$ sind die Mittelwerte μ der jeweiligen Verteilung und $\sigma_{vers.}^2$ bzw. $\sigma_{vorh.}^2$ die Varianzen. Da die Gaußverteilung elementar nicht lösbar ist, muss auch hier wie in Abschn. 4.4 vorgestellt mit einer Substitutionsvariablen–z gearbeitet werden. Φ(-z) ist mit Gl. 4.54 und Tafel IV.1.3 (Kap. 4, s. auch Abb. 6.9) zu lösen.

Da die Zuverlässigkeit gesucht wird, ist die Ausfallwahrscheinlichkeit mit

$$R_S = 1 - \Phi(-z) = \Phi(z) = \Phi\left(\frac{\overline{B}_{vers} - \overline{B}_{vorh}}{\sqrt{\sigma_{vers}^2 - \sigma_{vorh}^2}}\right) \tag{6.42}$$

in die Zuverlässigkeit dieses statischen Systems zu überführen.

Nur für wenige Verteilungen ist eine solche „geschlossene" Lösung möglich, unter Einsatz der Rechentechnik sollte für spezielle Aufgaben eine numerische Auswertung vorgenommen werden.

Sicher ließe sich mithilfe dieser Zuverlässigkeit die Aussagefähigkeit der Sicherheitszahl verbessern, durch das „statische" Modell allerdings nur für elementares Versagen durch Bruch oder Streckgrenzenüberschreitung. Eine Aussage zur Zeitabhängigkeit der Schädigungsprozesse ist auf diesem Wege nicht möglich. Diese Aufgabe wurde von Haibach [12] mithilfe eines „dynamischen" Modells bearbeitet.

6.7.2 „Dynamisches" Interferenzmodell

Haibach (vgl. [12]) nutzt das in Abschn. 6.7.1 beschriebene „Statische" Modell zur Interferenz einer statistisch verteilten Beanspruchung mit der Streuung der Beanspruchbarkeit im Zeitfestigkeitsbereich der Wöhlerdiagramms (s. Abb. 6.10).

Für ein Beanspruchungsniveau zum Zeitpunkt x geht dieses Modell über in das Modell nach Abb. 6.10., womit die Möglichkeit besteht, die Zuverlässigkeit mit

$$R_d(x) = \Phi\left(\frac{\overline{B}_{vers}(x) - \overline{B}_{vorh}}{\sqrt{\sigma_{vers}^2 - \sigma_{vorh}^2}}\right) \tag{6.43}$$

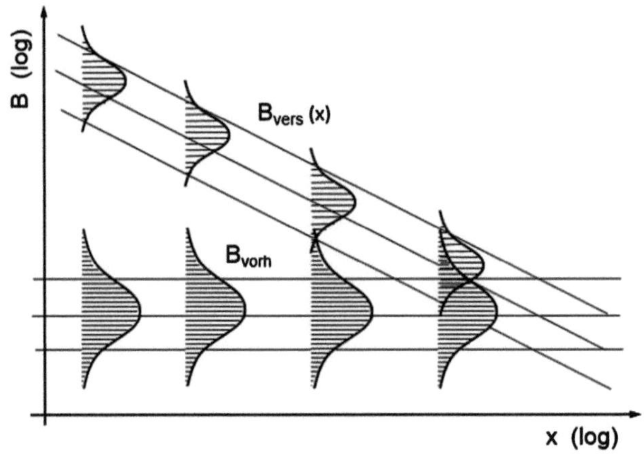

Abb. 6.10 „Dynamisches" Interferenzmodell nach Haibach [11]

zu ermitteln. Hingewiesen sei auf den mit zunehmender Lebensdauer veränderlichen Mittelwert $\overline{B}_{vers.}$ der Beanspruchbarkeit. Um beliebige Lebensdauerpunkte hinsichtlich einer aktuellen Zuverlässigkeit abfragen zu können, ist die Verwendung einer Lebensdauergleichung nach Wöhler für die Mittelwerte der Beanspruchbarkeiten empfehlenswert.

6.7.3 Interferenzmodell für Verschleiß

Auch für Verschleiß (vgl. Abschn. 3.2) lassen sich in Bezug auf (Abb. 3.19a und 3.19b) Interferenzmodelle generieren. Für die Ermittlung der Zuverlässigkeit, bei Betrachtung eines konstanten Beanspruchungshorizontes B_v, ist in Abhängigkeit vom Verschleißweg x_v (alternativ Verschleiß- oder Kontaktzeit t_V) Abb. 6.11 relevant. Es wird eine

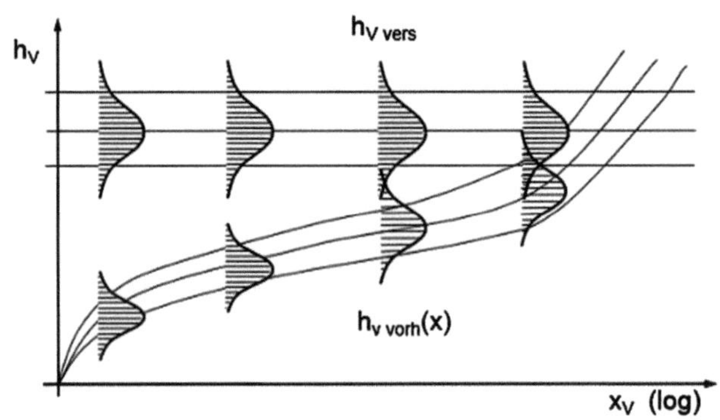

Abb. 6.11 Interferenzmodell für Verschleiß

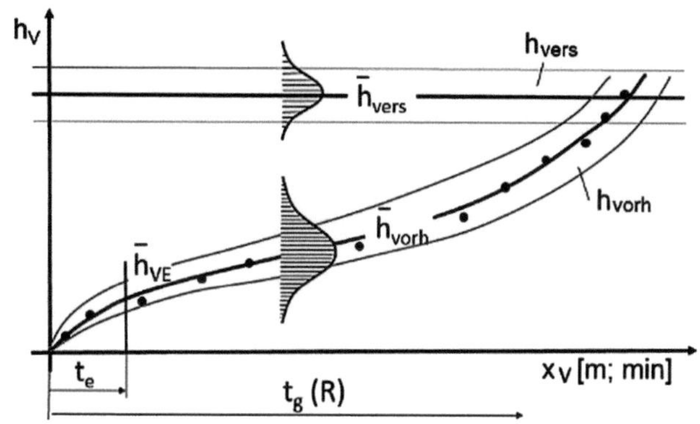

Abb. 6.12 Reduziertes Interferenzmodell

statistisch verteilte Verschleißhöhe $h_{v\ vers.}$ definiert, bei der es zu einem Ausfall oder zu einer Funktionsminderung kommt. Bei konstanter Beanspruchung existiert nach einem Verschleißweg bzw. einer Verschleißzeit eine ebenfalls statistisch verteilte vorhandene Verschleißhöhe $h_{v\ vorh.}$ (Abb. 6.12)

Analog zu den vorangegangenen Kapiteln kann bei Kenntnis der Mittelwerte von $h_{v\ vers.}$ und $h_{v\ vorh.}$ eine Zuverlässigkeit für x_v mithilfe Gl. 6.44 und Tafel IV.1.3 berechnet werden.

$$R_V(x_v) = \Phi\left(\frac{\overline{h}_{vers} - \overline{h}_{vorh}(x_v)}{\sqrt{\sigma_{vers}^2 - \sigma_{vorh}^2(x_v)}}\right) \tag{6.44}$$

Die Berechnung der Verschleißhöhe setzt einen besonderen mathematischen Ansatz voraus. Vorgeschlagen wird in [5.18] zum Beispiel der Ansatz nach Gl. 6.45.

$$h_v(x_v) = h_{vE} + v_v \cdot {x_v}^{\alpha}. \tag{6.45}$$

In dieser Gleichung entspricht h_{vE} der vorliegenden Verschleißhöhe nach Erreichen der Einlaufzeit te (s. Abb. 3.18), v_v ist ein Maß für die Verschleißgeschwindigkeit und α ein Korrekturexponent, mit dem die unterschiedlichen Verschleißerscheinungen (ebenfalls Abb. 3.18) beschrieben werden können. Für den rein stationären Verschleiß wird $\alpha = 1$. In Abb. 6.13 sind für den Verschleiß von Komponenten von Maschinenkolben kleiner Küstenmotorschiffe als Beispiel mögliche Parameter gegeben. Für weitere Datensammlungen sei z. B. auf [18] verwiesen.

Da der Verschleißzuwachs statistischen Verteilungen folgt, müssen für unsere Verwendung die mittlere Verschleißhöhe am Ende der Einlaufphase und ggf. auch der Beschreibungskoeffizient α durch statistische Auswertung gewonnen werden. Gleiches gilt für die Varianz. Hier gilt es zunächst, den mathematischen Verlauf der Wahrscheinlichkeitslinie 84,13 % oder 15,87 % zur Bestimmung der Standardabweichung (s. Abschn. 4.3.1) zu beschreiben.

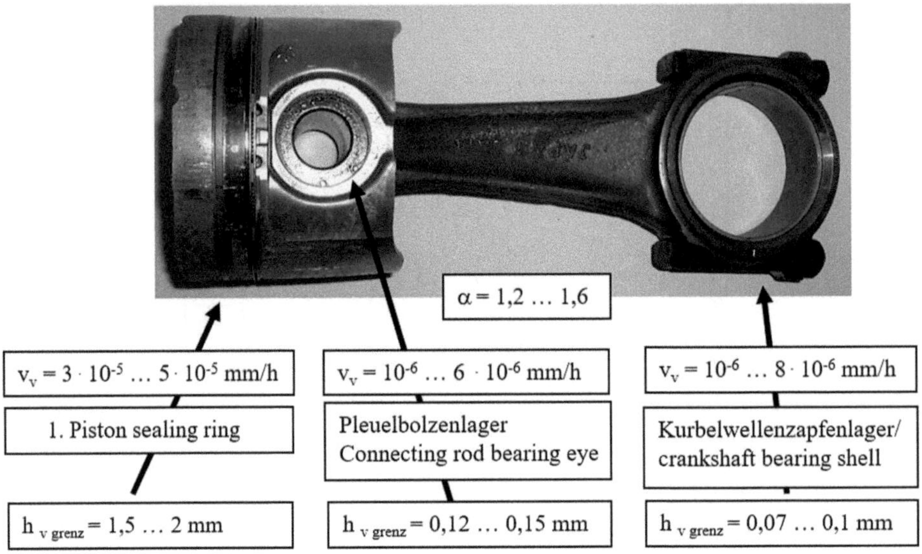

Abb. 6.13 Verschleißparameter für Dieselmotoren kleiner Schiffe

Die in Abschn. 6.7 beschriebenen „Interferenzmodelle" haben in der Praxis bisher keine breite Anwendung gefunden. Das mag an dem relativ hohen mathematischen Anspruch liegen, den die Lösung eines Faltungsintegrals mit sich bringt.

6.8 Anforderungen an Zuverlässigkeit und Ausfallwahrscheinlichkeit

Nicht unproblematisch sind zum gegenwärtigen Zeitpunkt Angaben über anzustrebende bzw. der Rechnung zu Grunde zu legender nomineller Zuverlässigkeiten R_N bzw. daraus abgeleiteter nomineller Ausfallwahrscheinlichkeiten F_N.

Im Kap. 2 werden bei der Risikobewertung (s. Abb. 2.35 oder 2.36) z. B. lediglich allgemeine Angaben wie „wahrscheinlich", „unwahrscheinlich" bzw. „extrem unwahrscheinlich" gegeben.

Konkretere Angaben gibt es da schon bei den Maschinenelementen und der Betriebsfestigkeit. Nach dem Vorbild der Wälzlager-Auslegung hat sich der Wert $R_N = 0{,}9$ und damit $F_N = 0{,}1$ als Berechnungsgrundlage weit verbreitet.

Andererseits fehlen insbesondere bei Werkstoffkennwerten wie Bruchfestigkeit und Dauerschwingfestigkeit konkrete Angaben, i. d. R. beträgt diese dann $R_N = 0{,}9$.

Tab. 6.1 Anforderungsklassen für nominelle Zuverlässigkeiten

Risikoklasse	Anwendungsfall	Nominelle Zuverlässigkeit	Ausfallwahrscheinlichkeit
W1	Konstruktion mit sehr hoher sicherheitsrelevanter, lebens-, umwelt- und produktionsentscheidender Eigenschaft	$R_N \geq 99{,}9\,\%$	$F_N \leq 0{,}1\,\%$
W2	Konstruktion mit erhöhter sicherheitsrelevanter, lebens-, umwelt- und produktionsentscheidender Eigenschaft	$R_N \geq 99\,\%$	$F_N \leq 1\,\%$
W3	Maschinenbauliche Standardanwendung	$R_N \geq 90\,\%$	$F_N \leq 10\,\%$
W4	Konstruktion ohne sicherheitsrelevanter, lebens-, umwelt- und produktionsentscheidender und ohne primär funktionell entscheidender Eigenschaft	$R_N \geq 80\,\%$	$F_N \leq 20\,\%$

Veröffentlichungen zu Wöhlerdiagrammen kennzeichnen meistens neben der 10 %-Grenze ($R_N = 0{,}9$) die Linie für $R_m = F_m = 0{,}5$ und $R = 0{,}1$ ($F = 0{,}9$). In neueren statistisch definierten Datensammlungen ist die Tendenz zu höheren Zuverlässigkeitsanforderungen unverkennbar.

So legt der Stahlbau in [5] den Wert $R_N = 0{,}95$, der Schiffbau [11] wie auch die FKM-Richtlinie [10] für den Maschinenbau $R_N = 0{,}975$ und die DIN-Vorschrift für Zahnradwerkstoffe [4] $R_N = 0{,}99$ zu Grunde. Weitere Normwerte R_N sind aus der Tafel III.2.1 im Kap. 3 zu entnehmen.

Eine einheitliche Systematik ist bisher nicht erkennbar. Es wird deshalb vorgeschlagen, Anforderungsklassen nach folgendem Muster gemäß Tab. 6.1 zu definieren.

Eine weitere Differenzierung nach Einsatzgebieten (Fahrzeuge, Schiffe, Flugzeuge, Reaktortechnik,….) und nach Redundanzen ist denkbar. Tab. 6.2 gibt ein Beispiel aus dem Flugzeug- und Schiffbau wieder. Zu erkennen sind die dieser Branchen eigenen sehr hohen Sicherheitsanforderungen.

Tab. 6.3 hingegen enthält ein anwendungsorientiertes Beispiel. In Abhängigkeit vom Einsatzfall sind allgemeine Zuverlässigkeitsklassen systematisiert.

Nach den dargestellten Zusammenhängen zwischen Sicherheit, Zuverlässigkeit und Ausfallwahrscheinlichkeit ist eine Übertragung sicherheitsrelevanter Anforderungen auf zuverlässigkeits- bzw. ausfalldefinierte Anforderungen möglich.

Tab. 6.2 Wahrscheinlichkeitsklassen für Gefahren nach High Speed Craft Code (HSC) [13] bzw. Joint Aviation Requirements

Schiffbau/Flugzeugbau		
Gefahreneintrittsklasse	Zulässige Ausfall-wahrscheinlichkeit F	Geforderte Zuverlässigkeit R
Frequent (häufig)	$F \geq 10^{-3}$	**$R \leq 0{,}999$**
Reasonable probable (möglich)	$10^{-5} \leq F < 10^{-3}$	**$0{,}99999 \geq R > 0{,}999$**
Remote (unwahrscheinlich)	$10^{-7} \leq F < 10^{-5}$	**$0{,}9999999 \geq R > 0{,}99999$**
Extremely remote (sehr unwahrscheinlich)	$10^{-9} \leq F < 10^{-7}$	**$0{,}999999999 \geq R > 0{,}9999999$**
Extremly Improbable (nahezu unmöglich)	$F < 10^{-9}$	**$R > 0{,}999999999$**

Tab. 6.3 Wahrscheinlichkeitsklassen für Getriebe nach DIN 3990 [4]

Maschinenbau		
Anwendungsfall	Zulässige Ausfallwahrscheinlichkeit F	Geforderte Zuverlässigkeit R
Kraftfahrzeug-Achsgetriebe	$0{,}1 \leq F \leq 0{,}2$	**$0{,}9 \geq R \geq 0{,}999$**
Schnelllaufende Industriegetriebe	$F = 0{,}01$	**$R = 0{,}99$**
Industrieturbogetriebe	$F < 0{,}01$	**$R > 0{,}99$**
Hauptgetriebe Luft- und Raumfahrt	$0{,}001 \leq F \leq 0{,}01$	**$0{,}999 \geq R \geq 0{,}99$**

6.9 Sicherheit, Lebensdauer, Zuverlässigkeit und Ausfallwahrscheinlichkeit – eine neue Auslegungsphilosophie

Im Abschn. 1.2 wurde die klassische“ Auslegung von Konstruktionselementen und Maschinen bereits in den Konstruktionsprozess eingeordnet. Während der Sicherheitsnachweis insbesondere für Dauerschwingfestigkeitsbereiche zum allgemeinen Auslegungsstandard gehört, kann eine Lebensdauerberechnung nur für Wälzlager und wenige weitere Konstruktionselemente zur Zeit als bekannt und üblich angesehen werden.

Das vorliegende Buch erweitert die Möglichkeiten der Lebensdauerauslegung auf Verschleiß und andere flächenabtragende Prozesse und deutet die Übertragung auf komplexe Schädigungen von Zahnflanken, Ventilsitzen, Ketten u. a. an.

Voraussetzung ist die Möglichkeit einer dem Wöhlerdiagramm ähnlichen Auftragung einer „schädigungsrelevanten Beanspruchung“ über einer „charakteristischen Variable“ in Echtzeit, Lastwechseln, Verschleißwegen u. a. Dieses kann in der Konstruktionsphase nur als „synthetisches Wöhlerdiagramm“ mit angenommenen Werten (ein Punkt und; s. Tafel III.2.1 im Abschn. 3) geschehen. Pulsatorversuche, Verschleißversuche u. a. sind wegen des Zeitaufwandes in der Konstruktionsphase kaum möglich.

Die Grenzen bestehen derzeit – wie in Kap. 5 dargestellt – in der Berechnung der Lebensdauer für eine nominelle Zuverlässigkeit, die eine weiterführende Berechnung z. B. der Systemzuverlässigkeit nicht zulässt.

Der dritte Schritt einer neuen Auslegungsphilosophie besteht nun in der Möglichkeit der Berechnung einer aktuell vorhandenen Zuverlässigkeit und einer für den Konstrukteur aussagefähigen Ausfallwahrscheinlichkeit (vgl. Kap. 4), die allerdings in der wöhlerdiagrammähnlichen Auftragung Aussagen zumindest zur Streubreite T_L oder T_B erforderlich macht.

Die Vorgehensweise wird in Abb. 6.14 verdeutlicht. Die wesentlichen Gleichungen sind in der Tab. 6.4 zusammengestellt.

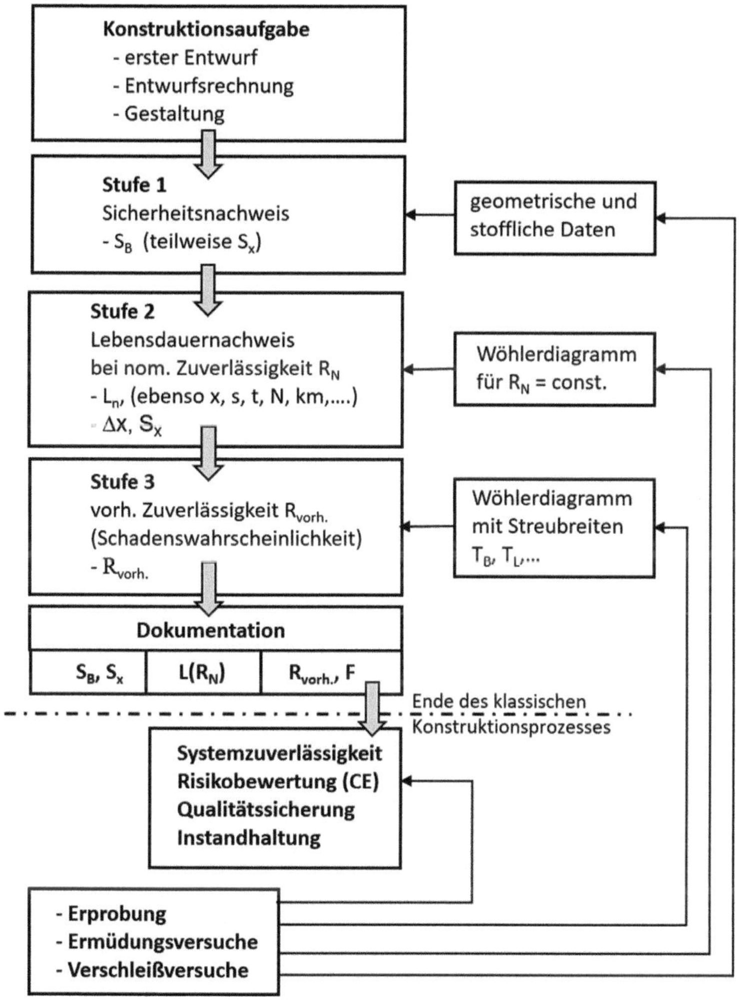

Abb. 6.14 Stufenmodell der Auslegung Sicherheit, Lebensdauer und Zuverlässigkeit

Tab. 6.4 Übersicht zur Berechnung von Sicherheit, Lebensdauer und Zuverlässigkeit

Methode	Gleichung	erforderliche Daten	Informationsgewinn	
			Element	System
Klassische Sicherheit aus Beanspruchungen	$S_B = \frac{B_{vers}}{B_{vorh.}}$	– B_{vers}	– Sicherheit S_B	–
		– B_{vorh} (schwingend /ruhend)		
Lebensdauer bei Nomineller Zuverlässigkeit	$x_i = \left(\frac{B_N}{B_i}\right)^a \cdot \sqrt[\beta]{\frac{-\ln R_i}{-\ln R_N}} \cdot x_N$ $S_x = \frac{x_{vers.}}{x_{vorh.}} = S_B^a$ Δx	– Wöhlerlinie für R_N = const	– Elementlebensdauer x_i für R_N = const	–
		– $B_{vorh.}$ bzw. B-Kollektiv	– Sicherheit S_x	
Zuverlässigkeit bzw. Ausfallwahrschein-lichkeit bei vorgegebener Lebensdauer	$R_{vorh.} = e^{-\left(\left(\frac{B_{vorh.}}{B_N}\right)^a \cdot \frac{x_{vorh.}}{T_N}\right)^\beta}$ $R_{vorh.} = R_N^{\left[\left(\frac{B_{vorh.}}{B_N}\right)^a \cdot \frac{x_{vorh.}}{x_N}\right]^\beta}$ $F(x) - 1 - R(x)$ R_{Sys}	– Wöhlerlinie für R_N = const., Streubreite	– Elementzuverlässigkeit R_i und	– Systemzuverlässigkeit $R_{ges.}$, Systemausfall-wahrscheinlichkeit F_{ges}
		– Sicherheit S_B bzw. S_L oder geforderte Lebensdauer	– Ausfallwahrscheinlichkeit F_i	– Optimierung von Erneuerung bzw. Instandhaltung

Die Abb. 6.14 und Tab. 6.4 lassen die Vielfältigkeit der Anwendungen und die Komplexität der Auslegungspraxis erkennen.

Andererseits wird aber auch der systematische Aufbau des umfassenden Auslegungsprozesses verdeutlicht, der aufbauende Berechnungen der Systemzuverlässigkeit, der Instandhaltung und der Qualitätssicherung ermöglicht.

In Kap. 7 sollen anfallende Kosten analysiert werden. Natürlich verursachen hohe Qualität und Zuverlässigkeit Kosten, i. d. R. sind diese jedoch niedriger als jede Instandhaltung und Instandsetzung.

Quellen und weiterführende Literatur

1. Bertsche, B., Lechner, G.: Zuverlässigkeit im Fahrzeug- und Maschinenbau. Ermittlung von Bauteil- und System-Zuverlässigkeiten (VDI-Buch), Springer Verlag, 3. Auflage, 2004.
2. Brach, S.; Koschig, A.; Nowak, H.: Experimentelle Ermittlung der Ge staltfestigkeit von Kurbelwellen und die Wahrscheinlichkeit ihrer Vor hersage. In: Dieselmotoren Nachrichten 1: 16, WTZ, Roßlau, 1976.

3. Czichos, H.; Habig, K.-H.: Tribologie-Handbuch Tribometrie, Tribomaterialien, Tribotechnik, Vieweg Teubner, 2010.
4. DIN 3990–1 Tragfähigkeitsberechnung von Stirnrädern. Einführung und allgemeine Einflussfaktoren, Beuth, Berlin, 2000.
5. DIN VEN V 1993 Bauen in Europa Stahlbau Stahlhochbau Eurocode 3 Teil 1-1. Beuth, Berlin, 1994.
6. DIN ISO 281: Wälzlager – Dynamische Tragzahlen und nominelle Lebensdauer (ISO 281–2007), Beuth, Berlin, 2010.
7. Eichler, C.: Instandhaltungstechnik. Technik, Stuttgart, 1990.
8. Erker, A.: Sicherheit und Bruchwahrscheinlichkeit. In: MAN For schungsheft 8: 49, 1958.
9. Fleischer, G.: Verschleiß und Zuverlässigkeit. Technik, Berlin, 1980.
10. Forschungskuratorium Maschinenbau: Festigkeitsnachweis Vorhaben 154 Rechnerischer Festigkeitsnachweis für Maschinenbauteile. In: FKM 183-2, Frankfurt, 1994.
11. Germanischer Lloyd: Klassifikations und Bauvorschriften, I Schiffstechnik Teil I Seeschiffe, Kapitel I Schiffskörper, Abschn. 20, Betriebsfestigkeit. Germanischer Lloyd, Bremen, 1994.
12. Haibach, E.: Betriebsfestigkeit – Verfahren und Daten zur Bauteil berechnung. Springer Verlag (VDI-Buch), 3. Auflage, 2006.
13. Maritime and coastguard: International Code of Safety. Instructions for the Guidance of Surveyors, TSO, London, 2000.
14. Mayna, A., Pauli, B.: Zuverlässigkeitstechnik. Quantitative Bewertungsverfahren. Hanser, München, Wien, 2010.
15. Neuber, A.: Theory of Stress concentration for Shear Strained Pris- matic Bodies with Arbitrary Nonlinear Stress-Strain-Laer. In: Journal of Applied Mechanics, p. 544–550, 1961.
16. Neuber, H.: Kerbspannungslehre. Springer, Berlin Heidelberg New York, 1985.
17. O'Connor, P.: Zuverlässigkeitstechnik. VCH Verlagsgesellschaft, Weinheim, 1990.
18. Schnegas, H.: Kosten- und zuverlässigkeitsbasierteAuslegungsmodelle maschinenbaulicher Produkte, Shaker Verlag, Aachen, 2002.
19. Thum, H.: Verschleißteile. Zuverlässigkeit und Lebensdauer. Verlag Technik, Berlin, München, 1992.
20. Uhlig, H. H.: Korrosion und Korrosionsschutz. Akademie-Verlag, Berlin, 1975.

Kosten im Lebenszyklus technischer Gebilde – wie teuer dürfen Qualität und Zuverlässigkeit sein?

7

7.1 Kostenverantwortung bei der Entwicklung eines technischen Gebildes

Termingerecht auf den Markt gebrachte Produkte, deren kundenspezifische Funktionalität und Qualität sowie eine angemessene Preisbildung sind erfahrungsgemäß ein Garant für einen längerfristigen wirtschaftlichen Erfolg eines Unternehmens. Da die Marktführerschaft durch ein innovatives Erstprodukt i. d. R. durch Nachahmung oder Variation der Mitbewerber nur von sehr kurzer Dauer ist und in kürzester Zeit eine Palette gleichwertiger Produkte dem Käufer zur Auswahl steht, müssen insbesondere die Produktqualität und der mit ihr im kausalen Zusammenhang stehende Preis den aktuellen Marktbedingungen ständig angepasst werden.

Erfolgversprechende Entwicklungsstrategien sind

- gleicher Preis für höhere Qualität (Qualitätsführerschaft)
- niedrigerer Preis für gleiche Qualität (Preisführerschaft) oder
- niedrigerer Preis für höhere Qualität.

Im Zentrum steht die Qualität, die als „Gesamtheit von Merkmalen und Merkmalswerten von Produkten bezüglich ihrer Eignung, festgelegte bzw. vorausgesetzte Erfordernisse zu erfüllen" definiert wird (vgl. [9, 10]). Die vorausgesetzten und festgelegten Erfordernisse sind im Maschinenbau marktbegründete, juristisch als auch vertraglich geregelte Qualitätsforderungen, zu denen neben allgemeinen Produktbeschaffenheitsmerkmalen wie Oberflächenbeschaffenheit oder Maßgenauigkeit vor allem Merkmale wie Sicherheit, Zuverlässigkeit, Wirtschaftlichkeit, Instandhaltbarkeit oder Umweltverträglichkeit gehören. Somit ist wiederum eine Verbindung zu der im Buch betrachteten Auslegungsmethodik „Sicherheit-Lebensdauer-Zuverlässigkeit" gegeben.

D. Schlottmann und H. Schnegas, *Auslegung von Konstruktionselementen*,
https://doi.org/10.1007/978-3-662-69386-5_7

Wird nun die Frage nach den qualitätsabhängigen Kosten gestellt, sei vorausgeschickt, dass jede vom Markt geforderte Funktion und qualitative Eigenschaft den Einsatz einer bestimmten technischen Lösung bedarf, die im Entwicklungsprozess nach Abschn. 1.2 festgelegt wird. Jede technische Lösung ist wiederum mit den unterschiedlichsten Aufwendungen an Material, Betriebsmitteln, menschliche Arbeit und Zeit verbunden.

Unter dem Pseudonym Material sind neben den Roh-, Hilfs- und Betriebsstoffen vor allem die konstruktiv interessanten Werkstoffe und unter Betriebsmitteln alle Maschinen und Anlagen, die der gewählten Fertigungstechnologie wie z. B. Gießen, Schweißen, Trennen, Umformen u. a. folgen, zu verstehen.

Zusammengefasst ergeben die genannten Bestandteile die Produktionsfaktoren, deren „Verzehr" in Geld bewertet mit dem Kostenbegriff gleichzusetzen ist und die zum größten Teil bereits in den Entwicklungsphasen eines technischen Gebildes festgelegt werden (vgl. [7]).

Der Grad der Verantwortung für die unmittelbare Kostenfestlegung liefert Abb. 7.1, worin der „Konstruktionsabteilung" mit einem Festlegungsanteil von 70 % der Selbstkosten die Hauptverantwortung zugesprochen wird. Durch den eigentlichen Konstruktionsprozess werden hingegen selber nur 6 % der Kosten verursacht (vgl. z. B. auch [11, 3, 4] u. a.).

Bekannt ist weiterhin die Auswirkung von fehlerhaft ausgelegten bzw. gestalteten Maschinenelementen, die in der Mehrzahl erst während der Prüfung oder im schlimmeren Fall beim Kunden entdeckt werden. Die kostenseitigen Auswirkungen zeigt die sog. „10er-Regel der Fehlerkosten" nach Abb. 7.2 (vgl. [18]).

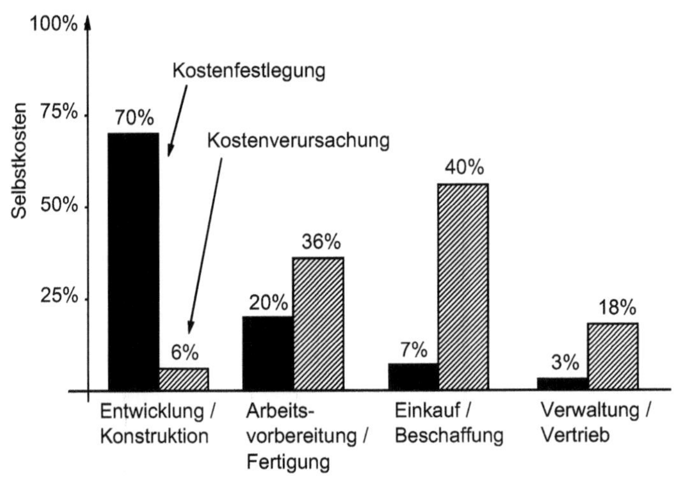

Abb. 7.1 Kostenverantwortung der Struktureinheiten

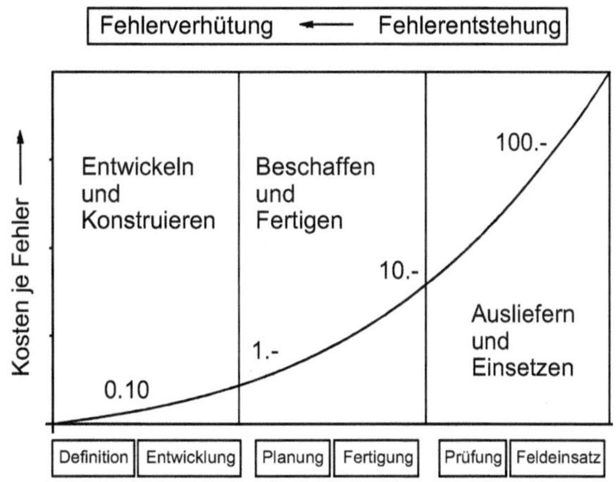

Abb. 7.2 „10er-Regel" der fehlerbedingten Kostenentwicklung (nach [18])

Fehler, die während der Produktentwicklung nicht erkannt und beseitigt werden, potenzieren sich demzufolge in den späteren Produktlebensphasen zu erheblichen Mehrkosten, die sich in imageschädigenden Rückrufaktionen, Gewährleistungs- oder Schadensansprüchen monetär niederschlagen.

Eine Schwierigkeit bei der konstruktiven Kostenarbeit besteht allgemein in der gegenläufigen Tendenz der Kostenbestimmbarkeit und Kostenbeeinflussbarkeit.

Infolge unzureichender und häufig unscharfer Produktinformationen über kostenbestimmende Merkmale (s. Abschn. 7.2) ist gerade in den frühen Phasen der Produktentwicklung eine Kostenbewertung sehr schwierig, wogegen die Kostenbeeinflussbarkeit am größten ist.

Damit bereits in der Produktentwicklung eine umfassende kostenorientierte Entwicklungsarbeit geleistet werden kann, wird in zunehmendem Maße auch vom konstruktiv tätigen Ingenieur ein betriebswirtschaftliches Basiswissen über die Produktkosten erwartet. Kosten, die bei der Herstellung eines Produktes entstehen und beeinflusst werden können, sollen in den nächsten Abschnitten für den ingenieurmäßigen Gebrauch aufbereitet werden.

7.2 Lebenslaufkosten eines technischen Gebildes und Modelle für ihre Berechnung

7.2.1 Lebenslaufkosten eines technischen Gebildes

Betrachten wir die einzelnen „Lebensabschnitte" eines Produktes mit den charakteristischen Phasen

- Marktforschung, Planung
- Konzept, Entwurf

- Erprobung
- Beschaffung
- Fertigung, Endprüfung
- Lagerung, Versand
- Installation, Inbetriebnahme
- Nutzung, Diagnostik, Instandhaltung
- Refresh, Reuse, Entsorgung und Recycling,

sind den einzelnen Abschnitten die unterschiedlichsten Kostenarten zuzuordnen.

Entsprechend bundesdeutschem Handelsgesetzbuch [6], Einkommenssteuerrecht [15] oder den maschinenbaulich orientierten Richtlinien (s. z. B. [7, 8, 17]), kann zur Darstellung der Gesamtkosten eines Produktes während seiner Lebensphasen das Kostenschema nach Abb. 7.3 genutzt werden.

In aktuellen Publikationen und Richtlinien werden die dargestellten Kosten als Life Cycle Costs oder kurz LCC bezeichnet. Die anwenderseitigen Kostenarten erlangen dabei jedoch nur aus der Sicht der Entwicklung eines Produktes Gültigkeit. Aus betriebswirtschaftlicher Sicht sind die Anwenderkosten in die herstellerseitigen Kostenbegriffe zu übersetzen. Als Beispiel seien die Instandhaltungskosten als betriebswirtschaftlicher Bestandteil der Fertigungsgemeinkosten genannt.

Angemerkt sei, dass jedes technische Gebilde eine typische Kostenstruktur aufweist, die der entsprechenden Fachliteratur (z. B. [11, 13]) zu entnehmen ist.

7.2.2 Lebenslaufkostenmodell und Bestimmung der optimalen Nutzungsdauer eines technischen Gebildes

Ein einfaches Modell zur Beschreibung der Lebenslaufkosten nach Abschn. 7.2.1 aus der Sicht des Anwenders finden wir bei Eichler [12]. Es gilt die Gesamtkostengleichung

$$K = A + B \cdot t + C \cdot t^n. \tag{7.1}$$

Dabei können die Kostenanteile A, B, C wie folgt beschrieben werden:

A alle Kosten von der Herstellung bis zum Bruttoeinkaufspreis, sowie alle Beschaffungskosten für Aufstellung, Inbetriebnahme, Qualifizierung und Umschulung des Bedienpersonals;

B alle der Nutzungsdauer proportionalen Aufwendungen für den Betrieb, wie z. B. Energie-, Treibstoff-, Hilfsstoff- und Bedienkosten, sowie alle Aufwendungen für die kontinuierlich durchzuführenden Pflege- und Wartungsarbeiten und die nach starrem Rhythmus erfolgenden Instandsetzungsmaßnahmen und

C alle mit der Nutzungsdauer wachsenden Aufwendungen für die wiederherstellenden Instandsetzungsmaßnahmen infolge Ermüdungs-, Verschleiß- und Korrosionsausfällen.

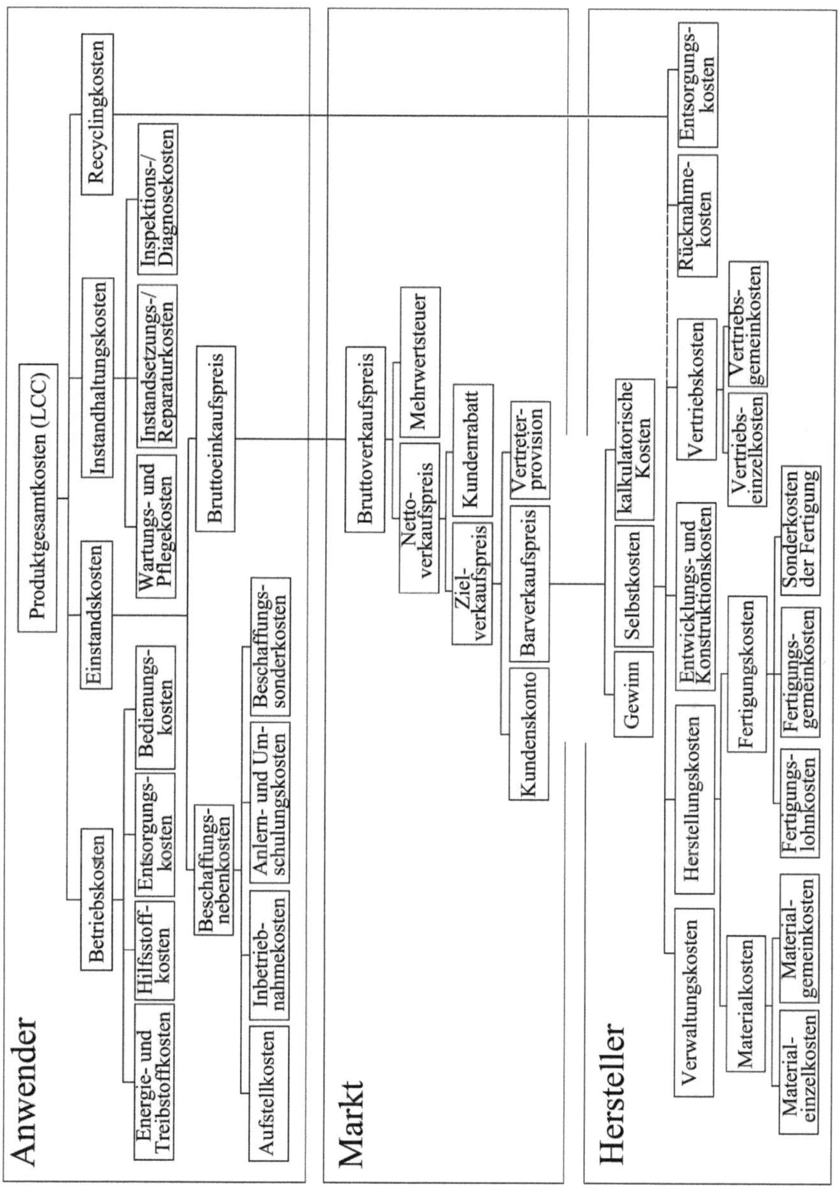

Abb. 7.3 Gesamtschema der Lebenslaufkosten eines technischen Gebildes

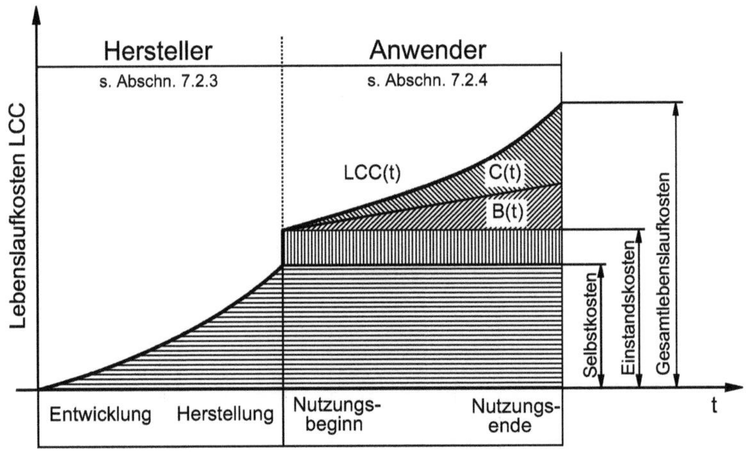

Abb. 7.4 Graphische Darstellung der LCC-Entwicklung

Graphisch erhalten wir Abb. 7.4, in der alle Kostenanteile als Funktion der Zeit dargestellt sind. Deutlich wird ebenfalls der Bezug zur erhöhten Sicherheit, Lebensdauer oder Zuverlässigkeit, wenn davon ausgegangen wird, dass bei steigender Qualität hinsichtlich Sicherheit, Lebensdauer und Zuverlässigkeit der Kostenanteil A i. d. R. durch bessere Werkstoffe, feinere Bearbeitungsverfahren und andere konstruktive und produktive Maßnahmen steigt – der Anteil C infolge geringerem Instandhaltungsaufwand während der Anwendungszeit jedoch zu einer Gesamtkostensenkung führt und durch den Anwender bei der Anschaffung unbedingt berücksichtigt werden sollte (s. Abb. 7.5).

Der Exponent n der Gl. 7.1 wird nach [12] als Instandsetzungskostenexponent definiert und nimmt bei technischen Arbeitsmitteln guter instandhaltungsgerechter Konstruktion und konsequenter vorbeugender Instandhaltung Werte im Bereich $1{,}1 < n < 1{,}8$ ein. Damit ist eine degressive Kostenentwicklung zu verzeichnen. Bei unregelmäßiger Wartung und zunehmendem Ausfallverhalten steigt der Exponent auf $n > 2$, was zu einem progressiven Kostenanstieg führt.

Wird Gl. 7.1 durch die Zeit dividiert, ergeben sich die zeitlich anfallenden Kosten K/t bzw. K^* mit

$$K^* = \frac{K}{t} = \frac{A}{t} + B + C \cdot t^{n-1} \tag{7.2}$$

In Abb. 7.6 wird ein ausgeprägtes Kostenminimum erkennbar, das ein Maß für die minimalen Aufwendungen je Zeiteinheit ist und zum Zeitpunkt der ökonomisch optimalen Nutzungsdauer führt. Durch Differentiation von Gl. 7.2 entsprechend

$$\frac{dK^*}{dt} = 0 = -A \cdot t^{-2} + (n-1)C \cdot t^{n-2} \tag{7.3}$$

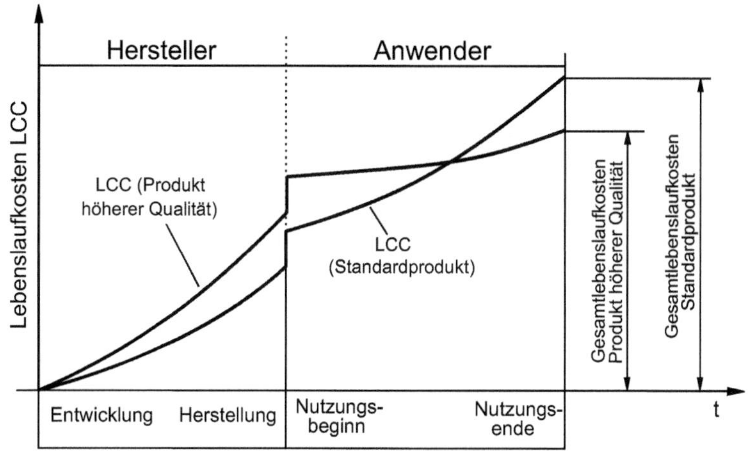

Abb. 7.5 Vergleich der Kostenentwicklung für Produkte höherer Sicherheit, Lebensdauer und Zuverlässigkeit gegenüber herkömmlichen Produkten

Abb. 7.6 Bestimmung der ökonomisch optimalen Nutzungsdauer für progressiven Instandhaltungsaufwand (nach [12])

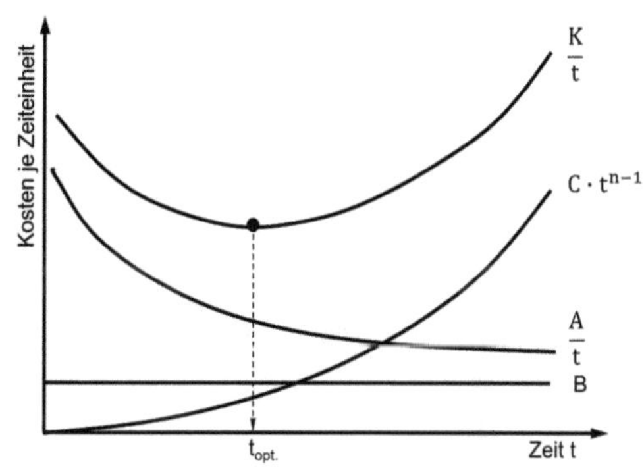

und Auflösung von Gl. 7.3 zur Nutzungsdauer t mit

$$t_{opt.} = \sqrt[n]{\frac{A}{(n-1)\cdot C}} \text{ mit n} \neq 1 \tag{7.4}$$

kann die wirtschaftlich optimale Nutzungsdauer berechnet werden.

Aus betriebswirtschaftlicher Sicht ist diese Zeitdauer optimal, wenn sie mit der Abschreibungszeit (AfA-Zeit) identisch ist.

Ersetzen wir den rechnerisch einfachen Ansatz aus Gl. 7.1 durch den allgemeineren Ansatz

$$K = A + B \cdot t^{*} + C \cdot f\left(t^{*}\right), \tag{7.5}$$

wobei die Zeit t^* ein dimensionsloses Zeitmaß mit

$$t^* = \frac{t}{t_o} \tag{7.6}$$

sein soll und der Zeitwert t_0 nach Zweckmäßigkeit später noch festgelegt wird, so ist aber auch ein Ansatz von $f(t^*)$ denkbar, der den Zusammenhang zur Zuverlässigkeit R(t) bzw. Ausfallwahrscheinlichkeit F(t) herstellt.

Setzen wir

$$f(t^*) = t^* \cdot F(t^*) = t^* \cdot (1 - R(t^*)), \tag{7.7}$$

und dividieren Gl. 7.5 durch t^*, so erhält man die zeitlich anfallenden Kosten nach Gl. 7.2, in der C eine zeitbezogene Kostengröße ist, die zusätzlich proportional mit der Ausfallwahrscheinlichkeit auftritt. Gl. 7.5 lautet dann

$$K^* = \frac{A}{t^*} + B + C \cdot (1 - R(t^*)) \tag{7.8}$$

und mit der Weibull-Verteilung nach Gl. 4.30a

$$K^* = \frac{A}{t^*} + B + C \cdot \left(1 - e^{-(\alpha \cdot t)^\beta}\right). \tag{7.9}$$

Mit dem charakteristischen Wert $\alpha = 1/t_0$ und Gl. 7.6 folgt

$$K^* = \frac{A}{t^*} + B + C \cdot \left(1 - e^{-t^{*\beta}}\right). \tag{7.10}$$

Da für die optimale Nutzungsdauer in diesem Falle keine geschlossene Lösung möglich ist, bilden wir ohne den Kostenanteil B, der wie gezeigt auf das Optimum ohnehin keinen Einfluss hat, die dimensionslose Kostenkennzahl

$$\frac{K^*}{A} = \frac{K}{t^* \cdot A} = \frac{1}{t^*} + \frac{C}{A} \cdot \left(1 - e^{-t^{*\beta}}\right). \tag{7.11}$$

Die Auswertung dieser Gleichung ergibt bei Variation von C/A und ß die in Abb. 7.7 aufgetragenen Kurvenverläufe, aus denen die optimale Nutzungszeit $t_{opt.}$ abzulesen ist. Für ß = 1 (d. h. für die Exponentialverteilung) existiert kein $t_{opt.}$ Für „zufällige“ Ausfälle ist ein solches Kostenoptimum auch nicht zu erwarten.

Die Anwendung des Kostenansatzes wird im Beispiel 15 (s. Kap. 8) demonstriert.

Zum besseren Verständnis der Gesamtkostenkomponenten A, B und C nach Gl. 7.1 sollen diese in den folgenden Abschnitten unter den konstruktiven Gesichtspunkten Sicherheit, Lebensdauer und Zuverlässigkeit näher beschrieben werden.

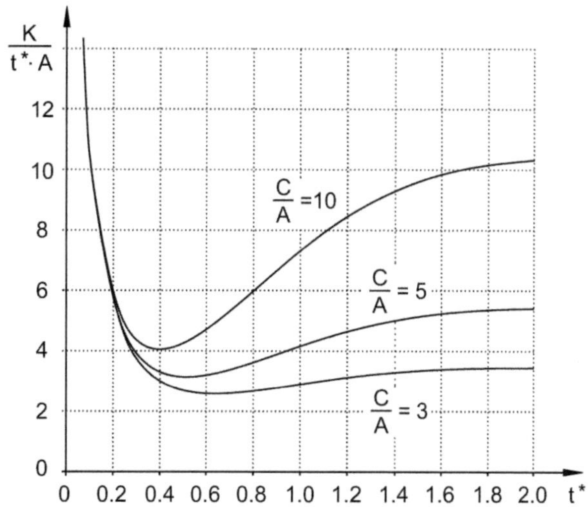

Abb. 7.7 Dimensionslose Kostenkennzahl für Weibull-Exponent ß = 2

7.3 Herstellerseitige Lebenslaufkosten und Zuverlässigkeit

7.3.1 Allgemeine Kostenstruktur bei der Entwicklung und Herstellung technischer Gebilde

Zum Kostenanteil A der Lebenslaufkosten nach Abschn. 7.2.2 gehören die Selbstkosten, die sich aus den Kostenanteilen für Entwicklung und Konstruktion (EKK), Herstellung (HK), Verwaltung (VWGK), Vertrieb (VK) und Produktrücknahme (RK) gemäß Gl. 7.12 zusammensetzen.

$$SK = HK + EKK + VWGK + VK + RK \tag{7.12}$$

Unter den Selbstkosten sind somit alle Kosten zu verstehen, die bei der Erstellung eines Produktes (Kostenträgers) anfallen. Neben den in Abschn. 7.1 bereits genannten Entwicklungs- und Konstruktionskosten (EKK) sind besonders die Herstellkosten (HK) von konstruktiver Bedeutung.

Herstellkosten sind die Aufwendungen, die durch den Verbrauch von Gütern und die Inanspruchnahme von Diensten für die Herstellung eines Vermögensgegenstandes, seine Erweiterung oder für eine über seinen ursprünglichen Zustand hinausgehende Verbesserung entstehen. Dazu gehören die Materialkosten (MK), Fertigungskosten (FK) und die Sonderkosten der Fertigung (SEF). Bei der Berechnung der Herstellkosten dürfen auch angemessene Teile der Materialgemeinkosten (MGK), Fertigungsgemeinkosten (FGK) und des Werteverzehrs des Anlagevermögens, soweit er durch die Fertigung veranlasst ist, eingerechnet werden (vgl. [6]). Schematisch kann diese gesetzliche Festlegung mit Gl. 7.13 bzw. Abb. 7.8 dargestellt werden.

$$HK = MEK + MGK + FLK + FGK + SEF \tag{7.13}$$

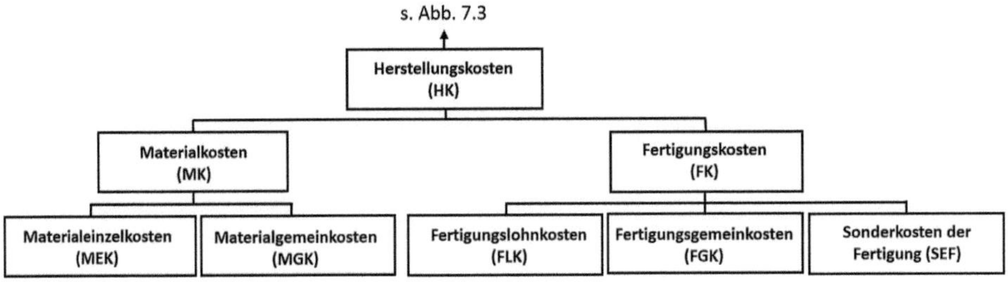

Abb. 7.8 Kostenschema der Herstellkosten

In der Auslegungsphase eines Produktes sind besonders die volumen- und masseabhängigen Materialeinzelkosten relevant, für die unter Berücksichtigung der einzelnen Komponenten des technischen Gebildes Gl. 7.14 gilt.

$$\mathrm{MEK} = \sum_{i=1}^{n} V_{bi} \cdot k_{vi} = \sum_{i=1}^{n} m_{bi} \cdot k_{mi} \tag{7.14}$$

Die Faktoren k_{vi} und k_{mi} bezeichnen darin die Kosten je Volumen- bzw. Masseeinheit und V_{bi} und m_{bi} die Bruttovolumen bzw. -massen der unbearbeiteten Grundelemente eines technischen Gebildes.

Während die Massen und Volumen durch den Konstrukteur abzuschätzen sind, müssen die k-Faktoren durch das betriebliche Rechnungswesen zur Verfügung gestellt werden. Erfahrungsgemäß steigen die Kosten mit zunehmender Qualität der Werkstoffe, die wiederum für eine höhere Sicherheit und Zuverlässigkeit oder eine längere Lebensdauer erforderlich sind.

Unter Berücksichtigung der den Komponenten nicht unmittelbar zuordbaren Gemeinkosten, ergibt sich für die Materialkosten eines technischen Gebildes die Kostengleichung

$$\mathrm{MK} = \left(1 + g_M\right) \sum_{i=1}^{n} V_{bi} \cdot k_{vi} = \left(1 + g_M\right) \sum_{i=1}^{n} m_{bi} \cdot k_{mi}. \tag{7.15}$$

Der Gemeinkostenzuschlag g_M ist als prozentualer Anteil der Materialgemeinkosten in Bezug auf die Materialgesamtkosten eines Abrechnungszeitraumes zu ermitteln.

Ähnlich den Materialkosten lassen sich auch für die Fertigungskosten Einzel- und Gemeinkosten definieren. Für die Fertigungseinzelkosten, die auch als Fertigungslohnkosten bezeichnet werden, gilt

$$\mathrm{FLK} = \sum_{i=1}^{n} t_i \cdot k_{Fi}. \tag{7.16}$$

Der Zeitanteil t_i entspricht je nach Herstellungsart der Erstellzeit t_e oder Montagezeit t_m, die sich wiederum aus den konstruktiv abhängigen Bearbeitungszeitwerten Grundzeit t_G, Erholzeit t_{Er}, Verteilzeit t_V und Rüstzeit t_R zusammensetzen können (vgl. z. B. [11]).

Gemeinsam mit den Fertigungsgemeinkosten gilt für ein technisches Gebilde

$$FK = \left(1 + g_F\right) \sum_{i=1}^{n} t_i \cdot k_{Fi}. \tag{7.17}$$

Der Kostenfaktor k_{Fi} ist dabei der Kostenanteil je Zeiteinheit, der z. B. mit der Werkstoffart und dem Gütegrad variiert und durch das Rechnungswesen dem Konstrukteur vorgegeben werden muss. Die Zeitanteile t_i sind in einem starken Maße von der vorliegenden Geometrie und dem Bearbeitungsumfang z. B. durch spezielle Oberflächenqualitäten oder Toleranzen abhängig.

Je größer die Dimensionen, komplizierter die Geometrien und feiner die Toleranzen vorgegeben werden, umso längere Bearbeitungszeiten sind zu erwarten und umso höher werden die Fertigungskosten ausfallen.

7.3.2 Kostenentwicklungsgesetze und Zuverlässigkeit

Wird nun nach der Höhe der Kosten in Abhängigkeit von der Zuverlässigkeit gefragt, besteht zunächst die Notwendigkeit, einen Zusammenhang zwischen den Kosten und der Zuverlässigkeit herzustellen.

Gehen wir davon aus, dass die Zuverlässigkeit eine Funktion der Belastung, Geometrie und des Werkstoffes ist, lassen sich über den Werkstoff und die Geometrie eindeutig Beziehungen insbesondere zu den Materialkosten herstellen.

$$R = f(\text{Belastung}, \text{Geometrie}, \text{Werkstoff}, \ldots) \tag{7.18}$$

Betrachten wir nun den Entwicklungs- und Konstruktionsprozess eines Produktes, werden vor allem während der Entwurfsphase (vgl. Abschn. 1.2) die in Gl. 7.18 genannten Komponenten miteinander in Beziehung gebracht.

Im einfachsten Fall kann für die überschlägliche Dimensionierung der Ansatz

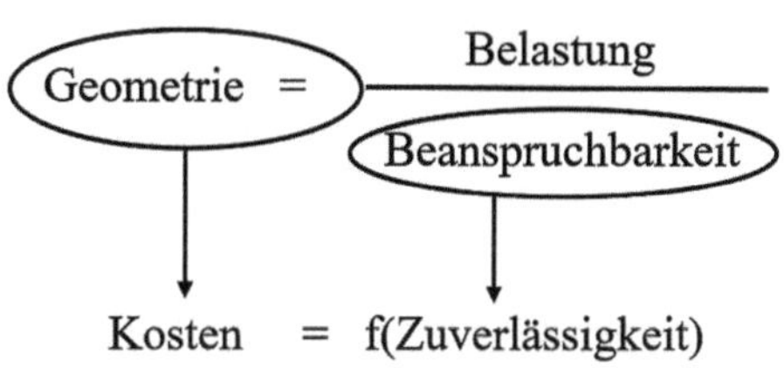

(7.19)

geschrieben werden, in dem die erforderliche Geometrie über die Masse bzw. das Volumen zu den Materialeinzelkosten (MEK) und über die zu bearbeitenden Flächen zu den Fertigungslohnkosten führt. Die Beanspruchbarkeit ist wiederum eine Funktion der

Zuverlässigkeit, d. h., dass unter den vorliegenden Belastungen zu einem betrachteten Zeitpunkt eine bestimmte Beanspruchbarkeit vorliegen wird.

Eine ähnliche Beziehung kann für die Nachweisrechnung aufgezeigt werden, bei der mit der Beziehung

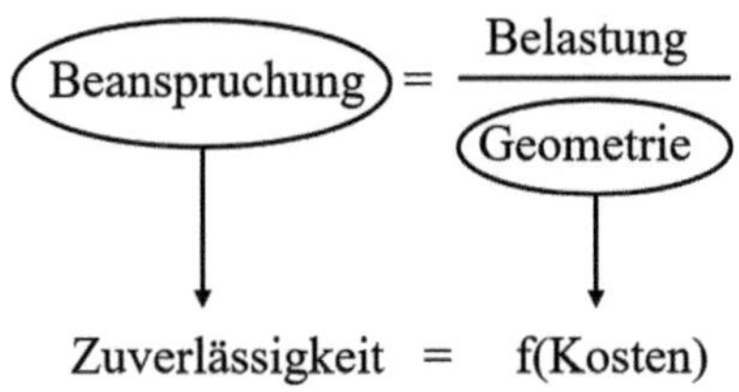

(7.20)

Zuverlässigkeit und Kosten funktionell verknüpft sind. Gerade die Geometrie in Form von charakteristischen Abmessungen finden wir in der Fachliteratur als Bewertungskriterium für die Kosten (vgl. z. B. [3, 11]). Unter Berücksichtigung der Kosten und einer charakteristischen Größe eines Basisproduktes können die Kosten eines Folgeproduktes mit den empirischen Gleichungen

$$MK_2 = MK_1 \left(\frac{L_2}{L_1} \right)^3 \tag{7.21}$$

bzw.

$$FK_2 = FK_1 \left(\frac{L_2}{L_1} \right)^2 \tag{7.22}$$

überschläglich bestimmt werden. Denkbar ist auch die Verwendung von Leistungskennziffern wie etwa Volumen- oder Massenströme je Zeiteinheit, oder andere Kennziffern. Eine Kostengleichung z. B. für Investitionskosten lautet nach [3]

$$IK_2 = IK_1 \left(\frac{N_2}{N_1} \right)^m . \tag{7.23}$$

Der Exponent m ist produktabhängig. Für Getriebe werden für m die Werte 0,6 bis 0,75 genannt (vgl. [3]).

Die Gln. (7.21) bis (7.23) zeigen den proportionalen Anstieg der betrachteten Kosten, der auch aus vielen Angebotskatalogen für Baureihen bekannt ist.

Abb. 7.9 zeigt am Beispiel der Kostenentwicklung von 3 Wälzlagerreihen die Kostenentwicklung zum einen als Funktion der Geometriegröße Innendurchmesser der Wälzlager und zum anderen als Funktion der Tragzahl $C_{dyn.}$

Sind keine Kostenexponenten bekannt, empfiehlt sich die Ermittlung einer empirischen Kostenfunktion als *Polynom n-ten Grades* in der Form

$$K = f(L) = a_n L^n + a_{n-1} L^{n-1} + \ldots + a_1 L + a_0 . \tag{7.24}$$

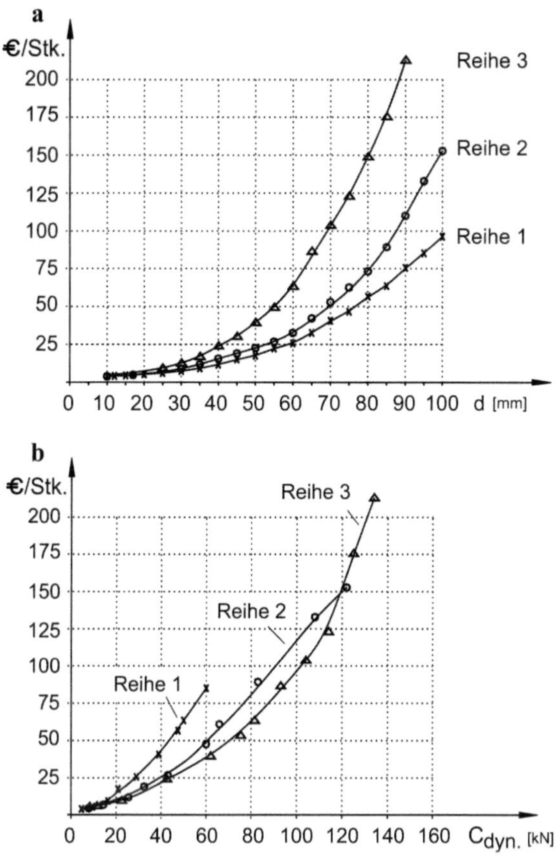

Abb. 7.9 Materialeinzelkosten für Wälzlager. **a** als Funktion des Durchmessers d; **b** als Funktion der Tragzahl C

L bezeichnet darin eine charakteristische Geometrie- oder Leistungskennziffer und a_i produktspezifische Kostenanteilskoeffizienten, die wie die Gemeinkostenzuschläge durch das Rechnungswesen zur Verfügung zu stellen sind.

Da, wie in Gl. 7.19 gezeigt, die Geometriegröße L in einem funktionalen Zusammenhang zur Zuverlässigkeit steht, kann Gl. 7.24 auch in der Form

$$K = f(R) = a_n f(R)^n + a_{n-1} f(R)^{n-1} + \ldots + a_1 f(R) + a_0 \tag{7.25}$$

geschrieben werden.

Am Beispiel der Wälzlagerauslegung soll im Folgenden der Zusammenhang zwischen der Zuverlässigkeit und der charakteristischen Leistungskennziffer Tragzahl näher erläutert werden.

7.3.3 Zusammenhang von Kosten, Zuverlässigkeit und Bauteilgröße am Beispiel der Wälzlagerauslegung

Im Abschn. 6.5 sind wir bereits darauf eingegangen, dass die aktuelle Zuverlässigkeit von Wälzlagern mithilfe der berechneten erforderlichen Tragzahl $C_{erf.}$ und der das gewählte Lager charakterisierenden vorhandenen Tragzahl $C_{vorh.}$ mit Gl. (6.24) oder (6.28) berechnet werden kann. Die Tragzahl C ist somit eine wälzlagerspezifische Kennziffer, die in einem unmittelbaren Zusammenhang zur Zuverlässigkeit steht.

Entsprechend Abb. 7.9 und Gl. 7.25 kann die Tragzahl zur zuverlässigkeitsbezogenen Kostenermittlung herangezogen werden, wobei für die geltenden Materialeinzelkosten die Gleichung

$$MEK = f(C) = a_2\, C^2 + a_1\, C + a_0 \text{ mit } \mathrm{C} = \mathrm{f(R)} \tag{7.26}$$

gilt. Ein Polynom 2. Ordnung erscheint für die Auslegungsphase mit hinreichender Genauigkeit und mathematisch vertretbarem Aufwand als ausreichend.

Gefragt ist nun der funktionale Zusammenhang zur Zuverlässigkeit.

Ausgehend von der bekannten Lebensdauergleichung

$$L_n = \left(\frac{C}{P}\right)^p \left[10^6\ Umdrehungen\right] \tag{7.27}$$

kann $C_{erf.}$ mit den Gleichungen

$$\mathrm{C}^{\mathrm{U}}_{\mathrm{erf.}} = \sqrt[p]{\frac{\mathrm{L}_{\mathrm{erf.}}}{10^6}} \cdot \mathrm{P} \tag{7.28}$$

bzw.

$$\mathrm{C}^{\mathrm{h}}_{\mathrm{erf.}} = \frac{\sqrt[p]{\frac{\mathrm{L}_{\mathrm{erf.}}}{500}}}{\sqrt[p]{\frac{33\,1/3}{\mathrm{n}}}} \cdot \mathrm{P} \tag{7.29}$$

durch Vorgabe einer geforderten Lebensdauer in Umdrehungen mit Gl. 7.28 und in Stunden mit Gl. 7.29 bei äquivalenter Belastung P berechnet werden.

Beträgt bei der Wälzlagerauswahl $C_{erf.} = C_{vorh.}$, so wird die erforderliche Lebensdauer bei der äquivalenter Beanspruchung P mit R = 0,9 erreicht; bei $C_{erf.} < C_{vorh.}$ liegt im Betriebspunkt eine Zuverlässigkeit R > 0,9 vor.

Soll ein Lager mit einer definierten Zuverlässigkeit $R_{erf.}$ zusammen mit einer geforderten Lebensdauer L_{erf} zielgenau ausgewählt werden, transformieren wir zunächst den Betriebspunkt P, $L_{erf.}$ bei $R_{erf.}$ mit Hilfe des Transformationsansatzes Gl. 5.50 auf die nominelle Lebensdauerlinie bei $R_{nerf.} = 0{,}9$. (siehe Abb. 7.10) Zusammen mit dem Wöhlerlinienansatz erhalten wir

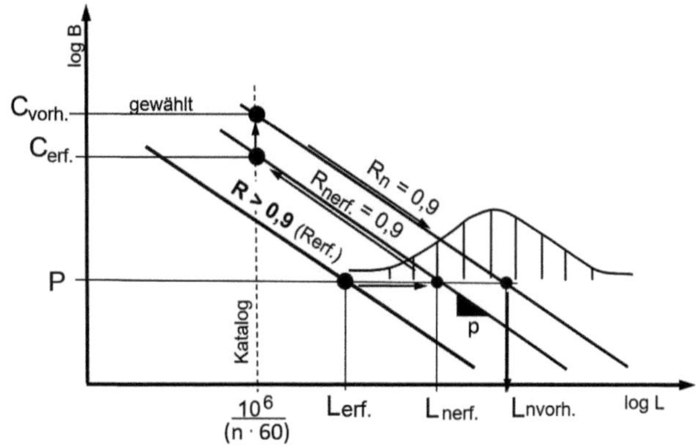

Abb. 7.10 Allgemeines Auslegungsschema für Wälzlager

$$P^{*p} \cdot Lnerf. = P^{*p} \cdot Lerf. \cdot \sqrt[\beta]{\frac{ln\,0,9}{ln\,R_{erf}}} = C_{erf}^{p} \cdot \frac{10^6}{n \cdot 60} \tag{7.30}$$

und damit

$$C_{erf} = P^{*} \cdot \sqrt[p \cdot \beta]{\frac{\ln 0,9}{\ln R_{erf}}} \cdot \sqrt[p]{\frac{L_{erf} \cdot n \cdot 60}{10^6}} \tag{7.31}$$

Dieses entspricht der Gl. 6.2 mit $B_{vers.} = B_N \cdot \sqrt[a \cdot \beta]{\frac{-\ln R_i}{-\ln R_N}} \cdot \sqrt[a]{\left(\frac{x_N}{x_i}\right)}$ und könnte mit einer Sicherheit S_B bei Bedarf zur Gl. 6.4

$B_{zul.} = \frac{B_N}{S_B} \cdot \sqrt[a \cdot \beta]{\frac{-\ln R_i}{-\ln R_N}} \cdot \sqrt[a]{\left(\frac{x_N}{x_i}\right)}$ erweitert werden. Für Wälzlager gilt

$$C_{erf} = \frac{P^{*}}{S_B} \cdot \sqrt[p \cdot \beta]{\frac{ln\,0,9}{ln\,R_{erf}}} \cdot \sqrt[p]{\frac{L_{erf} \cdot n \cdot 60}{10^6}}. \tag{7.32}$$

Zweckmäßiger schreiben wir $C_{Rerf.}$ für das berechnete $C_{erf.}$, denn auch bei dieser Berechnungsmethode kann infolge der Baureihenstufung das $C_{vorh.}$ abweichen. Die dynamische Tragzahl wird mit Gl. 7.31 oder 7.32 aber in jedem Fall so bestimmt, dass $R_{erf.}$ erreicht wird. Die dann aktuell vorhandene Zuverlässigkeit $R_{vorh.}$ kann mit Gl. 6.24 (s. Abschn. 6.5) bestimmt werden.

Verknüpfen wir abschließend Gl. 7.31 bzw. Gl. 7.32 mit der Kostengleichung 7.26 erhalten wir eine Gleichung, in der die Abhängigkeit der Materialeinzelkosten von der Zuverlässigkeit funktionell beschrieben wird.

$$MEK = a_2 C^2 + a_1 C + a_0 \text{ mit } C \text{ nach Gl. 7.31 bzw 7.32} \tag{7.33}$$

Abb. 7.11 Kostenentwicklung in Abhängigkeit von der Zuverlässigkeit

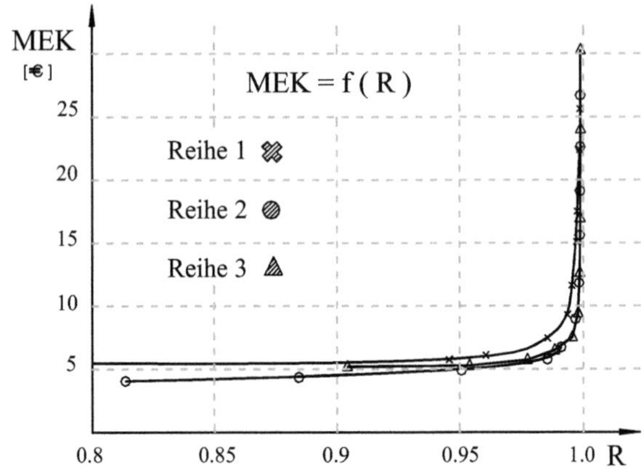

Mit Bezug auf die Wälzlagerreihen aus Abb. 7.9a und 7.9b erhalten wir die Kostenanstiegsgraphen in Abb. 7.11.

Deutlich ist die progressive Zunahme der Kosten bei steigender Zuverlässigkeit zu erkennen. Strebt die Zuverlässigkeit gegen 1, streben die Kosten gegen wirtschaftlich nicht mehr vertretbare Grenzen.

Die Frage „Was kostet Zuverlässigkeit?“ kann mit der vorgestellten Vorgehensweise bereits in der Auslegungsphase beantwortet werden.

Für andere Maschinenelemente, Baugruppen oder Produkte sind analoge Algorithmen aufzustellen.

7.4 Anwenderseitige Lebenslaufkosten und Zuverlässigkeit

7.4.1 Allgemeine Kostenstruktur bei der Nutzung technischer Gebilde

Eine Systematisierung der anwenderseitigen Lebenslaufkosten zeigt Abb. 7.12, die den Kostenanteilen B und C der Gesamtkostengleichung aus Abschn. 7.2.2 zuzurechnen sind.

Mit Bezug auf die Auslegungskriterien Sicherheit, Lebensdauer und Zuverlässigkeit sind aus der Gruppe der Beschaffungsnebenkosten (BNK) die Aufstell-, Inbetriebnahme- und Anlern-/Umschulungskosten als indirekte Kosten zu bezeichnen.

Die Art und Weise der Aufstellung, die Berücksichtigung der Umgebungsbedingungen wie Schwingungen, Klima, Atmosphäre sind bedeutsam für beste Einsatzbedingungen und damit für die Erreichung einer geforderten Zuverlässigkeit.

In unmittelbarer Abfolge stehen die Inbetriebnahmekosten (K_{IB}), da die konzipierte Zuverlässigkeit nur unter Einhaltung bestimmter Betriebsparameter erreicht werden kann. Beeinflussbar sind hierdurch mögliche Frühausfälle.

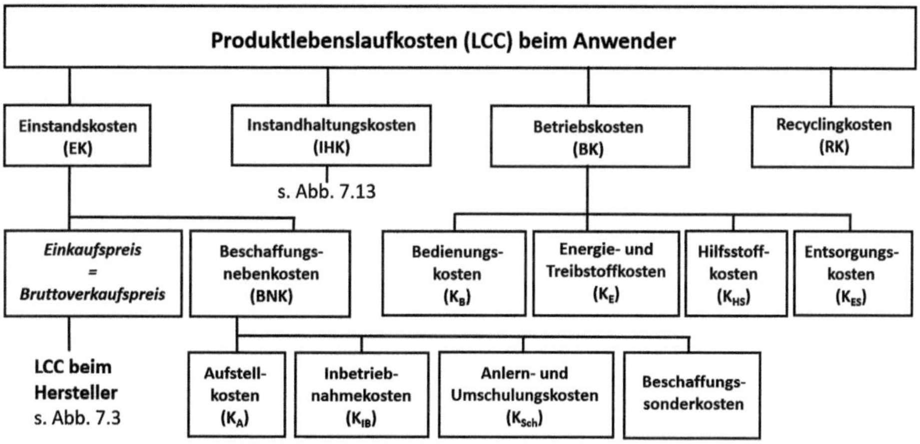

Abb. 7.12 Anwenderseitige Lebenslaufkosten

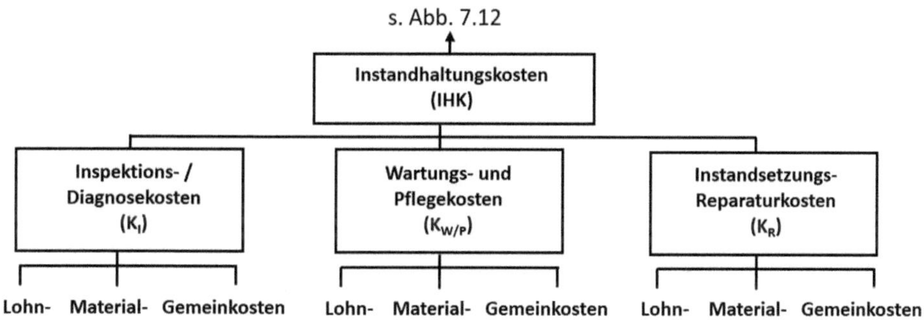

Abb. 7.13 Instandhaltungskosten des Anwenders

Ähnlich den Umgebungsbedingungen haben auch eingesetzte Energie-, Treib- oder Hilfsstoffe als innere Faktoren einen Einfluss auf die Zuverlässigkeit.

Beispiele sind einzuhaltende Betriebsdrücke, geeignete Schmier- oder Kühlmittel, deren vorgesehene Intensität bzw. Konsistenz maßgebend sind. Eine mangelnde Qualität z. B. von Schmiermitteln kann zwar hilfsstoffkostenmindernd wirken, jedoch durch einen größeren Schädigungseinfluss die Instandhaltungskosten nach Abb. 7.13 anheben.

Präventive Kosten sind nach Abb. 7.13 die Diagnose- und Inspektionskosten K_I, in denen alle Aufwendungen für Kontrollen des Schädigungsmaßes, in erster Linie für eine Sichtkontrolle bzw. Messung des Abnutzungsgrades bei Verschleiß eingerechnet werden. Der Umfang der durchzuführenden Inspektionen hängt von der Zuverlässigkeitsforderung ab.

Durch Wartungs- und Pflegeaufwendungen $K_{W/P}$ sollen optimale Umgebungsbedingungen geschaffen werden. Durch Säubern, Schmieren, Fetten, Schraubennachziehen u. a. soll die Schädigungsgeschwindigkeit reduziert und die „konstruierte" Zuverlässigkeit gewährleistet werden.

Abb. 7.14 Wechselbeziehung der Instandhaltungskosten

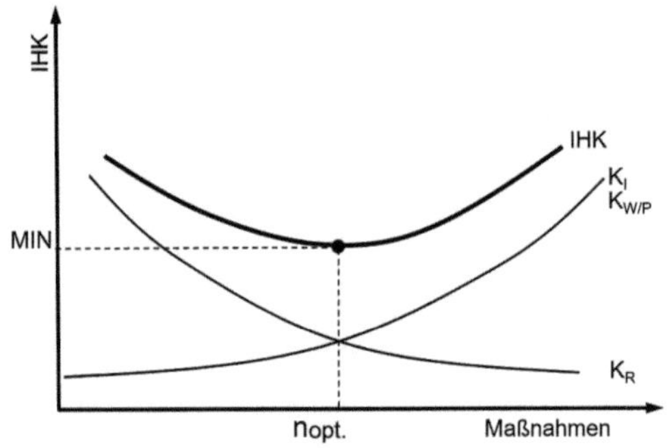

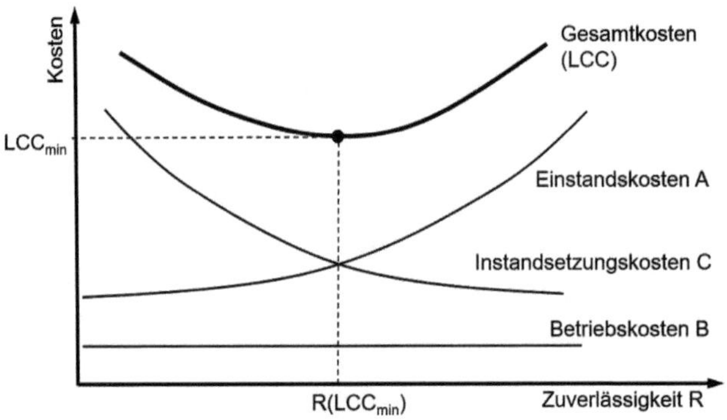

Abb. 7.15 Zusammenhang von Kosten und Zuverlässigkeit

Beide Teilkostenarten sind durch den Konstrukteur durch das instandhaltungsgerechte Konstruieren (vgl. [14]) beeinflussbar.

Mit Abb. 7.14 wird die Wechselwirkung der Aufwendungen für vorbeugende und pflegende Maßnahmen mit denen der Reparatur- und Instandsetzungsmaßnahmen skizziert. Mit häufigeren Wartungen können demzufolge die Reparatur- und Instandsetzungsaufwendungen reduziert werden. Die Instandhaltungskosten, insbesondere die Reparatur- und Instandsetzungskosten K_R, finden wir wieder im Kostenbestandteil B des Modells aus Abschn. 7.2.2.

Mit Abb. 7.15 entsteht ein Zusammenhang zur Zuverlässigkeit. Danach steigen bei höherer Zuverlässigkeit folgerichtig die Einstandskosten A, wogegen der mit der Anwendungszeit proportional steigende Kostenanteil C fällt.

Dieses hängt mit einer höheren Grenznutzungsdauer infolge höherer Zuverlässigkeit zusammen (s. Abschn. 7.4.2). Ohne spezielle Berücksichtigung des ausgeprägten Minimums, welches i. d. R. nicht mit der geforderten Zuverlässigkeit übereinstimmt, wird erkennbar, das Systeme höherer Zuverlässigkeit einen bereits erwähnten hohen Einstandskostenanteil A zugunsten niedrigerer Instandsetzungskosten aufweisen und Systeme niedrigerer Zuverlässigkeit zwar kostengünstiger in der Anschaffung sind, dafür aber höhere Folgekosten bedingen (s. Abschn. 7.2.2).

Da besonders die Instandsetzungskosten in einer direkten Beziehung zur Zuverlässigkeit und damit auch zur Lebensdauer und Sicherheit stehen, sollen sie in den folgenden Ausführungen näher behandelt werden. Thematisch einzuordnen sind die Betrachtungen in die kosten- und zuverlässigkeitsbasierte Instandhaltung, die in neuerer Literatur unter dem Synonym RCM-Management geführt wird.

7.4.2 Kosten und Zuverlässigkeit bei der Instandhaltung

Unter Instandhaltung wird die Gesamtheit aller Maßnahmen zur Erhaltung und Wiederherstellung der Funktionsfähigkeit technischer Gebilde verstanden, wofür gemäß Abb. 7.13 Kosten für Pflege/Wartung ($K_{W/P}$), Diagnose/Inspektion (K_I) und Instandsetzung (K_R) entstehen.

Bei der Instandsetzung sind die

- wiederherstellende und
- vorbeugende

zu unterscheiden. Während die wiederherstellende Instandsetzung lediglich die Reparatur nach dem Versagen betrifft, bedarf die vorbeugende Instandsetzung eine zuverlässigkeitstheoretische Vorgehensweise, die vorrangig bei der zuverlässigkeitsbasierten Instandhaltung (RCM) zur Anwendung kommt. Die Grundlagen hierfür werden bereits bei der Auslegung und Gestaltung des Produktes festgelegt.

Eine instandhaltungsgerechte Auslegung wird immer dann notwendig, wenn Schädigungsprozesse durch Ermüdung, Verschleiß oder andere flächenabtragende Prozesse (s. Abschn. 3.2 und 3.3) während der vorgesehenen Nutzungsdauer des technischen Gebildes mit einer gewissen Wahrscheinlichkeit zum Versagen führen.

Typische Verschleißteile, wie z. B. Fahrzeugreifen, Brems- und Kupplungsbeläge und andere bekannte Elemente und Baugruppen, sind während der Gesamtnutzungsdauer t_N des technischen Gebildes oft mehrfach zu erneuern, wodurch die genannten Kosten entstehen. Denkbar ist die Unterteilung der Nutzungsdauer t_N in n gleiche Intervalle.

Mit der Anzahl der Instandsetzungsintervalle n gilt für die Reparatur- bzw. Instandsetzungskosten

$$K_R = (n - 1) \cdot k_E. \tag{7.34}$$

Der Faktor k_E entspricht darin dem Kostenanteil je Instandsetzung. Es werden n-1 Instandsetzungsintervalle berücksichtigt, da davon ausgegangen wird, dass am Ende des letzten Intervalls keine Reparatur vorgenommen wird und deshalb keine Kosten anfallen.

Für die Elemente oder Baugruppen, die bei einer Instandsetzung erneuert werden, verwendet die Instandhaltungstheorie den Begriff der Grenznutzungsdauer t_G, die als

- mittlere Grenznutzungsdauer $\bar{t}_G$ für R = 0.5 oder
- Mindestgrenznutzungsdauer $t_{G\,min}$ für R = variabel

aus der Zuverlässigkeitsfunktion berechnet werden kann. Die Mindestgrenznutzungsdauer t_{Gmin} kann in Bezug auf die geforderte Zuverlässigkeit berechnet werden. Einen möglichen Zahlenwert liefern die Anforderungsklassen in Abschn. 6.8 (s. Tab. 6.1).

Mit der Anzahl der Instandsetzungsintervalle n gilt für die mittlere Nutzungsdauer $\bar{t}_N$

$$\bar{t}_N = n \cdot \bar{t}_G \tag{7.35}$$

bzw.

$$t_{Nmin} = n \cdot t_{Gmin} \tag{7.36}$$

für die Mindestnutzungsdauer einer geforderten Zuverlässigkeit.

Ist die Grenznutzungsdauer mit der Varianz s_G^2 statistisch verteilt, gilt für die Erneuerung von und mit gleichartigen Elementen wegen des Additionsgesetzes der Einzelvarianzen

$$s_{ges}^2 = \sum s_i^2 \tag{7.37}$$

und für die Varianz der Nutzungsdauer

$$s_N^2 = n \cdot s_G^2. \tag{7.38}$$

Wegen der einfachen Handhabbarkeit wird in der Instandhaltungstheorie gern mit der Exponcntialverteilung

$$R(t) = e^{-\lambda \cdot t} \tag{7.39}$$

als Sonderfall der Weibull-Verteilung (vgl. Abschn. 4.3.2) mit dem charakteristischen Wert

$$\lambda = \frac{1}{t_o} \tag{7.40}$$

gearbeitet. Für $t = t_o$ ergibt sich $R(t_o) = 0{,}368$ bzw. $F(t_o) = 0{,}632$. Bei Kenntnis von t_o und Vorgabe einer zu erreichenden Zuverlässigkeit $R(t_G)$ kann aus Gl. 7.39 eine einfache Gleichung für die Grenznutzungsdauer t_G abgeleitet werden. Geschrieben wird

$$t_G = -\ln\, R(t_G) \cdot t_o. \tag{7.41}$$

Bei Verwendung der Weibull-Verteilung kommt noch der Formparameter ß hinzu, sodass gilt

$$t_G = \sqrt[\beta]{-\ln\, R(t_G)} \cdot t_o. \tag{7.42}$$

Wird nun die Kostengleichung 7.34 mit Gl. 7.36 verknüpft, erhalten wir eine Gleichung der Form

$$K_R = \left(\frac{t_N}{t_G} - 1\right) \cdot k_E \Rightarrow MIN. \tag{7.43}$$

Die Instandsetzungskosten sind demzufolge abhängig von der Gesamtnutzungszeit t_N, von den Aufwendungen je Instandsetzung k_E und von der zuverlässigkeitsabhängigen Grenznutzungsdauer t_G.

Während eine Verringerung der Nutzungszeit oder der Instandsetzungsaufwendungen bei konstanter Zuverlässigkeit zu einer Kostenreduzierung führen, steigen die Kosten bei Vergrößerung der geforderten Zuverlässigkeit infolge kürzerer Grenznutzungszeiten.

Maßnahmen, mit denen die Instandsetzungskosten reduziert werden können, sollen wie folgt dargestellt werden. Eine Kostenreduzierung tritt ein, wenn für

t_N eine Nutzungszeit definiert wird, die auf die wirkliche Anwendungszeit abgestimmt wird. Denkbar ist die Verwendung von Erfahrungstabellen (s. z. B. Tafel V.1 Kap. 5) oder aber der Einsatz der gesetzlich vorgegebe-nen AfA-Tabellen (vgl. [5]), deren angegebene Abschreibungszeiten um die betriebsfreien Zeiten reduziert werden müssen.

k_E die Regeln des instandhaltungsgerechten Konstruierens und Gestalten (z. B. Gewährleistung von Zugänglichkeit, Austauschbarkeit) umgesetzt werden. Konkrete Vorgehensweisen sind der Fachliteratur z. B. [14] zu entnehmen.

t_G in Bezug auf die geforderte Zuverlässigkeit z. B. durch höherwertige Werkstoffe und feinere Bearbeitungstechnologien vergrößert wird, wo- durch die Instandsetzungsintervalle reduziert werden. Die angegebene Maßnahme ist gleichzusetzen mit der Erhöhung der Zuverlässigkeit zum Zeitpunkt der Grenznutzungsdauer.

Da i. d. R. eine Maschine aus mehreren nach der Systemzuverlässigkeit verknüpften Elementen besteht, die im Sinne der Instandhaltung während der Lebensdauer der Maschine zu unterschiedlichen Zeitpunkten erneuert werden, sollen abschließend noch einige einführenden Zusammenhänge zur Systemzuverlässigkeit mit Erneuerung dargelegt werden, da auch sie einen ökonomischen Charakter tragen.

In der Praxis des Betreibens technischer Systeme ist es ökonomisch unerlässlich, dass die Funktionsfähigkeit

- bei Ausfall durch Reparatur oder Erneuerung oder
- vorbeugend nach einer bestimmten Nutzungsdauer

wiederhergestellt wird.

Das einfachste Erneuerungsmodell besteht darin, dass ein ausgefallenes Element unter Vernachlässigung der Reparaturzeit zum Zeitpunkt t_E erneuert wird.

Für die Zuverlässigkeit R(t) dieses Elementes gilt zum Erneuerungszeitpunkt

$$R(t - t_E) = 1 \tag{7.44}$$

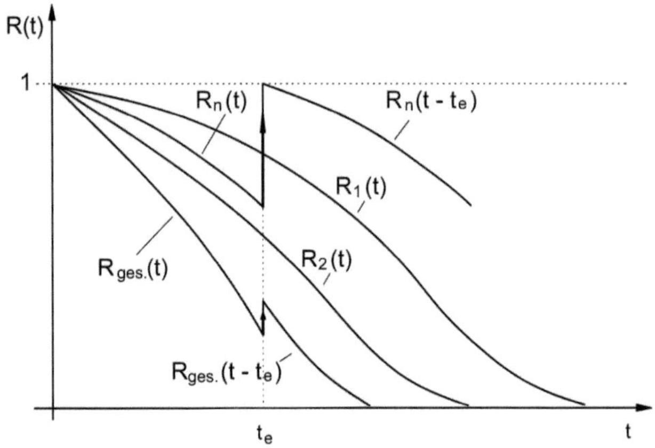

Abb. 7.16 Element- und Systemzuverlässigkeit bei Erneuerung des n-ten Elementes zum Zeitpunkt t_e

und die Systemzuverlässigkeit $R_{ges.}$ (t) erhöht sich zu diesem Zeitpunkt durch eine Sprungfunktion, die sich aus der Systemstruktur berechnen lässt (s. Abb. 7.16).

Für ein nichtredundantes System gilt nach der Erneuerung des n-ten Elementes

$$R_{ges.}(t) = R_1(t) \cdot R_2(t) \cdot \ldots \cdot R_{n-1}(t) \cdot R_n(t - t_e) \tag{7.45}$$

mit $t \geq t_e$.

Beim Auftreten weiterer en sind weitere Zeittransformationen vorzunehmen.

Wird zur Beschreibung der Elementzuverlässigkeiten z. B. die Weibullfunktion benutzt, so lautet diese mit Gl. 4.29

$$R(t - t_e) = e^{-[\alpha(t-t_e)]ß} \tag{7.46}$$

mit $t \geq t_e$.

Die Weibullfunktion wird so „dreiparametrig", d. h. sie kann mit t_e an sog. „ausfallfreie Zeiten"

$$0 \leq t \leq t_e \tag{7.47}$$

angepasst werden.

Dreiparametrige Weibullverteilungen werden in [2] in anderem Zusammmenhang in ähnlicher Form verwendet.

Bei mehrfacher Erneuerung von Systemen führt die theoretische Behandlung auf die Definition einer sog. „Erneuerungsfunktion" H(t). Für Systeme wird dann die Nutzung der Markoff-Theorie erforderlich. Es wird auf [4] verwiesen.

7.5 Target Costing – ein Werkzeug für die retrograde Bestimmung erlaubter Kosten – wie teuer dürfen Sicherheit, Lebensdauer und Zuverlässigkeit sein?

7.5.1 Grundbegriffe des Target Costing

Entgegen den traditionellen Kostenbetrachtungen, bei denen i. d. R. erst nach der Entwicklung eines Produktes der Preis kalkuliert und festgelegt wird, besteht immer mehr die Notwendigkeit, vom Markt vorgegebene Preise retrograd auf die Wertschöpfungspartner aufzuteilen.

Dem neuen Trend folgend bestimmt nicht mehr der Hersteller auf der Basis der aufgewendeten Kosten den Marktpreis, sondern der Markt bestimmt die im Unternehmen erlaubten Kosten (vgl. [4]).

Für die Konstruktions- und Entwicklungsabteilung bedeutet das genau wie für alle anderen Abteilungen die Vorgabe von Grenzkosten, die durch geeignete Wirkprinzipien, Werkstoffe, Geometrien und Fertigungstechnologien ohne Einschränkung der funktionellen und qualitativen Marktforderungen, zu denen auch Sicherheit, Lebensdauer und Zuverlässigkeit gehören, konstruktiv einzuhalten sind.

Eine Möglichkeit, den vom Markt vorgegebenen Preis im konstruktiven Sinne bis auf die Komponenten des herzustellenden Produktes aufzuschlüsseln, bietet das in den 70er Jahren in Japan entwickelte *Target Costing,* welches seit Mitte der 90er Jahre auch in Deutschland von betriebswirtschaftlichen Gremien unter dem Arbeitstitel *Zielkostenmanagement* verstärkt diskutiert wird.

Beim Target Costing werden gemäß Abb. 7.17 auf der Basis eines vom Markt und den Mitbewerbern vorgegebenen wettbewerbsfähigen Marktpreises *(Target Price),* der durch Marktbeobachtung, Preisexperimente, Experten- oder indirekte Kundenbefragung (Conjoint Measurement) unter Berücksichtigung demographischer, geographischer und psychographischer Gesichtspunkte ermittelt werden kann, nach Abzug eines unternehmerisch angestrebten Gewinns *(Target Profit)* die maximal erlaubten Kosten *(Allowable Costs)* berechnet.

In einem gegenläufigen Prozess (s. Abb. 7.17) werden durch die einzelnen Abteilungen auf der Basis der aktiv verwendeten Verfahren, Technologien und Arbeitsprozesse die derzeit aufzuwendenden Kosten *(Drifting Costs)* im klassischem Sinne nach Abschn. 7.2.3 prognostiziert und mit den erlaubten Kosten verglichen.

In Abhängigkeit von der vorliegenden Kostendifferenz wird der Grad der notwendigen Innovationstätigkeit bei der Produktgestaltung, den anzuwendenden Verfahren, Technologien oder Arbeitsprozessen abgeleitet.

Sind die Drifting Costs größer als die Allowable Costs werden durch die Unternehmensleitung zur besseren Motivation und Kostenakzeptanz Zielkosten (*Target Costs*) als Zwischenziele festgelegt.

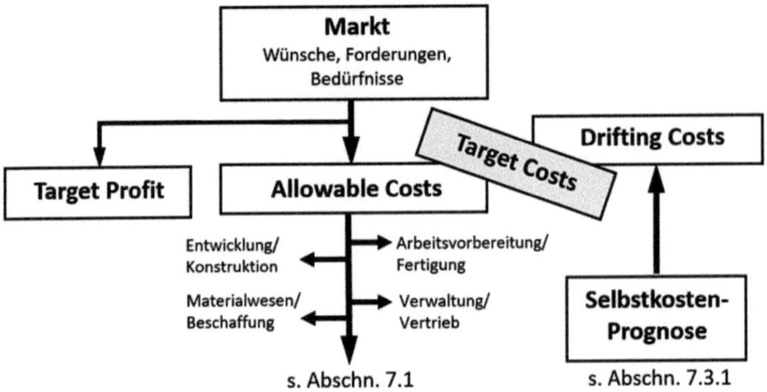

Abb. 7.17 Grundschema für das Zielkostenmanagement

Am Ende liegt für das herzustellende Produkt bereits vor der eigentlichen Entwicklungsarbeit ein Zielpreis vor, der auch hinsichtlich der geforderten Sicherheit, Lebensdauer und Zuverlässigkeit einen Kostenrahmen bildet.

Zur Gewährleistung der Marktakzeptanz muss dieser Kostenrahmen durch alle wertschöpfenden Komponenten und erforderlichen Fertigungshandlungen eingehalten werden.

7.5.2 Aufteilung der Kosten auf die auszulegenden Systemkomponenten

Beim Übergang von der Konzept- in die Entwurfsphase stellt sich den meisten Konstrukteuren angesichts eines vorgegebenen Kostenrahmens die Frage, „Wie teuer dürfen denn nun die einzelnen Komponenten des zu konstruierenden Gebildes sein?". Die Zielkostenwichtungsmatrix aus Abb. 7.18 stellt hierzu ein Arbeitsschema vor, mit dem der zur Verfügung stehende Kostenrahmen auf die einzelnen Komponenten unter Beachtung der funktionellen Bedeutung aufgeteilt werden kann.

Die Kosten gelten dabei für alle Aufwendungen, die einschließlich aller Maßnahmen hinsichtlich Sicherheit, Lebensdauer und Zuverlässigkeit maximal aufzubringen sind.

Nach der Wichtung der vom Markt geforderten Funktionen mit den Faktoren w_i, zu der im Rahmen einer wirtschaftlich – technischen Bewertung primär auch die sicherheits- und zuverlässigkeitsrelevante Bedeutung der betrachteten Funktion gehört, werden **alle** für das Produkt erforderlichen Komponenten in ihrer Wichtigkeit für die einzelnen Funktionen mit den Wichtungsanteilen w_{ji} prozentual beurteilt.

Das Produkt aus Funktionswichtung w_i und funktionsbezogener Komponentenwichtung w_{ji} ergibt den funktions- und komponentenbezogenen Wichtungsanteil W_{ij}. Es gilt

$$W_{ij} = w_{ji} \cdot w_i \tag{7.48}$$

mit $j = 1 \ldots k$ und $i = 1 \ldots f$.

Komponenten	Funktionen 1		2		3		… i …		f		
		w_1		w_2		w_3		w_i		w_f	100%
1	w_{11}	W_{11}	w_{12}	W_{21}	w_{13}	W_{31}	w_{1i}	W_{i1}	w_{1f}	W_{f1}	W_1
2	w_{21}	W_{12}	w_{22}	W_{22}	w_{23}	W_{32}	w_{2i}	W_{i2}	w_{2f}	W_{f2}	W_2
3	w_{31}	W_{13}	w_{32}	W_{23}	w_{33}	W_{33}	w_{3i}	W_{i3}	w_{3f}	W_{f3}	W_3
..j..							w_{ji}	W_{ij}			..W_j..
k	w_{k1}	W_{1k}	w_{k2}	W_{2k}	w_{k3}	W_{3k}	w_{ki}	W_{ik}	w_{kf}	W_{fk}	W_k
	100 %		100 %		100 %		100 %		100 %		100 %

Abb. 7.18 Wichtungsmatrix für die funktions- und komponentenbezogene Kostenaufteilung eines Kostenrahmens

Die Wichtungsfaktoren w_i und w_{ji} können z. B. durch den paarweisen Vergleich aller vorhandenen Funktionen bzw. Komponenten mithilfe der Präferenzmethode ermittelt werden (s. z. B. [1]).

Aus der Summe aller Wichtungsanteile W_{ij} einer Komponente ergibt sich die Gesamtbedeutung der Komponente für das Gesamtprodukt. Es gilt

$$\sum_{i=1}^{f} W_{ij} = W_j \tag{7.49}$$

Der Wichtungsfaktor W_j ermöglicht die prozentuale Zuordnung der erlaubten Grenzkosten zu den einzelnen Komponenten. Die Kostenzuordnung erfolgt mit der Beziehung

$$\text{Wichtungsanteil } W_j \mathrel{\hat{=}} \text{prozentualer Gesamtkostenanteil } K_j \tag{7.50}$$

unter Berücksichtigung von

$$\sum_{j=1}^{k} W_j = 1 \tag{7.51}$$

und

$$\sum_{j=1}^{k} K_j = 1 \tag{7.52}$$

Die so ermittelten Kosten ergeben den Kostenrahmen für die einzelnen Komponenten, der im EKP zur Verfügung steht und durch geeignete Wirkprinzipien und Wirkgeometrie unter Einhaltung geforderter Funktionalität, Qualität und Zuverlässigkeit umgesetzt werden muss.

Da in der Praxis nicht immer die hundertprozentige Einhaltung dieser Grenzkosten garantiert werden kann, sind durch das Kostenmanagement zulässige Toleranzkostenfelder zu schaffen, in denen sich die Zielkostenanteile bewegen dürfen, wenn sie im Gesamtrahmen die Allowable Costs nicht übersteigen.

Werden die Grenzkosten des Toleranzkostenfeldes merklich überschritten, werden Änderungen am Gesamtkonzept des Produktes erforderlich.

Denkbar ist z. B. ein Kompromiss bei der Sicherheits- bzw. Zuverlässigkeitsforderung, die wie gezeigt einen entscheidenden Anteil an der Kostenbildung trägt.

Quellen und weiterführende Literatur

1. Beitz, W.; Pahl, G., Feldhusen, R.-J., Grote, K.-H. Konstruktionslehre – Grundlagen erfolgreicher Produktentwicklung. Methoden und Anwendung. Springer, Berlin Heidelberg New York, 2013.
2. Bertsche, B.; Lechner, G.: Zuverlässigkeit im Maschinenbau. Ermittlung von Bauteil- und Systemzuverlässigkeiten. Springer, Berlin Heidelberg New York, 2004.
3. Bronner, Albert: Angebots- und Projektkalkulation. Springer, Berlin Heidelberg New York, 1998.
4. Buggert, W.; Wielpütz, A.: Target Costing – Grundlagen und Umsetzung des Zielkostenmanagements. Carl Hanser, München Wien, 1995.
5. Bundesministerium der Finanzen: AfA-Tabellen, Alphabetisches Verzeichnis der Anlagegüter, amtliche AfA-Tabellen mit Erläuterungen. Die Wirtschaft, Stuttgart, 1998.
6. Bundesministerium für Justiz: Handelsgesetzbuch. Beck'sche Verlagsbuchhandlung, München, 1991.
7. Deutsches Institut für Normung: DIN 32990 Teil 1 Begriffe zu Kosteninformationen. Beuth Verlag, Berlin, 1989.
8. Deutsches Institut für Normung: DIN 32992 Teil 1-3 Kosteninformationen Berechnungsgrundlagen. Beuth Verlag, Berlin, 1989.
9. Deutsches Institut für Normung: DIN 55350 Teil 11 Begriffe der Qualitätssicherung und Statistik. Beuth Verlag, Berlin, 1992.
10. Deutsches Institut für Normung: DIN EN ISO 8402 Qualitätsmanagement und Qualitätssicherung. Beuth Verlag, Berlin, 1995.
11. Ehrlenspiel, K.; Kiewert, A.; Lindemann, U.: Kostengünstig Entwickeln und Konstruieren. Springer, Berlin Heidelberg New York, 5. Auflage, 2013.
12. Eichler, Christian: Instandhaltungstechnik. Verlag Technik, Stuttgart, 1990.
13. Gerhard, Edmund: Kostenbewusstes Entwickeln und Konstruieren. Expert Verlag, Renningen-Malmsheim, 1994.
14. van der Mooren, Aart L.: Instandhaltungsgerechtes Konstruieren und Projektieren. Springer, Berlin Heidelberg New York, 1991.
15. Schmidt, L.: Einkommenssteuergesetz. Beck'sche Verlagsbuchhandlung, München, 1996.

16. Schnegas, H.: Kosten- und zuverlässigkeitsbasierte Auslegungsmodelle maschinenbaulicher Produkte, Shaker Verlag, Aachen, 2002.
17. Verein Deutscher Ingenieure: VDI 2225 Blatt 2 – Technisch-wirtschaftliches Konstruieren. VDI, Düsseldorf, 1998.
18. Verein Deutscher Ingenieure: VDI 2247 – Qualitätsmanagement in der Produktentwicklung. VDI, Düsseldorf, 1994 (zurückgezogen 2012).

8 Sicherheit – Lebensdauer – Zuverlässigkeit Beispiele und Anwendungsfälle

D. Schlottmann und H. Schnegas, *Auslegung von Konstruktionselementen*,
https://doi.org/10.1007/978-3-662-69386-5_8

Beispiel 1 Philosophie der klassischen Auslegung von Konstruktionselementen

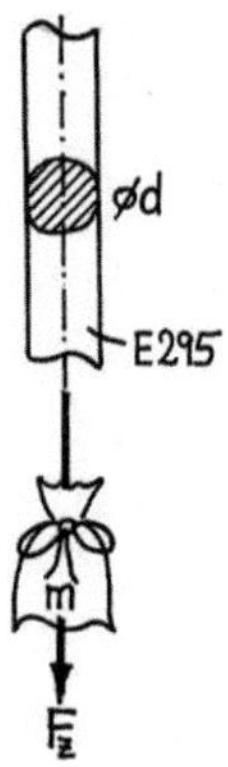

Ein Rundstab aus E295 mit einem Durchmesser Ød = 15 mm

soll mit einer Last m = 3,5 t belastet werden. Gefordert wird eine doppelte Sicherheit gegen Überschreiten der Fließgrenze von $S_F = 2$
Aufgabe:

Nachzuweisen ist, ob der gegebene Stab die Last m = 3,5 t mit einer geforderten Sicherheit gegen Überschreiten der Fließgrenze von $S_F = 2$ ertragen kann.

Lösung: Die Last m = 3,5 t wird zur Kraft

$F_z = m \cdot g = 3.500\ \text{kg} \cdot 9{,}81\ m/s^2 = 34.335\ N$ die mit der Achse des Stabes und senkrecht zur Querschnittsfläche wirkt

Nach Tab. 2.1/Tafel II.1.1 kann Zugbeanspruchung analysiert werden. Mit der Kreisfläche des Rundstabes gilt für die vorhandene Spannung $\sigma_{\text{zvorh.}}$

$\sigma_{z\,vorh.} = \frac{F_Z}{A} = \frac{F_Z \cdot 4}{\pi \cdot d^2} = \frac{34.335 N \cdot 4}{\pi \cdot (15\ \text{mm})^2} = 194{,}3 \frac{N}{\text{mm}^2}$

Aus Tafel II.2.1 des Anhangs Kap. 2 sind für den Baustahl E295 die Festigkeitswerte $\sigma_B = \text{Rm} = 500\ \text{N/mm}^2$; $\sigma_S = \text{Re} = 300\ \text{N/mm}^2$ abzulesen. Bei einer geforderten Sicherheit von $S_F = 2$ gegen Überschreiten der Fließgrenze erhalten wir nach Gl. 2.5 für die zulässige Beanspruchbarkeit

$$\sigma_{z\,zul.} = \frac{Re}{S_{erf}} = \frac{300 \frac{N}{\text{mm}^2}}{2} = 150 \frac{N}{\text{mm}^2}$$

(1) **Spannungsnachweis nach $\boldsymbol{\sigma_{vorh} \leq \sigma_{zul}}$** (Gl. 2.5)
Bei uns $\sigma_{z\,vorh.} > \sigma_{z\,zul.}$ Daraus folgt, dass der Rundstab die Last m = 3,5 t nicht mit einer Sicherheit $S_F = 2$ ertragen kann. Tritt ein Schaden ein? Kein Schaden würde gemäß Gl. 2.1 bei $\sigma_{z\,vorh.} < \sigma_{z\,vers.}$ vorliegen. Für unsere Aufgabe gilt $\sigma_{z\,vorh.} < Re$ und auch $\sigma_{z\,vorh.} < Rm$ und damit kein Bruch und auch keine plastische Deformation, aber keine Einhaltung der geforderten Sicherheit.

Alternative Lösung:

(2)**Sicherheitsnachweis nach $S_{vorh} \geq S_{erf.}$** (s. Abb. 1.4, Tafel II.5)
Geforderte Sicherheit ist $S_{erf.} = 2$. Vorhandene Sicherheit gegen Überschreitender Fließgrenze allgemein nach Gl. 2.4.

$$S_{vorh.} = \frac{Re}{\sigma_{z\,vorh.}} = \frac{300}{194{,}3} = 1{,}54 \text{ und damit } S_{vorh.} < S_{erf.}$$

Eine weitere Nachweismethode:

(3) **Tragfähigkeitsnachweis nach $F_{ertragbar} \geq F_{erforderlich}$** (s. Abb. 1.4)
Geforderte Kraft $F_{erf.} = 34.335$ N. Die ertragbare Kraft bei $S_{erf.} = 2$ erhalten wir nach Umstellung von.

$\sigma_{z\,vorh.} = \frac{F_z \cdot 4}{\pi \cdot d^2} \leq \sigma_{z\,zul.}$ nach
$F_{ertr.} = \sigma_{z\,zul} \cdot \frac{\pi}{4} \cdot d^2\ 150 \frac{N}{\text{mm}^2} \cdot \frac{\pi}{4} \cdot (15\ \text{mm})^2 = 26.607\ N.$

Da $\boldsymbol{F_{ertragbar}} < \boldsymbol{F_{erforderlich}}$ ist auch hier der Nachweis der Nichteignung erbracht. Mit Re anstatt $\sigma_{z\,zul.}$ erhalten wir die Kraft 53.014 N ab der plastische Deformationen eintreten und mit Rm anstatt $\sigma_{z\,zul.}$ die Kraft 88.357 N bei der der Rundstab bricht.

Folgeaufgabe: Welchen Durchmesser Ø d muss der Rundstab bekommen, damit eine Sicherheit $S_F = 2$ bei m = 3,5 t gewährleistet werden kann?

Aus $\sigma_{z\,vorh.} = \frac{F_z \cdot 4}{\pi \cdot d^2} \leq \sigma_{z\,zul.}$ erhalten wir für die Dimensionierung von Ø d nach Umstellung

$$d_{erf.} \geq \sqrt{\frac{4 \cdot F_z}{\pi \cdot \sigma_{z\,zul.}}} = \sqrt{\frac{4 \cdot 34.335\ N}{\pi \cdot 150 \frac{N}{\text{mm}^2}}} = 17{,}0717\ldots \text{mm}$$

Dieser Durchmesser könnte nun individuell angefertigt werden. In der Praxis ist es jedoch üblich, z. B. aus einem Katalog für Rundstäbe den nächst größere Durchmesser auszuwählen (z. B. $\varnothing d = 18$ mm).

Katalog Hersteller X: $\varnothing d$[mm] 6 8 10 12 14 15 16 ***18*** 20 22 24 25 28 …

Durchmesser größer 18 mm führen zu einer größeren Sicherheit, höheren Tragfähigkeit, niedrigeren Spannung. Wir sprechen aber auch von Überdimensionierung.

Die Bauteile werden größer und schwerer.

Beispiel 2 Sicherheit gegen Streck- und Fließgrenzenüberschreitung, Einfluss der Vergleichsspannungshypothesen.

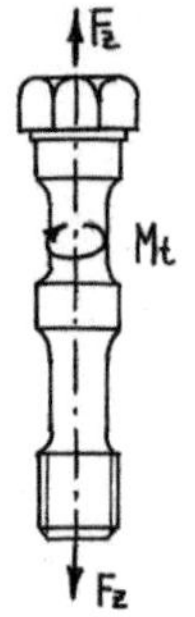

Eine Dehnschraube wird beim Anziehen durch Zug und Torsion beansprucht. Die im Dehnschaft vorhandenen Spannungen werden zu $\sigma_z = 120\ \text{N/mm}^2$ und $\tau_t = 50\ \text{N/mm}^2$ bestimmt. Die Schraube ist aus E335 gefertigt.

Aufgabe:

Wie groß ist die Sicherheit gegen Streck- bzw. Fließgrenzenüberschreitung?

Lösung: Aus Tafel II.2.1 des Anhangs Kap. 2 sind für E335 die Festigkeitswerte $\sigma_B = 600\ \text{N/mm}^2$; $\sigma_S = 340\ \text{N/mm}^2$; $\tau_{tF} = 220\ \text{N/mm}^2$ abzulesen

(1) **Sicherheit nach der Gestaltänderungshypothese** Gl. 2.34

$$\sigma_{Vvorh.} = \sqrt{\sigma_x^2 + 3\tau_{xy}^2}, \alpha = \sqrt{3} = 1{,}73.$$

Mit $\sigma_x = \sigma_z = 120\ \text{N/mm}^2$ und $\tau_{xy} = \tau_t = 50\ \text{N/mm}^2$ folgt

$$\sigma_{Vvorh.} = \sqrt{120^2 + 3 \cdot 50^2}$$

$$\underline{\sigma_{Vvorh.} = 147{,}98 N/\text{mm}^2}$$

$$S_{Fvorh.} = \frac{\sigma_S}{\sigma_{Vvorh.}} = \frac{340\frac{N}{\text{mm}^2}}{147{,}98\frac{N}{\text{mm}^2}}$$

$$\underline{S_{Fvorh.} = 2{,}29}$$

(2) **Sicherheit nach der Bach'schen Hypothese** Gl. 2.35, Gl. 2.40, Gl. 2.42

$$\alpha = \frac{\sigma_S}{\tau_{tF}} = \frac{340\frac{N}{\text{mm}^2}}{220\frac{N}{\text{mm}^2}} = 1{,}545$$

$$\sigma_{Vvorh.} = \sqrt{120^2 + 1{,}545^2 \cdot 50^2}$$

$$\underline{\sigma_{Vvorh.} = 142{,}7\ N/\mathrm{mm}^2}$$

$$S_{Fvorh.} = \frac{\sigma_S}{\sigma_{Vvorh.}} = \frac{340\frac{N}{\mathrm{mm}^2}}{142{,}7\frac{N}{\mathrm{mm}^2}}$$

$$\underline{S_{Fvorh.} = 2{,}38}$$

(3) **Sicherheit aus Teilsicherheiten** *(Gl. 2.52)*

$$\frac{1}{S^2} = \frac{1}{S_\sigma^2} + \frac{1}{S_\tau^2}$$

$$S_\sigma = \frac{\sigma_S}{\sigma_z} = \frac{340\frac{N}{\mathrm{mm}^2}}{120\frac{N}{\mathrm{mm}^2}} = \underline{2{,}83}$$

$$S_\tau = \frac{\tau_{tF}}{\tau_t} = \frac{220}{50} = \underline{4{,}40}$$

$$\frac{1}{S^2} = \frac{1}{2{,}83^2} + \frac{1}{4{,}40^2} = 0{,}1765$$

$$\underline{S_{Fvorh.} = 2{,}38}$$

Während der Unterschied der Ergebnisse für 2. und 3. nur auf Rundungsfehlern beruht, ist die Differenz zu 1. im unterschiedlichen α begründet.

Beispiel 3: Sicherheitsnachweis bei Schwingbeanspruchung für Dauerschwingfestigkeit (Nennspannungskonzept); Abschätzung der Ausfallwahrscheinlichkeit.

Ein Wellenabsatz wurde mit den geometrischen Daten d = 56 mm, D = 65 mm, Kerbradius r = 1 mm mit R_z = 10 µm gestaltet.

Die Belastungen betragen M_t = 1000 ± 900 Nm und M_b = ± 600 Nm.

Als Werkstoff wurde E295 gewählt.

Aus der **Tafel** II.2.1 folgen $\sigma_B = R_m = 500\frac{N}{\mathrm{mm}^2}$, $\sigma_S = R_e = 300\frac{N}{\mathrm{mm}^2}$ $\tau_{tF} = 190\frac{N}{\mathrm{mm}^2}$

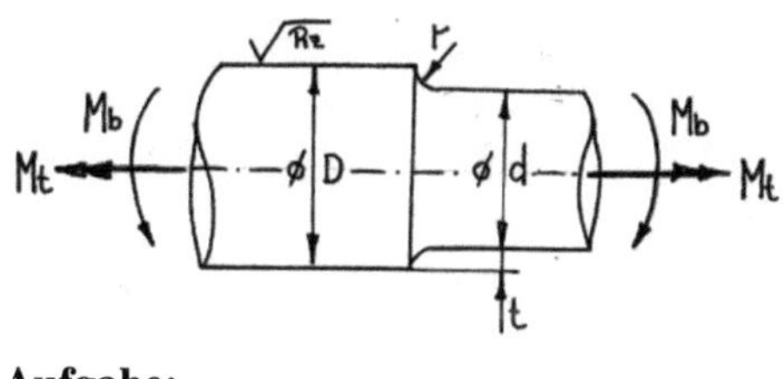

Aufgabe:

Nachzuweisen ist, ob die vorhandene Sicherheit **S ≥ 1,2** eingehalten wird.

Lösung: (deduktive Vorgehensweise zur Demonstration):

Der Absatz ist ausreichend dimensioniert, weil $\underline{S_{ges.} = 1{,}56 > 1{,}2.}$

Die Gesamtsicherheit $S_{ges.}$ errechnet sich nach Gl. zu2.52

$$\frac{1}{S_{ges.}} = \sqrt{\frac{1}{S_b^2} + \frac{1}{S_\tau^2}} = \sqrt{\frac{1}{1{,}99^2} + \frac{1}{2{,}52^2}}$$

Die Teilsicherheiten S_b und S_τ ergeben sich bei Berücksichtigung des Überlastfalls I (siehe Abschn. 2.4, Gl. 2.10) aus.

$$S_b = \frac{\sigma_{bAK}}{\sigma_{ba}} = \frac{69{,}4}{34{,}8} = 1{,}99 \text{ und } S_\tau = \frac{\tau_{tAK}}{\tau_{ta}} = \frac{65{,}9}{26{,}1} = 2{,}52$$

Die vorhandenen Amplituden σ_{ba} und τ_{ta} berechnen sich aus den Belastungen.

$$\mathrm{M_t} = \mathrm{Mt_m} \pm \mathrm{Mt_a} = 1000 \pm 900 \text{ Nm und } \mathrm{M_b} = \pm\mathrm{M_{ba}} = \pm\ 600 \text{ Nm}$$

und den Widerstandsmomenten für den kleineren Durchmesser d:

$$W_t = \frac{\pi \cdot 56^3}{16} = 34482 \text{ mm}^3 \text{ und } W_b = \frac{\pi \cdot 56^3}{32} = 17241 \text{ mm}^3$$

Die Beanspruchungen (Nennspannungen) $\tau_{ta}, \tau_{tm,}\sigma_{ba}, \sigma_{bm}\tau_{ta}, \tau_{tm,}\sigma_{ba}, \sigma_{bm}$

$$\tau_{ta} = \frac{M_{ta}}{W_t} = \frac{900 \cdot 10^3\ N\text{mm}}{34482 \text{ mm}^3} = 26{,}1\frac{N}{\text{mm}^2} \text{ und } \tau_{tm} = \frac{M_{tm}}{W_t} = \frac{1000 \cdot 10^3 N\text{mm}}{34482 \text{ mm}^3} = 29\frac{N}{\text{mm}^2}$$

$$\sigma_{\mathrm{ba}} = \frac{M_{ba}}{W_b} = \frac{600 \cdot 10^3}{17241 \text{ mm}^3} = 34{,}8\frac{\mathrm{N}}{\text{mm}^2} \text{ und } \sigma_{\mathrm{bm}} = 0\frac{N}{\text{mm}^2}.$$

Bestimmung der Beanspruchbarkeiten σ_{bAK} und τ_{tAK} für den Wellenabsatz (gekerbtes Bauteil) nach Gl. 2.26:

$$\sigma_{bAK} = \frac{\sigma_{bA}}{\gamma_{kb}} = \frac{240\frac{N}{\text{mm}^2}}{3{,}457} = 69{,}4\frac{N}{\text{mm}^2} \text{ und } \tau_{tAK} = \frac{\tau_{tA}}{\gamma_{kt}} = \frac{145\frac{N}{\text{mm}^2}}{2{,}2} = 65{,}9\frac{N}{\text{mm}^2}.$$

Dabei werden die zum Ausfall des Probestabs führenden Festigkeiten σ_{bA} und τ_{tA} aus dem Smith-Diagramm (Tafel II.3.2 – St 50) für $\tau_{tm} = 29\frac{N}{\text{mm}^2}$ und $\sigma_{\mathrm{bm}} = 0\frac{N}{\text{mm}^2}$ abgelesen:

$$\sigma_{bA} = \sigma_{bW} = 240\frac{N}{\text{mm}^2} \text{ und } \tau_{tA} = 145\frac{N}{\text{mm}^2}.$$

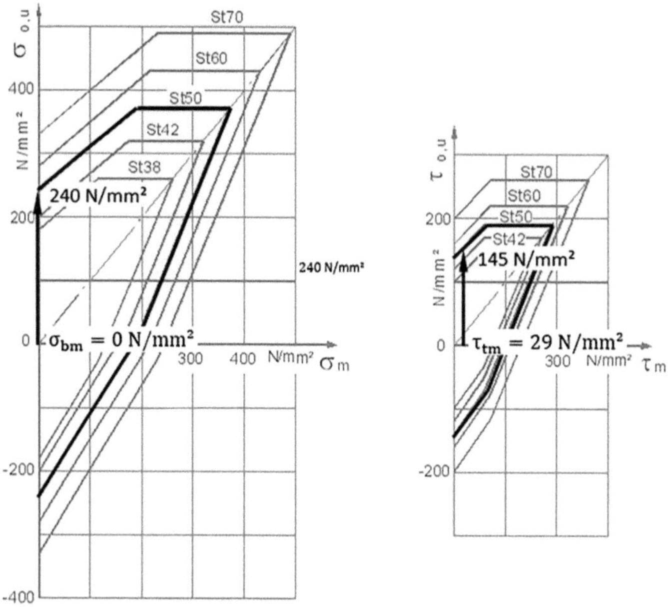

Für die Reduktionsfaktoren der Ausschlagfestigkeit gilt mit Gl. 2.21:

$\gamma_{kb} = \frac{\beta_{kb}}{O_F \cdot K} = \frac{2{,}21}{0{,}94 \cdot 0{,}68} = 3{,}457$ und $\gamma_{kt} = \frac{\beta_{kt}}{O_F \cdot K} = \frac{1{,}41}{0{,}94 \cdot 0{,}68} = 2{,}2$

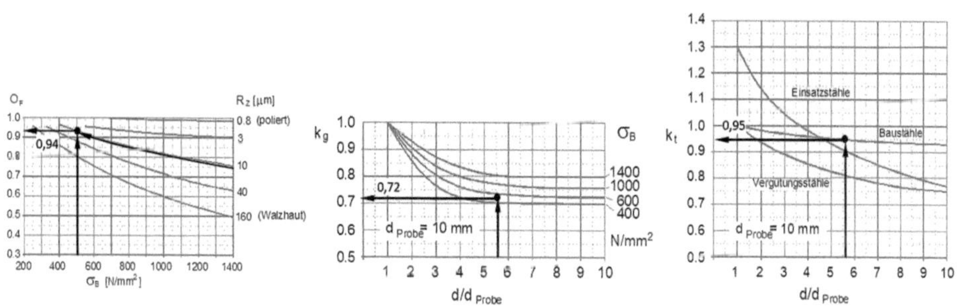

Darin enthalten sind aus den Tafeln II.4.8 für $R_z = 10$ µm für den Oberflächeneinfluss $O_F = 0{,}94$ und für den Gesamteinfluss $k = 0{,}72 \cdot 0{,}95 = 0{,}68$

mit dem geom. Einfluss $k_g = f(d/d_{Probe}) = 56\text{mm}/10\text{ mm} = 5{,}6 \rightarrow k_g = 0{,}72$

und dem techn. Einfluss $k_t = f(d/d_{Probe}) = 56\text{ mm}/10\text{ mm} = 5{,}6 \rightarrow k_t = 0{,}95$.

Die Kerbwirkungszahlen $\beta_{kb} = 2{,}21$ und $\beta_{kt} = 1{,}41$ folgen aus Gl. 2.20 mit

$$\beta_{kb} = \frac{\alpha_{kb}}{n_b} = \frac{2{,}7}{1{,}22} = 2{,}21 \text{ und } \beta_{kt} = \frac{\alpha_{kt}}{n_t} = \frac{1{,}6}{1{,}13} = 1{,}41.$$

Darin aus Tafel II.4.2 mit d/D = 0,861 und r/t = 0.22 mit r = 1 mm undt = 4,5 mm die Formzahlen $\alpha_{kb} = 2{,}7$ und $\alpha_{kt} = 1{,}8$ und aus der Tafel II.4.6 für $\sigma_s = 300$ N/mm² für die Stützziffer n $n_b = 1{,}22$ und $n_t = 1{,}13$.

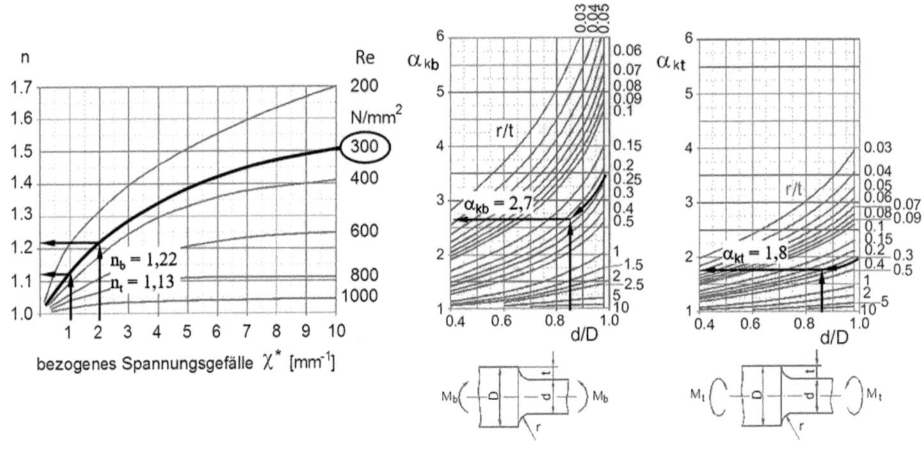

mit dem bezogenen Spannungsgefälle χ^* aus Tafel II.4.7

Bauteilform	Zug / Druck	χ^* bei Biegung	Torsion
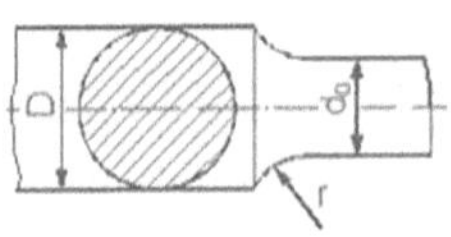	$\frac{2}{r}$	$\frac{2}{r} + \frac{4}{D + d_0}$	$\frac{1}{r} + \frac{4}{D + d_0}$

$$\chi^*(Biegung) = \frac{2}{1} + \frac{4}{65 + 56} = 2{,}0 \quad \chi^*(Torsion) = \frac{1}{1} + \frac{4}{65 + 56} = 1{,}0.$$

Bestimmung der vorhandenen Zuverlässigkeit $R_{vorh.}$

Nach Abschn. 6.4 kann auch die Zuverlässigkeit/Ausfallwahrscheinlichkeit abgeschätzt werden. Setzen wir voraus, dass die Modellvorstellung auch für die zusammengesetzte Beanspruchung gilt, so kann nach Gl. 6.19 mit

$$R_{vorh.} = R_N^{\left(\frac{1}{S_B}\right)^{a \cdot \beta}}$$

mit der berechneten Gesamtsicherheit die aktuelle Zuverlässigkeit ermittelt werden.

Sind die statistischen Verteilungsparameter und auch der Wöhlerexponent nicht gegeben, kann mit Tafel III.2.1 eine **„Synthetische Wöhlerlinie"** erzeugt werden.

Mit $a = 6$ und $T_x = 4$ als gemittelte Werte für eine Normalkerbe (Wellenabsatz mit Radius) nach Tafel III.2.1 ergeben sich mithilfe von Tafel IV.2.5 für einen Normpunkt $R_N = 0{,}9$ und $x_N = 1$

$$\beta \approx \frac{3{,}084}{ln\ T_x} = \frac{3{,}084}{ln\ 4} = 2{,}22$$

$$T \approx \sqrt[\beta]{9{,}491} \cdot x_n = \sqrt[2{,}22]{9{,}491} \cdot x_n = 2{,}755 \cdot x_n$$

und damit $R_{vorh.} = 0{,}9^{\left(\frac{1}{1{,}56}\right)^{6 \cdot 2{,}22}}$ $R_{vorh.} = 0{,}9997.$

Für die Ausfallwahrscheinlichkeit folgt

$$F_{vorh.} = 1 - R_{vorh.} = 1 - 0{,}9997 = 0{,}0003 \cong 0{,}03\%$$

Insbesondere im relativen Vergleich ist diese Ausfallwahrscheinlichkeit wesentlich aussagekräftiger als die Sicherheit.

Das Bauteil würde damit den Anforderungen der Risikoklasse W1 genügen (vgl. Tab. 6.1 Abschn. 6.8).

Beispiel 4 Ermittlung der Basquin'schen Lebensdauergleichung Statistische Aufbereitung eines Perlschnur-Versuches.

Neu entwickelte Fahrwerke für Koffer oder andere Transportbehältnisse werden auf mindestens 6 Belastungshorizonten auf einer Rad-Ermüdungs-Prüfmaschine getestet. Dabei werden 6 unterschiedliche Massen im Test-Koffer über ein Förderband mit unterschiedlichen Absätzen gefahren. Als Ausfallkriterium gilt der Totalausfall (z. B. Bruch des Rades oder Versagen der Laufbuchsen) des untersuchten Fahrwerks. Die Lebensdauer bis zum Ausfall wird in Meter [m] angegeben. Die Belastungen liegen vor allem aus Zeitgründen in erster Linie oberhalb der später empfohlenen Tragfähigkeit (z. B. 20 kg, 23 kg, 30 kg oder 32 kg bei Flugreisen je nach Fluggesellschaft).

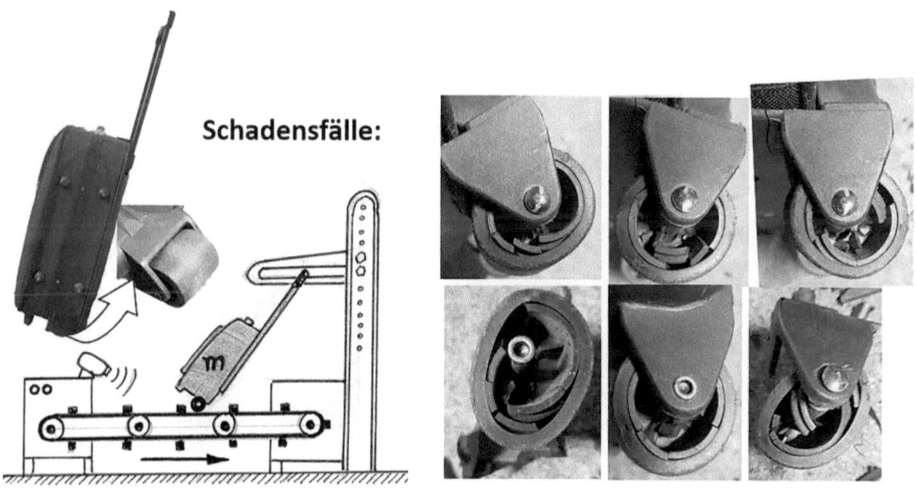

Ergebnisse des Versuches

Last B	250	350	450	550	600	650	[N]
Lebensdauer x	44.316	9.340	7.064	2.866	2.130	1.347	[m]

Aufgaben:

(1) Ermitteln Sie die Lebensdauergleichung nach Basquin ($x = C \cdot B^{-a}$) mit Hilfe der Regressionsanalyse.
(2) Welche Lebensdauer in km wird bei einer Befüllung mit 23 kg erreicht?
(3) Welche Belastung in kg darf nicht überschritten werden, wenn eine Laufleistung von 75 km erreicht werden soll?
(4) Ermitteln Sie eine Lebensdauergleichung nach Wöhler mit Hilfe des Wöhlerdiagramms.
(5) Für die Belastungshorizonte $B_1 = 500$ N und $B_2 = 200$ N sind mittels. Transformation die Zuverlässigkeitsfunktionen für Weibull und Gauß zu modulieren. Das betriebsfestigkeitstypische Streufeld für R = 0,9 – R = 0,5 – R = 0,1 ist in das Wöhlerpapier einzutragen.

Lösungen

(1) **Perlschnurverfahren/Basquin'sche Gleichung:** Mit Hilfe der Regressionsanalyse (s. Abschn. 5.1.1) ergeben sich folgende Zwischenwerte mit Excel:

	A	B	C	D	E	F	G	H	I	J
1	i	B[N]	x[m]	log B	log x	log B - Bm	log x - xm	(logB-Bm)*(logx-xm)	(log B - Bm)²	(logx-xm)²
2	1	250	44316	2,3979	4,6466	-0,2565	0,9164	-0,235057016	0,0658	0,8398
3	2	350	9340	2,5441	3,9703	-0,1104	0,2402	-0,026509814	0,0122	0,0577
4	3	450	7064	2,6532	3,8491	-0,0012	0,1189	-0,000146088	0,0000	0,0141
5	4	550	2866	2,7404	3,4573	0,0859	-0,2729	-0,023446862	0,0074	0,0745
6	5	600	2130	2,7782	3,3284	0,1237	-0,4018	-0,049704672	0,0153	0,1614
7	6	650	1347	2,8129	3,1294	0,1585	-0,6008	-0,09520937	0,0251	0,3610
8				Bm	xm			Summe	Summe	Summe
9				2,6544	3,7302			-0,430073821	0,1258	1,5085
10										
11	bx =	-3,41934393		a =	3,419343926					
12	ax =	12,80661136		C =	6,40636E+12					
13										

und damit die **Basquin'sche Lebensdauergleichung**:

$$\mathbf{x = 6406360000000 \cdot B^{-3{,}42}}$$

(2) **Lebensdauer bei m = 23 kg …. B = 225,63 N**

$$x = 6406360000000 \cdot 225{,}63^{-3{,}42}$$

$$\mathbf{x = 57.278{,}8\ m \approx 57\ km}(R = 50\ \%)$$

(3) **Für eine Mindestlebensdauer 75 km maximal zulässige Belastung**

$$\text{aus } B^a \cdot x = C \text{ wird } B = \sqrt[a]{\frac{C}{x}} = \sqrt[3{,}42]{\frac{6406360000000}{75.000}}$$

$$\mathbf{B = 208{,}5\ N = 21{,}25\ kg \approx 21\ kg}$$

(4) **Für die Lebensdauergleichung nach Wöhler** werden mit Hilfe der Basquin'schen Lebensdauergleichung für die Belastungen B die Lebensdauerwerte der Ausgleichsgeraden berechnet.

$$x_{\text{Basquin}} = 6406360000000 \cdot B^{-3,42}$$

B	650	600	550	450	350	250	N
X_{Versuch}	1.347	2.130	2.866	7.064	9.340	44.316	m
X_{Basquin}	1.536	2.020	2.720	5.403	12.761	40.333	m

Ein Wertepaar aus den sechs vorhandenen Paaren kann als Normwert B_N, x_N definiert werden (z. B. 650 N oder 250 N

$$B_i^a \cdot x_i = 650^{3,42} \cdot 1.536 = 250^{3,42} \cdot 40.333$$

Daraus resultieren die beiden möglichen Wöhlerliniengleichungen:

$$x_i = \left(\frac{650\,N}{B_i}\right)^{3,42} \cdot 1536 \text{ m oder}$$

$$x_i = \left(\frac{250\,N}{B_i}\right)^{3,42} \cdot 40333 \text{ m}$$

Für Frage (2) ergeben sich mit diesen Wöhlergleichungen für m = 23 kg mit B = 225,63 N

$$x_i = \left(\frac{650N}{225{,}63N}\right)^{3,42} \cdot 1536 \text{ m} = 57271 \text{ m} \approx 57 \text{ km oder}$$

$$x_i = \left(\frac{250\,N}{225{,}63\,N}\right)^{3,42} \cdot 40333 \text{ m} = 57279 \text{ m} \approx 57 \text{ km.}$$

Für Frage (3) ergeben sich für eine Mindestlebensdauer von 75 km die maximal zulässigen Belastungen:

$$B_i = 650\,N \cdot \sqrt[3,42]{\frac{1536 \text{ m}}{x_i}} = 650\,N \cdot \sqrt[3,42]{\frac{1536 \text{ m}}{75000 \text{ m}}} = 208{,}5\,N \text{ oder}$$

$$B_i = 250\,N \cdot \sqrt[3,42]{\frac{40333 \text{ m}}{x_i}} = 250\,N \cdot \sqrt[3,42]{\frac{40333 \text{ m}}{75000 \text{ m}}} = 208{,}5\,N$$

Wöhlerdiagramm:

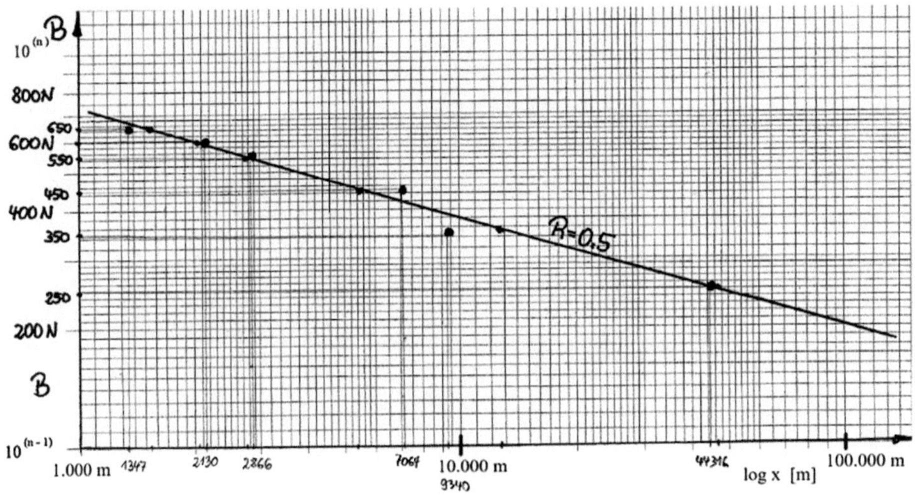

(5) **Statistische Auswertung/Transformation Basquin'sche Gleichung**

Durch das Perlschnurverfahren wurde primär die Basquin'sche Lebensdauergleichung $x_{\text{Basquin}} = 6406360000000 \cdot B^{-3{,}42}$ ermittelt (1), die auch zur Wöhlerlinie weiterentwickelt werden konnte (4). Beide Lebensdauergleichungen gelten aber nur für R = 0,5. Für die Zuverlässigkeits- bzw. Betriebsfestigkeitsbetrachtungen sind statistische und wahrscheinlichkeitstheoretische Parameter relevant. Eine Aufbereitung kann nach Abschn. 5.3.5 gemäß [5.07] erfolgen.

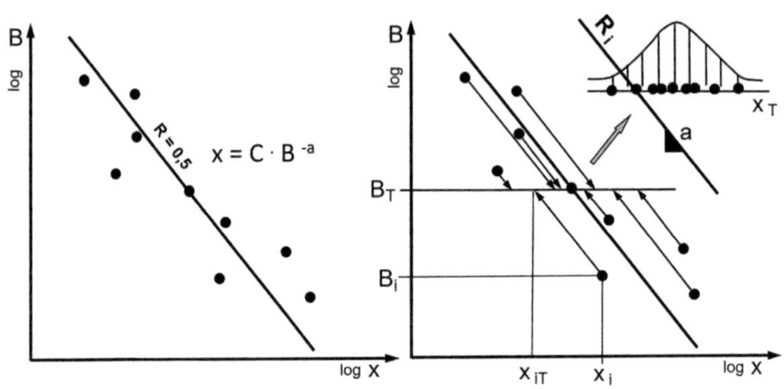

Arbeitsschema für die Transformation des Perlschnurverfahrens

Mit Gl. 5.60 werden die Einzelwertepaare des Perlschnurverfahrens auf definierte Horizonte transformiert. Weil ein Streufeld im Wöhlerdiagramm erzeugt werden soll, wählen wir 2 Horizonte. In unserer Aufgabe z. B. $B_1 = 500$ N und $B_2 = 200$ N. Jeder andere Horizont ist möglich. Wir erhalten die transformierten Werte:

Transformationsgleichung

$$x_{iT} = \left(\frac{B_i}{B_T}\right)^a \cdot x_i$$

B_i, x_i Werte aus der Perlschnur….
B_T …Transformationshorizont

Bi [N]	Xi [m]	B_T 200 N	
		200 N	500 N
		x_{iT}	x_{iT}
250	44.316	95.059	4.140
350	9.340	63.319	2.758
450	7.064	113.114	4.927
550	2.866	91.158	3.970
600	2.130	91.229	3.974
650	1.347	75.859	3.304

Es entstehen für 2 Horizonte Ranglisten der transformierten Merkmalswerte inkl. der Schätzer nach Gauss – Gl. 4.21/Tafel IV.1.1 und Weibull – Gl. 4.35/Tafel IV.2.1

Die Wertepaare werden in das jeweilige Wahrscheinlichkeitspapier eingetragen. Vorgehensweise nach Abschn. 4.3.1 für Gauss und Abschn. 4.3.3 für Weibull. Ergebnisse sind in guter Näherung:

Geordnete Wertepaare für beide Horizonte:

Rang i	B_T		Schätzer F(x)	
	200 N	500 N	Gauss	Weibull
	x_{iT}	x_{iT}	$F(x) = \frac{3i-1}{3n+1}$	$F(x) = \frac{i-0,3}{n+0,4}$
1	63.319	2.758	0,1053	0,1094
2	75.859	3.304	0,2632	0,2656
3	91.158	3.970	0,4211	0,4219
4	91.229	3.974	0,5789	0,5781
5	95.059	4.140	0,7368	0,7344
6	113.114	4.927	0,8947	0,8906

Ergebnisse aus den Wahrscheinlichkeitspapieren:

	Gauss		Weibull	
	μ	σ	T	ß
500 N	3.845 m	740 m	4.150 m	5,15
200 N	88.300 m	17.000 m	96.000 m	5,15

Taschenrechnermethode für Gauss (s. Abschn. 4.1.2):

	μ	σ
500 N	3.846 m	743,6 m
200 N	88.290 m	17.070 m

Regressionsanalyse (Excel) für Weibull (s. Abschn. 4.3.3):

	J	K	L	M	N	O	P	Q	R
200	**i**	x	F(x)	ln x	ln x - xm	ln(-ln(1-F(x)))	ln(1-F(x)) -	(lnx-xm)^2	P*S
	1	63319	0,109	11,056	-0,316	-2,156	-1,655	0,100	0,523
	2	75859	0,266	11,237	-0,135	-1,175	-0,675	0,018	0,091
	3	91158	0,422	11,420	0,048	-0,602	-0,101	0,002	-0,005
	4	91229	0,578	11,421	0,049	-0,147	0,353	0,002	0,017
	5	95059	0,734	11,462	0,090	0,282	0,782	0,008	0,071
	6	113114	0,891	11,636	0,264	0,794	1,295	0,070	0,342
				11,372		-0,501		0,201	1,040
500	**i**	x	F(x)	ln x	ln x - xm	ln(-ln(1-F(x)))	ln(1-F(x)) -	(lnx-xm)^2	P*S
	1	2758	0,109	7,922	-0,316	-2,156	-1,655	0,100	0,523
	2	3304	0,266	8,103	-0,135	-1,175	-0,675	0,018	0,091
	3	3970	0,422	8,287	0,048	-0,602	-0,101	0,002	-0,005
	4	3974	0,578	8,288	0,049	-0,147	0,353	0,002	0,017
	5	4140	0,734	8,328	0,090	0,282	0,782	0,008	0,070
	6	4927	0,891	8,502	0,264	0,794	1,295	0,070	0,342
				8,238		-0,501		0,201	1,040
200	bx	5,17	ax	-59,35	**ß =**	**5,175**	**T =**	**95684**	
500	bx	5,17	ax	-43,13	**ß =**	**5,175**	**T =**	**4168**	

Wahrscheinlichkeitspapier für Gauss – Horizont $B_1 = 500$ N.

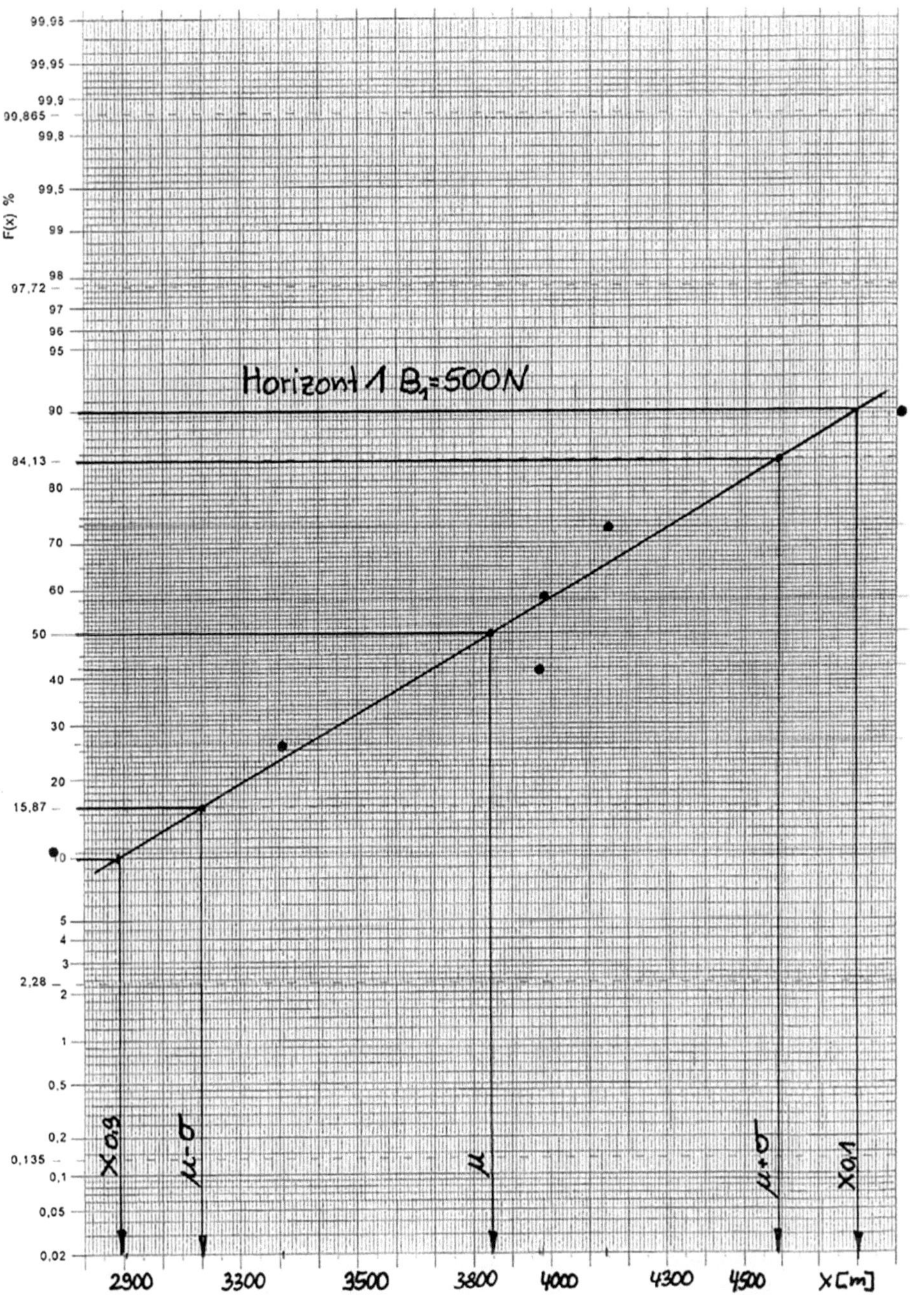

$\mu - \sigma = 3.100$ m $\quad \mu = 3.845$ m $\quad \mu + \sigma = 4.585$ m

$- \sigma = 740$ m $\quad + \sigma = 740$ m

Wahrscheinlichkeitspapier für Gauss – Horizont $B_1 = 200$ N.

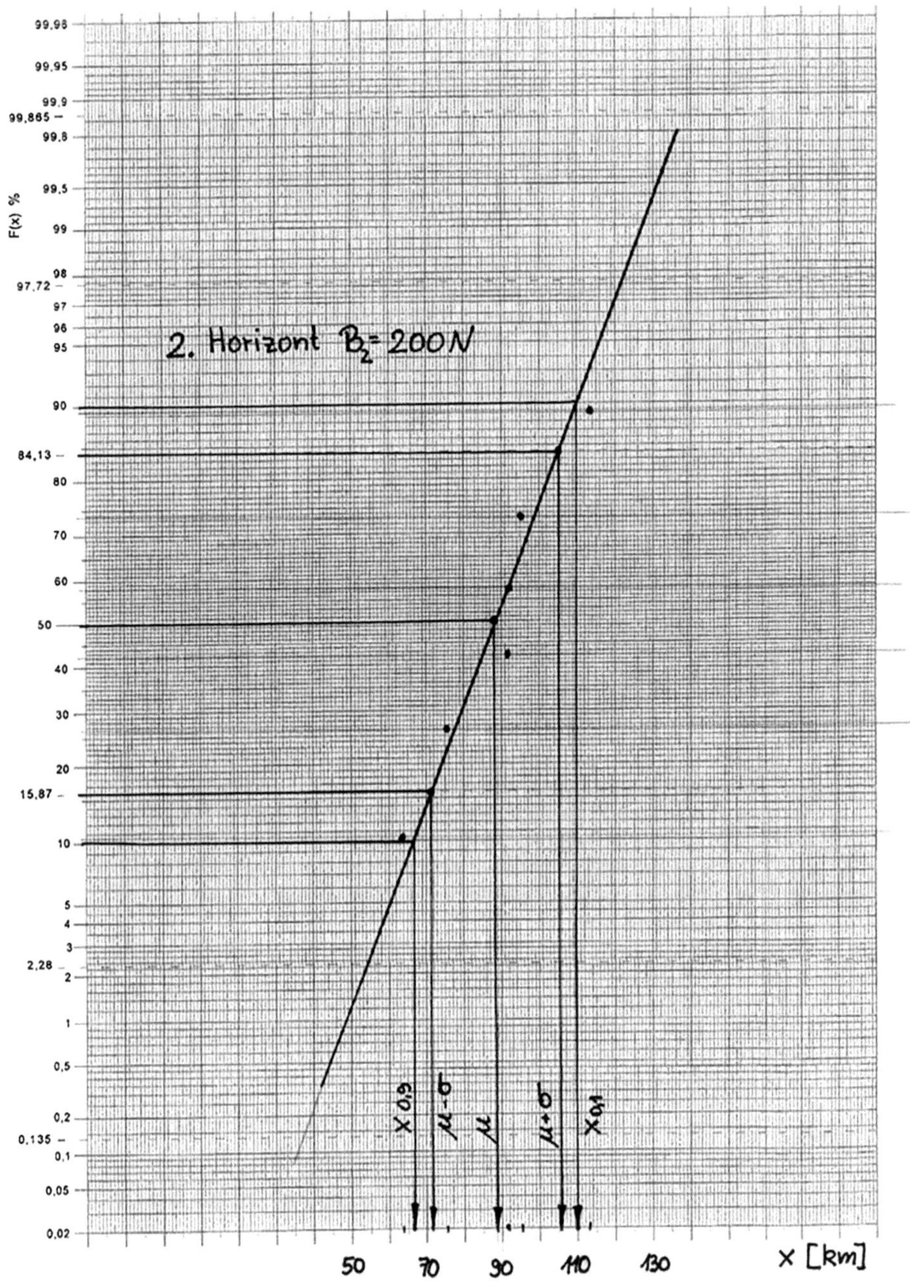

$\mu - \sigma = 71.300$ m $\quad \mu = 88.300$ m $\quad \mu + \sigma = 105.300$ m

$-\sigma = 17.000$ m $\quad +\sigma = 17.000$ m

Wahrscheinlichkeitspapier für Weibull – Horizonte $B_1 = 200$ N und $B_2 = 500$ N.

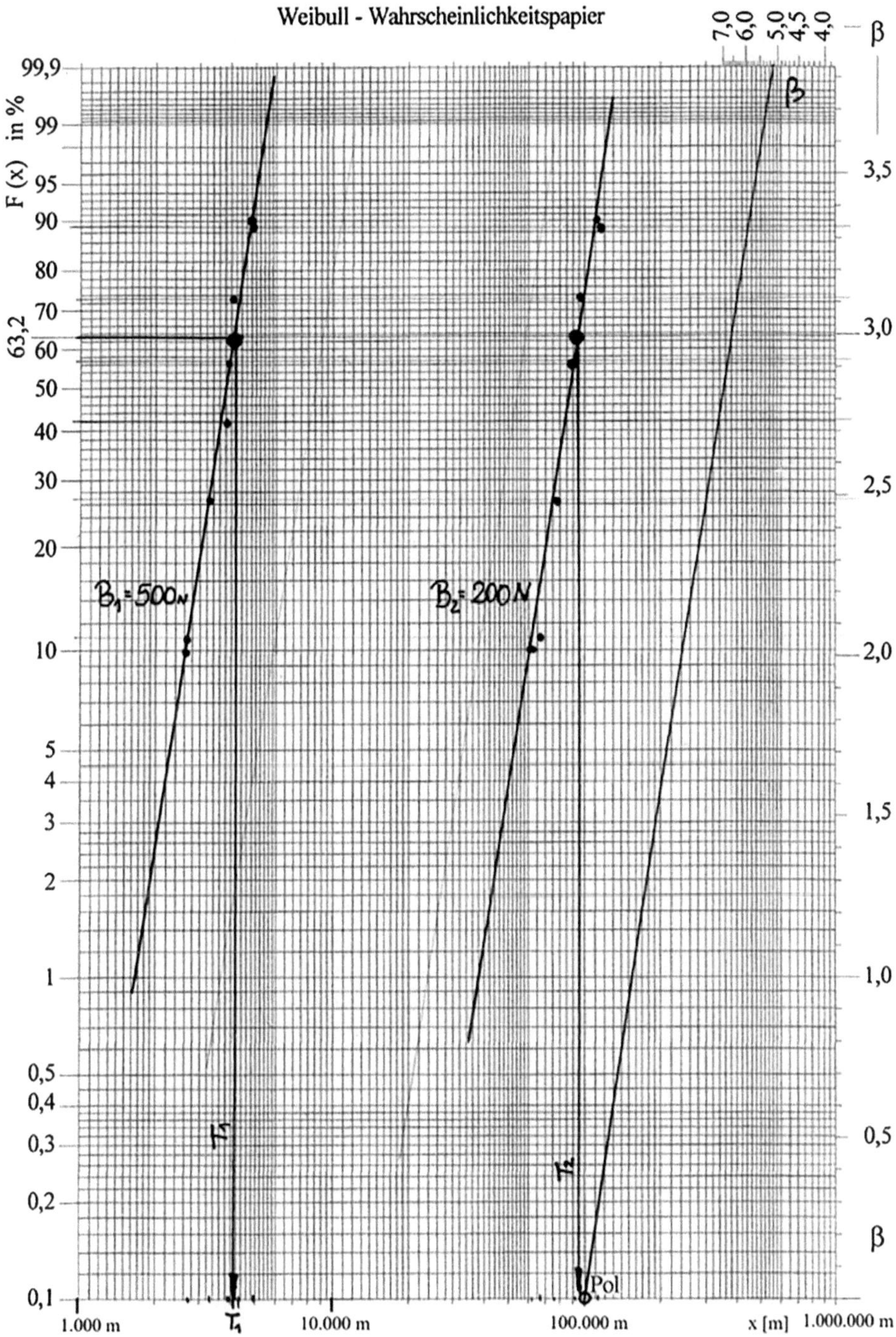

$T_1 = 4.200$ m $T_2 = 96.000$ m ß = 5,15

Ergebnisse für die Zuverlässigkeitsgleichungen (Genauwerte).

Horizont 1 ($B_1 = 200$ N)	
nach Gl. 4.19 $R_1(x) = \frac{1}{17.070\,\mathrm{m}\sqrt{2\pi}} \int_x^{+\infty} e^{-\frac{(x-88.290\,\mathrm{m})^2}{2(17.070\,\mathrm{m})^2}}\,dx$	nach Gl. 4.31b $R_1(x) = e^{-\left(\frac{x}{95.684\,\mathrm{m}}\right)^{5,18}}$
Horizont 2 ($B_2 = 500$ N)	
nach Gl. 4.19 $R_2(x) = \frac{1}{744\,\mathrm{m}\sqrt{2\pi}} \int_x^{+\infty} e^{-\frac{(x-3.846\,\mathrm{m})^2}{2(744\,\mathrm{m})^2}}\,dx$	nach Gl. 4.31b $R_2(x) = e^{-\left(\frac{x}{4.168\,\mathrm{m}}\right)^{5,18}}$

Zur Bestimmung des Streufeldes im Wöhlerdiagramm sind für beide Horizonte die Lebensdauern $x_{0,9}$, $x_{0,5}$ und $x_{0,1}$ zu berechnen und in das Diagramm einzuzeichnen.

Für Weibull nach Gl. 5.48 $x_i = \sqrt[\beta]{-\ln R_i} \cdot T$ mit $R = 0{,}9 - 0{,}5 - 0{,}1$

Für Gauss nach Gl. 5.44 $x_i = z \cdot \sigma + \mu$ mit z aus Tafel V.2 für $\Phi(z)$

$\Phi(z) = 0{,}9 \rightarrow z = 1{,}22816$ für $x_{0,1}$ $\Phi(z) = 0{,}5 \rightarrow z = 0$ für $x_{0,5}$

$\Phi(-z) = 0{,}1 = 1 - \Phi(z) \rightarrow z = -1{,}22816$ für $x_{0,9}$

[m]	Gauss			Weibull		
	$x_{0,9}$	$x_{0,5}$	$x_{0,1}$	$x_{0,9}$	$x_{0,5}$	$x_{0,1}$
$B_1 = 200$ N	66.413	88.290	110.167	61.942	89.148	112.417
$B_2 = 500$ N	2.893	3.846	4.799	2.698	3.883	4.897

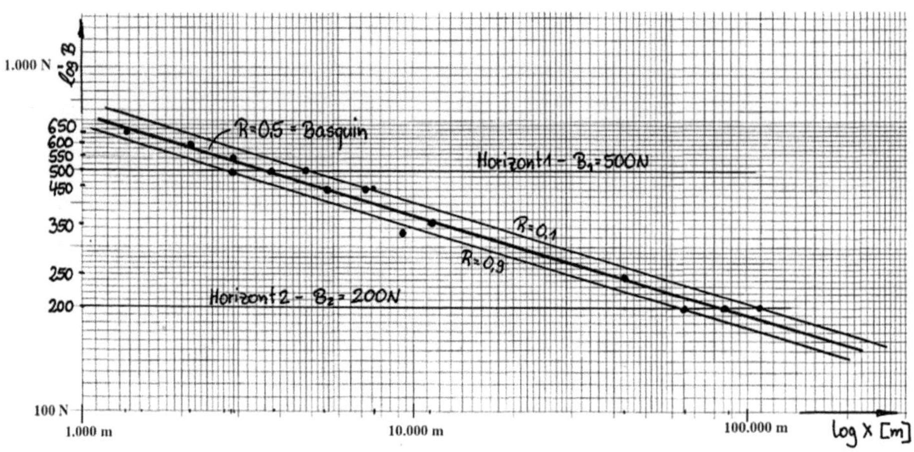

Lebensdauerlinien nach Weibull/Basquin

Die Perzentillinie für $R = 0{,}5$ entspricht der Basquin'schen Gleichung.

Beispiel 5: Lebensdauernachweis und Sicherheit im Zeitfestigkeitsbereich bei einem Beanspruchungshorizont.

Für ein nachweispflichtiges Hebezeug wird u. a. für eine Anschweißgabel zur Krafteinleitung in einen Hydraulikzylinder eine Mindestlebensdauer von $\mathbf{N_{erf.} = 10^5}$ **LW** und eine Sicherheit von $\mathbf{S_B = 2{,}5}$ bei einer Belastung von $\mathbf{F_{vorh.} = 5}$ **kN** bei einer Zuverlässigkeit $\mathbf{R_N = 0{,}9}$ gefordert. Die Forderung ist insofern berechtigt, da es sich um ein doppelschnittiges Auge einer Aluminiumkonstruktion mit wenig ausgeprägten Dauerschwingfestigkeiten handelt und der Hydraulikzylinder für den Anschluss an Stahllaschen ausgelegt ist.

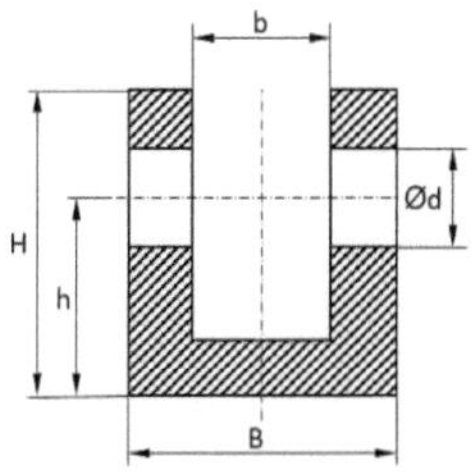

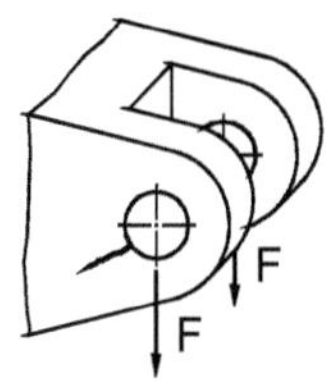

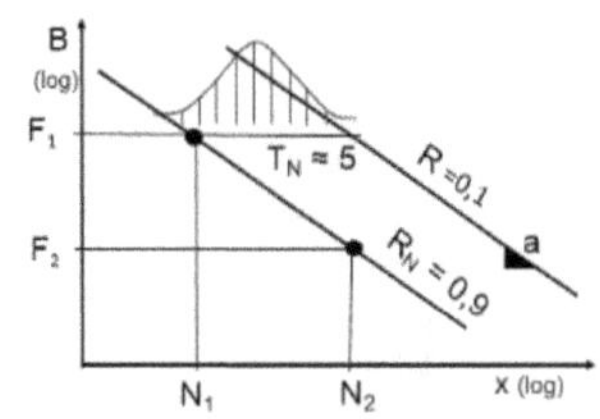

Wegen der komplexen Form entschließt sich der Hersteller zu Pulsatorversuchen auf **2 Horizonten**. An einem Auge wurde so lange eine Kraft eingeleitet, bis es zum Anriss der Konstruktion kam. Das Ergebnis ist eine Lebensdauerlinie für $\mathbf{R_N = 0{,}9}$

Horizont 1	$F_1 = 20$ kN	$N_1 = 0{,}66 \cdot 10^4$ LW
Horizont 2	$F_2 = 12$ kN	$N_2 = 1{,}4 \cdot 10^5$ LW

Bekannt ist weiterhin die Streuspanne T_N auf dem Horizont 20 kN.

$$T_N = \frac{x_{0,1}}{x_{0,9}} = 5$$

Aufgaben:

(1) Nachzuweisen ist, ob $N_{erf.} = 10^5$ Lastwechsel (LW) bei einer Belastung mit $F_{vorh.} = 5$ kN mit einer Zuverlässigkeit $R_N = 0{,}9$ erreicht werden. (Lebensdauernachweis).

(2) Zu überprüfen ist, ob bis $N_{erf.} = 10^5$ LW eine Sicherheit $S_B = 2{,}5$ in Bezug auf die Lebensdauerlinie $R = 0{,}9$ und eine Belastung $F_{vorh.} = 5$ kN eingehalten werden kann. (Sicherheitsnachweis).

(3) Zu ermitteln ist die Lebensdauerreserve ΔN und die vorhandene Lebensdauersicherheit S_N.

(4) Zu ermitteln ist die vorhandene Zuverlässigkeit $R_{vorh.}$, die zum Zeitpunkt $N_{erf.} = 10^5$ LW bei $F_{vorh.} = 5$ kN vorliegt?

Lösungen:

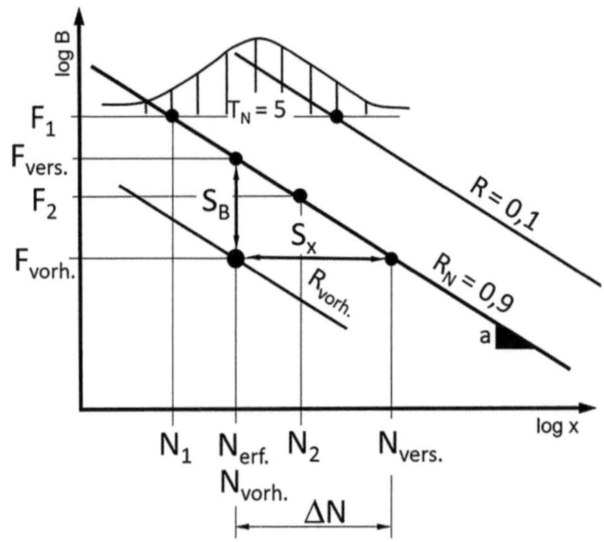

Wöhlerliniensystem zur Lösung der Aufgabe

1 **Lebensdauernachweis $N_{vers.} > N_{erf}$**
Aufgestellt wird eine Wöhlerliniengleichung für $R_N = 0{,}9$ nach Kap. 5.1.2, Gl. 5.12, für die der Wöhlerlinienexponent a nach Gl. 5.13 bestimmt wird:

$$x_i = \left(\frac{B_N}{B_i}\right)^a \cdot x_N \text{ mit } a = \frac{\log x_2 - \log x_1}{\log B_1 - \log B_2}$$

$$a = \frac{log\ 1{,}4 \cdot 10^5 - log\ 0{,}66 \cdot 10^4}{log\ 20 - log\ 12} = 5{,}9796 \approx 6$$

$$N_{vers} = \left(\frac{20\,\text{kN}}{F_{\text{vorh.}}}\right)^6 \cdot 0{,}66 \cdot 10^4\ LW \text{ oder } N_{\text{vers}} = \left(\frac{12\,\text{kN}}{F_{\text{vorh.}}}\right)^6 \cdot 1{,}4 \cdot 10^5\ LW$$

Mit $F_{\text{vorh.}} = 5$ kN

$$N_{\text{vers.}} = 27.033.600 \text{ LW bzw. } 26.754.416 \approx \underline{27 \cdot 10^6 \text{LW}} > N_{\text{erf.}}$$

Eine Lebensdauer von $N_{\text{erf.}} = 10^5$ LW wird erreicht und übertroffen.

2 **Sicherheitsnachweis $S_{Bvorh.} \geq S_{Berf.}$**
Die vorhandene Sicherheit S_B zum Zeitpunkt $N_{\text{erf.}} = 10^5$ LW berechnet sich nach. Gl. 2.3 (s. Abschn. 2.1) mit $S = \frac{B_{\text{vers}}}{B_{\text{vorh}}}$ und in der vorliegenden Aufgabe mit.

$$S_B = \frac{\mathrm{F_{vers}}}{\mathrm{F_{vorh}}}.$$

Der Versagenswert $F_{vers.}$ Kann nach Umstellung der Wöhlerliniengleichungen berechnet werden. Aus.

$$\mathrm{N}_{vers} = \left(\frac{20\,\mathrm{kN}}{\mathrm{F_{vorh.}}}\right)^6 \cdot 0{,}66 \cdot 10^4\ LW \text{ oder } \mathrm{N_{vers}} = \left(\frac{12\,\mathrm{kN}}{\mathrm{F_{vorh.}}}\right)^6 \cdot 1{,}4 \cdot 10^5\ LW$$

wird.

$$\mathrm{F_{vers.}} = \sqrt[a]{\frac{\mathrm{N_N}}{\mathrm{N_{vorh.}}}} \cdot \mathrm{F_N} = \sqrt[6]{\frac{0{,}66 \cdot 10^4}{10^5}} \cdot 20\ \mathrm{kN} = 12{,}71\ \mathrm{kN} \text{ oder}$$

$$\mathrm{F_{vers.}} = \sqrt[6]{\frac{1{,}4 \cdot 10^5}{10^5}} \cdot 12\ \mathrm{kN} = 12{,}69\ \mathrm{kN}$$

und daraus folgt die vorhandene Sicherheit

$$\mathrm{S_B} = \frac{\mathrm{F_{vers}}}{\mathrm{F_{vorh}}} = \frac{12{,}7\ \mathrm{kN}}{5\ \mathrm{kN}} = \underline{2{,}54}$$

Da $\mathrm{S_{B\ vorh.}} > \mathrm{S_{B\ erf.}}$ ist der Sicherheitsnachweis positiv ausgefallen.

3 **Lebensdauersicherheit S_x, Lebensdauerreserve ΔN**

Lebensdauersicherheit Sx nach Gl. 6.6 und 6.7.

$$S_x = \mathrm{S_B^a} = \frac{x_{vers.}}{x_{vorh}} \rightarrow S_N = \mathrm{S_B^a} = \frac{N_{vers.}}{N_{vorh}} = 2{,}54^6 = \frac{27 \cdot 10^6 \mathrm{LW}}{10^5 LW} \approx \underline{268 \ldots 270}$$

Lebensdauerreserve ΔN mit Gl. 6.8.

$$\Delta\mathrm{N} = \mathrm{N_{vers.}} - \mathrm{N_{vorh.}} \approx 26{,}9 \cdot 10^6 \mathrm{LW}$$

4 **Aktuell vorhandene Zuverlässigkeit R_{vorh}**

Ermittlung statistischer Parameter für die Weibullverteilung: Mit einer aus den Versuchswerten $x_{0,9}$ und $x_{0,1}$ ermittelten Streubreite von $\mathrm{T_N} \cong 5$ folgt mithilfe von Tafel IV.2.5. Für den Formparameter ß:

$$\beta \approx \frac{3{,}084}{ln\ T_N} = \frac{3{,}084}{ln\ 5} = 1{,}916 \approx 1{,}92$$

Für die charakteristische Lebensdauer T:

$$\mathrm{T} \approx \sqrt[\beta]{9{,}491} \cdot \mathrm{x_n} = \sqrt[1{,}92]{9{,}491} \cdot 0{,}66 \cdot 10^4 \mathrm{LW} = 21.309\ \mathrm{LW}$$

oder

$$\mathrm{T} \approx \mathrm{T_x^{0{,}73}} \cdot \mathrm{x_n} = 5^{0{,}73} \cdot 0{,}66 \cdot 10^4 \mathrm{LW} = 21.369\ \mathrm{LW}$$

Diese Parameter für die Weibullverteilung hätten in guter Näherung ebenfalls mithilfe des Wahrscheinlichkeitspapiers ermittelt werden können. (Wertepaare F = 0,1 und $x_{0,9}$ sowie F = 0,9 und $x_{0,1} = 5 \cdot x_{0,9}$.)

Mit den Parametern der Weibullverteilung kann die zum Zeitpunkt $N_{vorh.} = 10^5$ LW vorhandene Zuverlässigkeit $R_{vorh.}$ mit unterschiedlichen Lösungsansätzen errechnet werden.

Nach Gl. 6.15	
$R_{vorh.} = e^{-\left(\left(\frac{B_{vorh.}}{B_N}\right)^a \cdot \frac{x_{vorh.}}{T_N}\right)^{\beta}}$	$R_{vorh.} = e^{-\left(\left(\frac{5\,kN}{20\,kN}\right)^6 \cdot \frac{10^5 LW}{21300 LW}\right)^{1,92}}$

Nach Gl. 6.18	
$R_{vorh.} = R_N^{\left[\left(\frac{B_{vorh.}}{B_N}\right)^a \cdot \frac{x_{vorh.}}{x_N}\right]^{\beta}}$	$R_{vorh.} = 0{,}9^{\left[\left(\frac{5\,kN}{20\,kN}\right)^6 \cdot \frac{10^5 LW}{0{,}66 \cdot 10^4 LW}\right]^{1,92}}$

Nach Gl. 6.19		
$R_{vorh.} = R_N^{\left(\frac{x_{vorh.}}{x_{vers.}}\right)^{\beta}}$	$R_{vorh.} = R_N^{\left(\frac{1}{S_x}\right)^{\beta}}$	$R_{vorh.} = R_N^{\left(\frac{1}{S_B}\right)^{a \cdot \beta}}$
$R_{vorh.} = 0{,}9^{\left(\frac{10^5 LW}{27 \cdot 10^6 LW}\right)^{1,92}}$	$R_{vorh.} = 0{,}9^{\left(\frac{1}{270}\right)^{1,92}}$	$R_{vorh.} = 0{,}9^{\left(\frac{1}{2,54}\right)^{6 \cdot 1,92}}$

Vorhandene Zuverlässigkeit zum Zeitpunkt $N_{erf.} = 10^5$ LW:

$$\mathbf{R_{vorh.} = 0{,}9999977}$$

Risikoklasse W1 (Tab. 6.1 Abschn. 6.8).

Beispiel 6: Lebensdauerberechnung mittels linearer Schadensakkumulationshypothesen bei Ermüdung (Kollektivbelastung).

In einem Wöhlerversuch wurde auf 2 Horizonten an jeweils 100 Elementen das Ausfallverhalten eines Maschinenelementes untersucht und ausgewertet.

Unterhalb von 400 N/mm^2 wurde Dauerfestigkeit festgestellt.

Horizont	Lastwechsel LW (R = 0,9)
550 N/mm^2	259.700 LW
400 N/mm^2	1.276.500 LW

Aufgaben A

1. Tragen Sie die Lebensdauerlinie in das Wöhlerdiagramm ein.
2. Bestimmen Sie den Wöhlerlinienexponenten a und die Lebensdauergleichung.
3. Welche Lebensdauer wird bei einer Belastung von 450 N/mm^2 erreicht? (rechnerisch und mit dem Wöhlerdiagramm).

4. Welche Beanspruchung darf nicht überschritten werden, damit mindestens 10^6 Lastwechsel ertragen werden?

Durch eine zweistündige Beobachtung des Maschinenelementes im Feldeinsatz konnten folgende Beanspruchungsamplituden und die Anzahl ihres Auftretens analysiert werden.

i	σ_i [N/mm²]	x_i	i	σ_i [N/mm²]	x_i
1	680	1	6	280	260
2	600	4	7	200	490
3	520	15	8	120	750
4	440	50	9	40	800
5	364	130			**2500**

Aufgaben B

1. Berechnen Sie die ertragbaren Lastwechselzahlen für die Schadensakkumulationshypothesen nach Palmgren/Miner, Corten/Dolan und Haibach.
2. Rechnen Sie die Lastwechsel in Betriebsstunden um.
3. Nachzuweisen ist, ob $x_{erf.} = 8 \cdot 10^6$ Lastwechsel erreicht werden.
4. Die Lebensdauer ist mit dem Äquivalenzfaktor eines Vergleichskollektivs zu bestimmen.
5. Stellen Sie das Lastkollektiv als normierte Treppenkurve dar.

Lösung A

Wöhlerlinienexponent a bestimmen (s. Abschn. 3.2 Gl. 5.21 bzw. Gl. 5.22)

$$B_1^a \cdot x_1 = B_2^a \cdot x_2 \quad \left(\frac{B_1}{B_2}\right)^a = \frac{\mathbf{x}_2}{\mathbf{x}_1} \quad a = \frac{\log\left(\frac{x_2}{x_1}\right)}{\log\left(\frac{B_1}{B_2}\right)} = \frac{\log x_2 - \log x_1}{\log B_1 - \log B_2}$$

$$a = \frac{\log x_2 - \log x_1}{\log B_1 - \log B_2} = \frac{\log 1276500 - \log 259700}{\log 550 - \log 400} = 5$$

alternativ: $\frac{x_1}{x_2} = \left(\frac{B_2}{B_1}\right)^a \quad a = \frac{\log\left(\frac{x_1}{x_2}\right)}{\log\left(\frac{B_2}{B_1}\right)} = \frac{\log x_1 - \log x_2}{\log B_2 - \log B_1}$

(2) **Wöhlerliniengleichung/(3) Lebensdauerbestimmung**

$$x_i = \left(\frac{400}{B_i}\right)^5 \cdot 1276500 \text{ oder } x_i = \left(\frac{550}{B_i}\right)^5 \cdot 259700$$

Lebensdauer x bei $B_i = 450\ \text{N/mm}^2 = 708.367$ LW bzw. 708.309 LW.

$$\mathbf{x \approx 708.000\ LW}$$

(4) **Beanspruchungsbestimmung**

$$B_i = B_N \cdot \sqrt[a]{\frac{x_N}{x_i}} \quad B_i = 400 \cdot \sqrt[5]{\frac{1276500}{1000000}} \quad \text{oder } B_i = 550 \cdot \sqrt[5]{\frac{259700}{1000000}}$$

$B_{zul.}$ zum Erreichen von 10^6 LW = **420 N/mm²**.

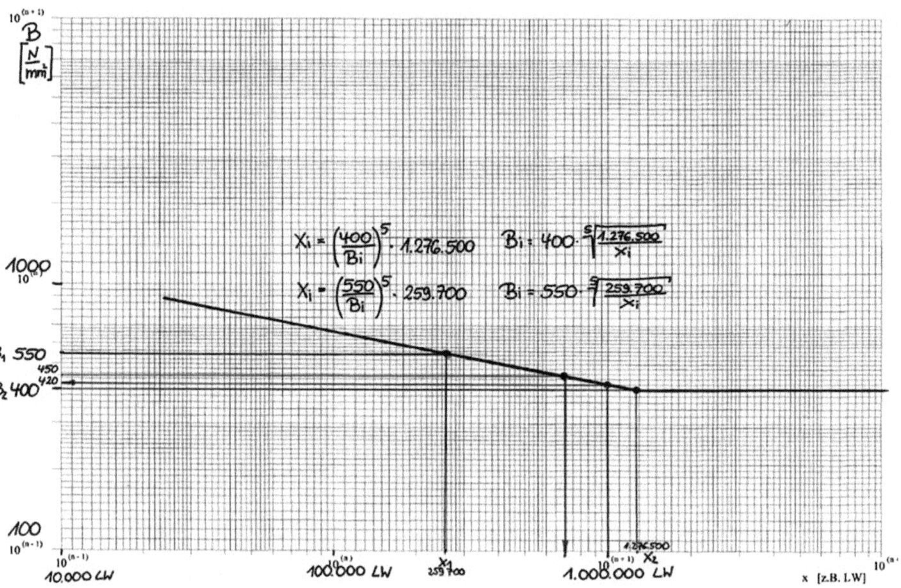

Lösung B:

Es wird eine Tabellenrechnung mit Anwendung von GL. (5.21) bzw. (5.22) Aus Abschn. 5.2 durchgeführt.

$$X = \frac{\sum x_i}{\sum \frac{x_i}{X_i}} \text{ und } X = \frac{\sum x_i}{\sum \frac{x_i}{X_N} \cdot \left(\frac{B_i}{B_N}\right)^a}$$

Für die Hypothesen gilt.

Miner	$a = 5;\ b \to \infty$	für Bi < 400 N/mm² keine Berücksichtigung in Lebensdauerrechnung
Corten/Dolan	$a = b = 5$	es werden alle Bi berücksichtigt
Haibach	$a = 5;\ b = 2a - 1 = 9$	für Bi < 400 wird der Wöhlerlinienexponent $b = 2a - 1$

i	1	2	3	4	5	6	7	8	9		2500
σ	680	600	520	440	364	280	200	120	40		
x	1	4	15	50	130	260	490	750	800	a	b
X Miner	89903	168099	343799	792606	oo	oo	oo	oo	oo	5	oo
X C/D	89903	168099	343799	792606	2045568	7595050	40848000	525308642	127650000000	5	5
X Haibach	89903	168099	343799	792606	2982966	31632860	653568000	64852918762	127650000000000	5	9
x/X M	1,11E-05	2,38E-05	4,36E-05	6,31E-05	0	0	0	0	0		
x/X CD	1,11E-05	2,38E-05	4,36E-05	6,31E-05	6,36E-05	3,42E-05	1,1996E-05	1,42773E-06	6,26714E-09		
x/X H	1,11E-05	2,38E-05	4,36E-05	6,31E-05	4,36E-05	8,22E-06	7,4973E-07	1,15646E-08	6,26714E-13		
Miner	17651400	LW	14121	Std.	Tage 8h	Jahre					
Co/Do	9887427	LW	7910	Std.	988,7	2,7					
Haibach	12873777	LW	10299	Std.	1287,4	3,5					

Die Rechnung nach dem Rechenschema (s. Excel-Tabelle) ergibt für

Miner	$X_M = 17{,}65 \cdot 10^6$ LW → 14.120 h
Haibach	$X_H = 12{,}87 \cdot 10^6$ LW → 10.296 h
Corten/Dolan	$X_{CD} = 9{,}88 \cdot 10^6$ LW → 7.904 h

Die Umrechnung in Betriebsstunden erfolgte nach:

$$\frac{2\text{ h}}{2500\text{ LW}} = \frac{x_h}{X_{M,\,H,\,CD}} \rightarrow x_h = \frac{2\text{ h} \cdot X_{M,\,H,\,CD}}{2500\text{ LW}}$$

(3) **Lebensdauernachweis** $x_{erf.} = 8 \cdot 10^6$ Lastwechsel
Die Forderung $x_{erf.} \geq 8 \cdot 10^6$ LW kann als erfüllt angesehen werden, da die C/D-Hypothese stets die ungünstigsten Werte liefert.

Eine Sicherheit gegenüber dem Auslegungspunkt $x_{erf.}$ besteht nach Abschn. 6.3 mit

$$S_x = \frac{x_{CD}}{x_{erf}} = \frac{9{,}88 \cdot 10^6\text{ LW}}{8 \cdot 10^6\text{LW}} = \underline{1{,}235}$$

Ebenfalls nach Abschn. 6.3 die Lebensdauerreserve Δx für die Hypothese nach Corten/Dolan:

$$\Delta x = x_{CD} - x_{erf.} = \underline{1{,}88 \cdot 10^6\text{ LW}}.$$

(4) **Lebensdauerberechnung mittels Äquivalenzfaktor für Corten/Dolan**
Schadensakkumulationshypothese nach C/D nach Abschn. 5.2.1, Gl. 5.28 und 5.29 (alle B_i berücksichtigt mit a = 5).

$$X = \left(\frac{B_N}{B_ä}\right)^a \cdot x_N \text{ mit } B_ä = \sqrt[a]{\sum B_i^a \left(\frac{x_i}{X}\right)} \text{ mit x} = 2.500\text{ LW}$$

Bä = 265,61 N/mm².

$$x_i = \left(\frac{400}{B_ä}\right)^5 \cdot 1.276.500\,LW \text{ oder } x_i = \left(\frac{550}{B_ä}\right)^5 \cdot 259.700\text{ LW}$$

$$\underline{X_{CDä} = 9{,}887 \cdot 10^6\ \mathrm{LW}}$$

Kollektivbildung für einen Beobachtungszeitraum von 2 h und Eintrag im Wöhlerdiagramm (Modell Palmgren/Miner), Normkollektiv für Abschn. 5.2.2.

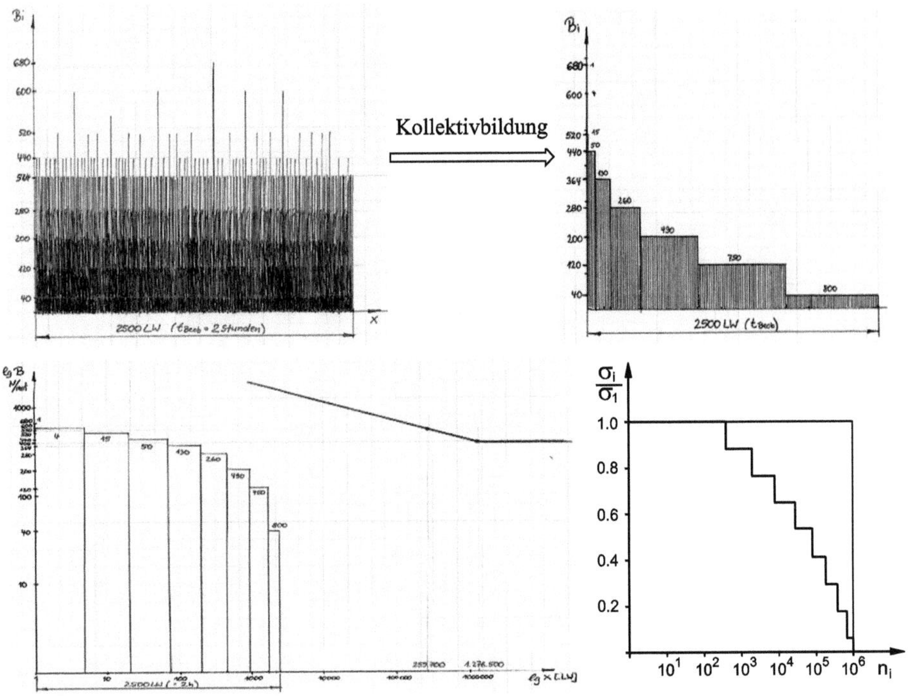

Beispiel 7: Auswertung von Ermüdungsversuchen (Gauss/Weibull).
Generieren eines Wöhlerdiagramms.
Lebensdauer und Zuverlässigkeitsberechnung.

Aufgaben

Für ein dimensioniertes Bauteil wurden in einem Wöhlerversuch die dargestellten. Versuchsergebnisse gemäß nachfolgender Wertetabelle (Urliste) ermittelt:

Horizont 1 350 N/mm²		**Horizont 2** 100 N/mm²	
Probe 1	61.305 LW	Probe 1	927.100 LW
Probe 2	42.150 LW	Probe 2	852.600 LW
Probe 3	26.430 LW	Probe 3	482.310 LW

Horizont 1 350 N/mm^2		**Horizont 2** 100 N/mm^2	
Probe 4	35.300 LW	Probe 4	1.426.230 LW
Probe 5	81.570 LW	Probe 5	1.173.700 LW
Probe 6	66.230 LW	Probe 6	640.270 LW
Probe 7	47.075 LW	Probe 7	1.292.850 LW
Probe 8	72.840 LW	Probe 8	775.340 LW
Probe 9	52.100 LW	Probe 9	995.630 LW
Probe 10	56.210 LW	Probe 10	1.090.420 LW

A Bestimmen Sie die Zuverlässigkeitsfunktionen R(x) für beide Versuchshorizonte nach Gauß und Weibull.

B Zeichnen Sie auf der Basis der Weibull-Verteilung im doppellogarithmischen Papier das Wöhlerlinienfeld für R = 0,9 – R = 0,5 und R = 0,1.

C Ermitteln Sie für den Wahrscheinlichkeitshorizont R = 0,9 die Berechnungsformel zur Bestimmung der ertragbaren Lastwechselzahlen in Ab-hängigkeit von der Beanspruchung.

D Untersuchen Sie, ob das zu montierende Bauteil bei einer Beanspruchung von 200 N/mm^2 die Lebensdauer von 100.000 LW mit R = 0,95 erreicht.

E Welche Beanspruchung darf nicht überschritten werden, wenn 100.000 LW mit einer Wahrscheinlichkeit von R = 0,95 erreicht werden sollen?

F Welche aktuelle Zuverlässigkeit liegt bei 75.000 LW und einer Beanspruchung von 150 N/mm^2 vor?

A Bestimmen Sie die Verteilungsfunktionen R(x) für die Versuchshorizonte nach Gauß und Weibull

Sortieren der Zufallswerte in einer Wertetabelle (aufsteigende Ordnung).

Horizont 1 350 N/mm^2				**Horizont 2** **100 N/mm^2**		
Rang i	**Probe**	**LW**		**Rang i**	**Probe**	**LW**
1	Probe 3	26.430	**MIN**	1	Probe 3	482.310
2	Probe 4	35.300		2	Probe 6	640.270
3	Probe 2	42.150		3	Probe 8	775.340
4	Probe 7	47.075		4	Probe 2	852.600
5	Probe 9	52.100		5	Probe 1	927.100

Horizont 1 350 N/mm^2				**Horizont 2** **100 N/mm^2**		
Rang i	**Probe**	**LW**		**Rang i**	**Probe**	**LW**
6	Probe 10	56.210		6	Probe 9	995.630
7	Probe 1	61.305		7	Probe 10	1.090.420
8	Probe 6	66.230		8	Probe 5	1.173.700
9	Probe 8	72.840		9	Probe 7	1.292.850
10	Probe 5	81.570	**MAX**	10	Probe 4	1.426.230

Bestimmung der Parameter μ und σ für die Gauss-Verteilung mit dem Wahrscheinlichkeitspapier (s. Abschn. 4.3.1).

Schätzen der Ausfallwahrscheinlichkeiten $F(x) = \frac{3i-1}{3n+1}$ mit n = 10 und.
i = Rang 1 bis 10 → Eintrag der Wertepaare in das Wahrscheinlichkeitspapier.

Rang i	Horizont 1 (350 N/mm^2)	Horizont 2 (100 N/mm^2)	F(x)
	x [LW]	x [LW]	
1	26.430	482.310	0,0645
2	35.300	640.270	0,1613
3	42.150	775.340	0,2581
4	47.075	852.600	0,3548
5	52.100	927.100	0,4516
6	56.210	995.630	0,5484
7	61.305	1.090.420	0,6452
8	66.230	1.173.700	0,7419
9	72.840	1.292.850	0,8387
10	81.570	1.426.230	0,9355

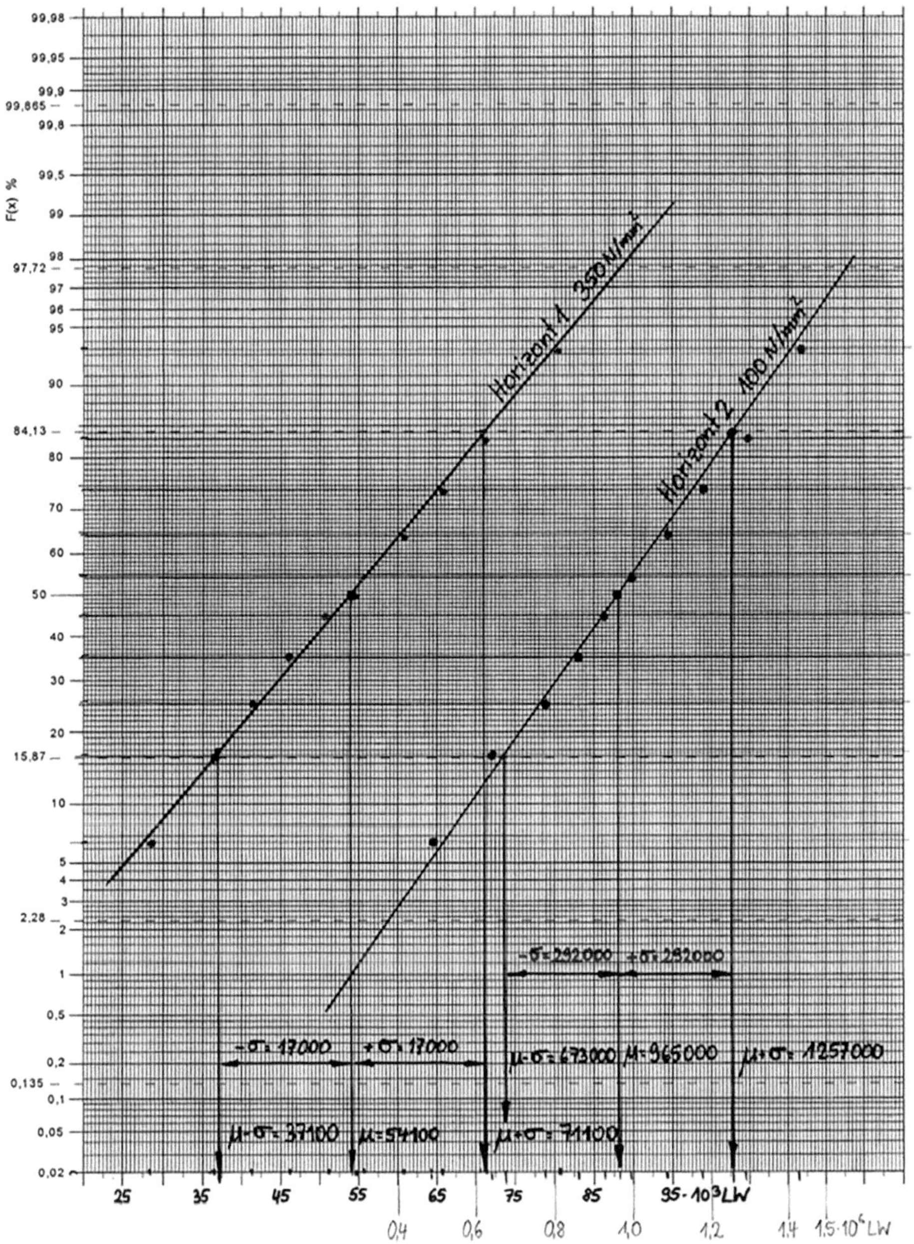

Horizont 1 – mit $\mu = 54.100$ LW und $\sigma = 17.000$ LW

$$R(x) = \frac{1}{17000\,\sqrt{2\pi}} \int\limits_{x}^{+\infty} e^{-\frac{(x-54100)^2}{2\cdot 17000^2}}\,dx$$

Horizont 2 – mit $\mu = 965.000$ LW und $\sigma = 292.000$ LW

$$R(x) = \frac{1}{292000\sqrt{2\pi}} \int_{x}^{+\infty} e^{-\frac{(x-965000)^2}{2 \cdot 292000^2}} dx$$

Alternative Parameterbestimmung – Taschenrechnermethode.
(s. Abschn. 4.1.2).

$$\overline{x} = \frac{1}{n}\sum_{i=1}^{n} x_i = \frac{1}{10}\sum_{i=1}^{10} x_i \text{ und}$$

$$s = \sqrt{s^2} \text{ mit } s^2 = \frac{1}{n-1}\sum_{i=1}^{n} (x_i - \overline{x})^2 = \frac{1}{9}\sum_{i=1}^{10} (x_i - \overline{x})^2$$

Horizont 1 – mit $\overline{x} =$ 54.121 LW und s = 17.077 LW.
Horizont 2 – mit $\overline{x} =$ 965.645 LW und s = 292.293 LW.

Bestimmung der Parmeter T und ß für die Weibull-Verteilung mit dem Wahrscheinlichkeitspapier (s. Abschn. 4.3.3)

Schätzen der Ausfallwahrscheinlichkeiten $F(x) = \frac{i-0{,}3}{n+0{,}4}$ mit n = 10 und.
i = Rang 1 bis 10 → Eintrag der Wertepaare in das Wahrscheinlichkeitspapier.

Rang i	Horizont 1 (350 N/mm^2)	Horizont 2 (100 N/mm^2)	F(x)
	x [LW]	x [LW]	
1	26.430	482.310	0,0673
2	35.300	640.270	0,1635
3	42.150	775.340	0,2596
4	47.075	852.600	0,3558
5	52.100	927.100	0,4519
6	56.210	995.630	0,5481
7	61.305	1.090.420	0,6442
8	66.230	1.173.700	0,7404
9	72.840	1.292.850	0,8365
10	81.570	1.426.230	0,9327

Horizont 1 – mit T = 60.500 LW und ß = 3,22

$$R(x) = e^{-\left(\frac{x}{60500}\right)^{3{,}22}}$$

Horizont 2 – mit T = 1.080.000 LW und ß = 3,34

$$R(x) = e^{-\left(\frac{x}{1080000}\right)^{3{,}34}}$$

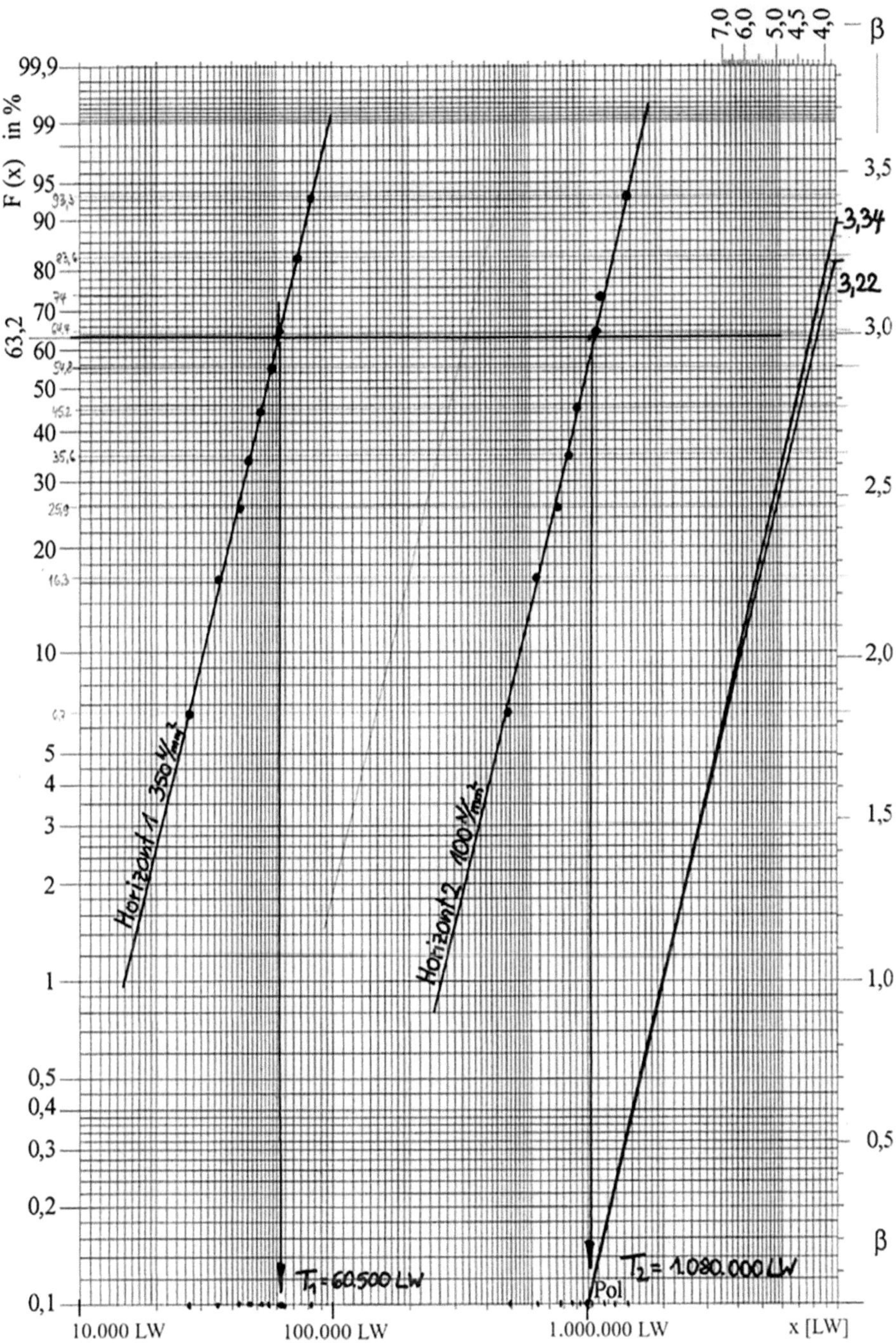

β
7,0
6,0
5,0
4,5
4,0
99,9
99
95
90
80
70
63,2
60
50
40
30
20
10
5
4
3
2
1
0,5
0,4
0,3
0,2
0,1
F (x) in %
3,5
3,34
3,22
3,0
2,5
2,0
1,5
1,0
0,5
Horizont 1 350 N/mm²
Horizont 2 100 N/mm²
T₁ = 60.500 LW
T₂ = 1.080.000 LW
Pol
10.000 LW
100.000 LW
1.000.000 LW
x [LW]

Alternative Parameterbestimmung mittels Regressionsanalyse (EXCEL).
(s. Abschn. 4.3.3 ab GL. 4.36).

Horizont 1
350 N/mm²

Microsoft Excel - Regression_10_Werte

	A	B	C	D	E	F	G	H	I
1	i	x	F(x) Weibull	ln x	ln(-ln(1-F(x)))	ln x - (ln x)m	(ln x - (ln x)m)^2	(ln x - x)(ln(-ln...)-y)	F(x) Gauss
2	1	26430	0,0673	10,18226	-2,66384	-0,66673	0,44453	1,42730	0,0645
3	2	35300	0,1635	10,47164	-1,72326	-0,37735	0,14239	0,45288	0,1613
4	3	42150	0,2596	10,64899	-1,20202	-0,20000	0,04000	0,13578	0,2581
5	4	47075	0,3558	10,75950	-0,82167	-0,08949	0,00801	0,02672	0,3548
6	5	52100	0,4519	10,86092	-0,50860	0,01193	0,00014	0,00017	0,4516
7	6	56210	0,5481	10,93685	-0,23037	0,08786	0,00772	0,02572	0,5484
8	7	61305	0,6442	11,02362	0,03292	0,17463	0,03049	0,09710	0,6452
9	8	66230	0,7404	11,10089	0,29903	0,25190	0,06345	0,20710	0,7419
10	9	72840	0,8365	11,19602	0,59398	0,34703	0,12043	0,38767	0,8387
11	10	81570	0,9327	11,30922	0,99269	0,46023	0,21181	0,69761	0,9355
12		**xm =**	**s =**	Σ ln x =	Σ ln(-ln(...)) =		Σ(ln x - (ln x)m)^2	Σ (...) =	
13		**54121**	**17077**	108,48989	-5,23113		0,85718	2,76043	
14				(ln x)m =	(ln(-ln(...)))m =		x	y	
15	bx =	3,22		10,84899	-0,523113266		**ß =**	**3,22**	
16	ax =	-35,46091882					**T =**	**60562**	

Horizont 2
100 N/mm²

Microsoft Excel - Regression_10_Werte

	A	B	C	D	E	F	G	H	I
1	i	x	F(x) Weibull	ln x	ln(-ln(1-F(x)))	ln x - (ln x)m	(ln x - (ln x)m)^2	(ln x - x)(ln(-ln...)-y)	F(x) Gauss
2	1	482.310	0,0673	13,08634	-2,66384	-0,64813	0,42007	1,38746	0,0645
3	2	640.270	0,1635	13,36965	-1,72326	-0,36482	0,13310	0,43784	0,1613
4	3	775.340	0,2596	13,56106	-1,20202	-0,17341	0,03007	0,11773	0,2581
5	4	852.600	0,3558	13,65605	-0,82167	-0,07842	0,00615	0,02341	0,3548
6	5	927.100	0,4519	13,73982	-0,50860	0,00535	0,00003	0,00008	0,4516
7	6	995.630	0,5481	13,81113	-0,23037	0,07666	0,00588	0,02244	0,5484
8	7	1.090.420	0,6442	13,90207	0,03292	0,16760	0,02809	0,09319	0,6452
9	8	1.173.700	0,7404	13,97567	0,29903	0,24120	0,05818	0,19830	0,7419
10	9	1.292.850	0,8365	14,07236	0,59398	0,33789	0,11417	0,37745	0,8387
11	10	1.426.230	0,9327	14,17055	0,99269	0,43608	0,19016	0,66101	0,9355
12		**xm =**	**s =**	Σ ln x =	Σ ln(-ln(...)) =		Σ(ln x - (ln x)m)^2	Σ (...) =	
13		**965645**	**292293**	137,34469	-5,23113		0,79573	2,65792	
14				(ln x)m =	(ln(-ln(...)))m =		x	y	
15	bx =	3,34		13,73447	-0,523113266		**ß =**	**3,34**	
16	ax =	-46,39933864					**T =**	**1078497**	

Ergebnisse der Regression:

Horizont 1 – mit T = 60.562 LWu nd ß = 3,22.

Horizont 2 – mit T = 1.078.497 LW und ß = 3,34.

B Zeichnen Sie auf der Basis der Weibull-Verteilung im doppel-logarithmischen Papier das Wöhlerlinienfeld für R = 0,9, R = 0,5 und R = 0,1

Berechnung der Lebensdauern für R = 0,9; R = 0,5 und R = 0,1 gemäß.

Abschn. 5.3.2 – Gl. 5.48.

Horizont 1–350 N/mm² $x = \sqrt[3{,}22]{-\ln(R)} \cdot 60.500$ LW.

Horizont 2–100 N/mm² $x = \sqrt[3{,}34]{-\ln(R)} \cdot 1.080.000$ LW.

	Horizont 1 350 N/mm²	Horizont 2 100 N/mm²
$x_{0.9}$ für R = 0,9	30.077 LW	550.570 LW
$x_{0.5}$ für R = 0,5	53.991 LW	967.758 LW
$x_{0.1}$ für R = 0,1	78.387 LW	1.386.346 LW
$x_{0.95}$ für R = 0,95	24.052 LW	443.827 LW

Alternativ wäre eine Berechnung der Lebensdauern mit Gauß nach Abschn. 5.3.1 möglich.

C Ermitteln Sie für den Wahrscheinlichkeitshorizont R = 0,9 die Berechnungsformel zur Bestimmung der ertragbaren Lastwechselzahlen in Abhängigkeit von der Beanspruchung

$$B_i^a \cdot x_i = 350^a \cdot 30.077 = 100^a \cdot 550.570$$

$$\left(\frac{100}{350}\right)^a = \left(\frac{30.077}{550.570}\right) a = \frac{\log 30.077 - \log 550.570}{\log 100 - \log 350} = \underline{2{,}32}$$

$$\boldsymbol{x_i} = \left(\frac{350\,\boldsymbol{N}}{\boldsymbol{B_i}}\right)^{2{,}32} \cdot 30.077\,\boldsymbol{LW} \text{ oder}$$

$$\boldsymbol{x_i} = \left(\frac{100\boldsymbol{N}}{\boldsymbol{B_i}}\right)^{2{,}32} \cdot 550.570\,\boldsymbol{LW}$$

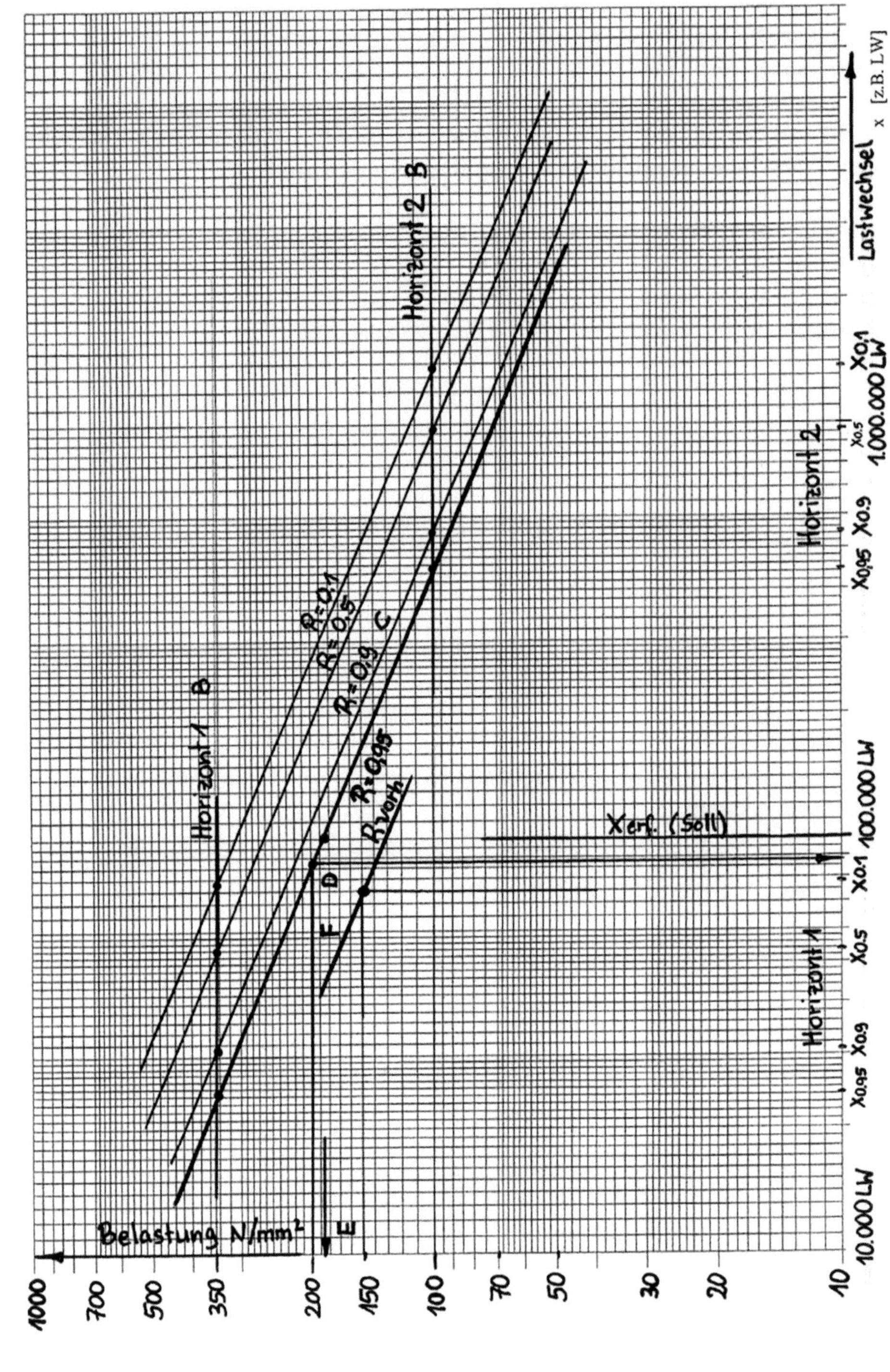
Belastung N/mm²
1000
700
500
350
200
150
100
70
50
30
20
10
Lastwechsel x [z.B. LW]
10.000 LW
100.000 LW
1.000.000 LW
Horizont 1 B
Horizont 2 B
Horizont 1
Horizont 2
R=0,1
R=0,5
R=0,9
R=0,95
R vorh
C
D
E
F
Xerf. (Soll)
X0,95
X0,9
X0,5
X0,1

D Untersuchen Sie, ob das zu montierende Bauteil bei einer Beanspruchung von 200 N/mm² die Lebensdauer von 100.000 LW mit R = 0,95 erreicht

Nach Ermittlung von $x_{0,95}$ nach Teilaufg. B:

$$x_{0,95} = \left(\frac{350}{200}\right)^{2,32} \cdot 24.052 = \underline{88.104\ LW}$$

oder mit Gl. 5.54 in Abschn. 5.34

$$x_{err.} = \left(\frac{B_N}{B_{vorh.}}\right)^{a} \cdot x_N \cdot \sqrt[\beta]{\frac{\ln\ R_{Ausl.}}{\ln\ R_N}}$$

$$x_{0,95} = \left(\frac{350}{200}\right)^{2,32} \cdot 30.077 \cdot \sqrt[3,22]{\frac{\ln\ 0,95}{\ln\ 0,9}} = \underline{88.104\ LW}$$

Eine Lebensdauer von 100.000 LW bei einer Zuverlässigkeit von R = 0,95 wird **nicht** erreicht.

E Welche Beanspruchung darf nicht überschritten werden, wenn 100.000 LW mit einer Wahrscheinlichkeit von R = 0,95 erreicht werden sollen?

Aus Gl. 6.2 (Abschn. 6.2) folgt $B_i = B_N \cdot \sqrt[a \cdot \beta]{\frac{-\ln R_i}{-\ln R_N}} \cdot \sqrt[a]{\frac{x_N}{x_i}}$ und damit

$$B_{grenz.} = 350\frac{N}{mm^2} \cdot \sqrt[2,32 \cdot 3,22]{\frac{\ln 0,95}{\ln\ 0,9}} \cdot \sqrt[2,32]{\frac{30.077}{100.000}} = \underline{189,4\frac{N}{mm^2}}$$

F Welche aktuelle Zuverlässigkeit liegt bei 75.000 LW und einer Beanspruchung von 150 N/mm² vor?

Die Lösung finden wir durch Verwendung von Gl. 6.15 mit.

$$R_{vorh.}(75.000) = e^{-\left(\left(\frac{150}{350}\right)^{2,32} \cdot \frac{75.000}{60.500}\right)^{3,22}} = \underline{0,996}$$

Beispiel 8: Bestimmung von Weibull-Verteilungsparametern aus einem Wöhlerlinienfeld.

Generieren einer Wöhlerliniengleichung.

Lebensdauer und Zuverlässigkeitsberechnung unter Kollektivbelastung.

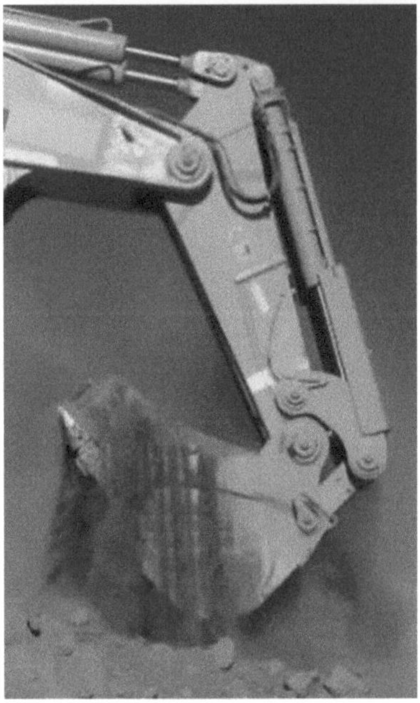

Für den Bolzen der Schaufel eines Baggers ist die Lebensdauer in Betriebsstunden zu bestimmen, die mit einer Wahrscheinlichkeit von 95 % im Feldeinsatz erwartet werden kann.

Die Abschätzung der Lebensdauer ist mit Hilfe der Schadensakkumulationshypothese nach Corten/Dolan durchzuführen.

In einem Wöhlerversuch wurde auf 2 Horizonten an jeweils 100 Bolzen das Ausfall-verhalten untersucht und statistisch ausgewertet. Als Ergebnis liegt ein Wöhler-diagramm mit den klassischen Horizonten für R = 0,9 – R = 0,5 und R = 0,1 vor. Die Verteilungsparameter wurden leider nicht notiert. Abgelesen werden können folgende Werte:

Horizont	R = 0,9	R = 0,5	R = 0,1
340 N/mm²	45.000 LW	68.000 LW	91.000 LW
160 N/mm²	219.000 LW	331.000 LW	443.000 LW

Bei der Beobachtung eines Baggers in einem repräsentativen Zeitraum von 3 h wurden folgende Betriebszustände und zugehörigen Beanspruchungen am Bolzen analysiert:

Betriebszustand	Füllen	Heben	Schwenken
σ	300 N/mm^2	270 N/mm^2	85 N/mm^2
$\mathbf{x_i}$ (in 3 h)	73	57	57

Aufgaben/Fragen

(1) Darstellung der Wöhlerlinien (R = 0,9 – R = 0,5 – R = 0.1).
(2) Ermittlung vorliegender Verteilungsparameter T, ß nach Weibull.
(3) Aufstellen der Wöhlerliniengleichung für $R_N = 0{,}95$.
(4) Ermittlung der ertragbaren Lastwechselzahlen X_i für die Betriebszustände und Berechnung der im realen Feldeinsatz mit R_N zu erwartenden Betriebszeit (Risikoklasse W3) nach Corten/Dolan.
(5) Welche Betriebszeit ist bei einer Risikoklasse W2 ($R_N \geq 99$ %) einzuhalten?

Lösungen

(1) **Darstellung der Wöhlerlinien (R = 0,9 – R = 0,5 – R = 0,1)**
Die $x_{0,9} - x_{0,5} - x_{0,1}$ Werte auf den Horizonten 340 N/mm^2 und 160 N/mm^2 eintragen und miteinander verbinden.

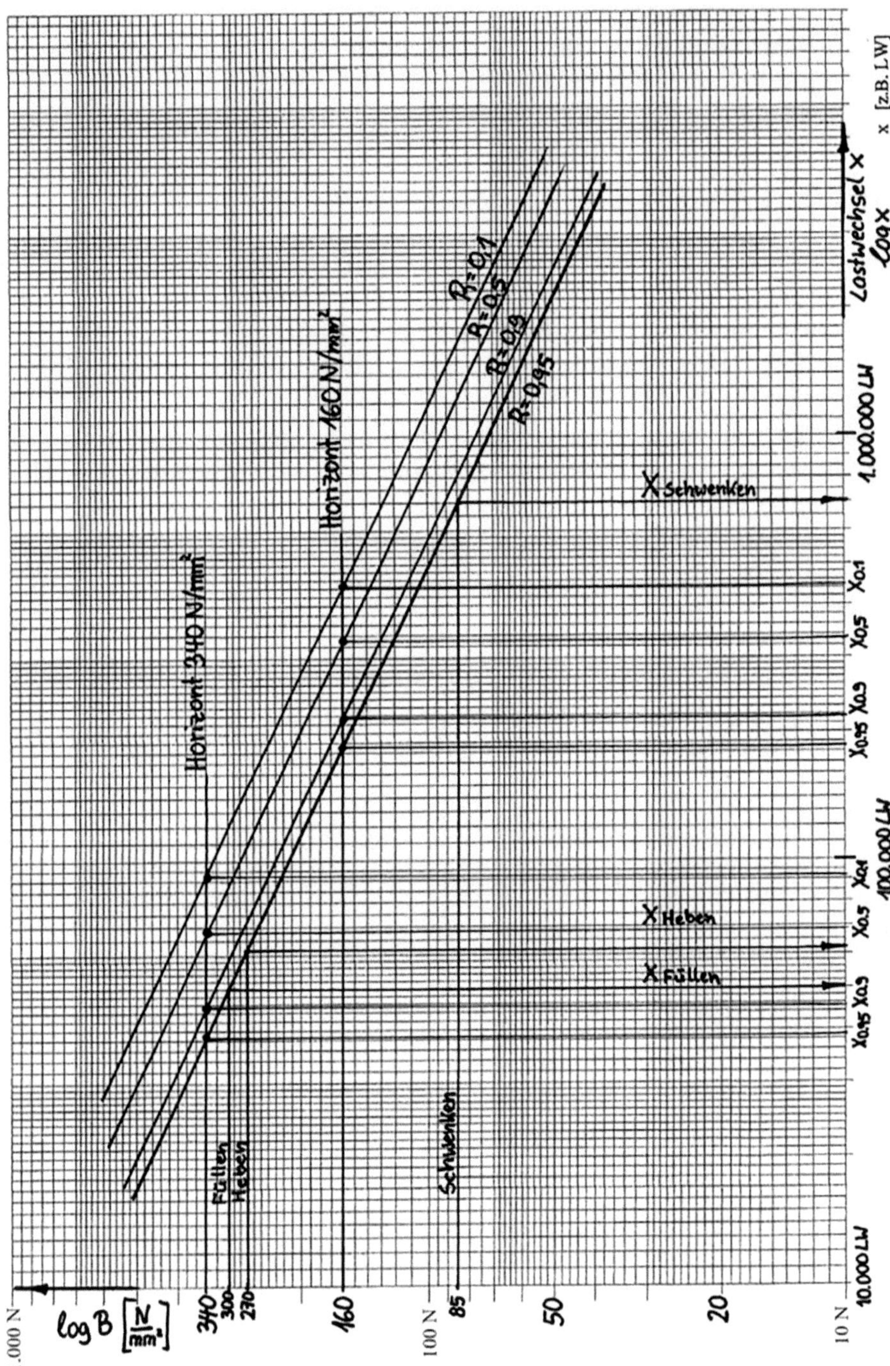
Horizont 340 N/mm²
Horizont 160 N/mm²
R=0,1
R=0,5
R=0,9
R=0,95
X Schwenken
X Heben
X Füllen
Füllen
Heben
Schwenken
Lastwechsel X
log x
x [z.B. LW]
10.000 LW
100.000 LW
1.000.000 LW
log B [N/mm²]
1.000 N
100 N
10 N
340
300
270
160
85
50
20

Das Diagramm enthält zusätzlich die Lebensdauerlinie R = 0,95.

(2) **Ermittlung vorliegender Verteilungsparameter T, ß nach Weibull**

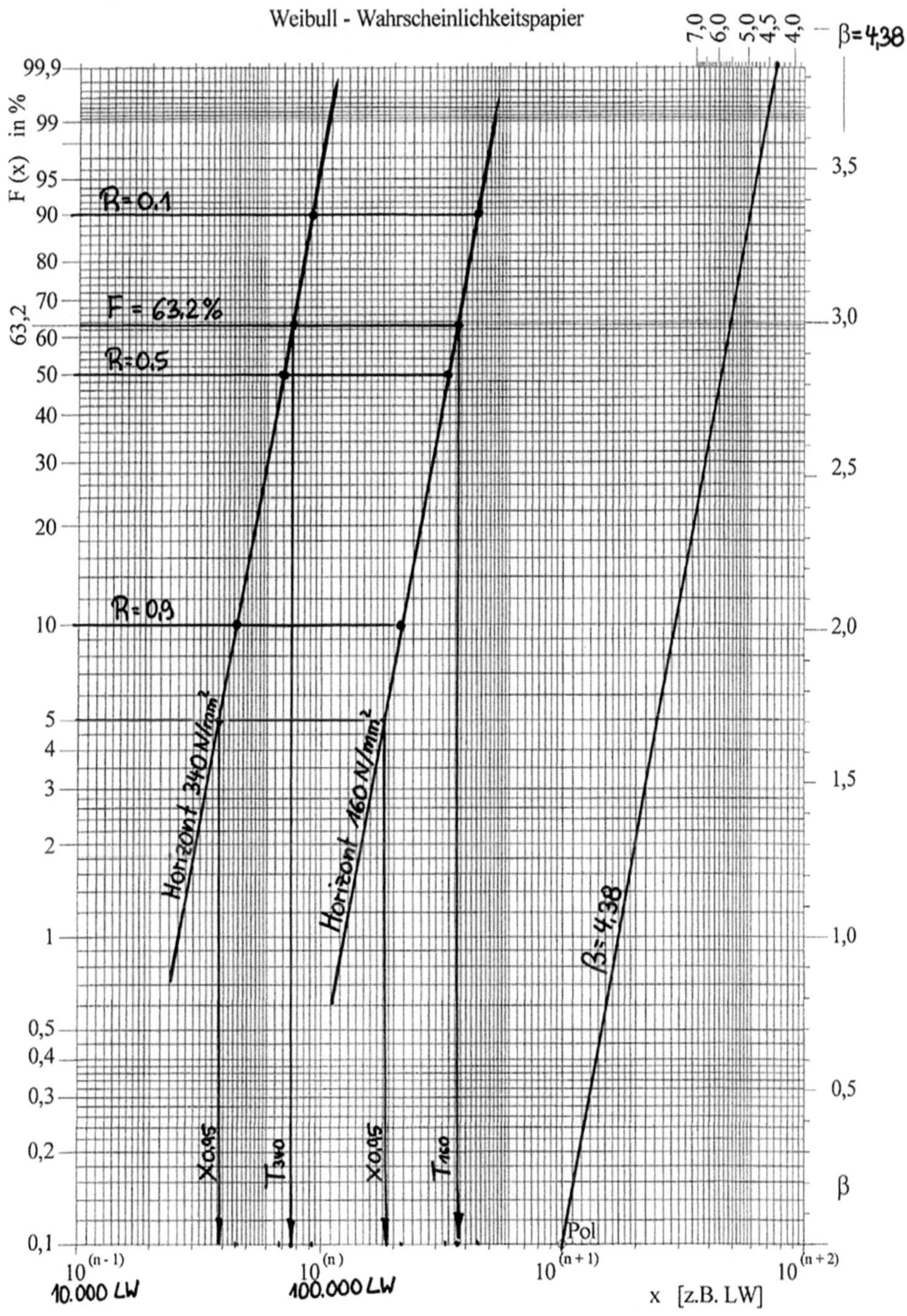

Abgelesen werden im Wahrscheinlichkeitspapier für ß = 4,38 und T = 75.000 LW (Horizont 340 N/mm^2) und T = 366.000 LW (Horizont 160 N/mm^2).

Alternativlösung: Mithilfe von Tafel IV.2.5 sind T und ß auf unterschiedlichem Weg bestimmbar.

Horizont 340 N/mm^2:

$$T_x = \frac{x_{0,1}}{x_{0,9}} = \frac{91.000\ \text{LW}}{45.000\ \text{LW}} = 2{,}02 \text{ und } \beta \approx \frac{3{,}084}{\ln\ T_x} \text{ oder } \frac{3{,}084}{\ln x_{0,1} - \ln x_n} = 4{,}38$$

$$T \approx \sqrt[\beta]{9{,}491} \cdot x_n = \sqrt[4{,}38]{9{,}491} \cdot 45.000\ \text{LW} = 75.221\ \text{LW}$$

Horizont 160 N/mm^2:

$$T_x = \frac{x_{0,1}}{x_{0,9}} = \frac{443.000\ \text{LW}}{219.000\ \text{LW}} = 2{,}022 \text{ und } \beta \approx \frac{3{,}084}{\ln\ T_x} \text{ oder } \frac{3{,}084}{\ln x_{0,1} - \ln x_n} = 4{,}38$$

$$T \approx \sqrt[\beta]{9{,}491} \cdot x_n = \sqrt[4{,}38]{9{,}491} \cdot 219.000\ \text{LW} = 366.079\ \text{LW}$$

(3) **Aufstellen der Wöhlerliniengleichung für $R_N = 0{,}95$**

Bestimmung der Lebensdauern $x_{0.95}$ auf beiden Horizonten mit Gl. 5.55 (s. Absch. 5.3.4) durch Transformation der Werte vom Horizont $R_N = 0{,}9$ auf den Horizont $R_{erf.} = 0{,}95$.

Horizont 340 N/mm^2 $x_i = \sqrt[4{,}38]{\frac{-\ln 0{,}95}{-\ln 0{,}9}} \cdot 45.000\text{LW} = 38.180\ \text{LW}$ und

Horizont 160 N/mm^2 $x_i = \sqrt[4{,}38]{\frac{-\ln 0{,}95}{-\ln 0{,}9}} \cdot 219.000\text{LW} = 185.810\ \text{LW}$.

Bestimmung des Wöhlerlinienexponenten a z. B. mit.

$$a = \frac{\log 45.000 - \log 219.000}{\log 160 - \log 340} = 2{,}1 \text{ oder } a = \frac{\log 38.180 - \log 185.810}{\log 160 - \log 340} = 2{,}1$$

Aufstellen der Lebensdauergleichung für R = 0,95 nach Gl. 3.10:

$$X_i = \left(\frac{B_N}{B_i}\right)^a \cdot X_N$$

$$X_i = \left(\frac{340\ \text{N/mm}^2}{B_i}\right)^{2{,}1} \cdot 38.180\ \text{LW bzw. } X_i = \left(\frac{160\ \text{N/mm}^2}{B_i}\right)^{2{,}1} \cdot 185.810\ \text{LW}$$

Andere Normpunkte auf beiden Horizonten sind natürlich auch anwendbar.

(4) **Ermittlung der ertragbaren Lastwechselzahlen X_i für die Betriebszustände und Berechnung der im realen Feldeinsatz mit $R_N = 0{,}95$ Zu erwartenden Betriebszeit** (Modell Corten/Dolan).

Mit der aufgestellten Lebensdauergleichung für den Zuverlässigkeitshorizont

R = 0,95 werden die bei den einzelnen Belastungsstufen Füllen, Heben und Schwenken ertragbaren Lebensdauerwerte X berechnet. Wir erhalten mit

$$X_i = \left(\frac{340\ \text{N/mm}^2}{B_i}\right)^{2,1} \cdot 38.180\text{LW}$$

Betriebszustand	Füllen	Heben	Schwenken
σ	300 N/mm²	270 N/mm²	85 N/mm²
x_i (in 3 h)	73	57	57
X_i	49.658 LW	61.955 LW	701.717 LW

Mit diesen Werten und Gl. 5.22 (denkbar wäre auch Gl. 5.21) werden die im realen Feldeinsatz ertragbaren Lastwechsel bei $R_N = 0,95$ berechnet. Beim anzuwendenden Modell von Corten/Dolan (s. Abb. 3.4) gibt es keinen Dauerfestigkeitsbereich und alle Betriebszustände müssen berücksichtigt werden.

$$X = \frac{\sum_{i=1}^{n} x_i}{\sum_{i=1}^{n} \frac{x_i}{X_i}} \rightarrow X = \frac{73 + 57 + 57}{\frac{73}{49658} + \frac{57}{61955} + \frac{57}{701717}} = \frac{187}{2,471 \cdot 10^{-3}} = 75668,45\ LW$$

In 3 h wurden 73 + 57 + 57 = 187 Vorgänge beobachtet. Umrechnung der ertragbaren Lastwechselzahl in Betriebsstunden:

$$\frac{3\text{Std.}}{187} = \frac{\text{x}}{75668,45} x = \frac{3\text{Std.} \cdot 75668,45\ \text{LW}}{187\ \text{LW}} = 1.214\ \text{Std.}$$

Ein Bolzen wird 1.214 h mit einer Wahrscheinlichkeit von 95 % ohne Ausfall erreichen und damit einer Risikoklasse W3 (s. Tab. 6.1) genügen.

(5) Welche **Betriebszeit ist bei einer Wahrscheinlichkeitsklasse W2 ($R_N \geq 99$ %) einzuhalten?**

Mit Anwendung von Gl. 5.56

$$x = \frac{\sum_{i=1}^{n} x_i}{\sum_{i=1}^{n} \frac{x_i}{X_N}\left(\frac{B_i}{B_N}\right)^a \cdot \sqrt[\beta]{\frac{-\ln R_N}{-\ln R_i}}}$$

mit $R_i = 99$ % (B_N, X_N, bei R_N kann beliebig verwendet werden), erhalten wir eine Lebensdauer von 55.429 LW oder

$$\frac{3\text{Std.}}{187} = \frac{\text{x}}{55.429\ \text{LW}} x = \frac{3\text{Std.} \cdot 55.429\ \text{LW}}{187\ \text{LW}} = 889\ \text{Std.}$$

Ein Bolzen wird 889 Betriebsstunden mit einer Wahrscheinlichkeit von 99 % ohne Ausfall erreichen und damit einer Risikoklasse W2 (s. Tab. 6.1) genügen.

Alternativlösung: Als eine Alternative zu Gl. 5.56 kann Gl. 5.57 angewendet werden.

$$x = \left(\frac{B_N}{B_ä}\right)^a \cdot \sqrt[\beta]{\frac{-\ln R_i}{-\ln R_N}} \cdot x_N \text{ mit } B_ä = \sqrt[a]{\sum B_i^a \cdot \frac{x_i}{\sum x_i}}$$

$$B_ä = \sqrt[2,1]{\left(300^{2,1} \cdot \frac{73}{187}\right) + \left(270^{2,1} \cdot \frac{57}{187}\right) + \left(85^{2,1} \cdot \frac{57}{187}\right)} = 245{,}47\ \text{N}$$

B_N, x_N und R_N sind variabel anwendbar. Zwei Beispiele:

$$x = \left(\frac{340}{245{,}47}\right)^{2,1} \cdot \sqrt[4,38]{\frac{\ln 0{,}99}{\ln 0{,}9}} \cdot 45.000\ \text{LW} = 52.159{,}2\ \text{LW}$$

$$x = \left(\frac{340}{245{,}47}\right)^{2,1} \cdot \sqrt[4,38]{\frac{\ln 0{,}99}{\ln 0{,}9}} \cdot 38.180\ \text{LW} = 52.158{,}9\ \text{LW}$$

$$\frac{3\text{Std.}}{187} = \frac{x}{52.159\ \text{LW}} x = \frac{3\text{Std.} \cdot 52.159\ \text{LW}}{187\ \text{LW}} = 837\ \text{h}$$

Der Stundenunterschied ist rundungsbedingt!

Beispiel 9: Ermittlung von λ und MTTF für die Exponential-Verteilung

Auf einem Druckprüfstand für Pneumatikkomponenten werden n = 6 elektronische Drucksensoren ($p_e = 6{,}3$ bar) für den Einsatz in Druckluftbehältern im Zusammenwirken mit dem Ein- und Abschalten von Kompressoren bis zu ihrem Ausfall getestet.

Ermittelt wurden bis zum Ausfall folgende Betriebsstunden:

Drucksensor Nr	1	2	3	4	5	6	
Betriebsstunden x bis zum Ausfall	2030	1120	1815	970	1405	1690	h

(1) **Ermitteln Sie für dieses elektronische Bauteil die Ausfallrate λ und MTTF** (s. Abschn. 4.3.2)

$$\overline{x} = \frac{\sum x_i}{n} = \frac{2030 + 1120 + 1815 + 970 + 1405 + 1690}{6} = \frac{9030}{6} = 1505\ \text{h}.$$

$$\textbf{MTTF} = \overline{x} = 1505\ \text{h} \quad \lambda = \frac{1}{\overline{x}} = \frac{1}{MTTF} = \frac{1}{1505}\ \text{h} = 0{,}000644\ \text{h}^{-1}.$$

(2) **Ermitteln Sie für dieses elektronische Bauteil den Medianwert x_{median} der Exponentialverteilung**

$$x_{median} = \frac{\ln\ 2}{\lambda} \quad x_{median} = \frac{\ln 2}{0{,}000644\,\text{h}^{-1}} = 1076{,}3\,h$$

Klassische Analyse empirischer Median (s. Abschn. 4.1.2) n = 6 (gerade).

Rang i	1	2	3	4	5	6	
x_i	x_{min}, x_1	x_2	x_3	x_4	x_5	x_{max}, x_6	
Betriebsstunden x bis zum Ausfall	970	1120	1405	1690	1815	2030	[h]

$$x_{median} = \frac{1}{2}\left[x_{\frac{n}{2}} + x_{\frac{n}{2}+1}\right] = \frac{1}{2}[x_3 + x_4] = \frac{1}{2}[1405 + 1690] = 1547{,}5\ \text{h}$$

$$\overline{x} = \frac{\sum x_i}{n} = \frac{2030 + 1120 + 1815 + 970 + 1405 + 1690}{6} = \frac{9030}{6} = 1505\ h$$

Beispiel 10: Auswertung von Verschleißversuchen und Lebensdauer.

Aufgabe:
Bei einem Verschleißversuch (Pin-on-Desk-Test) mit einem Tribometer wurde auf einem Beanspruchungshorizont von $\tau_R = 1{,}5$ N/mm² bei n = 20 Probekörpern die Zeit t_V bis zum Erreichen der Verschleißhöhe $h_V = 3$ mm gemessen (n = const. = 500 min^{-1}, r = 100 mm).

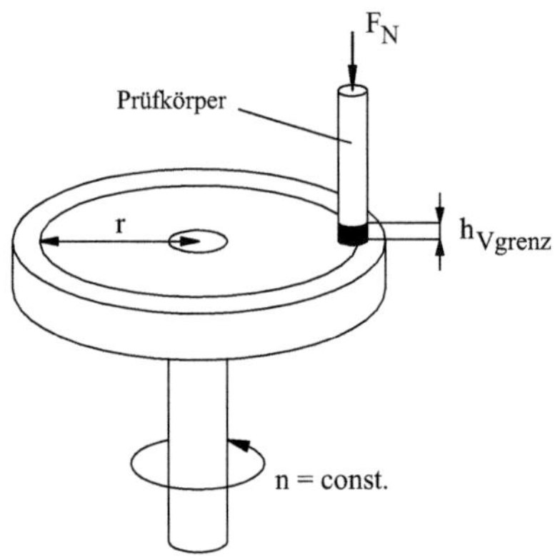

Rang i	Probe-körper	t_V [s]		Rang i	Probe-körper	ct_V [s]
1	6	52	←MIN	11	11	235
2	17	98		12	2	253
3	12	125		13	13	260
4	4	137		14	7	271
5	18	170		15	16	275
6	14	195		16	9	292
7	1	200		17	20	298
8	19	205		18	3	310
9	5	218		19	15	341
10	10	220	MAX→	20	8	377

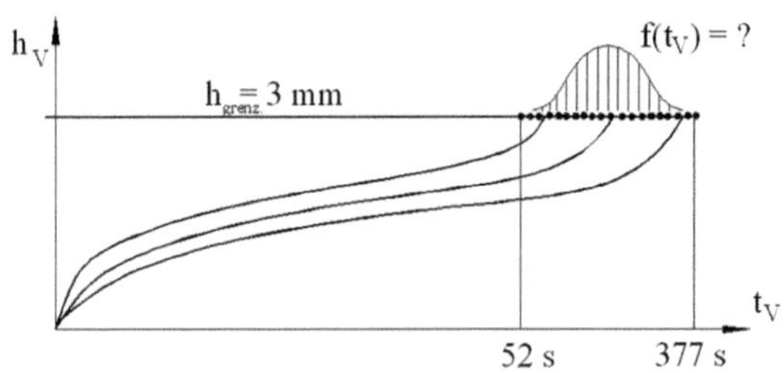

Die Verschleißhöhe $h_{grenz} = 3$ mm wird an 20 Pins nach 20 unterschiedlichen Zeitspannen t_V erreicht $t_{Vmin.} = 52$ s und $t_{Vmax} = 377$ s.

Aufgaben:

A Aufstellen der Gauß- und Weibullgleichungen für die Zuverlässigkeit.
B Wie viel Prozent einer ausgelieferten Menge wird nach $t_V = 180$ s die. Grenzverschleißhöhe $h_{vgrenz} = 3$ mm erreichen?
C Welche Zeit tv darf nicht überschritten werden, damit nur 5 % der. ausgelieferten Produkte verschlissen sind?

Bestimmung der Parameter μ und σ für die Gauß-Verteilung mit den Gleichungen aus Tab. 4.6 nach Abschn. 4.1.2 (Taschenrechner-Methode).

Mittelwert: $\mu = \frac{1}{20}\sum_{i=1}^{20} x_i = 226{,}6\ s \approx 227\ s$

Varianz: $\sigma^2 = \frac{1}{19}\sum_{i=1}^{20} (x_i - \mu)^2 = 6794{,}7\ s^2 \approx 6795\ s^2$

Standardabweichung: $\sigma = \sqrt{\sigma^2} = 82{,}43\ s \approx 83\ s$

oder mit dem Wahrscheinlichkeitspapier mit den Schätzern nach Tafel IV.1.1 $F(t_V) = \frac{3i-1}{3n+1}$ mit n = 20 und i = Rang 1 bis 20.

Rang i	t_V [s]	$F(t_V)$		Rang i	t_V [s]	$F(t_V)$
1	52	0,0328	←MIN	11	235	0,5245
2	98	0,0819		12	253	0,5737
3	125	0,1311		13	260	0,6229
4	137	0,1803		14	271	0,6721
5	170	0,2295		15	275	0,7213
6	195	0,2786		16	292	0,7705
7	200	0,3278		17	298	0,8196
8	205	0,3770		18	310	0,8688
9	218	0,4262		19	341	0,9180
10	220	0,4754	MAX→	20	377	0,9672

→ Eintragen der Wertepaare [tv, $F(t_v)$] in das Wahrscheinlichkeitspapier.

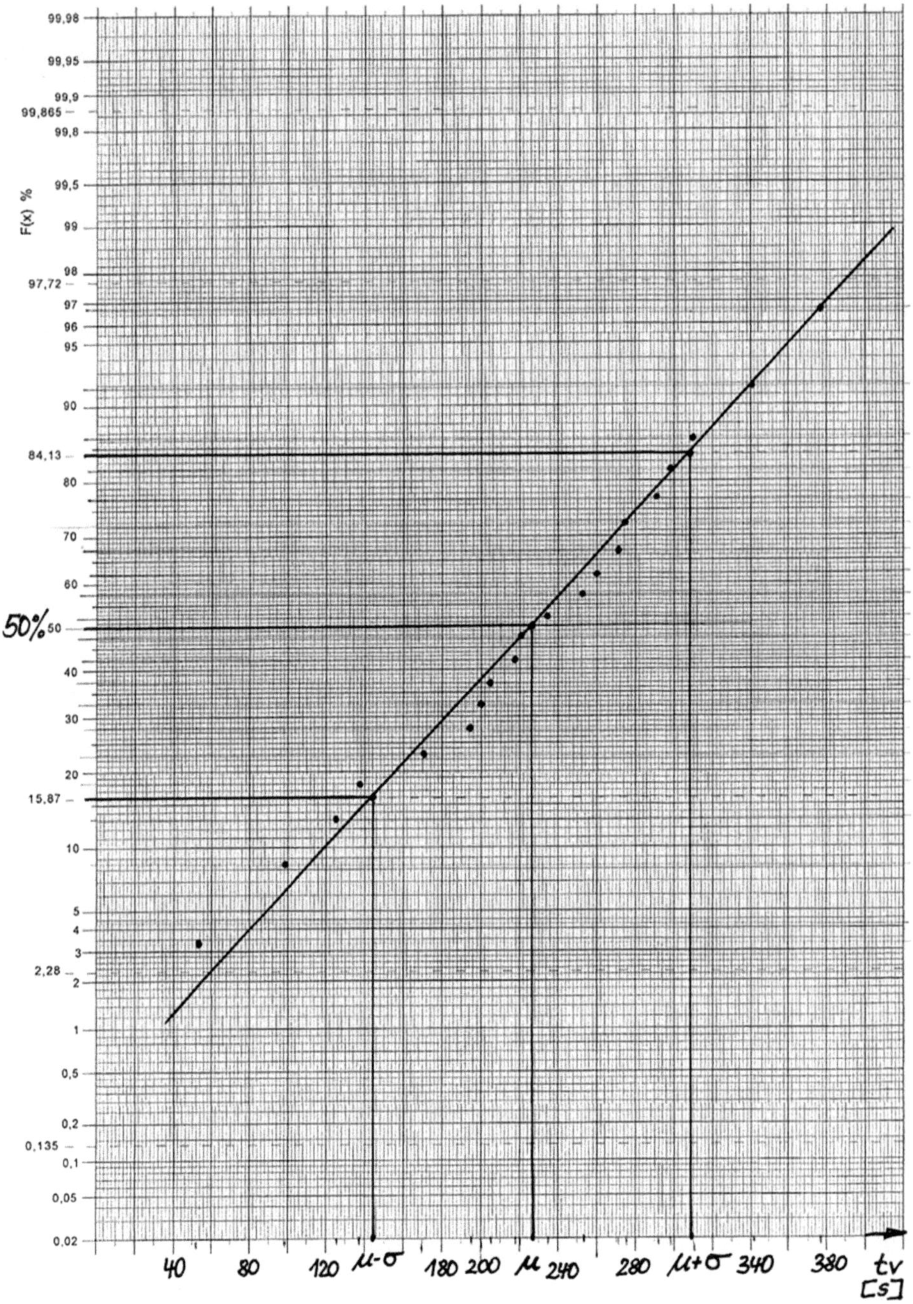
F(x) %
99,98
99,95
99,9
99,865
99,8
99,5
99
98
97,72
97
96
95
90
84,13
80
70
60
50%
50
40
30
20
15,87
10
5
4
3
2,28
2
1
0,5
0,2
0,135
0,1
0,05
0,02
40
80
120
μ-σ
180
200
μ
240
280
μ+σ
340
380
tv
[s]

Verwenden wir die Parameter aus dem Wahrscheinlichkeitspapier oder aus dem Taschenrechner erhalten wir die Gleichung für die Zuverlässigkeit.

$$R(t_v) = \frac{1}{83s\sqrt{2\pi}} \int_{t_v}^{+\infty} e^{-\frac{(t_V - 227\,s)^2}{2 \cdot 6795\,s^2}}\, dt_v$$

Bestimmung der Parameter T und β für die Weibull-Verteilung
Mit dem Wahrscheinlichkeitspapier.

→ Schätzung der Ausfallwahrscheinlichkeiten $F(t_v)$ (s. Tafel IV.2.1).

$F(t_V) = \frac{i - 0{,}3}{n + 0{,}4}$ mit n = 20 und i = Rang 1 bis 20.

Rang i	t_V [s]	$F(t_V)$		Rang i	t_V [s]	$F(t_V)$
1	52	0,0343	←MIN	11	235	0,5245
2	98	0,0833		12	253	0,5735
3	125	0,1324		13	260	0,6225
4	137	0,1814		14	271	0,6716
5	170	0,2304		15	275	0,7206
6	195	0,2794		16	292	0,7696
7	200	0,3284		17	298	0,8186
8	205	0,3775		18	310	0,8676
9	218	0,4265		19	341	0,9167
10	220	0,4755	MAX→	20	377	0,9657

→ Eintragen der Wertepaare [tv, $F(t_v)$] in das Wahrscheinlichkeitspapier.
→ Zeichnen der Ausgleichsgeraden.
→ Werte ablesen: T = 260 s ß = 2,43.
→ Daraus ergibt sich für die Zuverlässigkeit die folgende Gleichung:

$$R(t_V) = e^{-\left(\frac{t_V}{260\,s}\right)^{2{,}43}}$$

Gauß-Verteilung	Weibull-Verteilung
$R(t_v) = \frac{1}{83s\sqrt{2\pi}} \int_{t_v}^{+\infty} e^{-\frac{(t_V - 227\,s)^2}{2 \cdot 6795\,s^2}}\, dt_v$	$R(t_V) = e^{-\left(\frac{t_V}{260\,s}\right)^{2{,}43}}$

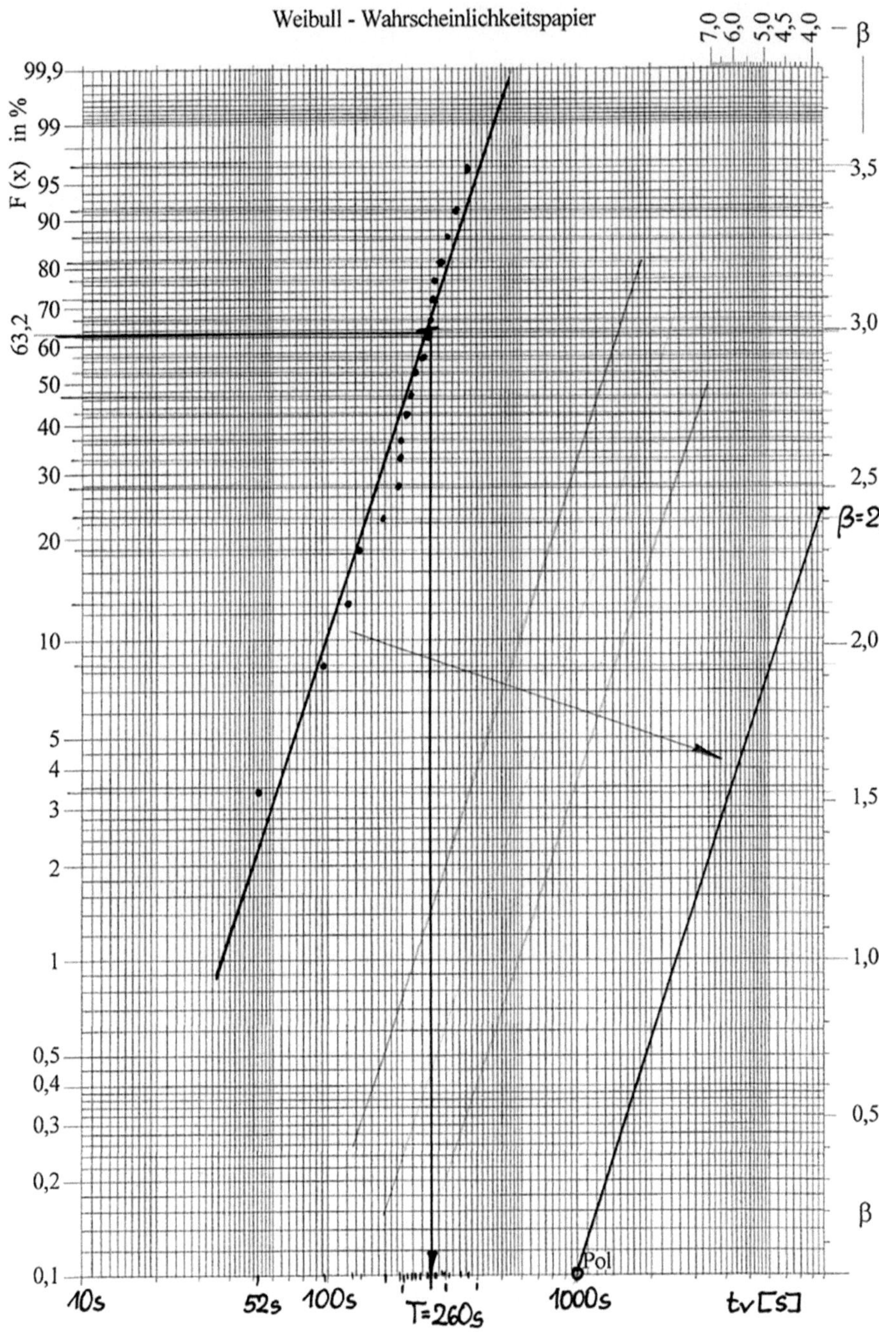

Weibull - Wahrscheinlichkeitspapier
F (x) in %
99,9
99
95
90
80
70
63,2
60
50
40
30
20
10
5
4
3
2
1
0,5
0,4
0,3
0,2
0,1
7,0
6,0
5,0
4,5
4,0
β
3,5
3,0
2,5
β=2,43
2,0
1,5
1,0
0,5
β
Pol
10s
52s
100s
T=260s
1000s
tv[s]

B Wie viel Prozent einer ausgelieferten Menge wird nach $t_V = 180$ s die Grenzverschleißhöhe $h_{vgrenz} = 3$ mm erreichen?
Lösung mit Gauss

Substitution: $z = \frac{x-\mu}{\sigma} = \frac{180-227}{83} = -0{,}566$ *Arbeit mit der* Tafel IV.1.3

$$\Phi(-z) = 1 - \Phi(z)\Phi(-0{,}566) = 1 - \Phi(0{,}566) = 1 - 0{,}714 = 0{,}286$$

Rund 29 % der ausgelieferten Menge wird nach $t_V = 180$ s die Grenzverschleißhöhe $h_{grenz.} = 3$ mm erreicht haben.

Lösung mit Weibull

Mit $R(t_V) = e^{-\left(\frac{t_V}{260s}\right)^{2{,}43}}$ und $t_V = 180$ s erhalten wir $R(180\text{ s}) = 0{,}664$.

$F(180\text{ s}) = 1 - R(180\text{ s}) = 0{,}336$ führt zur Antwort. Rund 33,6 % der ausgelieferten Menge wird nach $t_V = 180$ s die Grenzverschleißhöhe $h_{grenz.} = 3$ mm erreicht haben.

C Welche Zeit t_v darf nicht überschritten werden, damit nur 5 % der ausgelieferten Produkte verschlissen sind?
Lösung mit Gauß

5 % verschlissen bis Zeit $t_V \rightarrow 0{,}05 = \Phi(-z)$ da $z < \mu$
Aus Tafel V.2 $\rightarrow \Phi(-z) = 1 - \Phi(z) \rightarrow \Phi(z) = 0{,}95 \rightarrow z = -1{,}6449$.

$$x = z \cdot \sigma + \mu \rightarrow t_V = -1{,}6449 \cdot 83\text{ s} + 226\text{ s} = \underline{89{,}4\text{ s}}.$$

Lösung mit Weibull

$\boldsymbol{R(t_V) = e^{-\left(\frac{t_V}{260s}\right)^{2{,}43}}}$ Nach t_V umstellen. Es ergibt sich

$$t_V = \sqrt[2{,}43]{-\ln 0{,}95} \cdot 260 = \underline{76{,}6\text{ s}}$$

Eine unsymmetrische Verteilung bringt die Abweichungen zwischen Gauß und Weibull.

Beispiel 11 – Auswertung von Korrosionsversuchen und Lebensdauer Auf einem Korrosionsprüfstand werden Materialproben den örtlichen Belastungen wie Luft, Luftfeuchtigkeit, Temperatur und Strahlung in einem Beobachtungszeitraum von 6 Jahren ausgesetzt. Ermittelt wurden jeweils am Ende eines Jahres folgende Korrosionsdicken h_K [μm].

Vollendetes Prüfjahr t_K	1	2	3	4	5	6	Jahr
Höhe der korrodierten Schicht h_K	423	539	621	687	743	792	μm

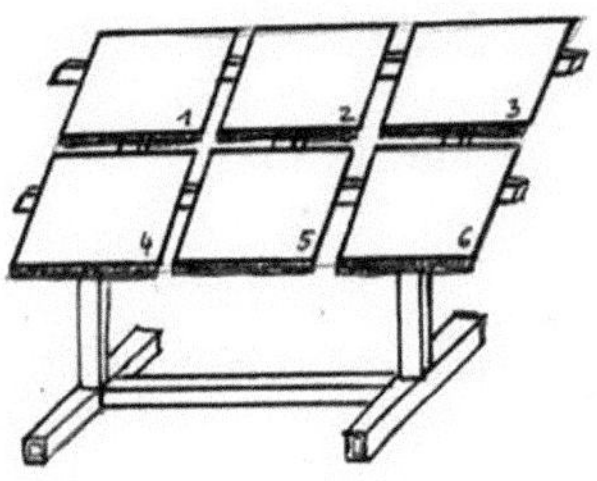

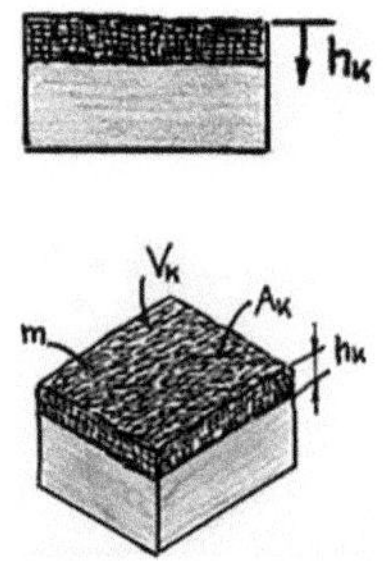

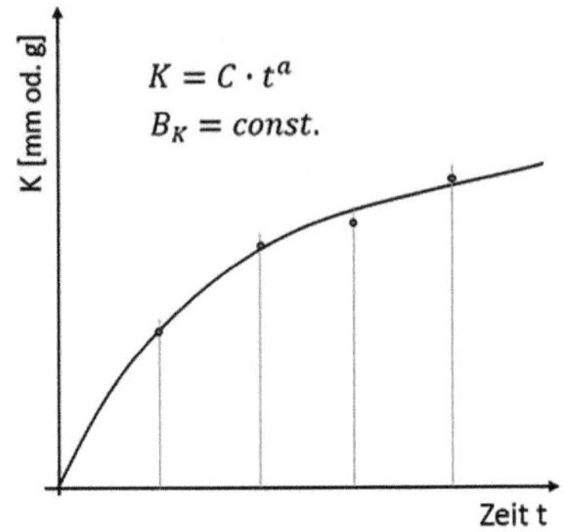

Aufgaben:

(1) Zu bestimmen ist die Verlustgleichung $K = C \cdot t^a$
(2) Wie viel µm Höhenverlust infolge Korrosion tritt nach 9 Jahren ein?
(3) Nach wie viel Jahren wird ein kritischer Materialverlust von 1000 µm erreicht?

Lösung:

(1) Lösung gemäß Abschn. 3.3.2 Gl. 3.35 bis 3.43!

Formel	Gleichung	Ergebnisse	
(3.42)	$\overline{x} = \frac{\sum \log t}{n}$	0,476	$\boldsymbol{K = 423 \cdot t^{0.35}}$ [µm, a]
(3.43)	$\overline{y} = \frac{\sum \log K}{n}$	2,793	
(3.41)	$b_x = \frac{\sum (\log t - x) \cdot (\log K - \overline{y})}{\sum (\log t - \overline{x})^2}$	0,35	
(3.40)	$a_x = \overline{y} - b_x \cdot \overline{x}$	2,63	
(3.39)	$a = b_x$	0,35	
(3.38)	$C = 10^{a_x}$	423	

	A	B	C	D	E	F	G	H
1	t[a]	K[µm]	log t	log K	log t - tm	log K - Km	E * F	(log t -tm)²
2	0	0						
3	1	423	0	2,6263	-0,4762	-0,1666	0,0793	0,2268
4	2	539	0,301029996	2,7316	-0,1752	-0,0614	0,0107	0,0307
5	3	621	0,477121255	2,7931	0,0009	0,0001	0,0000	0,0000
6	4	687	0,602059991	2,8370	0,1258	0,0440	0,0055	0,0158
7	5	743	0,698970004	2,8710	0,2227	0,0780	0,0174	0,0496
8	6	792	0,77815125	2,8987	0,3019	0,1058	0,0319	0,0912
9			0,476	2,793			0,1450	0,4141
10			tm	Km				
11								
12		bx =	0,35	a =	0,35	K = C * t^a		
13		ax =	2,63	C =	423			
14								
15								

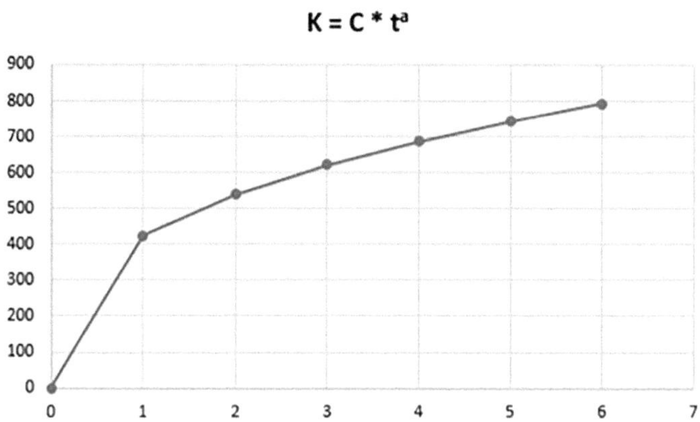

(2) Höhenverlust infolge Korrosion nach 9 Jahren

$$K = 423 \cdot 9^{0.35} = 912\ \mu\mathrm{m}$$

(3) Ein kritischer Materialverlust von 1000 µm wird erreicht

nach Umstellung von Gl. 3.35 $t = \sqrt[a]{\frac{K}{C}}$

$$t = \sqrt[0.35]{\frac{1000}{423}} = 11{,}68\ \textit{Jahre}$$

Beispiel 12: Systemzuverlässigkeit einer Ein- und Zweikreisbremse

Aufgabe:

Trotz höchster Qualitätsansprüche ist der Ausfall des Bremssystems von Kraftfahrzeugen nicht 100-%ig auszuschließen. Bei einer Einkreisbremse sind an 4 Rädern insgesamt 4 Bremszylinder und der Bremskolben des Bremskraftverstärkers mit einer Bremsleitung verbunden und in Serie geschaltet. Der Ausfall eines Teilsystems führt zum Ausfall des Gesamtbremssystems.

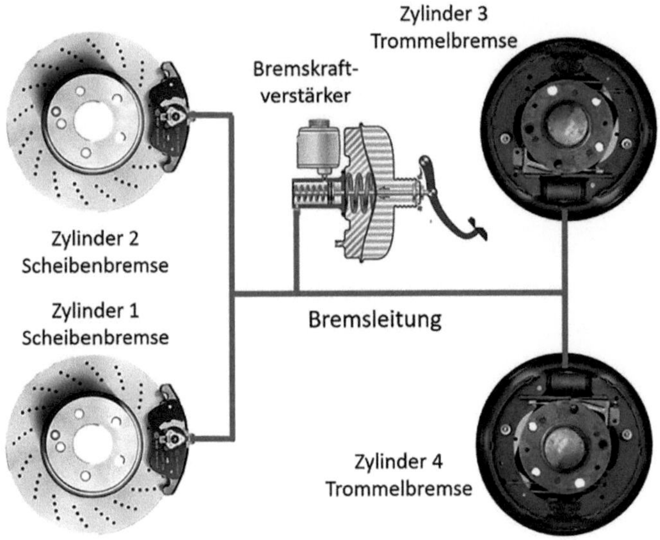

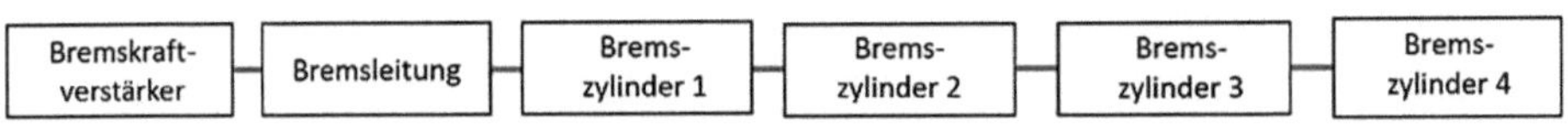

Gehen wir vereinfacht von einer Zuverlässigkeit von R = 0,9 für jedes Teilsystem aus erhalten wir eine Systemzuverlässigkeit

$$R_{Sys} = \prod_{i=1}^{n} R_i = R_{BKV} \cdot R_{BL} \cdot R_{Z1} \cdot R_{Z2} \cdot R_{Z3} \cdot R_{Z4}$$

$$R_{sys} = 0{,}9^6 = 0{,}531$$

Zur Verbesserung werden in der zweiten Konstruktion das Vorder- und Hinterradbremssystem voneinander getrennt. Jedes Teilsystem ist dabei in der Lage das gesamte Fahrzeug abzubremsen. Wir erhalten so 2 parallelangeordnete Bremskreisläufe. Beim Ausfall eines Stranges steht immer noch ein zweiter Strang für die Funktionserfüllung bereit. Das gesamte System ist eine Mischschaltung, da der Bremskraftverstärker für beide Systeme funktionstüchtig sein muss.

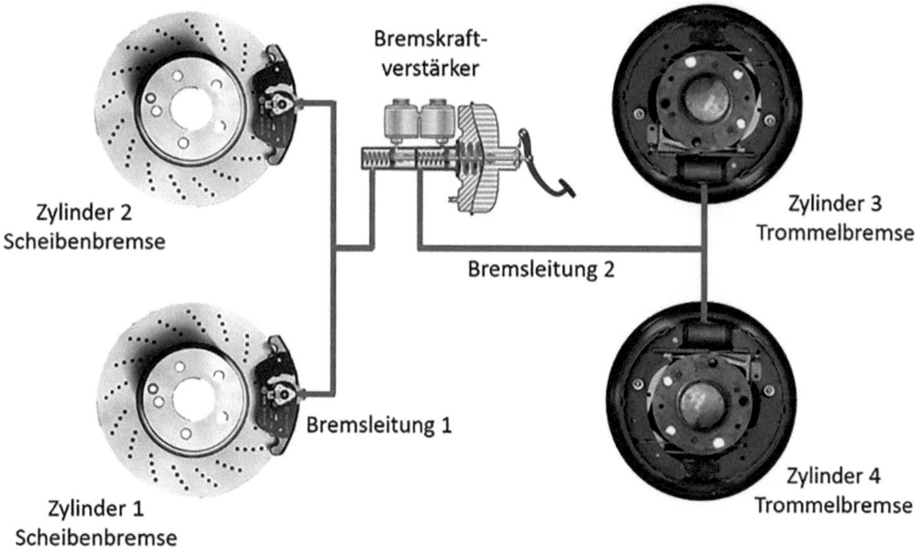

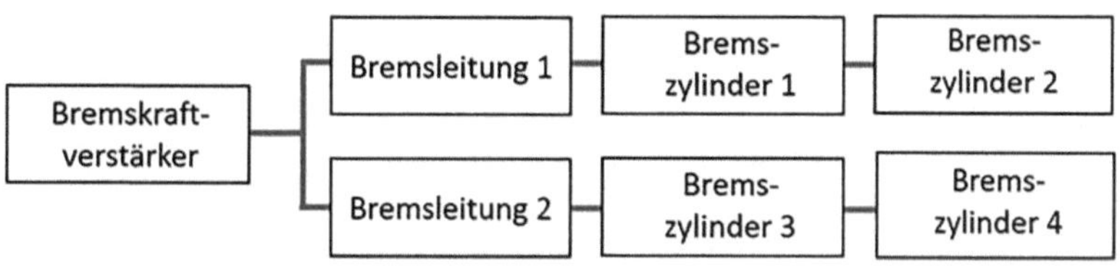

Teilsystem Vorderradbremsen: $R_v = R_{BL1} \cdot R_{Z1} \cdot R_{Z2} = 0{,}9^3 = 0{,}729$

Teilsystem Hinterradbremsen: $R_h = R_{BL2} \cdot R_{Z3} \cdot R_{Z4} = 0{,}9^3 = 0{,}729$

Beide Systeme parallel:

$R_{v+h} = 1 - [(1 - R_v) \cdot (1 - R_h)] = 1 - (1 - 0{,}729)^2 = 0{,}926$

Gesamtsystem: $R_{Sys} = R_{v+h} \cdot R_{BKV} = 0{,}926 \cdot 0{,}9 = 0{,}833$

Die Systemzuverlässigkeit steigt so von 53,1 % auf 83,3 %!

Zur Erhöhung der Aussagekraft dieser Gegenüberstellung werden 6 verschiedene Elementzuverlässigkeiten R_i angenommen.

Zuverlässigkeit R_i	**0,90**	**0,95**	**0,975**	**0,997**	**0,998**	**0,999**
$R_{Sys.I}$ (Einkreis)	0,531	0,735	0,859	0,982	0,988	0,994
$R_{Sys\,II}$ (Zweikkreis)	0,833	0,93	0,969	0,9969	0,99796	0,99899
$F_{Sys.I}$ (Einkreis)	0,469	0,265	0,141	0,018	0,012	0,006
$F_{Sys.\,II}$ (Zweikreis)	0,167	0,07	0,031	0,0031	0,00204	0,00101
relative Verbesserung F_I/F_{II}	≈ 2,8	≈ 3,8	≈ 4,5	≈ 5,8	≈ 5,9	≈ 5,94

Die Verringerung der Ausfallwahrscheinlichkeit verdeutlicht die äußerst positive Auswirkung von Redundanzmaßnahmen auf die Gesamtzuverlässigkeit eines Systems.

Beispiel 13: Lebensdauer, Zuverlässigkeit und Sicherheit von Wälzlagern.

Aufgabe:

Für ein Festlager mit einer radialen Belastung Fr = 6000 N und einer axialen Belastung Fa = 2000 N soll ein Pendelrollenlager ausgewählt werden, welches eine Lebensdauer von $L_{erf.} = 11.000$ h mit einer Überlebenswahrscheinlichkeit von $R_{erf.} = 0{,}95$ bei einer Drehzahl $n = 4000\ min^{-1}$ erreicht. Zu bestimmen sind die erreichbaren Lebensdauern (klassisch, zuverlässigkeitsbezogen), die Lebensdauerreserve und die zuverlässigkeitsbezogenen Sicherheiten S_B und S_x.

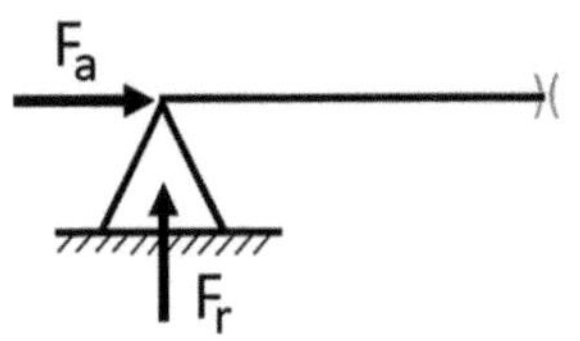

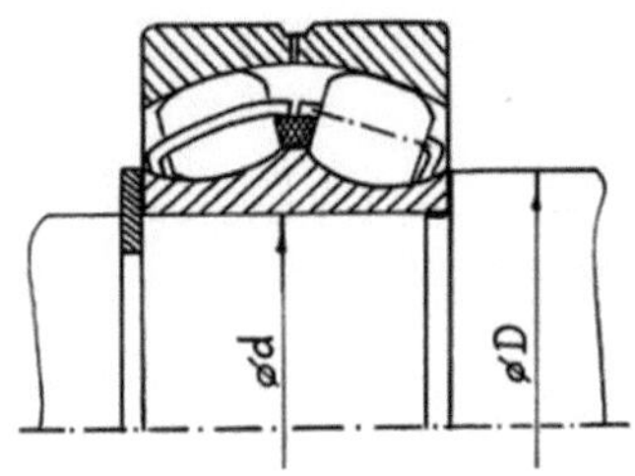

Lösung:

1 **Überschlägliche Bestimmung des erforderlichen Wellendurchmessers $Ød_w$.**

Da Wellen auf Torsion beansprucht werden, wird gemäß Abschn. 8.2 auf der Basis der Torsionsspannung ein Wellendurchmesser dimensioniert. In der Beanspruchbarkeit $\tau_{tzul.}$ ist eine klassische Sicherheit nach Gl. 2.5 berücksichtigt.

$$\tau_t = \frac{M_{tmax}}{W_p} = \frac{16 \cdot M_{tmax}}{\pi \cdot d_w^3} \quad d_{werf.} \geq \sqrt[3]{\frac{16 \cdot M_{tmax}}{\pi \cdot \tau_{tzul.}}}$$

Bei Verwendung eines Wälzlagerkataloges wird der erforderliche Wellendurchmesser an den Innendurchmesser des Wälzlagers angepasst. In diesem Beispiel z. B. $Ød_w = 40$mm.

2 **Wälzlagerauswahl, p-Bestimmung, Äquivalente Belastung P.**

Für den Durchmesser 40 mm stehen z. B. die folgenden Pendelrollenlager zu Verfügung [www.skf.com]:

Lager	C_{dyn}	e	Y_1	Y_2
22.208 E	98,5 kN	0,28	2,4	3,6
22.308 E	155 kN	0,37	1,8	2,7

$$\mathrm{P} = \mathrm{Fr} + Y_1 \cdot \mathrm{Fa} \text{ für } \frac{\mathrm{Fa}}{\mathrm{Fr}} \leq \mathrm{e} \quad P = 0{,}67 \cdot Fr + Y_2 \cdot Fa \text{ für } \frac{\mathrm{Fa}}{\mathrm{Fr}} > \mathrm{e}$$

$$\frac{Fa}{Fr} = \frac{2000\,N}{6000\,N} = 0{,}333$$

Lager	e	Y_1	Y_2	Äquivalente Belastung P
22.208	0,28	2,4	3,6	$P = 0{,}67 \cdot 6000\,N + 3{,}6 \cdot 2000\,N = 11220\,N$
22.308	0,37	1,8	2,7	$P = 6000\,N + 1{,}8 \cdot 2000\,N = 9600\,N$

Wöhlerlinienexponent p = 10/3 da Linienkontakt.

3 **Nominelle Lebensdauerberechnung L_n (R_n = 0,9).**
Nach Abschn. 5.1

$$L_n = \left(\frac{C_{dyn.}}{P}\right)^p \cdot 10^6\ Umdr. \text{ und } L_h = \frac{L_n}{n \cdot 60}$$

Lager	Nominelle Lebensdauer L_n (R_n = 0,9)	L_h (R = 0,9)
22.208	$L_n = \left(\frac{98{,}5\,kN}{11{,}22\,kN}\right)^{\frac{10}{3}} \cdot 10^6\ Umdr.$	L_h = 5815,67 h
22.308	$L_n = \left(\frac{155\,kN}{9{,}6\,kN}\right)^{\frac{10}{3}} \cdot 10^6\ Umdr.$	L_h = 44.325,84 h

4 **Zuverlässigkeitsbasierte Lebensdauerberechnung L_{hR} (Rerf. = 0,95).**
Nach Abschn. 3.4 und 5.3.2

$$L_{hR} = a_1 \cdot \frac{L_n}{n \cdot 60} \text{ mit ß} = 1{,}5 \text{ und } a_1 = \sqrt[1{,}5]{\frac{ln\ 0{,}95}{ln\ 0{,}9}} = 0{,}618 \approx 0{,}62$$

für R = 0,95

Lager	Zuverlässigkeitsbasierte Lebensdauer L_{hR} (R_n = 0,95)	L_{hR} (R = 0,95)
22.208	$L_{hR} = a_1 \cdot L_h$	L_{hR} = 3594 h
22.308		L_{hR} = 27.393,36 h

Bewertung der Ergebnisse:

Das Lager 22.208 ist nicht geeignet ($L_{hR} < L_{erf}$). Das Lager 22.308 ist geeignet (L_{hR} > $L_{erf.}$). Bei diesem Lager liegt eine Lebensdauerreserve Δx vor.

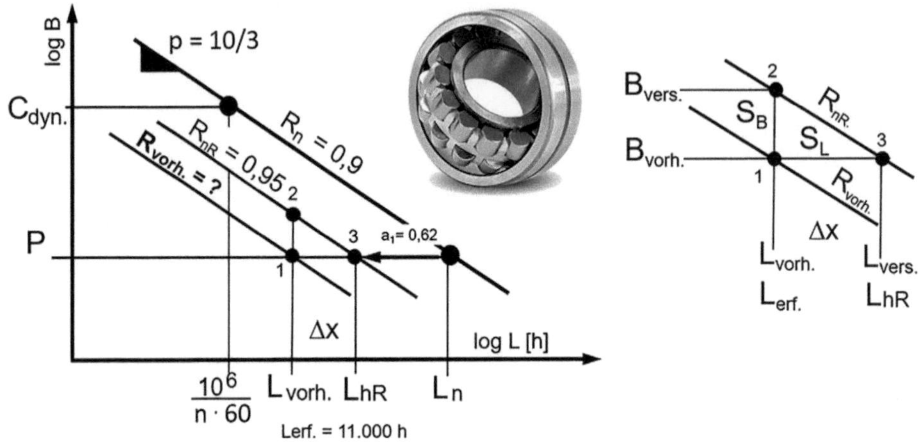

5 **Lebensdauerreserve Δx (Rerf. = 0,95).**
Gemäß Abschn. 6.3 Gl. 6.8 ergeben sich folgende Lebensdauerreserven.

Lager	Lebensdauerreserve Δx (R_n = 0,95)	Δx(R = 0,95)
22.208	$\Delta x = x_{vers.} - x_{vorh./erf.}$ $\Delta x = L_{hR} - L_{erf}$ $L_{erf.} = 11.000\ h$	Δx= 3594 h – 11.000 h Δx = – 7406 h
22.308		Δx= 27.393,36 h – 11.000 h Δx = 16.393,36 h

Lager 22208 hat **keine** Lebensdauerreserve.

6 **Vorhandene Zuverlässigkeit $R_{vorh.}$ zum Zeitpunkt $L_{erf.}$ = 11.000 h.**
Die zum Zeitpunkt $L_{erf.}$ = 11.000 h vorhandene Zuverlässigkeit $R_{vorh.}$ berechnet sich nach Abschn. 6.4 – Gl. 6.18.

$$R_{vorh.} = R_N^{\left[\frac{x_i}{x_N}\cdot\left(\frac{B_i}{B_N}\right)^a\right]^ß} = 0,9^{\left[\frac{L_{erf.}\cdot n\cdot 60}{10^6}\cdot\left(\frac{P}{C_{dyn.}}\right)^p\right]^ß} \text{ bzw. } R_{vorh.} = R_n^{\left(\frac{L_{vorh.}}{L_n}\right)^ß}$$

$L_{erf.} = 11.000\ h$, n = 4000 min^{-1}, P und $C_{dyn.}$ gemäß Wälzlagerkatalog, p = 10/3 und ß = 1,5.

Lager		R_{vorh}
22.208	$R_{vorh.} = 0,9^{\left[\frac{11.000\cdot 4000\cdot 60}{10^6}\cdot\left(\frac{P}{C_{dyn.}}\right)^{\frac{10}{3}}\right]^{1,5}}$	$R_{vorh.}$ = 0,76
22.308		$R_{vorh.}$ = 0,987

7 **Vorhandene zuverlässigkeitsbasierte Sicherheiten S_x und S_B zum Zeitpunkt $L_{erf.}$**
Aus der relativen Lebensdauerreserve (s. Abschn. 6.3) und Gl. 6.11 ergeben sich folgende Sicherheiten S_B, die den Abstand der Wahrscheinlichkeitslinien für $R_{vorh}.L_{erf.}$ für $P = B_{vorh.}$ Und $R_{nR,}$ $x_{vers.}$ mit $B_{vers.}$ definieren:

Lager	S_B	
22.208	$S_B = \sqrt[a]{1 + \frac{\Delta x}{x_{vorh.}}}$ mit $x_{vorh.} = 11.000$ h und $a = 10/3$	$S_B = 0{,}715$
22.308		$S_B = 1{,}314$

alternativ nach Gl. 6.20.

Lager	S_B	
22.208	$S_B = \sqrt[a\cdot ß]{\frac{ln\, R_N}{ln\, R_{vorh.}}}$ Mit $a = 10/3$ und $ß = 1{,}5$ und $R_N = 0{,}95$	$S_B = 0{,}715$
22.308		$S_B = 1{,}314$

Für die lebensdauerbezogene Sicherheit S_x nach Gl. 6.20 bzw. Gl. 6.7

Lager	S_x	
22.208	$S_x = \sqrt[ß]{\frac{ln\, R_N}{ln\, R_{vorh.}}} = \frac{x_{vers.}}{x_{vorh.}}$ oder $S_x = S_B{}^a$ $ß = 1{,}5$ und $R_N = 0{,}95$ und $a = 10/3$	$S_x = 0{,}326$
22.308		$S_x = 2{,}484$

Mithilfe dieser Sicherheitswerte S_x und S_B besteht eine weitere Möglichkeit, eine sicherheitsbezogene vorhandene Zuverlässigkeit $R_{vorh.}$ zum Zeitpunkt $L_{vorh.} = x_{vorh.} = 11.000$ h zu berechnen.

8 **Sicherheitsbezogene vorhandene Zuverlässigkeit $R_{vorh.}$**
Es gilt nach Gl. 6.19 (s.Abschn. 6.4).

Lager	R_{vorh}	
22.208	$R_{vorh.} = R_N^{\left(\frac{1}{S_x}\right)^ß} = R_N^{\left(\frac{1}{S_B}\right)^{a\cdot ß}}$ $ß = 1{,}5$ und $R_N = 0{,}95$ und $a = 10/3$	$R_{vorh.} = 0{,}76$
22.308		$R_{vorh.} = 0{,}987$

9 **Systemzuverlässigkeit $R_{Sys.}$**
Betrachten wir z. B. ein Getriebe mit 4 Lagerstellen kann nach Abschn. 4.5 das System als Reihenschaltung angesehen werden. Fällt ein Lager aus, so fällt das gesamte Getriebe aus. Für die Berechnung der Systemzuverlässigkeit werden für einen bestimmten Zeitpunkt x die vorhandenen Zuverlässigkeiten benötigt und in Gl. 4.60 eingesetzt:

Lager 1: Loslager
Lager 3: Festlager
Lager 2: Festlager
Lager 4: Loslager

$$R_{Sys.} = \prod_{i=1}^{n} R_i(x)$$

$$R_{Sys} = R_1 \cdot R_2 \cdot R_3 \cdot R_4$$

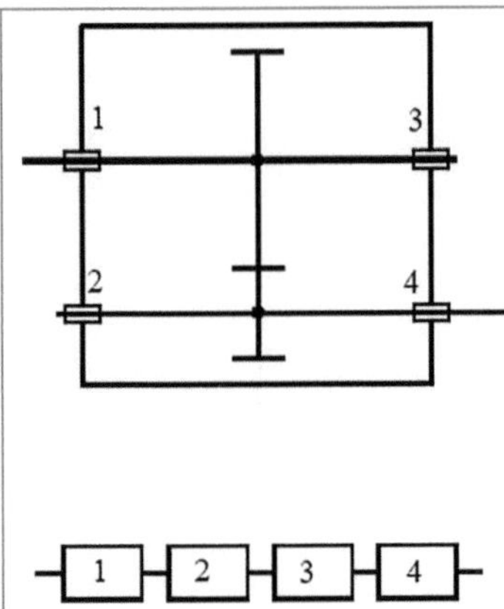

Gehen wir für alle Lager von einer gleichen Zuverlässigkeit z. B. R = 0,95 aus, erhalten wir gemäß Rechenansatz eine Systemzuverlässigkeit von $R_{Sys.} = 0{,}8145$.

Um eine ausreichende Systemzuverlässigkeit z. B. von $R_{Sys.} = 0{,}95$ erreichen zu können, sind Elementzuverlässigkeiten R_i erforderlich, die wesentlich über der nominellen Auslegung für R_{nR} liegen müssen.

Für unser Beispiel wird eine Systemzuverlässigkeit von 95 % erreicht, wenn unter Annahme von gleichen Zuverlässigkeiten für alle 4 Lager zu einem bestimmten Zeitpunkt eine Lagereinzelzuverlässigkeit von.

$$R_{i\,\text{erf.}} = \sqrt[4]{R_{Sys.\,\text{erf.}}} = \sqrt[4]{0{,}95} = \underline{0{,}9872\ldots} = 98{,}7\%$$

realisiert wird, was z. B. durch die Wahl eines Lagers mit einer höheren dynamischen Tragzahl $C_{dyn.}$ erreicht wird. Mit 98,7 % ≈ 99 % sollte das gesamte Getriebe für die Wahrscheinlichkeitsklasse W2 ausgelegt werden. Für das überschlägliche Auffinden einer benötigten dynamischen Tragzahl wird von der geforderten Lebensdauer und der geforderten Zuverlässigkeit auf den nominellen Lebensdauerhorizont Lnh transformiert und mittels der Wöhlerliniengleichung auf den Horizont $C_{erf.}$ Wir schreiben.

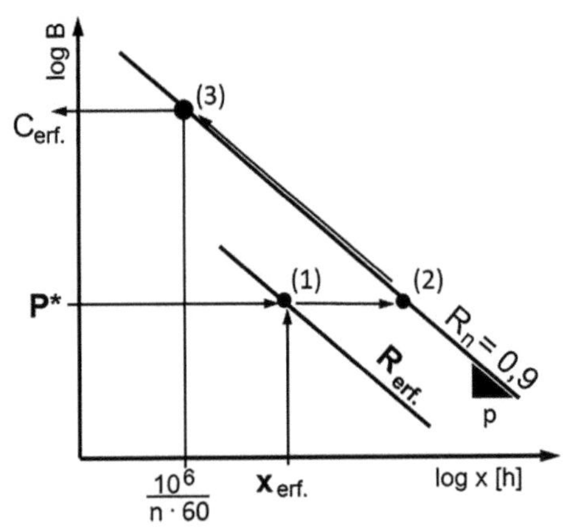

$$P^{*p} \cdot Lerf. \cdot \sqrt[\beta]{\frac{ln\,0{,}9}{ln\,R_{erf}}} = C_{erf}{}^{p} \cdot \frac{10^6}{n \cdot 60}$$

und damit

$$C_{erf} = P^* \cdot \sqrt[p]{\frac{L_{erf} \cdot n \cdot 60}{10^6}} \cdot \sqrt[p \cdot \beta]{\frac{ln\,0{,}9}{ln\,R_{erf}}}$$

Dieses entspricht der Gl. 6.2

$$\mathrm{B_{vers.}} = \mathrm{B_N} \cdot \sqrt[a \cdot \beta]{\frac{-\ln \mathrm{R_i}}{-\ln \mathrm{R_N}}} \cdot \sqrt[a]{\left(\frac{\mathrm{x_N}}{\mathrm{x_i}}\right)}$$

und könnte mit einer Sicherheit S_B bei Bedarf zur Gl. 6.4 werden

$$\mathrm{B_{zul.}} = \frac{\mathrm{B_N}}{\mathrm{S_B}} \cdot \sqrt[a \cdot \beta]{\frac{-\ln \mathrm{R_i}}{-\ln \mathrm{R_N}}} \cdot \sqrt[a]{\left(\frac{\mathrm{x_N}}{\mathrm{x_i}}\right)}$$

hier

$$C_{erf} = \frac{P^*}{S_B} \cdot \sqrt[p]{\frac{L_{erf} \cdot n \cdot 60}{10^6}} \cdot \sqrt[p \cdot \beta]{\frac{ln\,0{,}9}{ln\,R_{erf}}}$$

P* ist nach der Auswahl mit den geltenden Beiwerten X und Y an das gewählte Lager anzupassen und erneut nachzuweisen.

Beispiel 14: Aktuelle Zuverlässigkeit am Beispiel eines Zahnrades mit Evolvente.

Für ein Evolventenzahnrad ist dic aktuelle Zuverlässigkeit in Bezug auf die Zahnfußfestigkeit während der Auslegung zu ermitteln.

Grundlagen

Ausgehend vom erforderlichen Übersetzungsverhältnis i und dem verbundenen Verzahnungs- und Geometriegesetz werden bei der klassischen Zahnradgestaltung die im Bild dargestellten Basisgeometrien festgelegt und entsprechend bestehenden Erfahrungen oder baulichen Gegebenheiten angepasst.

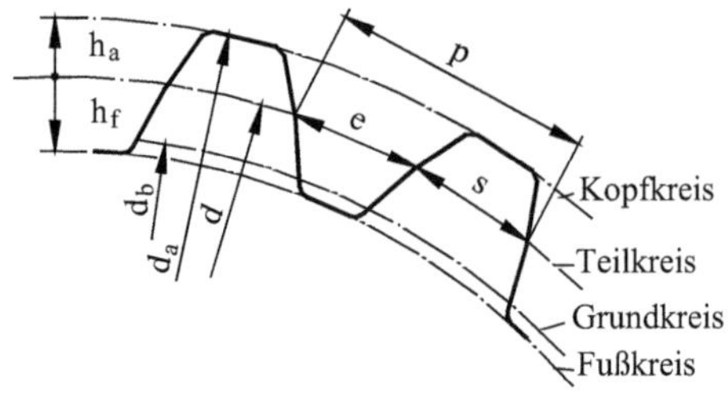

$$i = \frac{\omega_1}{\omega_2} = \frac{n_1}{n_2} = \frac{d_2}{d_1} = \frac{z_2}{z_1}$$

Basisgeometrie eines Zahnrades

Die Eignung der gewählten Geometrie wird im zweiten Schritt mit der Tragfähigkeitsrechnung nachgewiesen, wobei die markanten Schädigungsfälle Zahnfußbruch und Grübchenbildung sowie Fressen an den Zahnflanken zu untersuchen sind. Im Fall der Zahnfußtragfähigkeit, die hier beispielgebend weiter behandelt werden soll, lautet der Lösungsansatz für den Tragfähigkeitsnachweis nach DIN 3990 T1 ….T41.

$$\sigma_F \leq \sigma_{FP} \quad \text{mit} \quad \sigma_{FP} = \frac{\sigma_{FG}}{S_{Fu}} \mathrel{\hat{=}} B_{zul.} \quad \text{und} \quad \sigma_F \mathrel{\hat{=}} B_{vorh.}$$

$$S_{Fu\,vorh.} \geq S_{Fu\,erf.} \quad \text{mit} \quad S_{Fu\,vorh.} = \frac{\sigma_{FG}}{\sigma_F} \mathrel{\hat{=}} \frac{B_{vers.}}{B_{vorh.}}.$$

Diese Nachweise entsprechen der traditionellen Vorgehensweise (s. Abschn. 2.1). Die Besonderheit liegt in den zu verwendenden Korrekturfaktoren K_i bzw. Y_i, mit denen beanspruchungs- oder geometriebezogene Erscheinungen, die mit den Grundgleichungen nicht erfassbar sind, bei der Nachweisrechnung berücksichtigt werden. Die Grundgleichungen erweitern sich zu den Kennzahlgleichungen

$$\sigma_{FG} = \sigma_{Flim.} \cdot Y_{NT} \cdot Y_{ST} \cdot Y_{\delta relT} \cdot Y_{RrelT} \cdot Y_x \mathrel{\hat{=}} B_{vers.}$$

$$\sigma_F = \frac{F_t}{b \cdot m_n} \cdot K_A \cdot K_V \cdot K_{F\beta} \cdot K_{F\alpha} \cdot Y_{Fa} \cdot Y_{Sa} \cdot Y_\varepsilon \cdot Y_\beta \mathrel{\hat{=}} B_{vorh.}$$

mit denen der Nachweis unter Verwendung der umfangreichen Kennzahlendiagramme aus *DIN 3990 Teil 1 bis 41* geführt werden kann. Eine zentrale Stellung nimmt die Sicherheitszahl S_{Fu} ein. Für unsere Aufgabe gehen wir gemäß Norm z. B. von einer geforderten Sicherheit $\boldsymbol{S_{Fu} = 1{,}5}$ aus.

Lösung A: Lebensdauerbetrachtung

Nach Reduzierung der Korrekturwerte auf Y – ausgenommen der Lebensdauerfaktor Y_{NT} – schreiben wir

$$\sigma_{FP} = \frac{\sigma_{FG}}{S_{Fu}} = \frac{\sigma_{F\,\lim.}}{S_{Fu}} \cdot Y_{NT} \cdot Y$$

mit dem Normpunkt ($\sigma_{F\,\lim.} = B_N x_N = 3 \cdot 10^6$ LW $R_N = 0{,}99$).

Für den *Dauerfestigkeitsbereich* $x \geq 3 \cdot 10^6$ *LW* mit $R_N = 0{,}99$ gilt $Y_{NT} = 1{,}0$.

Für den *Zeitfestigkeitsbereich* $x < 3 \cdot 10^6$ *LW* mit $R_N = 0{,}99$ gilt für Y_{NT}.

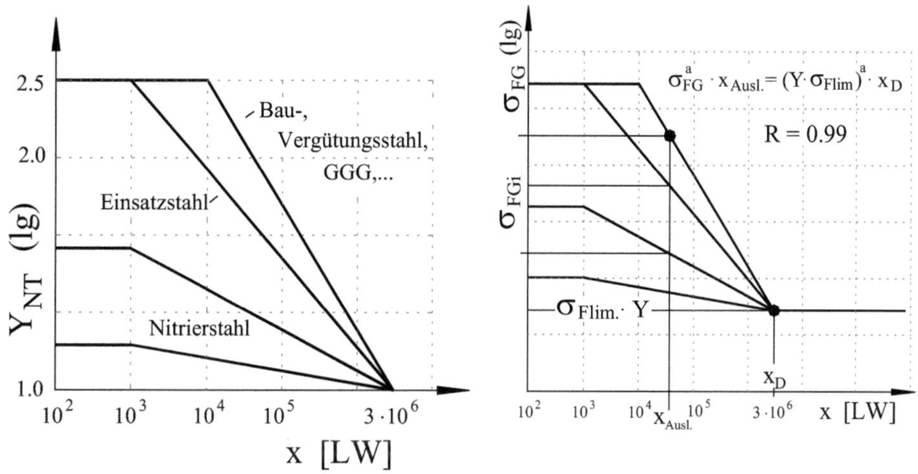

Lebensdauerfaktor Y_{NT} [DIN3990]/Erweitertes $\sigma_{Flim.}$-Diagramm

Anstatt des Nomogramms aus der Norm (s. oben) können wir mit unserem Ansatz aus Abschn. 6.2 Y_{NT} und damit σ_{FP} für $x < 3 \cdot 10^6$ *LW* aber $R_N = 0{,}99$ wie folgt berechnen:

$$\sigma_{FP} = \frac{\sigma_{FG}}{S_{Fu}} = \frac{\sigma_{F\,\lim.}}{S_{Fu}} \cdot \sqrt[a]{\frac{3 \cdot 10^6}{x_{Ausl.}}} \cdot Y.$$

Lösung B: Zuverlässigkeitsbetrachtung

Zusammen mit dem Lösungsansatz aus Abschn. 6.2 folgt bei Berücksichtigung der Zuverlässigkeit im Zeitfestigkeitsbereich.

$$\sigma_{FP} = \sigma_{F\,\lim.} \cdot \sqrt[a]{\frac{3 \cdot 10^6}{x_{Ausl.}}} \cdot \sqrt[a \cdot \beta]{\frac{\ln R_{Ausl.}}{\ln 0{,}99}} \cdot Y \text{ für } x_{\text{stat.}} \leq x_{\text{Ausl.}} < 3 \cdot 10^6 \text{ LW}.$$

und im Dauerfestigkeitsbereich:

$$\sigma_{FP} = \sigma_{F\,\lim.} \cdot \sqrt[a\cdot\beta]{\frac{\ln\ R_{Ausl.}}{\ln\ 0{,}99}} \cdot Y \text{ für } x_{\text{Ausl.}} \geq 3 \cdot 10^6 \text{ LW.}$$

Lösung C: aktuelle Zuverlässigkeit bei Einhaltung von S_{Fu}
Die aktuell vorhandene Zuverlässigkeit kann entsprechend Kap. 6.4 bzw. 6.5 mit.

$$R_{vorh.} = 0{,}99^{\left[\left(\frac{x_{Ausl.}}{3\cdot 10^6}\right)\cdot\left(\frac{\sigma_F}{\sigma_{FP(R=0.99)}}\right)^{a}\right]^{\beta}} \text{ für } x_{\text{stat.}} \leq x_{\text{Ausl.}} < 3 \cdot 10^6 \text{ LW}$$

$$R_{vorh.} = 0{,}99^{\left(\frac{\sigma_F}{\sigma_{FP(R=0.99)}}\right)^{a\cdot\beta}} \text{ bzw. } \boldsymbol{R_{vorh.}} = \boldsymbol{R_N}^{\left(\frac{1}{S_B}\right)^{a\cdot\beta}} \text{ für } x_{\text{Ausl.}} \geq 3 \cdot 10^6 \text{ LW.}$$

Im Dauerfestigkeitsbereich erhalten wir mithilfe von Tafel III.2.1 und IV.2.5 (ß aus Tx) aus synthetischen Wöhlerdiagrammen:

	Sicherheit S_{Fu}	Wöhlerexponent a	Streubreite T_x	Parameter		Zuverlässigkeit
				α'	β	R_{vorh}
Zahnfuß	1,5	6	4	0,0689	2,22	0,99995
		8	6		1,72	0,99996
		12	8		1,48	0,99999
Zahnflanke	1,5	3	8	0,0374	1,48	0,99834
		5	9		1,40	0,99941
		8	10		1,34	0,99986

Zahnfuß und Zahnflanke stellen ein Seriensystem dar. Durch Kombination der Teilzuverlässigkeiten für Zahnfuß und Zahnflanke erhalten wir nach der Produktregel der Wahrscheinlichkeitsrechnung (s. Abschn. 4.5.4 und 4.5.1) für die Systemzuverlässigkeit den Zahn z. B.

$$R_{Sys} = 0{,}99995 \cdot 0{,}99834 = 0{,}9983\ 99{,}8\%$$

$$R_{Sys} = 0{,}99999 \cdot 0{,}99986 = 0{,}999385\ 99{,}9\%$$

Beispiel 15: Zuverlässigkeit und ökonomische Nutzungsdauer
Die Stadtwerke haben 20 Gehwegkehrmaschinen zum Preis von $A_1 = 28.000$ EUR je Stück angeschafft. Vom Hersteller der Kehrmaschinen wird die mittlere Grenznutzungsdauer $\overline{t_G}$ (R = 0,5) = 8 Jahre angegeben.

Der Reparaturaufwand ist zunächst gering, im 2. Jahr $C_2 = 10.000$ EUR, steigt jedoch dann im 8. Jahr auf $C_8 = 300.000$ EUR an. Als besonders anfällig erweist sich das Saugsystem, eines der 3 Hauptaggregate (Fahrwerk, Kehrsystem, Saugsystem). Es ist im 8. Nutzungsjahr mit 58 % an den Reparaturkosten beteiligt.

Aufgabe

Es soll überprüft werden, ob die ökonomische Nutzungsdauer im 8. Jahr bereits überschritten ist.

Lösung

Wegen F(t = 8 Jahre) = 50 % = 0,5 $\rightarrow C_8 = 300.000$ EUR ergibt sich, weil die Kosten proportional zur Zeit ansteigen:

F(t = 2 Jahre) = ??? $\rightarrow C_2 = 10.000$ EUR

$$\frac{0{,}5}{300.000\,\text{EUR}} = \frac{F(t = 2\,Jahre)}{10.000\,\text{EUR}}$$

$$F(t = 2\,Jahre) = \frac{0{,}5 \cdot 10.000\,\text{EUR}}{300.000\,\text{EUR}} = 0{,}016666 = 1{,}666\,\%$$

Wird die Weibull-Funktion benutzt, so ergibt sich aus der Auftragung im Wahrscheinlichkeitspapier (s. nächste Seite) T ≈ 9 Jahre sowie ß = 2,68 ≈ 2,7

Ohne Wahrscheinlichkeitspapier können die Weibullparameter gemäß Gl. 4.36 (s. Abschn. 4.3.3) und Tab. IV.2.5 ermittelt werden.

$$\beta = \frac{\ln(-\ln(1 - 0{,}5) - \ln(-\ln(1 - 0{,}01666)}{\ln 8 - \ln 2} = 2{,}68 \approx 2{,}7$$

und z. B. $T \approx \sqrt[\beta]{1{,}443} \cdot x_m = \sqrt[2{,}68]{1{,}443} \cdot 8\,Jahre = 9{,}16\,Jahre$

Betrachten wir das Ende der Lebensdauer der Kehrmaschinen gilt für F $(t \rightarrow \infty) = 100\,\% = 1$ für die Kostenanteile nach Selivanov nach Gl. 7.1:

C = 2 C_8 = 600.000 EUR,

A = 20 A_1 = 560.000 EUR und.

B = 0 (da keinen Einfluss auf das Optimum).

Mit den Anteilen schreiben wir die Gl. 7.10:

$$K^* = \frac{A}{t^*} + B + C \cdot \left(1 - e^{-t^{*\beta}}\right) \text{ mit } t^* = t/T$$

$$K* = \frac{560.000\,\text{EUR} \cdot 9\,Jahre}{t} + 600.000\,\text{EUR}\left(1 - e^{-\left(\frac{t}{9\,Jahre}\right)^{2.7}}\right).$$

Die optimale Nutzungsdauer liegt in dieser Gleichung bei $t_{opt.} \approx$ 8,5 Jahren, wobei das Minimum nicht besonders ausgebildet ist.

Trotz der erheblichen Zunahme der Reparaturkosten überwiegt schließlich die günstigere Umverteilung der hohen Anschaffungskosten.

Weibull-Wahrscheinlichkeits-Papier

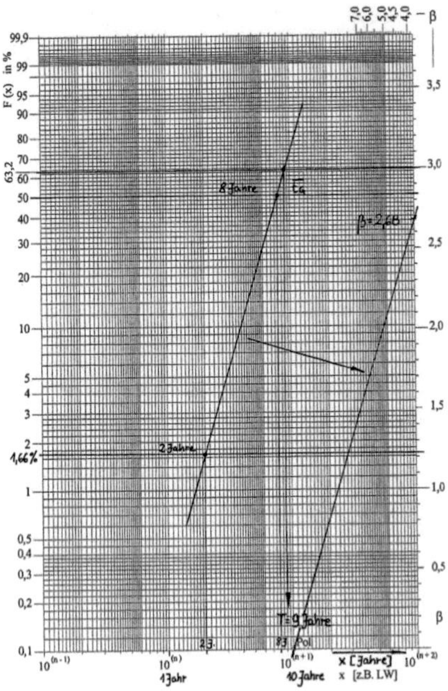

Kostengleichung

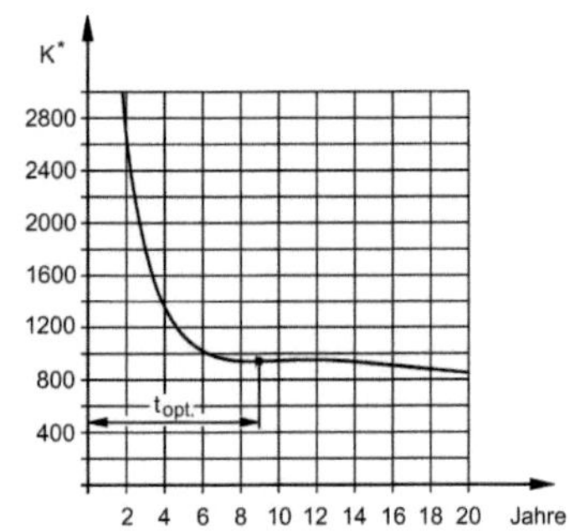

Stichwortverzeichnis

D. Schlottmann und H. Schnegas, *Auslegung von Konstruktionselementen*,
https://doi.org/10.1007/978-3-662-69386-5

MIX
Papier aus verantwortungsvollen Quellen
Paper from responsible sources
FSC® C105338

FSC
www.fsc.org

If you have any concerns about our products, you can contact us on
ProductSafety@springernature.com

In case Publisher is established outside the EU, the EU authorized representative is:
Springer Nature Customer Service Center GmbH
Europaplatz 3, 69115 Heidelberg, Germany

Printed by Libri Plureos GmbH
in Hamburg, Germany